·高职高专教材

Word/Excel 实训教程

Word/Excel
SHIXUN JIAOCHENG

第二版

主　编　向劲松　韩最蛟
副主编　吴险峰
参　编　王妤姝　庞　玲　苟小军

图书在版编目(CIP)数据

Word/Excel实训教程/向劲松,韩最蛟主编.—2版.—成都:西南财经大学出版社,2014.12

ISBN 978-7-5504-1723-6

Ⅰ.①W… Ⅱ.①向…②韩… Ⅲ.①文字处理系统—教材②表处理软件—教材 Ⅳ.①TP391.1

中国版本图书馆CIP数据核字(2014)第288822号

Word/Excel **实训教程(第二版)**

主 编:向劲松 韩最蛟
副主编:吴险峰

责任编辑:张明星
助理编辑:傅倩宇
封面设计:墨创文化
责任印制:封俊川

出版发行	西南财经大学出版社(四川省成都市光华村街55号)
网　　址	http://www.bookcj.com
电子邮件	bookcj@foxmail.com
邮政编码	610074
电　　话	028-87353785 87352368
印　　刷	郫县犀浦印刷厂
成品尺寸	185mm×260mm
印　　张	18.75
字　　数	440千字
版　　次	2014年12月第2版
印　　次	2014年12月第1次印刷
印　　数	1—2000册
书　　号	ISBN 978-7-5504-1723-6
定　　价	36.00元

内容提要

《Wrod/Excel 实训教程（第二版）》以现代公司、企业管理为主线，将 Word/Excel 的强大处理功能和办公需求完美地融合在一起，同时将 Word/Excel 的各种功能贯穿在实例中，有助于读者快速掌握使用 Word/Excel 完成工作的方法，具有很强的实用性和可操作性。

本书介绍了 Word 基础知识和基本操作、格式化文档、图形、艺术字和表格的使用、长文档的编辑、目录、宏和域的使用、邮件与文档的安全和超级链接、Excel 基础知识、工作表的编辑与美化、公式及函数和图表的使用、数据处理与分析、数据透视以及 Word 与 Excel 的合作等内容。通过这些内容的学习，读者可以掌握基本的办公自动化技能，提高工作效率，同时掌握各类文书制作和企业管理的相关知识，为公司创造更多的商机。

本书既适合于刚刚接触 Word 和 Excel 的初学者阅读，又可以作为大中专院校的教学参考书或者公司、企业的相关短训班的培训教材，还可以作为公司管理人员、电脑操作人员、文员、秘书、统计人员、人事管理人员、行政人员、财会人员、信息管理人员的自学指导用书，同时，对于需要了解 Word 和 Excel 基本操作的读者也有很高的参考价值。

前　言

随着信息化的不断发展，办公软件已经成为企业日常办公中不可或缺的工具。Word/Excel具有强大的文字和电子表格处理功能，使用它们可以进行各种文档资料的管理、数据的处理和统计资料的分析等。Word/Excel目前已经广泛地应用于财务、行政、人事、统计和金融等众多领域，在企业行政与人力资源管理中更是得到了广泛的应用。为此我们特编写本书，以满足企业实现高效、简捷的现代化管理的需求。

《Wrod/Excel实训教程（第二版）》以使用Word、Excel解决办公中的实际问题为主线，以提高公司办公自动化效率为目标，采用全程图解的讲解方式，通过丰富而具有代表性的实例，由浅入深、循序渐进地指导读者使用Word和Excel进行高效办公。全书共分16章，分别介绍Word文档的基本操作——制作工作说明书、格式化文档——制作调查问卷、使用图形图片和艺术字——图文混排、表格的使用——制作设备运行状态记录表、长文档的编辑——制作和管理用户说明书、目录和索引的使用——设计公司章程、宏和域的使用——制作商品库存管理系统、邮件与文档的安全和超链接、工作表的编辑——制作人事档案表、工作表的美化——制作客户信息表、使用公式和函数——制作员工工资表、使用图表——创建市场调查图表、排序与分类汇总——制作销售数据分类汇总表、数据假设与规划——制作偿还贷款方案分析表和项目方案表、数据透视表——制作销售数据透视分析表、Word与Excel的合作——公司人事管理等内容。通过这些内容的学习，能够帮助读者掌握基本的办公自动化技能，提高工作效率；同时学习和了解各类文书制作和企业管理的相关知识，既可以提升个人价值，也能够在企业商务办公中为单位创造更多的商机。

本书的特点是：

体例新颖：本书各章增设了主要知识点——“内容导航”，这是有别于其他同类书籍的一个重要特点。知识点部分对实例中所涉及的Word/Excel功能和专业知识进行了提炼和分析，可以帮助读者轻松、快捷地掌握实例内容。通过介绍实例所用到的相关知识点，不仅能使读者对书中的重点知识有一个初步的印象，有利于对实例的学习和巩固；又能给读者展示该章的设计思路，使读者能够提纲挈领，抓住该章的脉络，在学习中少走弯路。并且在每个实训的结尾均提供“补充实训”，让读者能够通过对题目的解答重新回顾和熟悉所学的知识，并对自己的学习成果进行评价，可为进一步的学习做好充分的准备。

实用至上：通过大量经典的实例，结合详细的步骤，深入浅出地介绍每个实例的基本理论知识和操作方法。书中选择的实例都具有较强的实用性，因此读者可以直接将书中的实例应用到实际工作中去。

提示技巧：在阅读具体实例的过程中可能会产生一些疑问，本书以提示技巧的形式对其进行了说明，意在解决读者的疑问，避免读者在学习的过程中走弯路。

与职业技能对接：本书完全按照职业工作内容进行谋篇布局，以Word/Excel在某个职业工作中的具体应用为主线，通过介绍典型应用案例，在细致讲解工作内容和工作思路的同时，将Word/Excel各项常用功能的使用方法进行融合。

知识回顾：在每个实训的结尾，特设"重点回顾"，以便让读者在完成一章的阅读时能够对本章的重要知识点作简要的复习。这样，一方面可以让读者对整章重点有更深刻的印象，另一方面通过复习可以让读者对每章的知识点有更加全面的把握。

本书由向劲松、韩最蛟、吴险峰、王妤姝、庞玲、苟小军编写。向劲松编写了实训2和实训16，韩最蛟编写了实训1、实训3和实训4，苟小军编写了实训5至实训8，王妤姝编写了实训9和实训10，庞玲编写了实训11和实训12，吴险峰编写了实训13至实训15。最后由向劲松负责统稿。

在编写本书的过程中，我们参考了大量书籍，得到了许多人的支持，在此向所有参考书籍的作者和帮助过我们的人们表示衷心的感谢。西南财经大学出版社为本书的编辑和出版付出了辛勤劳动，在此一并向他们表示诚挚的感谢。

虽然我们在写作中尽了最大努力，但书中的错误和不当之处在所难免。如果您在阅读中发现了错误，或者希望进一步完善本书的内容，我们非常愿意接受您的批评与建议。您可以通过以下电子邮件地址与我们联系：xiangjs@ gmail. com。

编 者

2014年8月

目　录

目　录

目 录

目　录

实训 1
Word 文档的基本操作——制作工作说明书

1.0　内容导航

要制作一个典雅精致、美观大方的工作说明书，就需要对文档的外观进行各种设置，Word 提供了丰富的格式编排功能，可以方便地对文档格式进行设置，如设置文档字符、段落格式等。通过设置文档格式，可以使文档变得丰富多彩。

● 文档的版面格式是影响文档外观的一个重要因素，它直接影响文档的整体效果。Word 能够让用户编排出丰富多彩的版面格式，如设置页边距、纸张大小、版式、文档网格。

● 在编辑文档时，首先需要选定相应的文本作为操作对象，然后就可进行移动、复制、删除和改变正文或图形。选定的文本可能是一个字符、一句话，也可能是一行、一段、若干段、全文等。操作既可以使用鼠标、键盘，也可以使用菜单。

● 复制是在选中文本或图形的同时，将选中的内容存入剪贴板中。根据需要可以将剪贴板中的内容粘贴到需要的地方。通过剪切和粘贴，可以将文本或图形在两个或多个位置之间、不同文档之间甚至不同的 Windows 应用程序之间进行移动。

● 在编辑排版工作说明书的过程中，经常用到一些简单的功能，如插入字符、删除字符、替换字符、撤销与恢复等。

● 如果文档中有较多相同的字符串需要替换成另一个字符串，应当使用 Word 提供的替换字符串功能，可以快速准确地实现替换。

● 字符格式是指影响字符外观的各种属性设置。例如，设置字符的字体、字号、字形及字间距等。改变文档中字符的格式可以起到美化文档、使文档重点突出的作用。

● 在 Word 中，段落是指任意数量的文本、图形，其后跟一个段落标记。影响文档外观的一个重要方面就是段落格式。段落格式包括段落的对齐方式、缩进、行距、段落间距、边框和底纹等，通过对段落格式的编排，可以使文档段落清晰、美观易读。

● 在进行录入操作时，常常会遇到一些键盘上没有的非标准符号或字符。例如希腊字母和拉丁字母等，这时可以利用 Word 提供的特殊符号及字符集。

● 使用 Word 提供的项目符号和编号功能，可以给选定的段落或标题添加多种项目符号和编号，使文档变得层次分明、结构清晰。

● 为段落添加各种边框，并应用不同的底纹填充背景，可以起到美化文档的作用。

● 页眉和页脚分别在文档页面的最上方和最下方，页眉和页脚可以包含页码，也可以包含标题、日期、时间、作者姓名、图形等。另外，还可以为每页都添加相同的页眉或页脚，也可以在文档的不同部分用不同的页眉和页脚。

● Word 提供了丰富的打印功能，如果想在打印之前知道打印效果，可以利用打印预览功能来预览其效果。

工作说明书原稿如图 1.1 所示。本实训将介绍利用 Word 的基本编辑排版功能，实现工作说明书的制作过程，制作的最终效果如图 1.2 所示。

工作说明书

核准总经理生效日期 2001/03/21 文件编 HR-02-01 拟制

一、基本资料

岗位名称人力资源部经理直接上级职位总经理所属部门辖员人数 5 人定员人数 6 人

二、工作概要

1、工作摘要

负责建立健全人力资源管理系统,制定人力资源发展战略和各项人力资源匹配政策,为集团各业务系统提供优秀的员工,建立良好的工作氛围和企业文化，确保。

2、工作内容说明

编号工作任务的内容责任

根据公司发展目标及内外部需求，制定人力资源发展策略，起草、制定

建立并不断根据内外形式健全人力资源管理系统，主班与督办

根据公司短期和长期需求，进行人员招聘与储备工作，主班与督办

根据市场的发展，不断评估组织架构、部门工作职能和工作流程，督办

拟订并及时修改薪酬制度，主班

拟订并不断评估现行福利制度，主班

根据公司发展目标与要求，进行员工教育培训与能力开发管理，主班

三、任职资格

1、学历与专业要求：

所需最低学历专业一专业二

大学本科人力资源管理其他管理类专业

2、所需技能培训

培训科目培训时间精通程度

人力资源管理类 3 个月精通

国家薪资、福利政策、劳动政策 7 天精通

市场营销、财务管理 7 天掌握

3、工作经验要求

从事人力资源管理工作 4 年以上，至少担任 2 年以上中大型快速消费品企业的人力资源经理级以上职务

4、专业素质要求

专业理论、实务操作理论：知识丰富、掌握现代人力资源趋势、具有可操作性的实务经验，能不断学习与进步；沟通与协调能力：掌握良好的沟通技巧、能进行有效沟通，能有效协调部门之间运作和处理员工关系；分析判断能力与解决问题能力：善于分析和判断内外部信息对人力政策的影响，善于处理员工关系、维护劳资双方利益。

5、职位关系

可直接晋升的职位：人力资源总监；可相互轮换的职位：总经理助理；可晋升至此的职位人力资源部经理助理、高级主管、分公司人力资源部经理。

图 1.1 工作说明书原稿

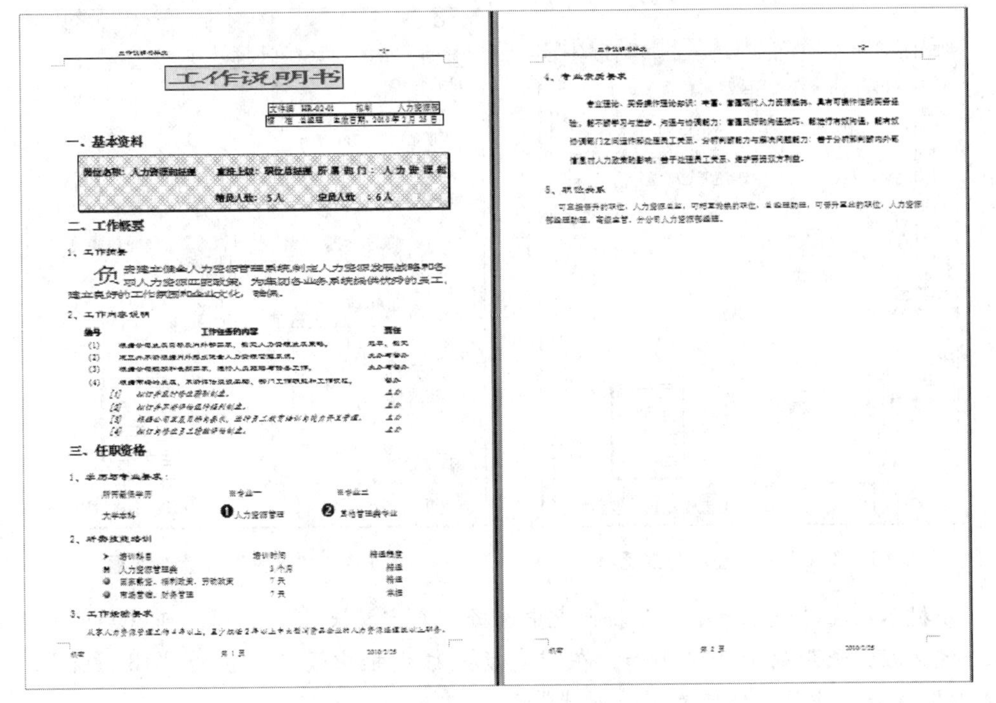

工作说明书

一、基本资料

岗位名称：人力资源部经理　直接上级：　所属部门：人力资源部

辖员人数：5人　定员人数：6人

二、工作概要

三、任职资格

所需最低学历	※专业一	※专业二
大学本科	❶人力资源管理	❷其他管理类专业

培训科目	培训时间	熟悉程度
人力资源管理类	3个月	精通
国家劳资、福利政策、劳动政策	7天	精通
市场营销、财务管理	7天	熟悉

图 1.2　工作说明书最终效果图

1.1　版面设置

文档的版面格式是影响文档外观的一个重要因素，它直接影响文档的整体效果。Word 能够让用户编排出丰富多彩的版面格式，如设置页边距、纸张大小，以及添加各种页码、页眉、页脚距和页边距的距离等。

【操作步骤】

（1）选择“开始”→“程序”→“Microsoft Office”→“Microsoft Office Word 2003”菜单项，启动文字处理软件。

（2）选择“文件”→“打开”菜单项，打开指定的文件夹中的文档“工作说明书原稿”。

（3）选择“文件”→“另存为”菜单项，将文档保存为“工作说明书”。

（4）选择“文件”→“页面设置”菜单项，弹出“页面设置”对话框（如图 1.3 所示）。选择“页边距”选项卡，然后根据用户需要将“页边距”组合框中的“上”、“下”、“左”和“右”微调框中输入需要的数值，在“方向”组合框中选择“纵向”选项，在“预览”组合框中的“应用于”下拉列表中选择“整篇文档”选项。

（5）切换到“纸张”选项卡，在“纸张大小”下拉列表中选择“A4”选项，在“预览”组合框中的“应用于”下拉列表框中选择“整篇文档”选项（如图 1.4 所示）。

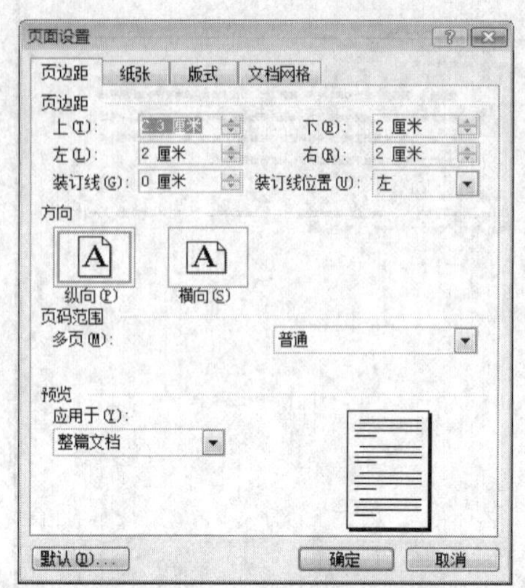

图 1.3 “页面设置”对话框

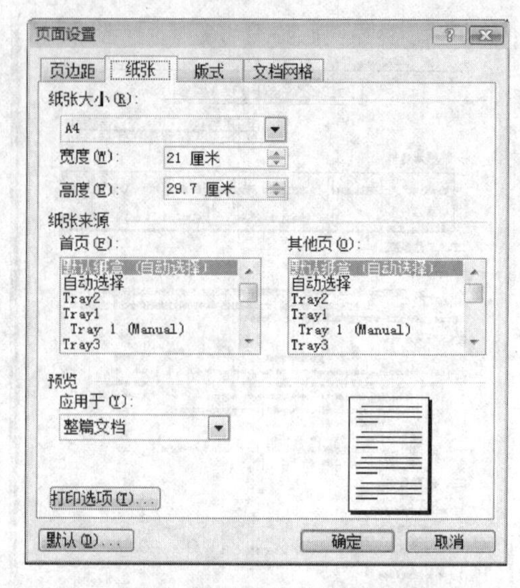

图 1.4 “纸张”设置对话框

小提示：在“纸张大小”下拉列表中选择“自定义大小”选项，可以按用户的要求自定义版面纸张的大小。比如，在“宽度”微调框中设置数值为“18 厘米”，在“高度”微调框中设置数值为“24 厘米”。

（6）切换到“版式”选项卡，在“距边界”项，分别设置“页眉”和“页脚”，在“预览”组合框中的“应用于”下拉列表框中选择“整篇文档”选项（如图 1.5 所示）。

（7）切换到“文档网格”选项卡，可设置“文字排列”方向、“网格”、“字符”、“行”、“预览”等（如图 1.6 所示）。

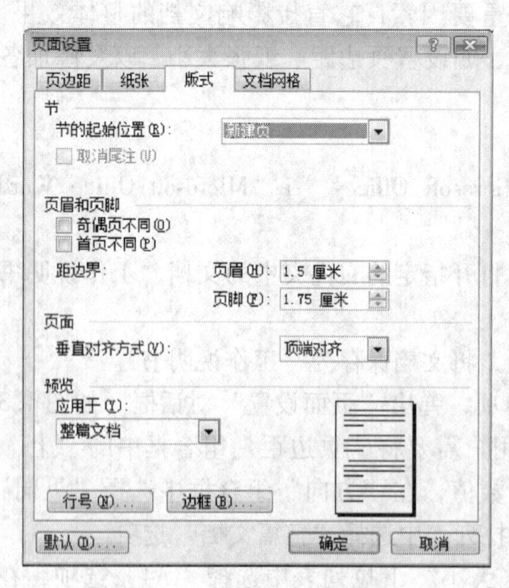

图 1.5 “版式”设置对话框

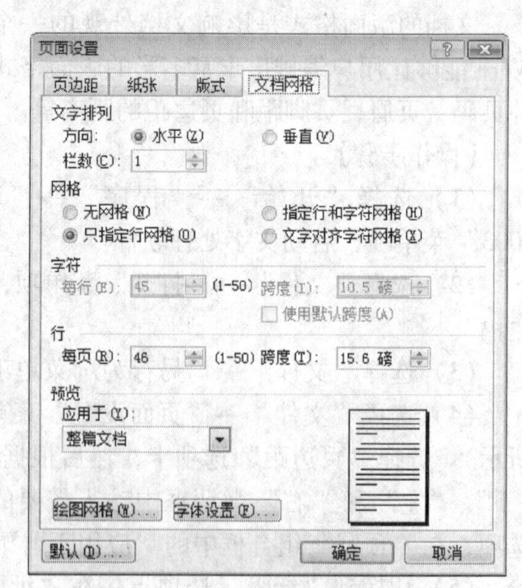

图 1.6 “文档网格”设置对话框

1.2　文本的选定

在编辑文档时，首先需要选定相应的文本作为操作对象，然后就可进行移动、复制、删除和改变正文或图形。选定的文本可能是一个字符、一句话，也可能是一行、一段、若干段、全文等。操作既可以使用鼠标、键盘，也可以使用菜单。下面介绍选定文本的操作。在编辑排版工作说明书的过程中，可选用下面的相关操作来完成文本的选定。

◆ 鼠标选定文本

将插入点移到被选文本的起始位置，按住鼠标左键不放，然后拖动鼠标，直到将插入点移到被选文本的结束位置，松开鼠标左键，即可选定文本；或是将插入点移到被选文本的起始位置，按住【Shift】键不放，再用鼠标单击被选文本的结束位置，也可选定文本。

选定文本后，被选文本的底色将变为黑色，以便与其他文本区别开来。表1-1列出了用鼠标选择文本的其他方法。

表1-1　　**鼠标选择文本的方法**

选　择	操　作
一个字	按所选的方向拖动
一个图形	单击被选图形
一行文字	单击文本行左边空白区
多行正文	按所选的方向拖动
一句话	按住【Ctrl】键不放单击被选句子
一段文本	双击段落左边的空白拖动
多个段落	按所选内容的方向拖动
整个文档	三击文本左边空白区
正文的垂直矩形块	按住【Alt】不放，单击并拖动

◆ 键盘选择文本

将插入点移到被选文本的开头，按住【Shift】键不放，再按光标键移动插入点到被选文本结束位置后松开，即可选定文本。表1-2列出了用键盘选择文本的主要方法。

表1-2　　**键盘选择文本的方法**

选　择	操　作
向右或向左选择一字	【Shift】+【→】或【←】
选择到行尾或行首	【Shift】+【End】或【Home】
向下或向上选择一行	【Shift】+【↓】或【↑】
选择到段尾或段首	【Shift】+【Shift】+【↓】或【↑】
向下或向上选择一屏	【Shift】+【PageDown】或【PageUp】
选择到文档尾或文档段首	【Shift】+【Ctrl】+【End】或【Home】
选择整个文档	【Ctrl】+【A】

小提示：单击“编辑”→“全选”，可以选定整个文档；或直接按“Ctrl+A”，也可以选定整个文档。

1.3 文本的复制和粘贴

复制是在保留选中文本或图形的同时，将选中的内容存入剪贴板中。根据需要可以将剪贴板中的内容粘贴到需要的地方。

【示例1.1】将文本“人力资源部”分别复制到第二行和第四行的后面。

【操作步骤】

(1) 选定文本。将插入点置于第四行“人力资源部”的起点，按住鼠标左键拖动到终点。

(2) 复制。单击“编辑”→“复制”；或单击工具栏上的“复制”按钮；或单击鼠标右键，选择“复制”选项。

(3) 粘贴。将插入点置于第二行和第四行的行尾，单击“编辑”→“粘贴”；或单击工具栏上的“粘贴”按钮；或单击鼠标右键，选择“粘贴”选项（如图1.7所示）。

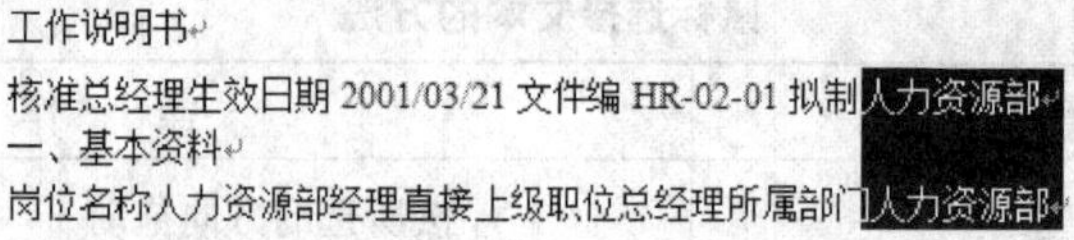

工作说明书

核准总经理生效日期 2001/03/21 文件编 HR-02-01 拟制人力资源部

一、基本资料

岗位名称人力资源部经理直接上级职位总经理所属部门人力资源部

图1.7 复制后的效果图

1.4 文本的移动

通过剪切和粘贴，可以将文本或图形在两个或多个位置之间、不同文档之间甚至不同的Windows应用程序之间进行移动。

【示例1.2】将文本“文件编HR-02-01拟制人力资源部”移动到第二行的前面。

【操作步骤】

(1) 选定文本。将插入点置于第二行“文件编HR-02-01拟制人力资源部”的起点，按住鼠标左键拖动到终点。

(2) 移动。按住鼠标左键拖到第二行的行首（如图1.8所示）。

工作说明书

核准总经理生效日期 2001/03/21 文件编 HR-02-01 拟制人力资源部

一、基本资料

图1.8 拖动到行首的光标图

小提示：选定要移动的文本或图形，按住鼠标左键拖到指定的位置，也可完成移动。

1.5　修改文档

在编辑排版工作说明书的过程中，主要用到一些简单的功能，如插入字符、删除字符、替换字符、撤销与恢复等。

◆ 删除字符

在输入文档后，如有多余字符，应做删除操作。将插入点移到被删除字符之前，按【Del】键即可删除插入点右边的字符；或是将插入点移到被删除字符的后边，按退格键【Backspace】即可删除插入点左边的字符。

如果要删除多个字符或多行字符，可以先选定这些文本，然后按【Del】键实现删除。

◆ 插入字符

在文档的修改过程中，若需要插入字符，则只需要将插入点移到需要插入文字的位置输入文字，即可插入文字，原来插入点处的字符将自动向右移动。

◆ 替换字符

替换字符就是用新键入的字符替换原有的字符。替换方法是：先选定不需要的字符，然后键入新字符。

◆ 撤销与恢复

考虑到用户可能会出现误操作，Word 提供了“撤销”菜单项。如果要取消上一次操作，可单击工具栏“撤销”按钮。

单击“撤销”按钮旁边的箭头，可查看最近进行的可撤销操作列表，可以选择要撤销的操作。如果该操作不可见，可滚动列表。撤销某操作的同时，也撤销了列表中所有位于它上面的操作。

与“撤销”菜单项相对，Word 还提供了一个“恢复”菜单项，其作用是还原用户使用“撤销”菜单项撤销过的操作。单击“恢复”按钮即可。

1.6　文本的查找和替换

◆ 查找字符串

在一个比较长的文档中，通过移动光标来查找字符串是比较困难和费时的。Word 提供了一个在文本中快速查找字符串的功能。其操作方法如下：

（1）选择“编辑”菜单中的“查找”菜单项，出现如图 1.9 所示的“查找和替换”对话框，当前激活的是“替换”选项卡。

（2）在“查找内容”组合框中输入或选择要查找的字符串。

（3）单击“查找下一处”按钮开始查找，找到后便停下来，可再单击“查找下一处”按钮继续查找。

（4）单击“取消”按钮，即可取消查找。

◆ 替换字符串

如果文档中有较多相同的字符串需要替换成另一个字符串，应当使用 Word 提供的替换字符串功能，可以快速准确地实现替换。

【示例1.3】将文档中的“主班”全部替换为“主办”。

【操作步骤】

（1）将插入点移到文档开始，选择“编辑”菜单中的“替换”菜单项，屏幕上出现“查找和替换”对话框，当前激活的是“替换”选项卡。

（2）在“查找内容”组合框中输入被替换的字符串“主班”。

（3）在“替换为”组合框中输入用来替换的字符串“主办”（如图1.9所示）。

（4）单击选项卡中相应的菜单项按钮，如“查找下一处”、“替换”和“全部替换”等，如单击“全部替换”，出现如图1.10所示对话框，单击“确定”按钮。

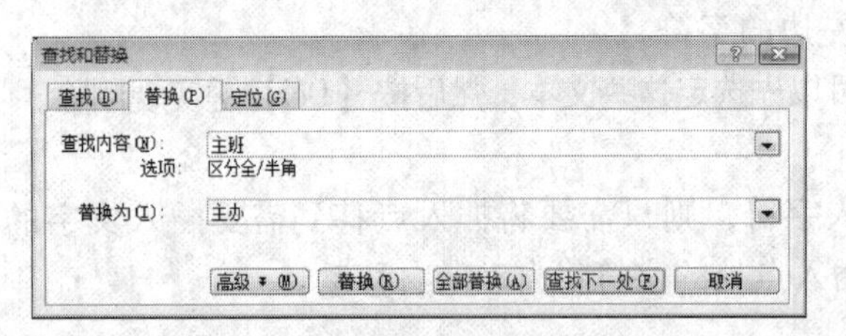

图1.9 “查找和替换”对话框

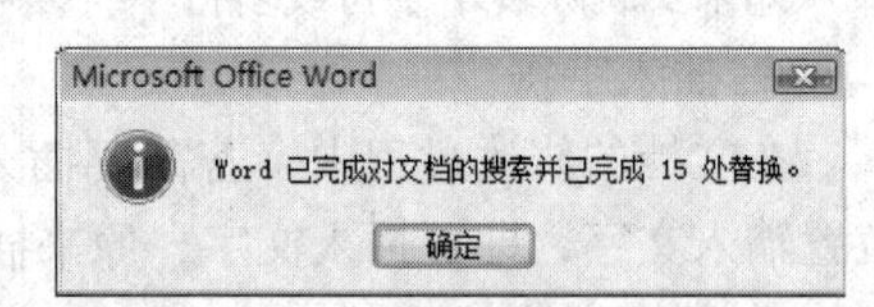

图1.10 完成替换对话框

1.7 字符格式的设置

字符格式是指影响字符外观的各种属性设置。例如，设置字符的字体、字体大小、字形及调整字间距等。改变文档中字符的格式，可以起到美化文档、使文档重点突出的作用。用户可以在输入字符前设置字符格式，也可以在输入字符后设置字符格式。输入字符前，可以通过选择新的格式定义将作用于以后要输入的字符。对已输入的字符进行格式设置时，应按照“先选定，后操作”的原则。使用字体、字体大小、加粗、斜体和下划线等字体格式最快捷的方法是使用“格式”工具栏中的工具按钮。

单击“视图”菜单的“工具栏”中的“格式”菜单项，即可打开常用“格式”工具栏（如图1.11所示）。

图1.11 常用“格式”工具栏

◆ 设置字体

【示例1.4】按“工作说明书”的样文，设置字体。

【操作步骤】

（1）选定要改变字体的字符，如选定“工作说明书”标题。

（2）单击常用“格式”工具栏中“字体”列表框右边的向下箭头，从“字体”下拉列表中选择所需的字体，如“楷体”。文档中的其他段落使用同样的操作步骤进行设置。

小提示：使用“格式”菜单栏的“字体”对话框进行字体设置。选择“格式”菜单中的“字体”菜单项，打开“字体”对话框，选择“字体”选项卡，在“中文字体”框和“西文字体”框，列出了各种字体，选择其中所需要的字体。如在“中文字体”下拉列表框，选择“楷体”（如图1.12所示）。

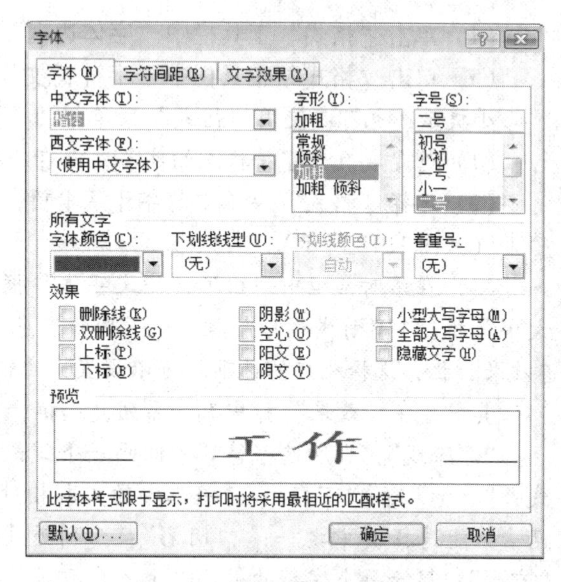

图1.12　“字体”对话框

◆ 设置字形

【示例1.5】按“工作说明书”的样文，设置字形。

【操作步骤】

（1）选定要改变字体的字符，如选定“工作说明书”标题。

（2）单击“格式”工具栏中的“加粗”、“斜体”或“下划线”按钮。这三个按钮既可以组合使用，也可以单独使用。“字形”按钮属于开关型按钮，如单击“加粗”按钮，可以使选定的字符变为粗体字形（该按钮呈按下状态）；再次单击“加粗”按钮时，可以取消选定字符的粗体字形（该按钮呈弹起状态）。文档中的其他段落使用同样的操作步骤进行设置。

小提示：使用“格式”菜单栏的“字体”对话框进行字形设置。选择“格式”菜单中的“字体”菜单项，打开“字体”对话框，选择“字体”选项卡，在“字形”框，列出了各种字形，选择其中所需要的字体（如图1.12所示）。

◆ 设置字号

【示例1.6】按“工作说明书”的样文，设置字号。

【操作步骤】

（1）选定要改变字号的字符，如选定“工作说明书”标题。

（2）单击“格式”工具栏中“字号”列表框右边的向下箭头，从“字号”下拉列表中选择所需的字体，如“二号”。文档中的其他段落使用同样的操作步骤进行设置。

◆ 格式化字体

如果需要设置更多的字符效果，如字符的颜色、删除线、上标或下标等时，可以用如下操作方法进行。

【示例1.7】将文档中的“工作说明书”进行如下格式化设置：

工作说明书

【操作步骤】

（1）选定“工作说明书”文本。

（2）单击“格式”工具栏中“字体颜色”按钮列表框右边的向下箭头，打开调色板，从中选择“紫罗兰”颜色。

（3）单击“格式”工具栏中“字符缩放”按钮列表框右边的向下箭头，弹出缩放比例列表，从中选择“200%”。

(4) 单击“格式”工具栏中“字体边框”按钮。

(5) 单击“格式”工具栏中“字符底纹”按钮。

小提示：也可以使用“格式”菜单栏的“字体”对话框，按照以下步骤进行：

(1) 选定要改变字符格式的字符，或者将插入点移到新格式开始的位置。

(2) 选择“格式”菜单中的字体菜单项，打开“字体”对话框，选择“字体”选项卡（如图 1.12 所示）。

(3) 在该对话框中列出了“中文字体”框或“西文字体”框、“字形”框、“字形大小”框、“下划线线形”框、“下划线颜色”框、“字体颜色”框、“着重号”框、“效果”栏，选择相应的选项就可以设置出比较复杂奇妙的字符格式。

其中，在“效果”栏中有一系列复选框，可以提供更加丰富的格式化效果。

“删除线”：在所选字符的中间画一条线；“双删除线”：在所选字符的中间划两条线；“上标”和“下标”：可将选定的文本相对于同行上的其他文字升高或降低，每次两者只能选择其中之一；“阴影”：为所选文字添加阴影，阴影位于文字下方偏右；“空心”：显示每个字符的笔画边线；“阳文”：使所选文字显示出高于纸面的浮雕效果；“阴文”：使所选文字显示出刻入纸面的效果；“全部大写字母”：把小写字母变为大写字母；“隐藏文字”：用于隐藏不想显示或打印的文字；在“预览”栏的下面有一个预览窗口，可以预览设置效果。

◆ 设置字符间距

通常情况下，我们在设置字符格式时无需考虑字符间距，因为 Word 已经在字符之间设置了标准间距。但当用大号标题的时候会显得字符间距过大，就需要调整字符间距。

【示例 1.8】将文档中的“工作摘要”所在段落，做如下字符间距的设置：

1、工作摘要

负责建立健全人力资源管理系统，制定人力资源发展战略和各项人力资源匹配政策，为集团各业务系统提供优秀的员工，建立良好的工作氛围和企业文化，确保。

【操作步骤】

(1) 选定“工作摘要”所在段落。

(2) 选择“格式”菜单中的“字体”菜单项，出现“字体”对话框。

(3) 单击“字符间距”标签，在“缩放”框，选择“150%”（如图 1.13 所示）。

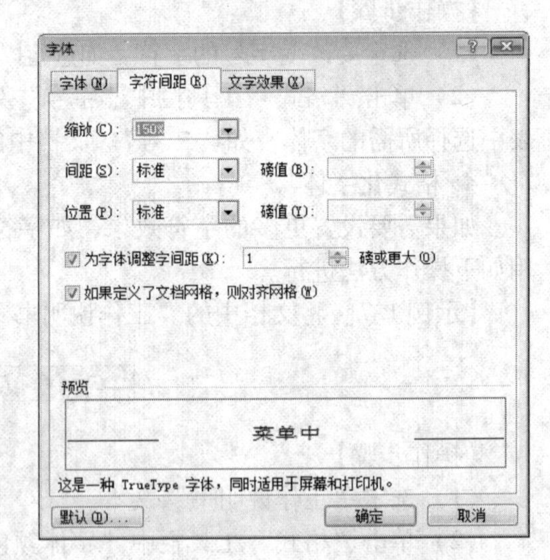

图 1.13 “字符间距”设置对话框

◆ 设置动态文字

在“字体”对话框中，单击“文字效果”标签，打开“文字效果”选项卡，从中可以设置文字的动态效果。在“动态效果”框中列出了各种动态效果选项，可以从中选择所需的动态效果。“动态效果”只能在屏幕上观察，无法打印（文字可以打印出来，但是没有动态效果），而且每次只能应用一种动态效果，如果选择“无”将取消动态效果。

【示例1.9】将文档中的“工作摘要”所在段落的“人力资源管理系统”，作如下“动态效果”设置：

1、工作摘要

负责建立健全人力资源管理系统,制定人力资源发展战略和各项人力资源匹配政策，为集团各业务系统提供优秀的员工,建立良好的工作氛围和企业文化，确保。

【操作步骤】

(1) 选定“人力资源管理系统”所在文本。

(2) 选择“格式”菜单中的“字体”菜单项，出现“字体”对话框。

(3) 在“字体”对话框中，单击“文字效果”标签，打开“文字效果”选项卡，在“动态效果”框中选择“礼花绽放”的动态效果（如图1.14所示）。

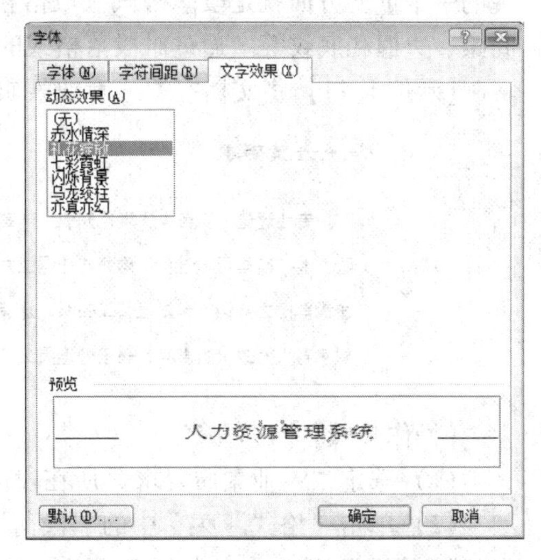

图1.14 “文字效果”设置对话框

◆ 设置首字下沉

为了强调段首或章节的开头，可以将第一个字符放大以引起注意，这种格式就是首字下沉格式。通过“首字下沉”对话框可以设置出两种不同的下沉效果。

【示例1.10】将文档中的“工作摘要”所在段落的首字“负”，作如下“首字下沉”设置：

1、工作摘要

负责建立健全人力资源管理系统,制定人力资源发展战略和各项人力资源匹配政策，为集团各业务系统提供优秀的员工,建立良好的工作氛围和企业文化，确保。

【操作步骤】

(1) 选定文档中的“工作摘要”所在段落。

(2) 选择“格式”菜单中的“字体”菜单项，出现“字体”对话框。

(3) 选择“格式”菜单中的“首字下沉”菜单项，打开“首字下沉”对话框，选择“下沉”选项，在“下沉行数”框中，键入或选择下沉的行数为2，单击“确定”按钮（如图1.15所示）。

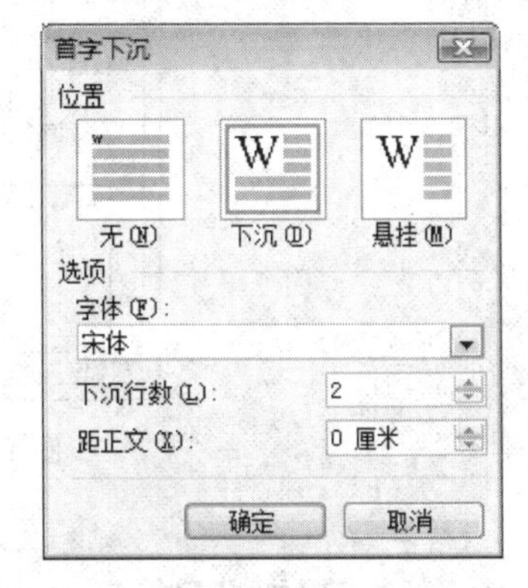

图1.15 “首字下沉”设置对话框

小提示：在“位置”栏中，选择“无”，则不进行首字下沉。如果已进行过首字下沉，选择此项可以删除首字下沉。选择“悬挂”选项，首字下面不排字符，在“距正文”框中，键入或选择距正文的距离。

1.8 段落格式的设置

在 Word 中，段落是指任意数量的文本、图形，其后跟一个段落标记。影响文档外观的一个重要方面就是段落格式。段落格式包括段落的对齐方式、缩进、行距、段落间距、边框和底纹等。通过对段落格式的编排，可以使文档的段落清晰、美观易读：

【示例 1.11】将文档中的“专业素质要求”所在段落，作如下段落格式设置：

4、专业素质要求

专业理论、实务操作理论知识：丰富、掌握现代人力资源趋势、具有可操作性的实务经验，能不断学习与进步。沟通与协调能力：掌握良好的沟通技巧、能进行有效沟通，能有效协调部门之间运作和处理员工关系。分析判断能力与解决问题能力：善于分析和判断内外部信息对人力政策的影响，善于处理员工关系、维护劳资双方利益。

【操作步骤】

(1) 选定“专业素质要求”所在段落。

(2) 单击“格式”菜单中的“段落”菜单项，打开“段落”对话框，并自动选择“缩进和间距”选项卡（如图 1.16 所示）。

(3)“缩进”、“间距”、“行距”、“特殊格式”分别按图 1.16 所示进行设置。

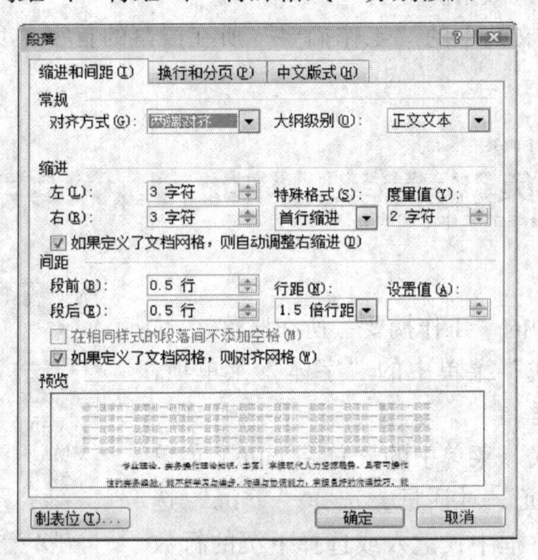

图 1.16　“段落”格式设置对话框

1.9 使用格式刷

当复制一个段落并且包含段落标记的段落时，复制的段落将保持原来的格式。如果只想复制段落格式而不复制内容，就使用“常用”工具栏的“格式刷”按钮。复制段落格式的步骤如下：

【示例 1.12】使用"格式刷"将文档中的"一、基本资料"所在标题格式复制到其他同级标题的段落上。

【操作步骤】

（1）选定所在标题段落。

（2）双击"常用"工具栏的"格式刷"按钮。

（3）将鼠标指针移到要复制格式的段落上，反复单击鼠标左键。

小提示：段落格式是存放在段落标记中的，在选定要复制其格式的段落时，不用选定整个段落，只需选定它的段落标记即可。

1.10　插入符号

在进行录入操作时，常常会遇到一些键盘上没有的非标准符号或字符，如希腊字母和拉丁字母等，这时可以利用 Word 提供的特殊符号及字符集。步骤如下：

（1）首先将插入点定位于需要插入特殊符号或字符处。

（2）单击菜单中的"插入"按钮；选择"符号"，屏幕即显示出"符号"对话框。

（3）单击"字体"列表栏的下拉按钮，选择所需的字体（如图 1.17 所示）。

（4）选取所需符号或字符，单击"插入"按钮。

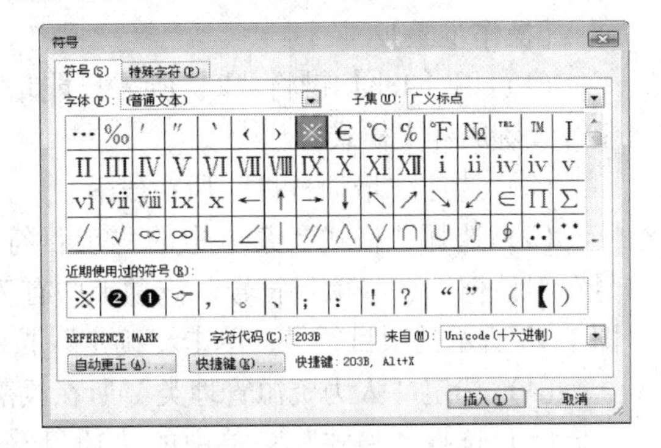

图 1.17　"符号"对话框

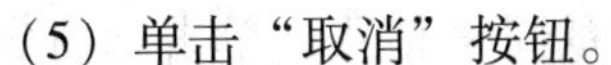

（5）单击"取消"按钮。

小提示：在符号对话框中还有一个"特殊字符"标签，它提供了某些文档常用的一些字符。若需要，用户可以选用。但是这些字符在"符号"标签中一般均可以找到。用户可根据情况选择使用。

【示例 1.13】将文档中的"1、学历与专业要求"所在段落，插入如下符号：

【操作步骤】

（1）将插入点分别定位在需要插入符号的位置。

（2）单击菜单中的"插入"→"符号"。

（3）单击字体列表栏的下拉按钮，选择"普通文本"，选取"※"字符，单击"插入"按钮。

（4）单击字体列表栏的下拉按钮，选择"Wingdings"，分别选取"❶❷"字符，单击"插入"按钮。

（5）单击"取消"按钮。

1.11 设置项目符号和编号

使用 Word 提供的项目符号和编号功能，可以给选定的段落或标题添加多种项目符号和编号，使文档变得层次分明、结构清晰。建立项目符号或编号可以在输入文本前进行，也可以在输入完文本后添加。添加项目符号或编号后，如果再增加、移动或删除段落，Word 会自动更新和调整编号。添加项目符号和编号可以使用“格式”工具栏，也可以使用“项目符号和编号”对话框。

【示例 1.14】将文档中的“2、所需技能培训”所在段落，设置如下项目符号：

2、所需技能培训

➢	培训科目	培训时间	精通程度
⌘	人力资源管理类	3个月	精通
●	国家薪资、福利政策、劳动政策	7天	精通
●	市场营销、财务管理	7天	掌握

【操作步骤】

(1) 用【Tab】键将“2、所需技能培训”所在段落的每一行的相关内容进行调整，设置成样文样式。

(2) 选定“培训科目”所在段落。

(3) 选择“格式”菜单中的“项目符号和编号”菜单项，打开“项目符号和编号”对话框。在“项目符号”选项卡中有 7 种预先定义好的符号格式，选中所需的如图 1.18 所示的项目符号，单击“确定”按钮。

(4) 选定“人力资源管理类”所在段落。

(5) 选择“格式”菜单中的“项目符号和编号”菜单项，打开“项目符号和编号”对话框。在“项目符号”选项卡中没有预先定义好的符号格式，单击“自定义”按钮，打开“自定义项目符号列表”对话框（如图 1.19 所示）。

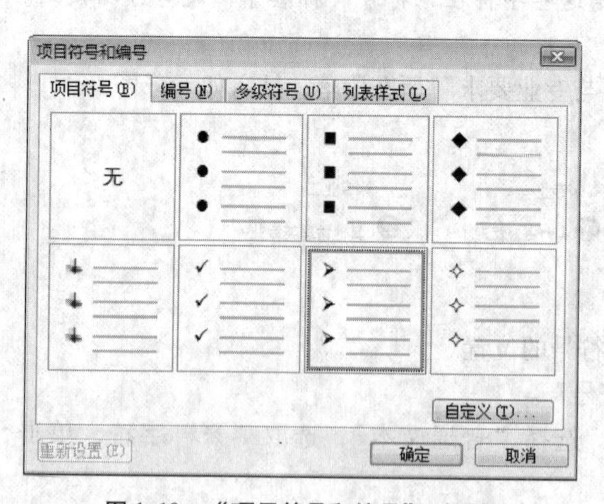

图 1.18 “项目符号和编号”对话框

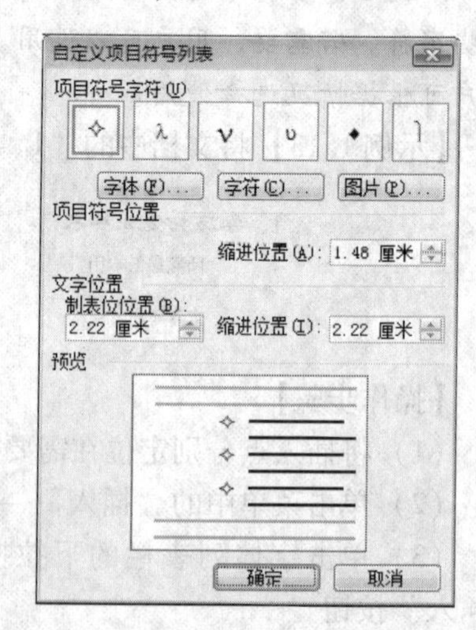

图 1.19 “自定义项目符号列表”对话框

(6) 单击“符号”按钮，打开“符号”对话框，从中选择要用的符号（如图 1.20 所示）。

（7）单击“确定”按钮，返回到“自定义项目符号列表”对话框。“项目符号位置”栏中的“缩进位置”框用于控制项目符号与页边距的距离；“文字位置”栏中的“缩进位置”框用于控制项目符号与文章的距离。选择需要的项目符号，选中所需的数值（如图 1.21 所示），单击“确定”按钮。返回“项目符号和编号”对话框，选定刚才添加的项目符号，单击“确定”按钮。

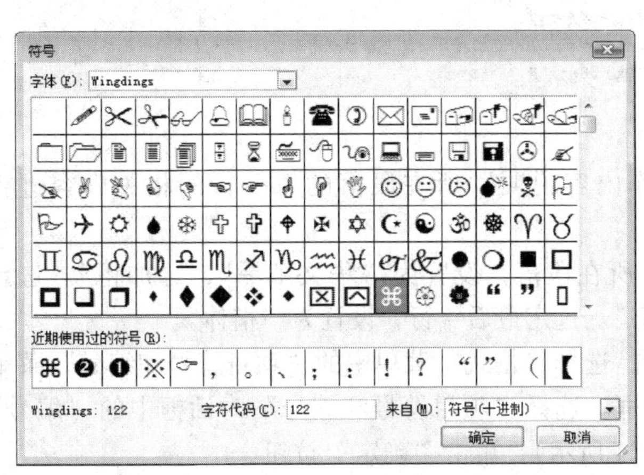

图 1.20　“符号”对话框中选定的符号

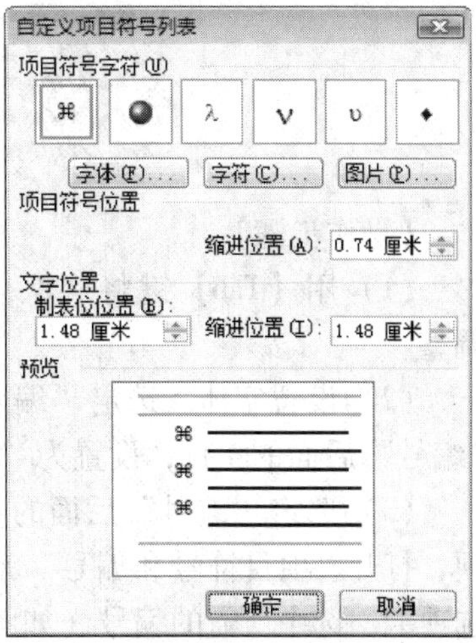

图 1.21　已添加新项目符号的对话框

（8）选定剩余的两个段落。

（9）选择“格式”菜单中的“项目符号和编号”菜单项，打开“项目符号和编号”对话框。在“项目符号”选项卡中没有预先定义好的符号格式，选定最后一种样式，单击“自定义”按钮，打开“自定义项目符号列表”对话框（如图 1.19 所示）。单击“图片”按钮，打开“图片项目符号”对话框，从中选择要用的符号（如图 1.22 所示），单击“确定”按钮，返回到“自定义项目符号列表”对话框。“项目符号位置”栏中的“缩进位置”框用于控制项目符号与页边距的距离；“文字位置”栏中的“缩进位置”框用于控制项目符号与文章的距离。选中所需的数值，如图 1.23 所示的项目符号，单击“确定”按钮。返回“项目符号和编号”对话框，选定刚才添加的项目符号，单击“确定”按钮。

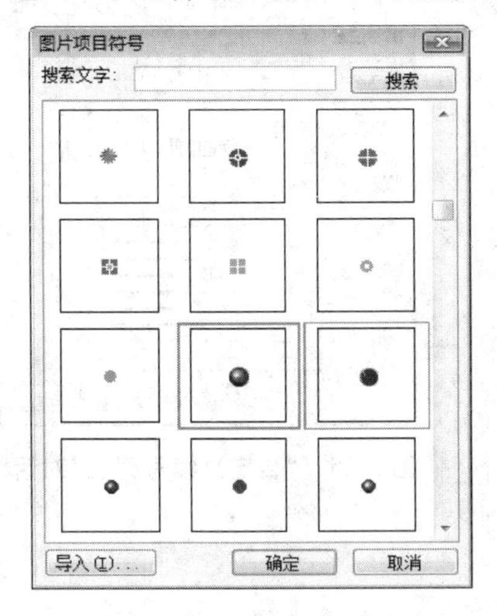

图 1.22　“图片项目符号”对话框

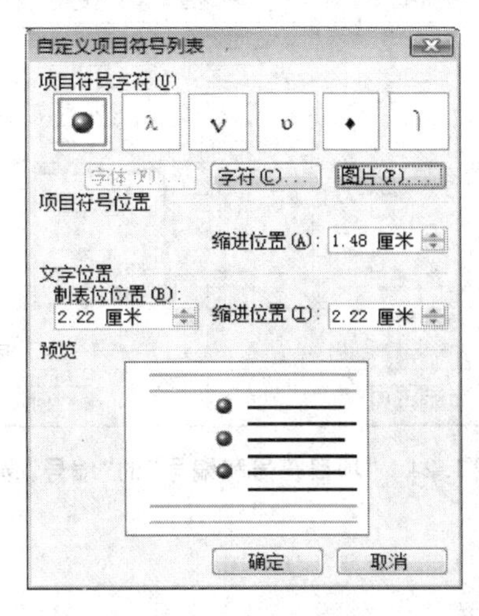

图 1.23　已添加新项目符号的对话框

【示例 1.15】将文档中的“2、工作内容说明”所在的内容，设置如下项目编号：

2、工作内容说明

编号	工作任务的内容	责任
(1)	根据公司发展目标及内外部需求，制定人力资源发展策略。	起草、制定
(2)	建立并不断根据内外形式健全人力资源管理系统。	主办与督办
(3)	根据公司短期和长期需求，进行人员招聘与储备工作。	主办与督办
(4)	根据市场的发展，不断评估组织架构、部门工作职能和工作流程。	督办
[1]	拟订并及时修改薪酬制度。	主办
[2]	拟订并不断评估现行福利制度。	主办
[3]	根据公司发展目标与要求，进行员工教育培训与能力开发管理。	主办
[4]	拟订与修改员工绩效评估制度。	主办

【操作步骤】

（1）用【Tab】键将“2、工作内容说明”所在段落的每一行的相关内容进行调整。

（2）设置字体。选定“编号”所在段落，设置为“华文细黑”，“加粗”。选定“编号”后面的4行，设置为“隶书”。选定最后4行，设置为“楷体”。

（3）选定“编号”后面的4行，选择“格式”菜单中的“项目符号和编号”菜单项，打开“项目符号和编号”对话框。选择“项目符号和编号”对话框中的“编号”选项卡，选中所需的编号（如图 1.24 所示），单击“确定”按钮。

（4）选定最后4行，选择“格式”菜单中的“项目符号和编号”菜单项，打开“项目符号和编号”对话框。选择“项目符号和编号”对话框中的“编号”选项卡，选定第二个样式，单击“自定义”按钮，打开“自定义编号列表”对话框，从中自定义项目编号。“编号格式”框用于确定编号的格式；“字体”按钮用于为编号设置字体格式；“起始编号”框确定从数字几开始编号；“编号位置”框控制编号的对齐方式以及编号与页边距的距离；“文字位置”框控制文字与编号的距离。按图 1.25 所示进行具体设置，再单击“确定”按钮。

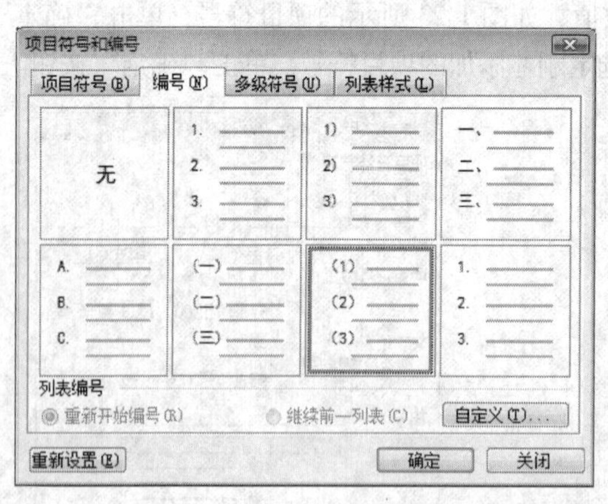

图 1.24 “项目符号和编号”的“编号”选项卡对话框

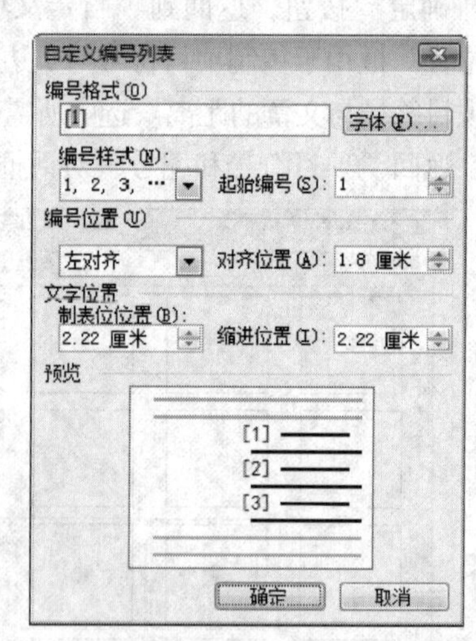

图 1.25 “自定义编号列表”对话框

1.12　设置边框与底纹

为段落添加各种边框，并应用不同的底纹填充背景，可以起到美化文档的作用。

【示例 1.16】将文档中的相关内容设置如下的边框与底纹：

文件编　HR-02-01　　拟制　　人力资源部
核　准　总经理　生效日期：2010 年 2 月 25 日

一、基本资料

岗位名称：人力资源部经理　　直接上级：职位总经理　所 属 部 门：人 力 资 源 部
辖员人数：5 人　　定员人数　：6 人

【操作步骤】

（1）将插入点定位到“人力资源部”的末尾或“核准”的前面，按回车键，分成两段。

（2）选定这两个段落，单击常用“格式”工具栏上的“右对齐”按钮，用【Tab】键和空格键调整样文的样式。

（3）单击常用“格式”工具栏上的“字符边框”按钮。

（4）用【Tab】键和空格键编排“一、基本资料”所在段落，成为样文的样式，选定“一、基本资料”所在段落。

（5）单击“格式”菜单中的“边框和底纹”菜单项，打开“边框和底纹”对话框，默认时打开“边框”选项卡（如图 1.26 所示）。

（6）在“设置”栏中有 5 种边框样式，从中选择所需的样式，如“阴影（A）”；“线型”栏中列出了各种不同的线型，选择所需线型。“颜色”框用于为边框设置颜色，单击“颜色”框右边的箭头，打开调色板，从中选择所需颜色。“宽度”框用于设置边框的线条粗细，如“$2\frac{1}{2}$磅”。在“应用于”下拉列表框中，选择“段落”选项（如图 1.26 所示）。

（7）单击“边框和底纹”对话框的“底纹”标签，打开“底纹”选项卡（如图 1.27 所示）。

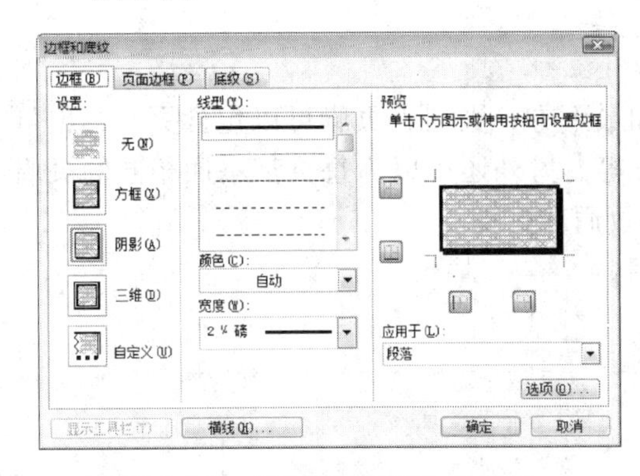

图 1.26　“边框和底纹”对话框

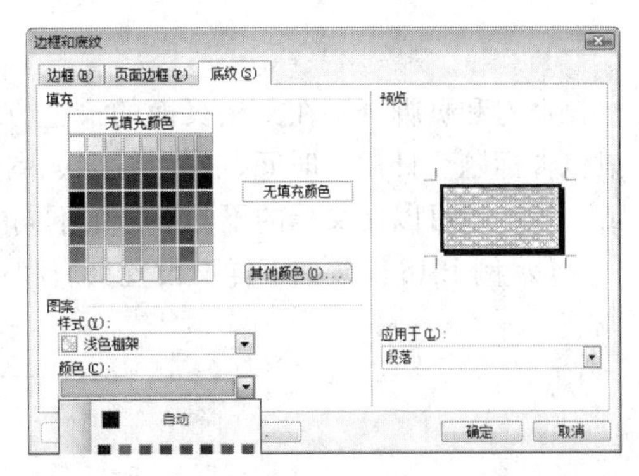

图 1.27　“边框和底纹”的“底纹”选项卡对话框

（8）在“填充”栏中列出了各种填充颜色，从中选择所需的颜色。单击“式样”框右边的箭头，打开“式样”列表框，从中选择所需的图案，如“浅色棚架”；单击“颜色”按钮，打开“颜色”对话框，从中选择所需的颜色，如“淡紫”；在“应用于”下拉列表框中，选择“段落”选项（如图1.27所示）。单击“确定”按钮，返回到“底纹”选项卡。

（9）单击“确定”按钮。

小提示：如果想删除已有的底纹，单击“底纹”选项卡中“填充”栏里的“无”选项；如果想删除已有的边框，单击“边框”选项卡中“设置”栏里的“无”选项。

1.13 插入日期

Word设置了各种不同的日期格式类型，方便用户插入日期时使用。

【示例1.17】在文档中的“生效日期”后，插入如下格式的日期：

文件编	HR-02-01	拟制人	力资源部
核　准	总经理	生效日期：2010年2月25日	

【操作步骤】

（1）将插入点定位在“生效日期”的末尾位置。

（2）单击菜单中的“插入”→“日期和时间”菜单项。打开“日期和时间”设置对话框。

（3）在“语言（国家、地区）”下拉列表中，选择“中文（中国）”，在“可用格式”栏中选择需要的日期格式，如“2010年2月25日”（如图1.28所示），单击“确定”按钮。

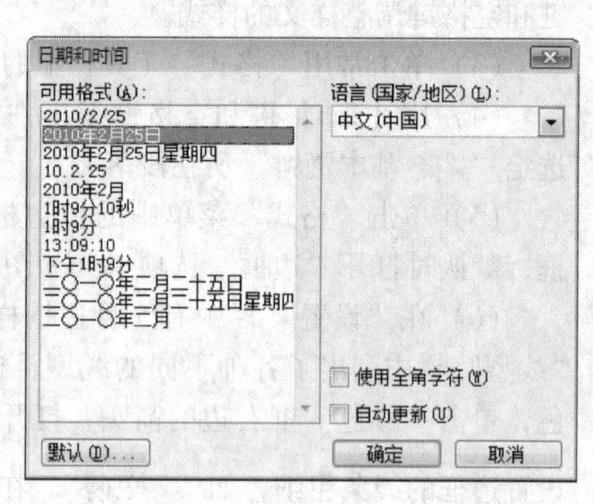

图1.28　“日期和时间”对话框

1.14 设置页眉和页脚

页眉和页脚分别在文档页面的最上方和最下方，页眉和页脚可以包含页码，也可以包含标题、日期、时间、作者姓名、图形等。另外还可以为每页都添加相同的页眉或页脚，也可以在文档的不同部分用不同的页眉和页脚。

【示例1.18】按如下样文设置页眉和页脚：

工作说明书样文　　　　-1-

机密　　　　第2页　　　　2010/2/25

【操作步骤】

(1) 将插入点定位在文档任意位置。

(2) 单击“视图”菜单中的“页眉和页脚”菜单项，打开“页眉/页脚”工具栏（如图1.29所示）。

图1.29 “页眉/页脚”工具栏

(3) 正文变成灰色，插入点处于页面区，输入“工作说明书样文”文本；反复按“空格”键，调整文本的位置，单击“页眉/页脚”工具栏上的“插入页码”按钮，插入样文所示的页码，并在页码的左右分别加上“-”线；选定整个页眉文字，设置“隶书”字体，“小五号”字号。

(4) 单击“页眉/页脚”工具栏上的“在页眉和页脚间切换”按钮，插入点切换到页脚区，在“插入‘自动图文集’”下拉列表中选择“机密、页码、日期”菜单项（如图1.30所示）。

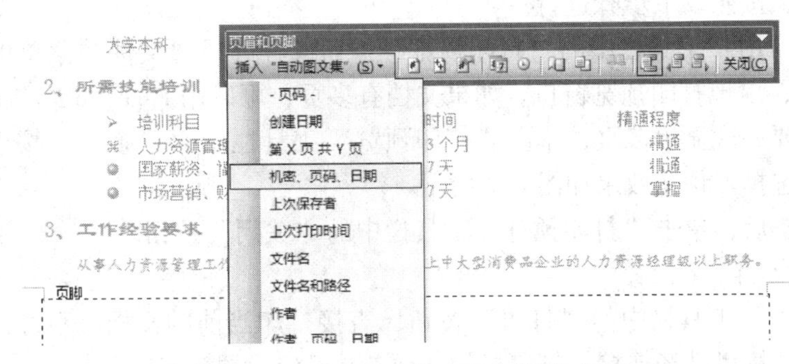

图1.30 “插入‘自动图文集’”选项

(5) 完成以上步骤后，单击“页眉/页脚”工具栏上的“关闭”按钮。

小提示：“页眉/页脚”工具栏上还有其他按钮，“页眉/页脚”工具栏按钮的说明如表1-3所示。在一篇文档中还可以插入不同的页眉或页脚，比如偶数页为书名，奇数页为章节名，首页不加页眉或页脚等。

表1-3 “页眉/页脚”工具栏按钮

按钮	说明
插入自动图文集	在页眉区或页脚区插入自动图文集
插入页码	插入可以在添加或删除页时自动更新的页码
插入页数	插入总的页码数
页码格式	设置页码格式
插入日期	插入自动更新的日期域，以便打开或打印文档时显示当前日期
插入时间	插入自动更新的时间域，以便打开或打印文档时显示当前时间
页面设置	切换到“页面设置”对话框，以便设置页面
显示/隐藏文档文字	建立页眉或页脚时，显示或隐藏文档文字
同前	控制当前节的页眉或页脚是否与上节相同

表 1－3（续）

按 钮	说 明
在页眉和页脚间切换	在页眉区和页脚区之间切换插入点
显示前一项	将插入点移到前一个页眉或页脚
显示下一项	将插入点移到下一个页眉或页脚
关闭	关闭页眉或页脚编辑窗口

1.15 打印文档

Word 提供了丰富的打印功能，如果想在打印之前知道打印效果，可以利用打印预览功能来预览其效果。

（1）打印预览

使用打印预览功能可以观察到实际打印输出的真实效果。

打印预览，按照以下步骤进行：

①单击“常用”工具栏中的“打印预览”按钮或者选择“文件”菜单中的“打印预览”菜单项，出现打印预览窗口。如果文档有多页，可以用 Page Up 或 Page Down 键来翻页。如果要一次显示多页，单击“打印预览”工具栏中的“多页”按钮，再从下拉列表中进行选择。预览效果如图 1.2 所示。

②查看完毕后，单击“打印预览”工具栏中的“关闭”按钮。

（2）打印文档

单击“常用”工具栏中的“打印”按钮，直接打印当前的文档。不过，用户必须保证打印机和计算机已经连接，打印机的各项参数已经设置正确。

如果仅想打印文档中的部分内容，或者需要打印多份，可以使用“打印”对话框进行设置。具体操作步骤如下：

①选择“文件”菜单中的“打印”菜单项，或者直接单击“常用”工具栏中的打印按钮，出现如图 1.31 所示的“打印”对话框。

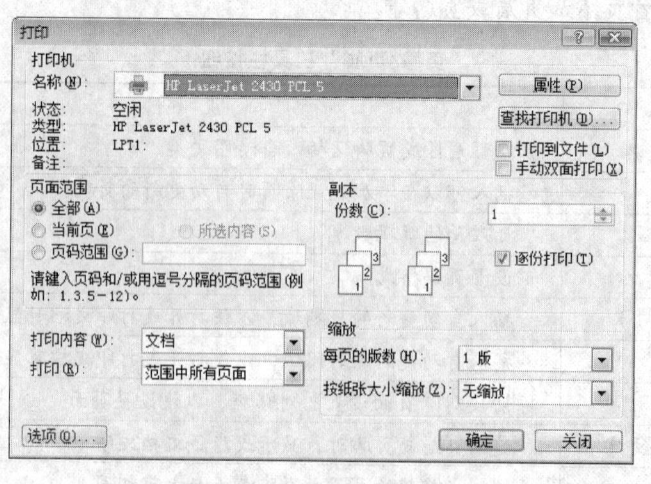

图 1.31 “打印”对话框

②在“打印机”框的“名称”列表框中显示打印机的名称。如果打印机的名称与实际连接的打印机类型不符，请单击“名称”列表框右边的向下箭头，从下拉列表中选择所需的打印机。

③在“页面范围”框中可以设置打印的范围。选择“全部”选项，将打印文档中的全部内容；选择“当前页”选项，只打印当前光标所在页；选择“页码范围”选项，在文本框中输入页码范围（用逗号分隔不连续的页码，用连字符连接连续的页码)，如在页码范围输入 2，4 ~5，只打印第 2、第 4、第 5 页。

④在“副本”框中可以设置打印的份数。

⑤在“打印内容”列表框中可以选择需要打印的内容。默认情况下，在“打印内容”列表框中显示的是“文档”选项，即打印当前文档的内容。

⑥“打印到文件”复选框，可将文档内容输出到指定文件中，“手动双面打印”复选框，可以实现双面打印。

⑦单击“确定”按钮，即可开始打印。

1.16　重点回顾

（1）Word 能够让用户编排出丰富多彩的版面格式，如设置页边距、纸张大小、版式和文档网格。

● 选择“文件”→“页面设置”菜单项，通过“页面设置”对话框，设置页边距、纸张大小、版式和文档网格。

（2）在编辑文档时，首先需要选定相应的文本作为操作对象，然后就可进行移动、复制、删除和改变正文或图形。选定文本，既可以使用鼠标、键盘，也可以使用菜单。

（3）通过复制与粘贴，可以将复制到剪贴板中的内容粘贴到需要的地方。通过剪切和粘贴，可以将文本或图形在两个或多个位置之间、不同文档之间甚至不同的 Windows 应用程序之间进行移动。

● 单击“编辑”→“复制”，或单击工具栏上的“复制”按钮，或单击鼠标右键，选择“复制”菜单，可将选定内容复制到剪贴板上。

● 选定要移动的文本或图形，按住鼠标左键拖到指定的位置，是完成移动的常用方法。

（4）如果文档中有较多相同的字符串需要替换成另一个字符串，应当使用 Word 提供的替换字符串功能，可以快速准确地实现替换。

● 选择“编辑”菜单中的“替换”菜单项，通过“查找和替换”对话框，可方便、快捷的实现查找与替换。

（5）设置字符的字体、字体大小、字形及调整字间距等，可以起到美化文档、使文档重点突出的作用。

● 使用“格式”工具栏中的工具按钮，如字体、字号大小、加粗、斜体和下划线等字体格式按钮是最快捷的方法。

● 使用“格式”菜单的“字体”对话框，也是设置字符格式的常用方法。

（6）段落格式包括段落的对齐方式、缩进、行距、段落间距、边框和底纹等，通过对段落格式的编排，可以使文档的段落清晰、美观易读。

● 使用“格式”工具栏中的“居中”、“右对齐”等工具按钮，是实现对齐方式的最快捷的方法。

● 单击“格式”菜单中的“段落”菜单项，使用“段落”对话框是实现对齐方式、缩进、行距、段落间距、边框和底纹等段落格式的常用方法。

（7）“常用”工具栏的“格式刷”按钮是实现复制段落格式的有效手段。

（8）利用 Word 提供的特殊符号及字符集，可方便地插入需要的各种符号。

（9）添加项目符号和编号，可以使用“格式”工具栏的“编号”和“项目符号”按钮，也可以使用“格式”菜单的“项目符号和编号”菜单项，通过“项目符号和编号”对话框实现。

（10）为段落添加各种边框，并应用不同的底纹填充背景，可以起到美化文档的作用。

● 为选定的字符或段落加上边框，使用“格式”工具栏上的“字符边框”按钮是快捷的方法。

● 使用“格式”菜单中的“边框和底纹”菜单项，通过“边框和底纹”对话框是为选定的字符或段落添加边框和底纹的常用方法。

（11）可以为每页都添加相同的页眉或页脚，也可以在文档的不同部分用不同的页眉和页脚。

● 使用“视图”菜单中的“页眉和页脚”菜单项，通过“页眉和页脚”工具栏是添加页眉或页脚的常用方法。

（12）Word 提供了丰富的打印功能，如果想在打印之前知道打印效果，可以利用打印预览功能来预览其效果。

● 使用“常用”工具栏中的“打印预览”按钮是实现打印预览的快捷方法；选择“文件”菜单中的“打印预览”菜单项，是完成打印预览的常用方法。

● 选择“文件”菜单中的“打印”菜单项，通过“打印”对话框，可实现部分或整个文档的打印输出，但直接单击“常用”工具栏中的“打印”按钮，将打印输出整个文档。

1.17 补充实训

（1）制作一份“XX 有限公司岗位工作说明书”。

原稿内容及制作完成的效果图如下（见图 1.32）：

XX有限公司岗位工作说明书
岗位标识信息
岗位名称：QA主管　　　　　　　　隶属部门：品质保证部
岗位编码：　　　　　　　　　　　直接上级：品质保证部经理
工资等级：　　　　　　　　　　　直接下级：资料管理工程师
可轮换岗位：QC主管　　　　　　　分析日期：2010年3月14日星期日
二、岗位工作概述
负责处理客户反馈，建立标准管理体系，保证出货产品质量。
三、工作职责与任务
（一）处理客户反馈
1. 接受客户反馈，分析具体问题所在，协调问题处理及缺陷产品处理；
2. 对客户反馈意见进行汇总，进行数据分析，提出整改建议；
3. 协调特定产品的质量控制，跟踪实际生产情况。
（二）标准管理
1. 设计资料、标准管理体系；
2. 审核市场部对有关标准的翻译，确认是否能满足标准的要求，对暂时无法满足的标准及时与客户进行协商；
3. 翻译通用标准的有关资料；
4. 保证标准的落实情况。
（三）保证出货产品质量达到客户要求
1. 根据标准判断出货产品质量；
2. 对于特定产品提出处理方案并提交，跟踪解决；
3. 根据出货产品质量，提出过程产品问题及控制点。
（四）执行公司5S规定
（五）完成上级委派的其他任务
四、知识及教育水平要求
（一）PCB制程；
（二）公司产品及生产工艺技术应用方面的知识；
（三）一定的化工、机械、统计、电子知识；
（四）计算机基础知识及常用软件知识；
（五）四级以上英语水平。
五、岗位技能要求
（一）良好的数据综合分析能力；
（二）熟悉标准的分类方法；
（三）掌握资料管理体系的设计方法；
（四）良好的英文读写能力及翻译技巧；
（五）文字处理熟练；
（六）良好的沟通能力和协调能力。
六、工作经验要求
大专以上学历，理工专业为佳，3年以上的工作经验。
七、其他素质要求
任职者需具有健康的体魄和充沛的精力，强烈的责任心，个性细致严谨，一般对任职者无特殊性别与年龄要求。

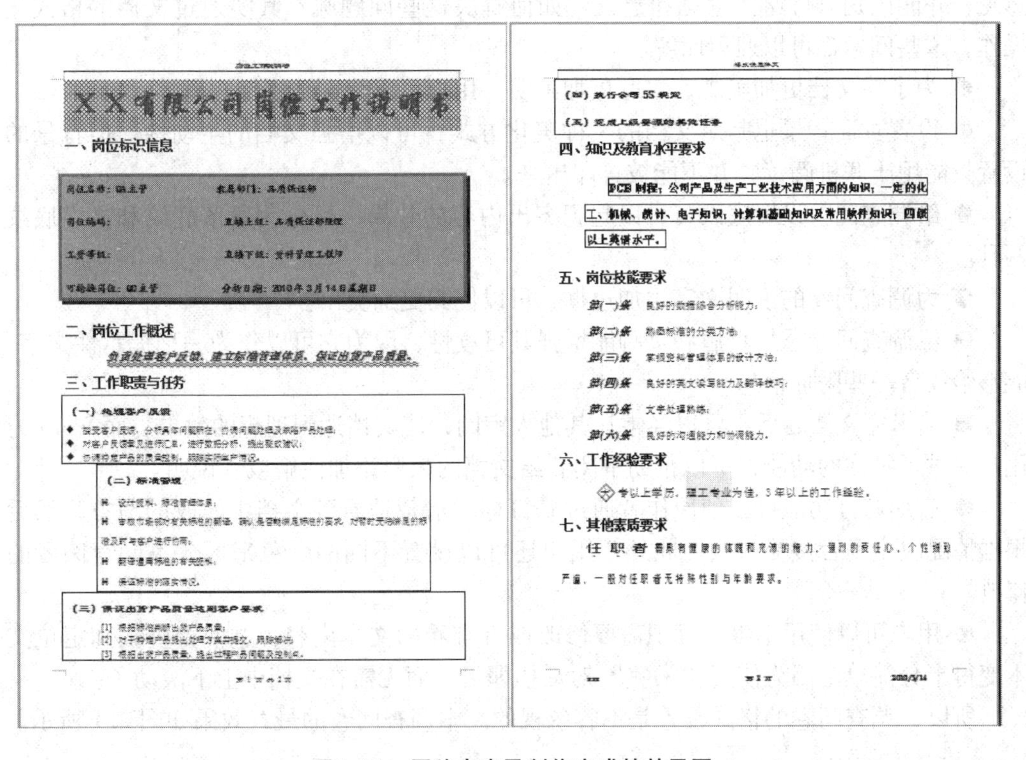
XX有限公司岗位工作说明书
一、岗位标识信息
岗位名称：QA主管　　隶属部门：品质保证部
岗位编码：　　直接上级：品质保证部经理
工资等级：　　直接下级：资料管理工程师
可轮换岗位：QC主管　　分析日期：2010年3月14日星期日
二、岗位工作概述
负责处理客户反馈，建立标准管理体系，保证出货产品质量。
三、工作职责与任务
（一）处理客户反馈
◆ 接受客户反馈，分析具体问题所在，协调问题处理及缺陷产品处理；
◆ 对客户反馈意见进行汇总，进行数据分析，提出整改建议；
◆ 协调特定产品的质量控制，跟踪实际生产情况。
（二）标准管理
设计资料、标准管理体系；
审核市场部对有关标准的翻译，确认是否能满足标准的要求，对暂时无法满足的标准及时与客户进行协商；
翻译通用标准的有关资料；
保证标准的落实情况。
（三）保证出货产品质量达到客户要求
[1] 根据标准判断出货产品质量；
[2] 对于特定产品提出处理方案并提交，跟踪解决；
[3] 根据出货产品质量，提出过程产品问题及控制点。
（四）执行公司5S规定
（五）完成上级委派的其他任务
四、知识及教育水平要求
PCB制程；公司产品及生产工艺技术应用方面的知识；一定的化工、机械、统计、电子知识；计算机基础知识及常用软件知识；四级以上英语水平。
五、岗位技能要求
第(一)条　良好的数据综合分析能力；
第(二)条　熟悉标准的分类方法；
第(三)条　掌握资料管理体系的设计方法；
第(四)条　良好的英文读写能力及翻译技巧；
第(五)条　文字处理熟练；
第(六)条　良好的沟通能力和协调能力。
六、工作经验要求
大专以上学历，理工专业为佳，3年以上的工作经验。
七、其他素质要求
任职者需具有健康的体魄和充沛的精力，强烈的责任心，个性细致严谨，一般对任职者无特殊性别与年龄要求。
2010/3/14

图1.32　原稿内容及制作完成的效果图

实训 2
格式化文档——制作调查问卷

2.0 内容导航

公司要制作一个重点突出的市场调查问卷，并希望这是一个典雅精致、美观大方的调查问卷，可以让接受调查的对象心情愉悦，同时能够接受被调查者提出的建议或意见，并能区别对待这些意见和建议。如何解决这些问题呢？其实通过文档的格式化操作，这些问题都可以迎刃而解。

● 为了使文档更加美观、主题更加鲜明，用户可以为文档添加边框。

● 设置页面背景也是对文档的一种美化方式，可以增强文档的生动性。但背景的设置只能用于联机阅读，并不能被打印出来。

● 给调查问卷设置底纹，可以起到突出内容的效果，可分为段落底纹和文字底纹两种。

● 为调查问卷的说明文字添加边框，可以使其更加突出。

● 给调查问卷添加页眉和页脚能增强其可读性，因为它可以作为一种提示性文字，能够给读者一些附加信息。

● 编辑完文档之后，可以经常让其他人审阅，使文档达到理想的效果。而 Word 为用户提供了批注的功能，可以帮助审阅者给文档的内容添加注解或者说明。

● 启用修订功能可以使原作者通过修订标记清楚地看到文档中修改的地方，然后根据情况决定是否接受修改。此外，用户还可以设置不同的颜色来区分不同审阅者的修改。

● 用户可以使用书签来标识需要修改或者查看的文本内容，这使得查找和定位文本变得十分简单。因为使用“书签”对话框即可，而无需在文档中上下滚动了。

所以，调查问卷的格式设置是不容忽视的。本调查问卷的最终效果如图 2.1 所示。

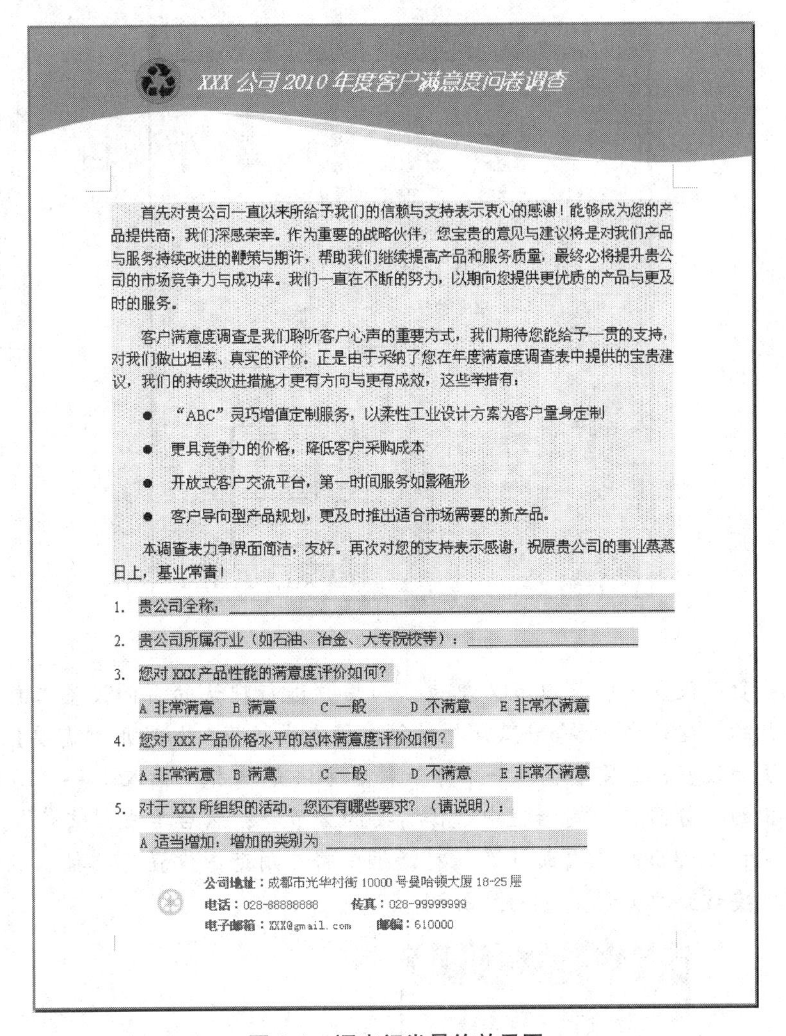

XXX 公司 2010 年度客户满意度问卷调查

首先对贵公司一直以来所给予我们的信赖与支持表示衷心的感谢！能够成为您的产品提供商，我们深感荣幸。作为重要的战略伙伴，您宝贵的意见与建议将是对我们产品与服务持续改进的鞭策与期许，帮助我们继续提高产品和服务质量，最终必将提升贵公司的市场竞争力与成功率。我们一直在不断的努力，以期向您提供更优质的产品与更及时的服务。

客户满意度调查是我们聆听客户心声的重要方式，我们期待您能给予一贯的支持，对我们做出坦率、真实的评价。正是由于采纳了您在年度满意度调查表中提供的宝贵建议，我们的持续改进措施才更有方向与更有成效，这些举措有：

- “ABC”灵巧增值定制服务，以柔性工业设计方案为客户量身定制
- 更具竞争力的价格，降低客户采购成本
- 开放式客户交流平台，第一时间服务如影随形
- 客户导向型产品规划，更及时推出适合市场需要的新产品。

本调查表力争界面简洁，友好。再次对您的支持表示感谢，祝愿贵公司的事业蒸蒸日上，基业常青！

1. 贵公司全称：____________
2. 贵公司所属行业（如石油、冶金、大专院校等）：____________
3. 您对 XXX 产品性能的满意度评价如何？

   A 非常满意　B 满意　C 一般　D 不满意　E 非常不满意
4. 您对 XXX 产品价格水平的总体满意度评价如何？

   A 非常满意　B 满意　C 一般　D 不满意　E 非常不满意
5. 对于 XXX 所组织的活动，您还有哪些要求？（请说明）：

   A 适当增加：增加的类别为 ____________

公司地址：成都市光华村街 10000 号曼哈顿大厦 18-25 层
电话：028-88888888　传真：028-99999999
电子邮箱：XXX@gmail.com　邮编：610000

图 2.1　调查问卷最终效果图

2.1　页面设置

在实际办公应用中，Word 编辑的文档通常情况下需要通过打印机输出纸质文件。因此，使用哪个规格的纸，以及内容如何摆放就成为页面设置的主要任务。通过本实训可以发现，前期一个适当的页面设置是方便后续工作的基础。

（1）新建一个空白文档，并保存为“调查问卷”，然后选择“文件”→“页面设置”菜单项。

（2）在弹出的“页面设置”对话框中，切换到“页边距”选项卡，然后根据用户需要将“页边距”组合框中的“上”、“下”、“左”和“右”微调框中的数值设置为“2 厘米”，在“方向”组合框中选择“纵向”选项，在“预览”组合框中的“应用于”下拉列表中选择“整篇文档”选项（见图 2.2）。

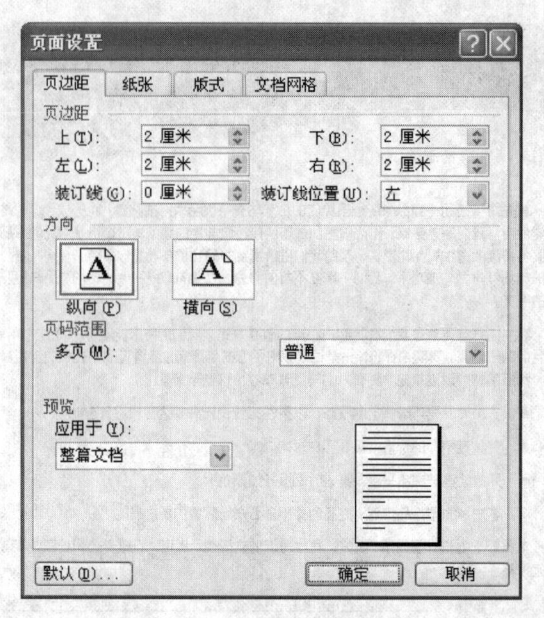

图 2.2

小提示：页面设置一般是以节为单位，而用户进行默认的页面设置工作却是在整篇文档内进行的，这是由于 Word 默认把整篇文档看成一节。如果用户需要把其中某几页单独进行页面设置，则需要插入一个分节符。方法是单击“插入”→“分隔符”菜单项，在弹出的“分隔符”对话框中选择需要的分节符，然后单击“文件”→“页面设置”菜单项，在弹出的“页面设置”对话框中将应用范围设置为“插入点之后”即可单独设置需要改变的页面了（见图 2.3）。

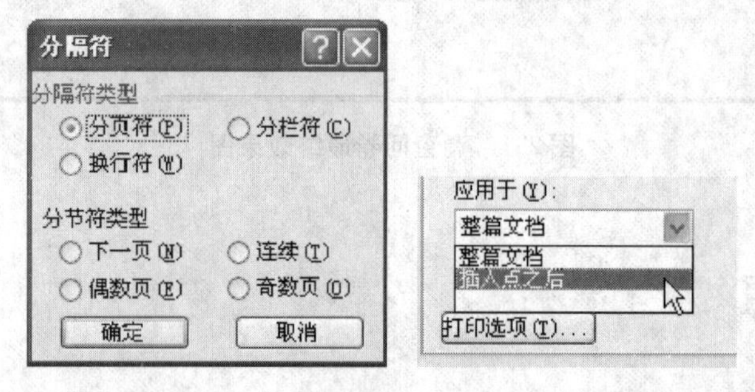

图 2.3

(3) 切换到“纸张”选项卡，在“纸张大小”下拉列表中选择“自定义大小”选项，然后在“宽度”微调框中设置数值为“18 厘米”，在“高度”微调框中设置数值为“24 厘米”，在“预览”组合框中的“应用于”下拉列表框中选择“整篇文档”选项。

(4) 如果需要为文档添加网格线，则切换到“文档网格”选项卡，单击 绘图网格(W)... 按钮，在弹出的“绘图网格”对话框中，用户可以设置网格的对齐方式、网格的间距和网格的起点等（见图 2.4）。选中“在屏幕上显示网格线”复选框，在“水平间隔”微调框中设置数值为“2”，单击 确定 按钮后返回到“页面设置”对话框的“文档网格”选项卡。

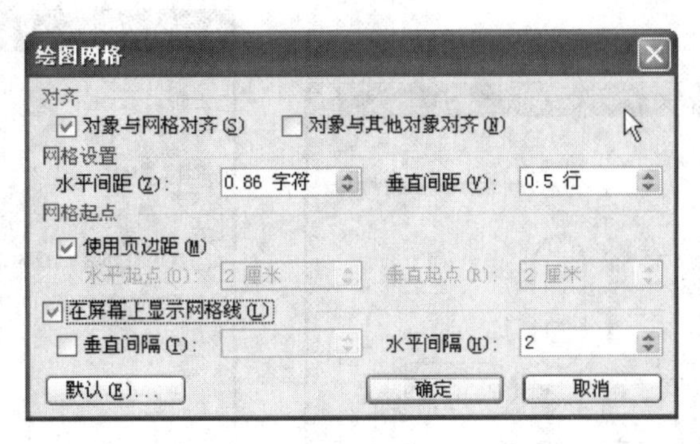

图 2.4

小提示：如果需要设计信笺纸、稿笺纸等，则需要添加网格线。

(5) 在“文档网格”选项卡中单击字体设置(F)...按钮，在弹出的“字体”对话框中，用户可以设置问卷中的文字格式。

小提示：在“页面设置”对话框中，切换到“版式”选项卡，还可以对节的起始位置、页眉和页脚的属性以及页面的对齐方式等进行设置。

2.2　添加页面边框

为了使文档更加美观、主题更加鲜明，用户可以为文档添加边框。

(1) 选择“格式”→“边框和底纹”菜单项，在弹出的“边框和底纹”对话框中切换到“页面边框”选项卡，然后在“线型”列表框中选择一种合适的边框线，在“颜色”下拉列表框中选择一种颜色，在“宽度”微调框中调整边框的宽度，在“艺术型”下拉列表框中选择一种边框样式（见图 2.5）。

小提示：如果用户是第一次使用“页面边距”中的“艺术型”功能，当单击此列表框时会弹出一个提示信息框，并询问用户是否需要安装此项功能。单击“是”按钮，随即会弹出“正在安装 Microsoft Office Word 组件”对话框。安装完毕后系统会自动关闭此对话框，此时“艺术型”下拉列表框中就会出现各种艺术型边框选项。

(2) 在“预览”组合框中可以看到所设置的效果，还可以点击“左”、“右”、“上”和“下”按钮来去掉或添加边框。

(3) 单击本选项卡右下角的“选项”按钮，随即会弹出“边框和底纹选项”对话框，在此用户可以设置边框跟正文之间的距离。这里将“边距”组合框中的“上”和“下”微调框设置为“24 磅”，将“左”和“右”微调框设置为“4 磅”，同时将“度量依据”下拉列表框设置为“文字”（见图 2.6）。

小提示：默认情况下边框的度量依据是“页边”，如果希望边框紧紧包围文字，则可以单击本选项卡右下角的“选项”按钮，并在“边框和底纹选项”的“度量依据”下拉列表框中选择“文字”；同时，还可以设置上、下、左和右的边距值。

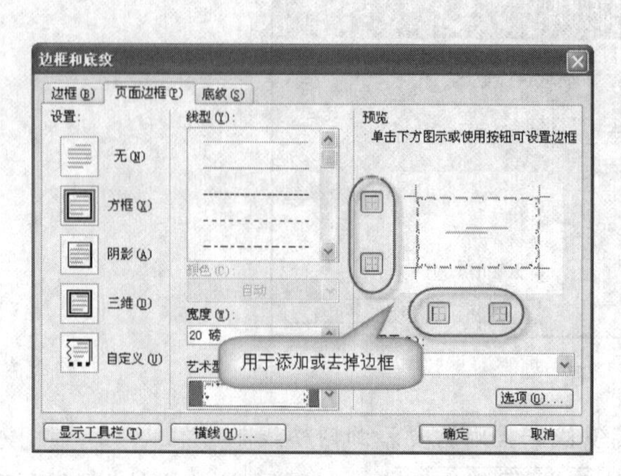

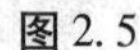

图 2.5

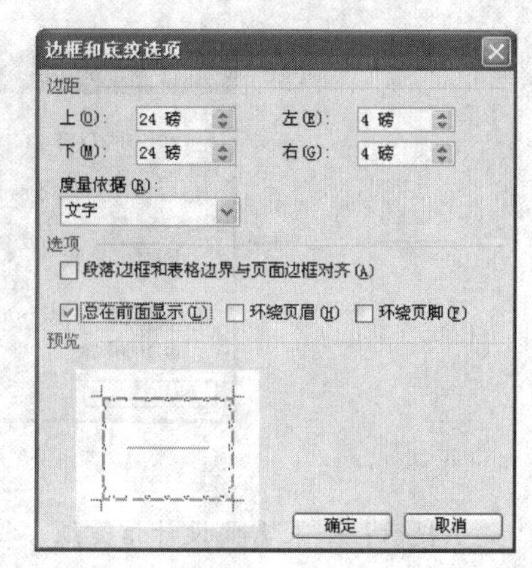

图 2.6

2.3 设置页面背景

设置页面背景也是对文档的一种美化方式，可以增强文档的生动性。但页面背景的设置只能用于联机阅读，并不能被打印出来。

（1）设置背景色

①单击“格式”→“背景”菜单项，然后在其弹出的列表框中选择一种合适的颜色，在此选择“浅青绿”选项（见图 2.7）。

②此时文档的背景色即为“浅青绿”色，如果要取消设置的背景色，只要选择“格式”→“背景”→“无填充颜色”菜单项即可（见图 2.8）。

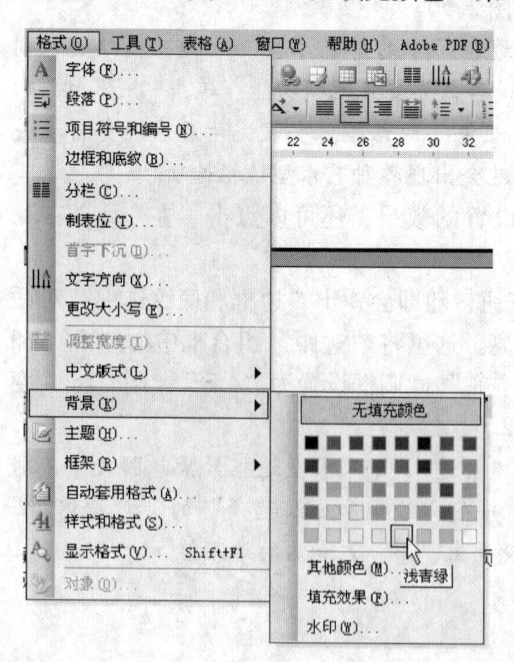

图 2.7

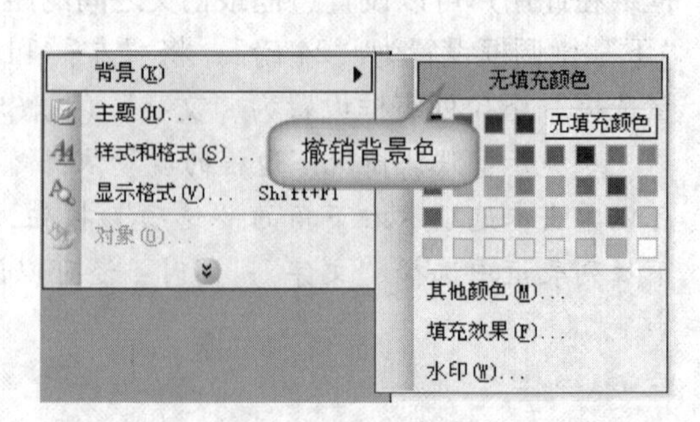

图 2.8

③用户还可以选择“格式”→“背景”→“其他颜色”菜单项，随即会弹出“颜色”对话框。切换到“标准”选项卡，然后选择一种颜色（见图2.9）。

④如果用户还不满意系统提供的这些颜色，可以在此对话框中切换的“自定义”选项卡进行自定义设置（见图2.10）。

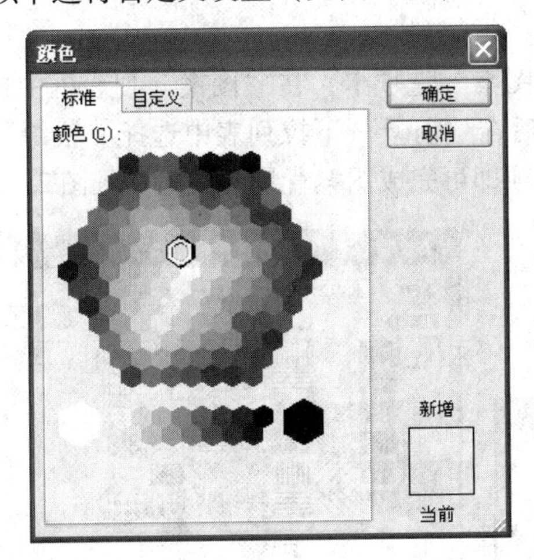

图2.9

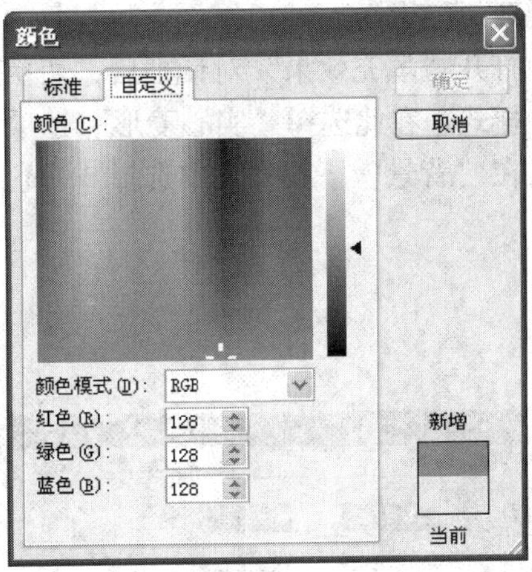

图2.10

(2) 设置填充效果

● 填充渐变效果

渐变效果主要是单色、双色和系统预设的背景效果等，在此用户还可以设置其透明度、样式和变形等。

选择“格式”→“背景”→“填充效果”菜单项，在弹出的“填充效果”对话框中切换到“渐变”选项卡，在“颜色”组合框中选中“双色”单选按钮，在“颜色1”下拉列表框中选择“浅青绿”选项，在“颜色2”下拉列表框中选择“白色”选项，然后在“底纹样式”组合框中选择“中心辐射”单选按钮，在“变形”组合框中选择一种合适的变形样式即可（见图2.11）。

● 填充纹理

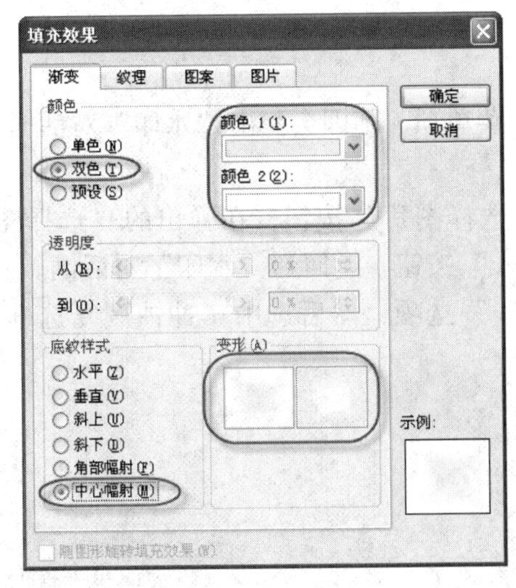

图2.11

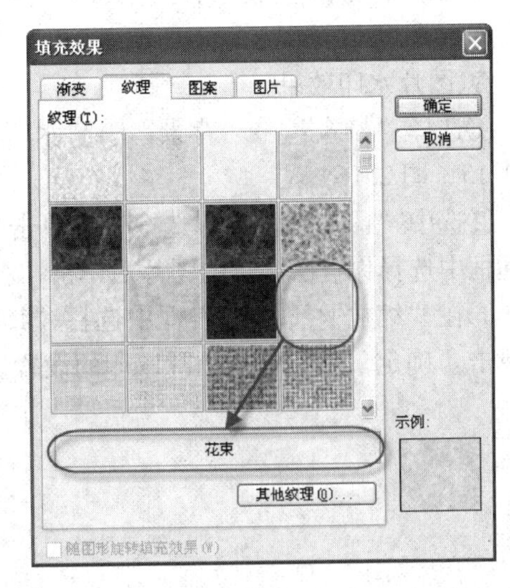

图2.12

在打开的“填充效果”对话框中，切换到“纹理”选项卡，在“纹理”组合框中的列表框中选择“花束”选项（见图2.12）。

用户还可以单击“其他纹理”按钮，在弹出的“选择纹理”对话框中选择合适的纹理即可（见图2.13）。

● 填充图案

打开“填充效果”对话框后，切换到“图案”选项卡，在“图案”列表框中选择一种样式，在此选择“实心菱形”选项，然后在“前景”下拉列表中选择“浅绿”选项，在“背景”下拉列表中选择“白色”选项即可完成图案背景的填充（见图2.14）。

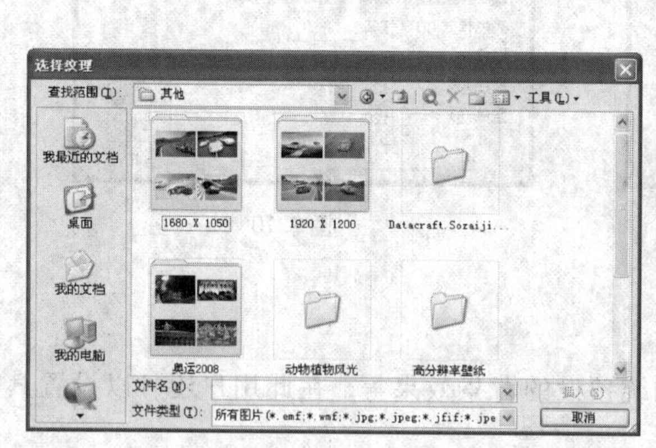

图2.13

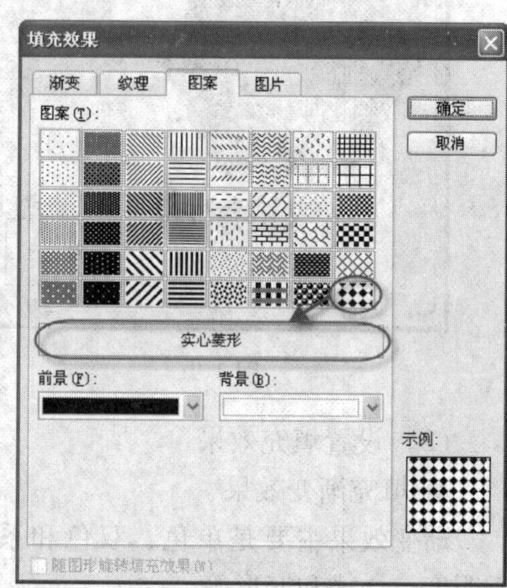

图2.14

小提示：如果想要使用自己的图片，则可打开“填充效果”对话框后，切换到“图片”选项卡。单击“选择图片”按钮，在弹出的“选择图片”对话框中选择自己准备的图片，然后点击“插入”按钮即可完成添加图片背景的操作。

（3）设置水印效果

添加水印效果可以起到衬托文档的作用，它不但可以进行联机阅读，而且还可以被打印出来。

● 图片水印效果

①选择“格式”→“背景”→“水印”菜单项，随即会弹出“水印”对话框（见图2.15、图2.16）。

②选中“图片水印”单选按钮，单击“选择图片”按钮，在弹出的“选择图片”对话框中选择你自己满意的图片后单击“插入”按钮，返回到“水印”对话框。

③在“缩放”下拉列表框中选择“150%”选项，然后选中“冲蚀”复选框，最后单击“确定”按钮完成图片水印的设置。

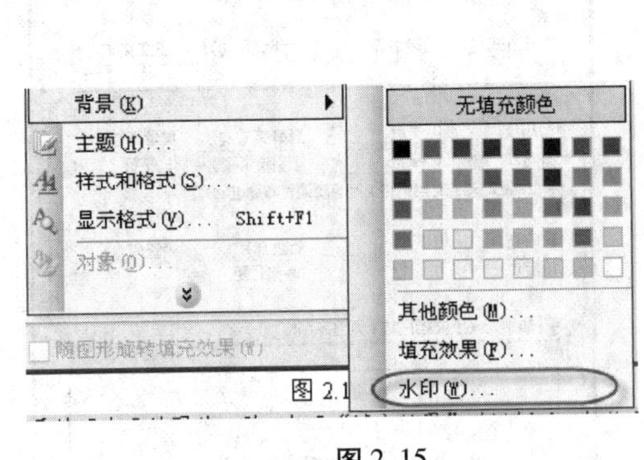

图 2.15

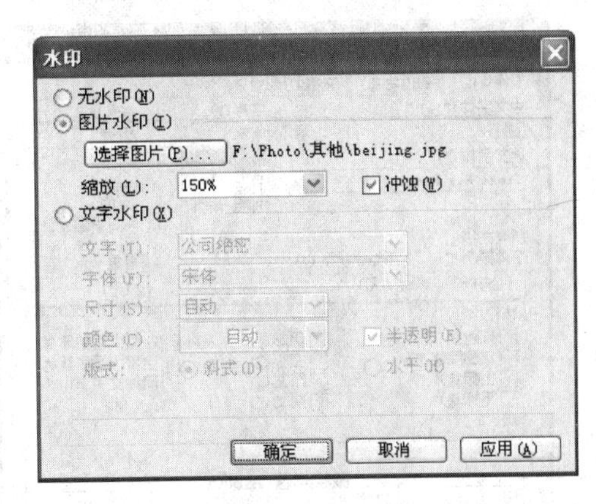

图 2.16

● 文字水印效果

①在打开的“水印”对话框中选中“文字水印”单选按钮，然后在“文字”下拉列表框中选择“样例”选项，在“字体”下拉列表框中选择“华文楷体”选项，在“尺寸”下拉列表框中选择“自动”选项，在“颜色”下拉列表框中选择“淡紫”选项，然后选中“半透明”复选框，在“版式”组合框中选中“斜式”单选按钮（见图2.17）。

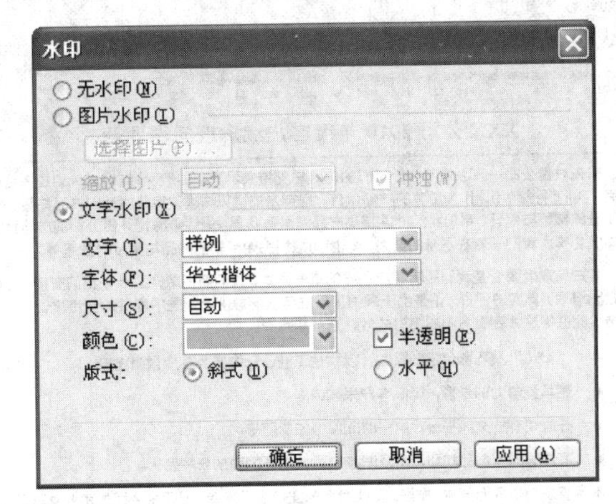

图 2.17

②单击“确定”按钮，即可完成文字水印的设置。

小提示：如果用户想取消水印效果，只需要在“水印”对话框中选中“无水印”单选按钮即可。

2.4 格式化字体和段落

（1）书写完问卷调查表后，选中所有文字，单击鼠标右键，在弹出的快捷菜单中选择“字体”菜单项，在随后弹出的“字体”对话框中，切换到“字体”选项卡后对字体进行一系列的相关设置（见图2.18）。

（2）选中正文部分，单击鼠标右键，在弹出的快捷菜单中选择“段落”菜单项，在弹出的“段落”对话框中，切换到“缩进和间距”选项卡后进行相关设置（见图2.19）。

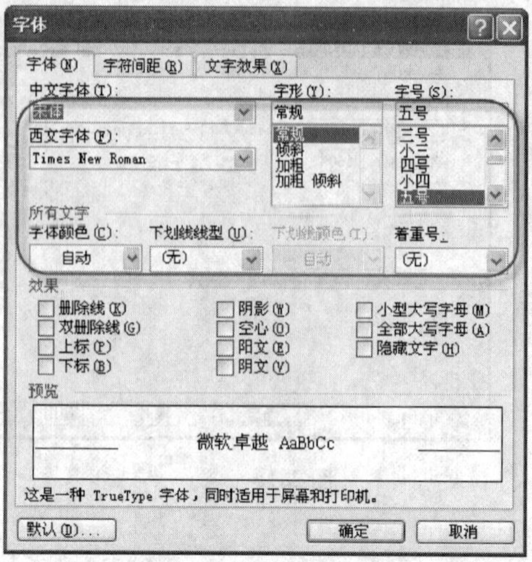

图 2.18

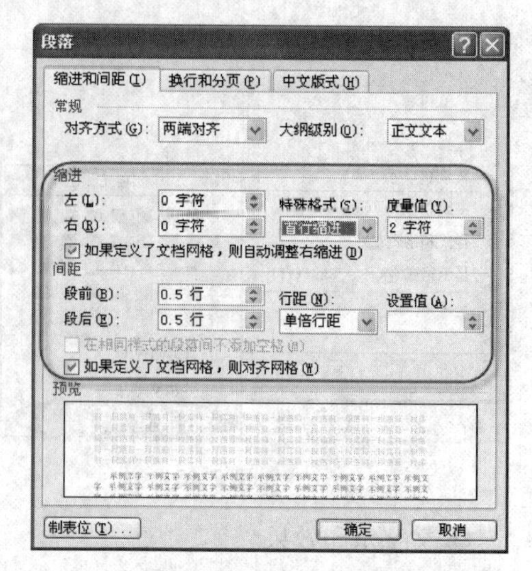

图 2.19

(3) 单击“确定”按钮后返回到文档中（见图 2.20）。

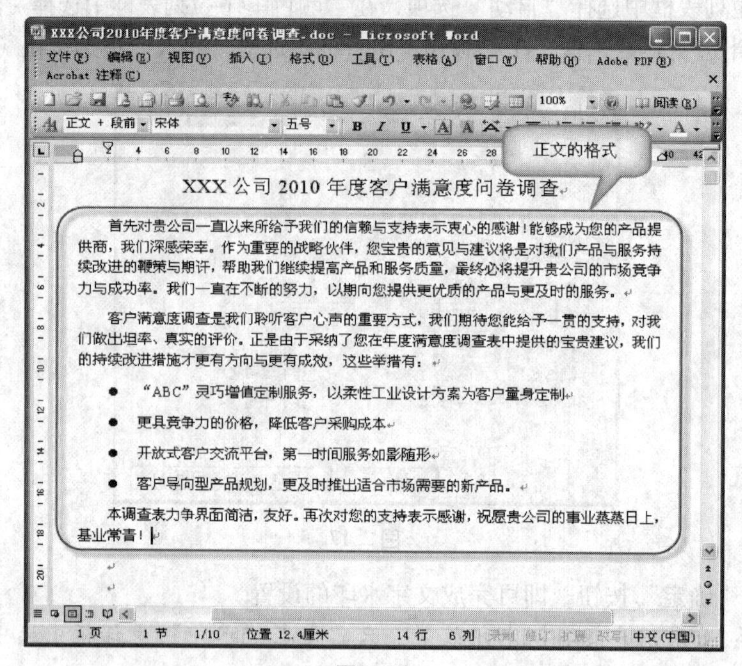

图 2.20

2.5 添加底纹

给调查问卷设置底纹，可以起到突出内容的效果，可以分为段落底纹和文字底纹两种。

● 添加段落底纹

(1) 选中调查问卷开始的叙述性文字，然后选择“格式”→“边框和底纹”菜单项，在弹出的“边框和底纹”对话框中切换到“底纹”选项卡，在“填充”组合框中选择一种颜色作为底纹的填充色，在此选择“浅青绿”选项，在“样式”下拉列表中选择“10%”选项，在“颜色”下拉列表中选择“淡紫”选项，最后在“应用于”下拉列表中选择“段落”选项。此时，在“预览”组合框中就可以看到底纹的效果了（见图 2.21）。

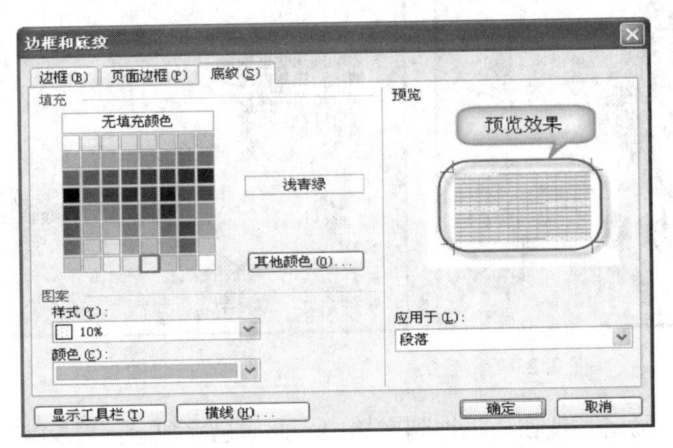

图 2.21

（2）单击“确定”按钮后返回到文档中，此时即完成了问卷段落的底纹添加操作（见图 2.22）。

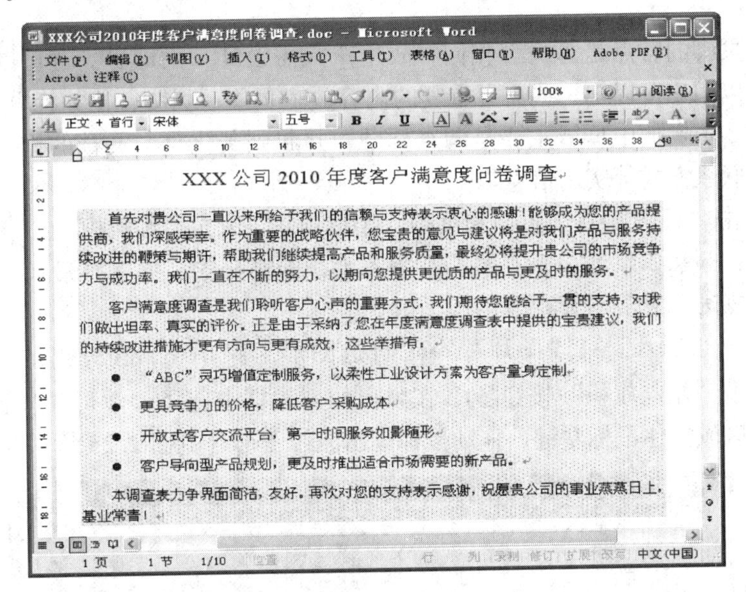

图 2.22

● 添加文字底纹

文字底纹针对的只是单独的文字，即底纹只添加到有文字的位置。

（1）选中所有的调查内容，然后在打开的“边框和底纹”对话框中切换到“底纹”选项卡，在“填充”组合框中单击“其他颜色”按钮，在弹出的“颜色”对话框中，切换到“标准”选项卡，单击“冰蓝”选项（见图 2.23）。

（2）单击“确定”按钮后返回到“边框和底纹”对话框中，然后在“图案”组合框中的“样式”下拉列表中选择“浅色上斜线”选项，在“颜色”下拉列表框中选择“浅蓝”选项，最后在“应用于”下拉列表中选择“文字”选项即可（见图 2.24）。

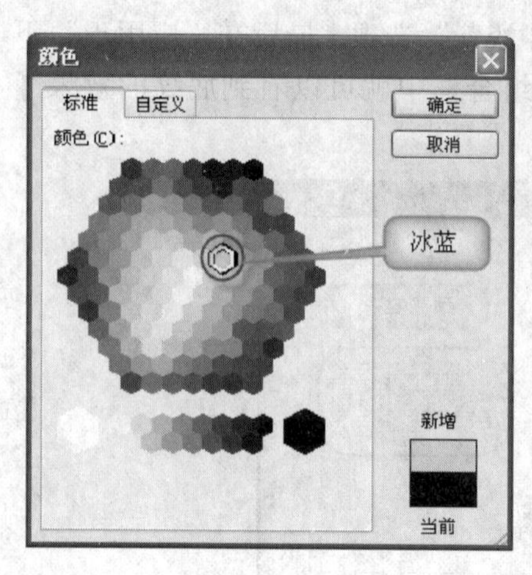

图 2.23

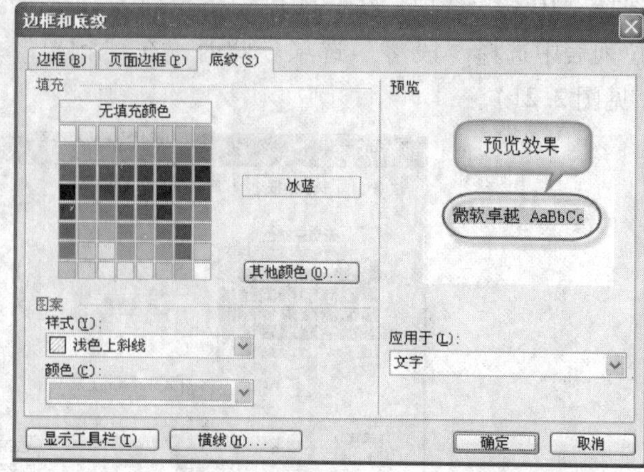

图 2.24

（3）单击“确定”按钮后返回到文档中，此时已完成了问卷文字的底纹添加操作。

2.6 设置页眉和页脚

页眉、页脚的特点是每页都相同，故用户只需设计一次即可。这可以大大提高工作效率，所以用户可以把一些需要重复的内容放入页眉、页脚，比如标题、页码位置、装饰图片等。本实例中页眉主要是调查标题，并起到美化整个文档的作用，而页脚主要用来提供联系方式等实用信息。

（1）单击“视图”→“页眉和页脚”菜单项，进入页眉编辑框。

小提示：如果已经添加了页眉、页脚元素，如页码等，则直接用鼠标双击页眉或页脚区域即可进入页眉、页脚编辑框。

（2）单击“插入”→“图片”→“自选图形”菜单项，在弹出的“自选图形”工具栏中点击“星与旗帜”按钮，在弹出的列表框中选择“波形”按钮。然后，在页眉编辑区域按住鼠标左键，拖动鼠标画出波纹图形（见图 2.25）。

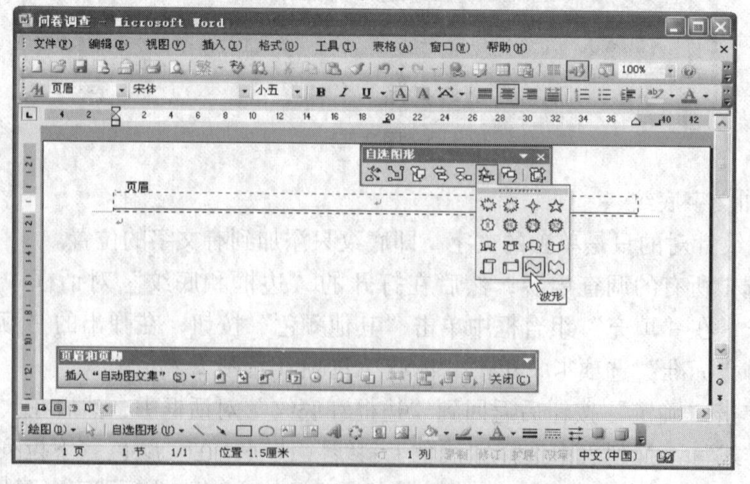

图 2.25

小提示：在实际应用中经常会遇到这样的问题，当用户删除页眉内容后会残留一条横线，而这条横线无法删除。如何去除页眉处多余的一条横线呢？最简单的方法就是改变页眉所用的样式：用户在编辑页眉时可以把页眉所用的样式换为“正文”样式即可。第二种方法是编辑页眉时，单击“格式”→“样式和格式”菜单项，然后在格式列表框中选择“清楚格式”即可。第三种方法是通过修改“页眉”样式来去除横线：单击“格式”→“样式和格式”菜单项，然后在“样式和格式”任务窗格中单击“页眉”，在弹出的列表框中选择“修改”打开“修改样式”对话框，单击“格式”按钮，并选择“边框”菜单项，打开“边框和底纹”对话框，将“边框”设置为“无”即可。

（3）单击“格式”→“边框和底纹”菜单项，在弹出的“设置自选图形格式”对话框的“颜色与线条”选项卡中设置“填充”颜色为“黑色”、“线条”颜色为“白色”，“线条”粗细为“1.5 磅”（见图2.26）；然后，选中“版式”选项卡，在“环绕方式”中选择“衬于文字下方”按钮，并点击“确定”按钮。

（4）点击“绘图”工具栏上的“阴影样式”按钮，在弹出的列表框中选择“阴影样式10”；然后，再点击其中的“阴影设置”菜单项，在弹出的“阴影设置”工具栏中通过“上”、“下”、“左”和“右”几个按钮来微调阴影的位置（见图2.27）。

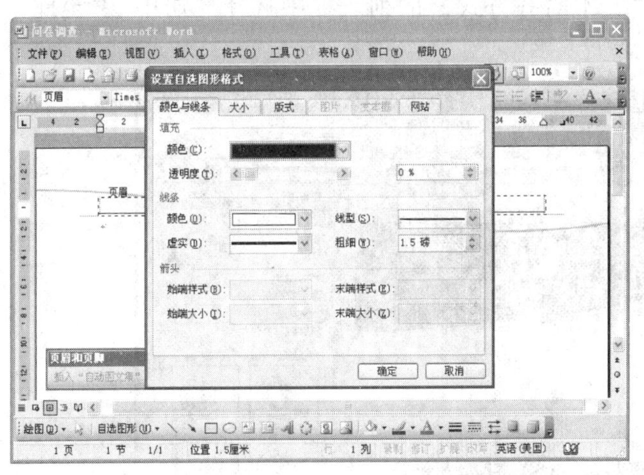

图2.26

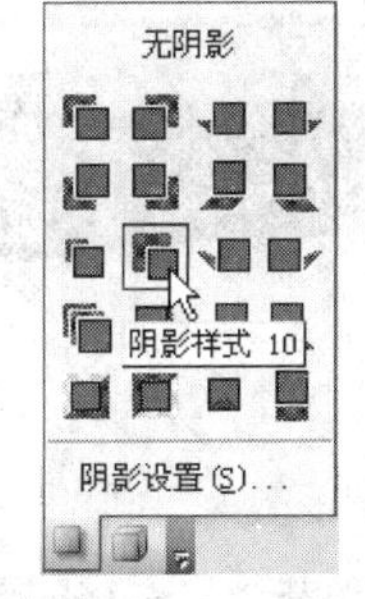

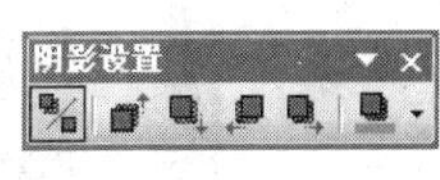

图2.27

（5）在波形形状上按住鼠标左键，拖动鼠标并调整位置，要求上、左、右边都不留空隙，避免页眉出现白边。

（6）选择“文件”→“页面设置”菜单项，在弹出的“页面设置”对话框中，切换到“版式”选项卡，将“页眉”设置为距边界“0.7 厘米”，关闭“页面设置”对话框，然后在页眉编辑栏输入“XXX 问卷调查”，按住鼠标左键选中文字，并将字体设置为“幼圆”、字号为“小三”、“粗体”、“斜体”（见图2.28）。

小提示：页眉、页脚在实际应用中容易产生一个误区，即部分用户认为“页眉距顶端距离”和“页脚距底端距离”等同于页眉内容和页脚内容宽度。实际上这两项分别表示页眉内容距离页上边的长度和页脚距离页底边的长度，通俗的说就是页面上端和页面底端的空白边宽度。

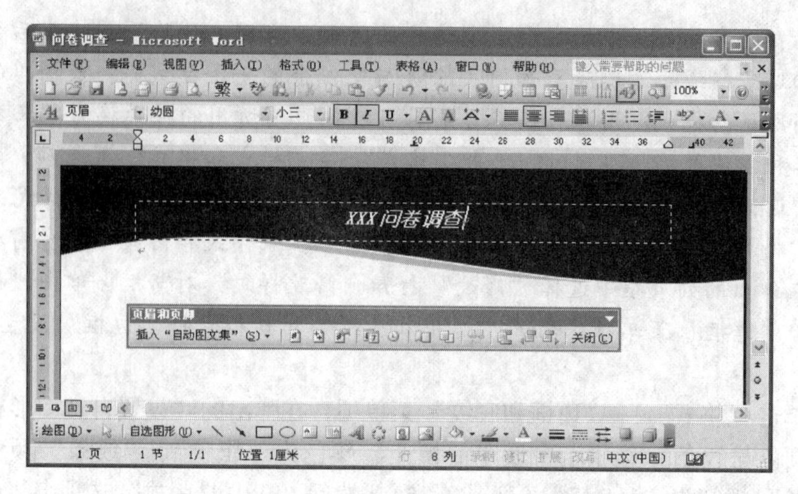

图 2.28

（7）单击页眉编辑框文字栏最前方，将光标移至文字最前方。单击“插入”→“图片”→“剪贴画”菜单项。在“剪贴画”窗格中点击“搜索”按钮，并在列出的剪贴画中选择合适的图片插入页眉中（见图 2.29）。单击“格式”→“段落”菜单项，切换到“中文版式”选项卡，在“文本对齐方式”的列表框中选择“居中”。至此，页眉设置完毕。

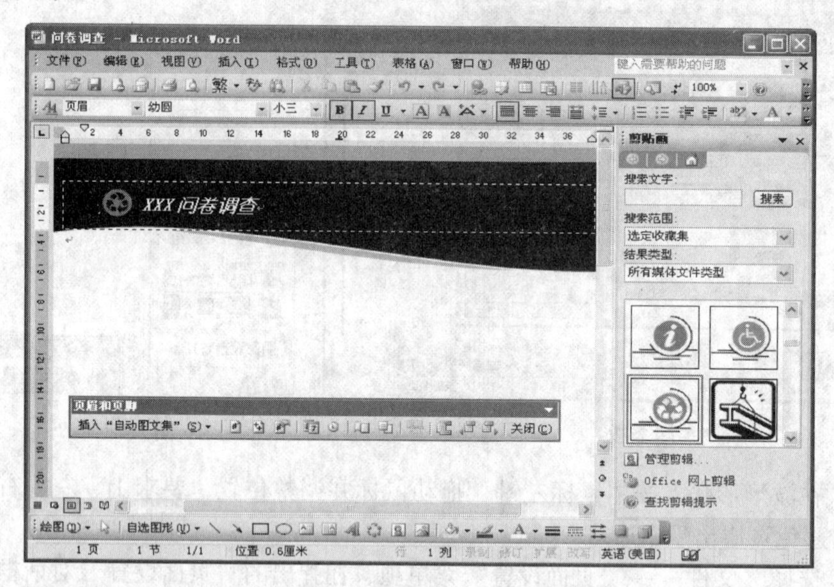

图 2.29

（8）点击页脚编辑区，在页脚编辑栏中输入页脚内容。按住鼠标左键选中页脚全部文字，并将字体设置为“宋体”、字号为“5 号”，字体色彩为“80% 灰”。然后点击“两端对齐”按钮▤，在页面两端形成整齐的外观。单击“格式”→“段落”菜单项，切换到“缩进和间距”选项卡，在“缩进”项目的“左”下拉列表框中设置“6 字符”，“右”下拉列表框中设置“0.5 厘米”，在“间距”项目的“行距”列表框中设置“固定值”，“设置值”框中设置“15 磅”。单击“确定”按钮关闭“段落”对话框（见图 2.30）。

（9）再次插入刚才的图片到页脚，鼠标右键单击该图片，在弹出式菜单中选择“设置图片格式”菜单项，并在弹出的“设置图片格式”对话框的“版式”选项卡的“环绕方式”项目中选择“浮于文字上方”；然后调整图片为适当大小，并按住鼠标左键拖动图片到文字前方合适位置。之后，再依次选中页脚文本中的“公司地址”、“电话”、“传真”、“电子邮箱”和“邮编”，点击“粗体”按钮**B**，将所选文字设置为粗体。页脚的最终效果如图 2.31 所示。

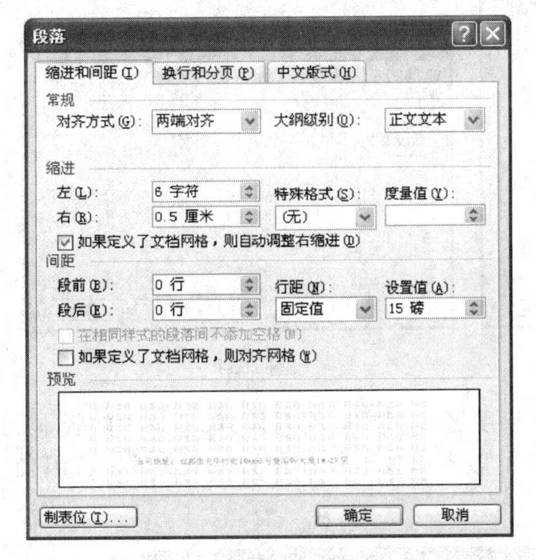

图 2.30

图 2.31

至此，页眉、页脚制作完毕。这样，本实例中每一页的页眉、页脚都自动具有了相同的内容，避免了重复性劳动，有助于提高工作效率。

小提示：双面打印时的页码设置。日常应用中经常需要打印输出，而页数较多时就会用到双面打印。这时页码设置就会成为一个问题。如果按照常用的设置，到右侧就会出现正反面错开的情况，居中又不利于查找。如何将页码正反面都放在外侧呢？选择“文件”→“页面设置”菜单项，在弹出的“页面设置”对话框中，切换到“版式”选项卡，选中“奇偶页不同”复选框，将页眉和页脚按奇偶页分别设置，然后按照需要分别设置奇偶页码的摆放位置即可。

2.7　使用批注

编辑完文档之后，经常会让其他人来审阅，使文档达到理想的效果。而 Word 为用户提供了批注的功能，可以帮助审阅者给文档的内容添加注解或者说明。

（1）使用审阅

①打开文档后选择“视图”→“工具栏”→“审阅”菜单项，弹出“审阅”工具栏，此时用户可以通过此工具栏中提供的各项功能来完成文档的审阅（见图 2.32）。

图 2.32

②在审阅之前，用户还需要对文档进行一些必要的设置。首先选择“文件”→“版本”菜单项，随即弹出“版本”对话框（见图2.33）。

③在弹出的“版本”对话框中单击“现在保存”按钮，然后在弹出的“保存版本”对话框中，用户可以在“版本备注”文本框中输入该版本的注释信息（见图2.34）。

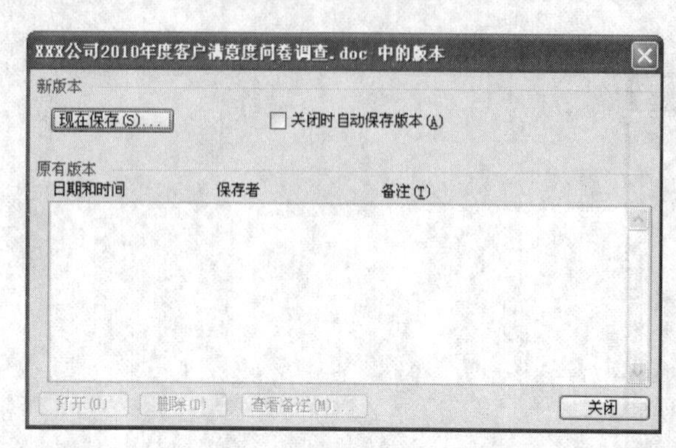

图2.33

图2.34

④此后用户可以打开“XXX公司2010年度客户满意度问卷调查.doc中的版本”对话框查看此文档包含的版本，然后将最新的版本单独地保存在另一个文件中，用来作为审阅的副本（见图2.35）。

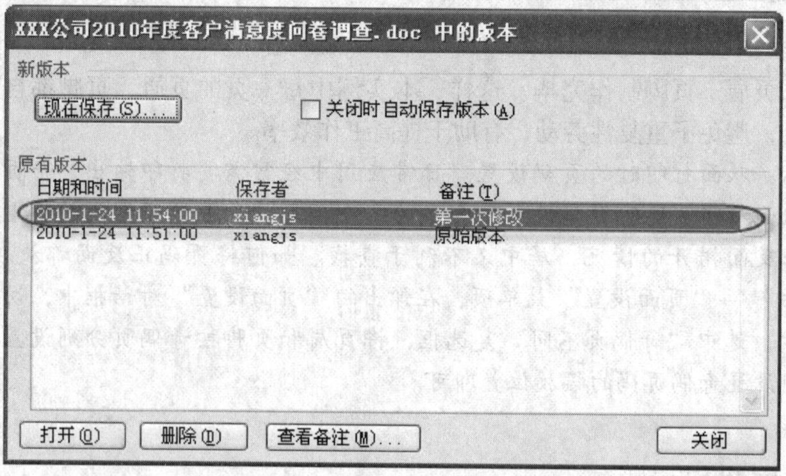

图2.35

⑤在上面的对话框中，单击“打开”按钮后，选择“工具”→“保护文档”菜单项，随即弹出“保护文档”任务窗格。

⑥在“保护文档”任务窗格的“编辑限制”组合框中选中“仅允许在文档中进行此类编辑”复选框，并在其下拉列表框中选择“批注”选项（见图2.36）。

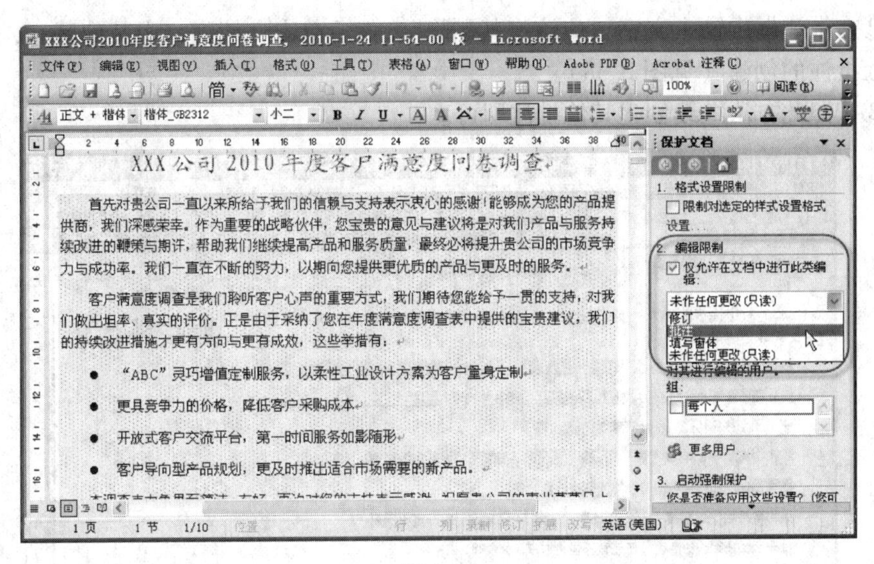

图 2.36

⑦最后用户可以选择“文件”→“发送”→“邮件收件人（审阅）”菜单项，将文档发送给批阅人。随后弹出审阅邮件窗口，该文档已经自动被添加到附件中了，填好收件人地址，在正文中添加一些说明文字后，单击“发送”即可将其发送给审阅者。

小提示：如果用户的“邮件收件人（审阅）”菜单项是灰色的，请检查是否安装了 Microsoft Outlook、Microsoft Exchange 或任何支持邮件应用程序编程接口（MAPI）的电子邮件程序之一。Word 将以默认邮件客户端来发送该文档。将 Outlook 设置为默认邮件客户端的方法是：依次点击“工具”→“选项”，切换到“其他”标签，勾选“将 Outlook 设置为邮件、联系人和日历的默认程序”即可。

（2）插入批注

①打开文档后选中需要设置批注的文本，然后选择“插入”→“批注”菜单项，此时将在选中文本处的右侧边框中出现一个红色的批注框（见图 2.37）。

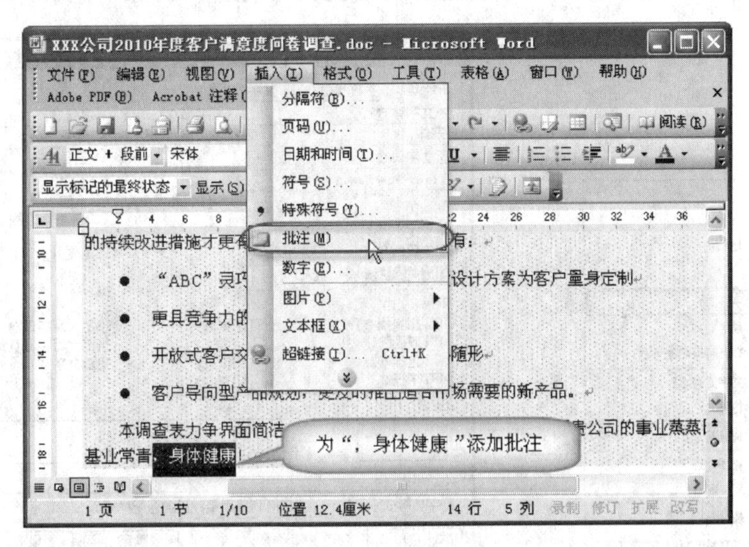

图 2.37

②在批注框中输入文字“应该将其删除”，然后单击文档窗口中其他区域，即可完成此处批注的创建（见图 2. 38）。

③按照此方法继续创建其他批注即可。

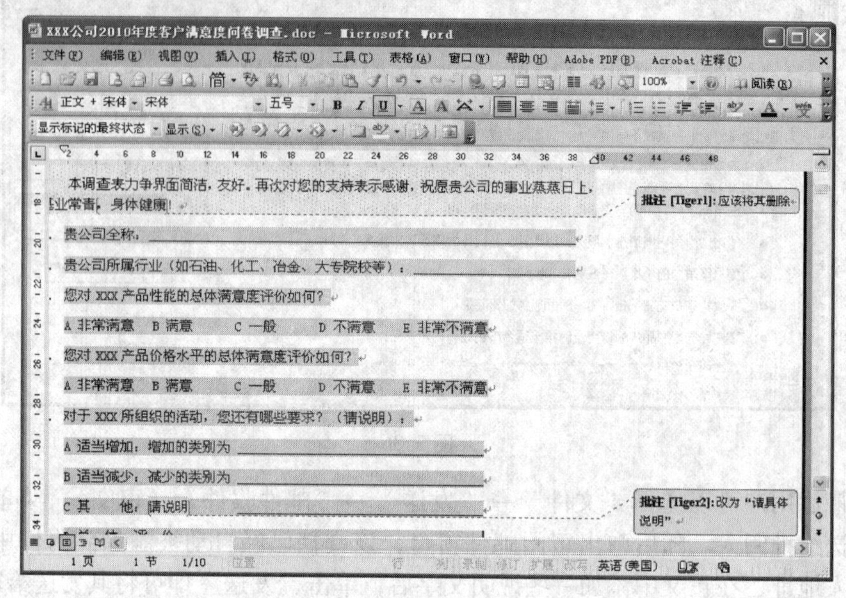

图 2. 38

（3）格式化批注

批注跟内容一样都有主次之分，所以就需要对其进行格式化。下面就以格式化“批注 1”中的内容为例进行介绍。

①选中“批注 1”中的内容，单击鼠标右键，从弹出的快捷菜单中选择“字体”菜单项（见图 2. 39）。

②随即会弹出“字体”对话框，切换到“字体”选项卡，然后在“字形”列表框中选择“加粗 倾斜”选项，在“字体颜色”下拉列表框中选择“海绿”选项（见图 2. 40）。

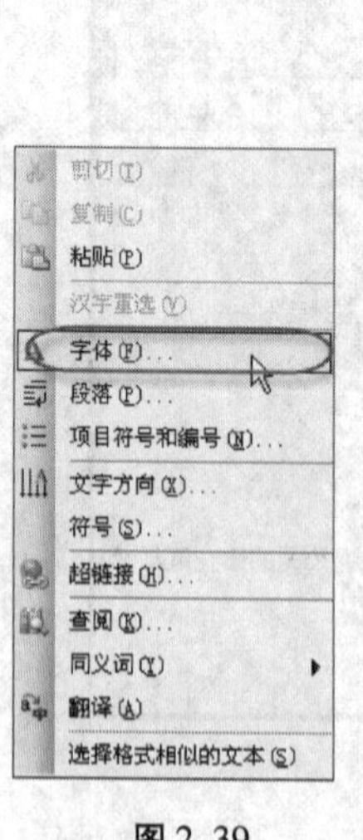

图 2. 39

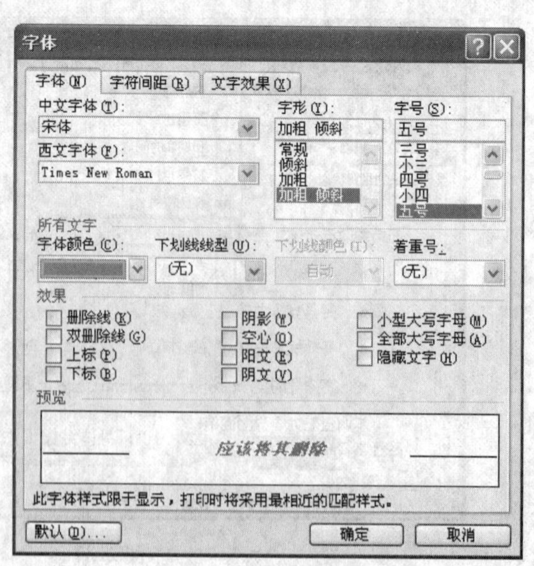

图 2. 40

小提示：用户也可以通过单击工具栏中的“突出显示”按钮来完成字体颜色的设置。

(4) 查找批注

一个文档可能有多个人来审阅，当用户想要查找具体某个审阅者的批注时是非常麻烦的，所以 Word 为用户提供了一项查找批注的功能。

①单击“审阅”工具栏中的“显示”按钮，然后在其级联菜单中选择“审阅者”→“xiangjs”菜单项，即可将“xiangjs”所做的批注都显示出来（见图 2.41）。

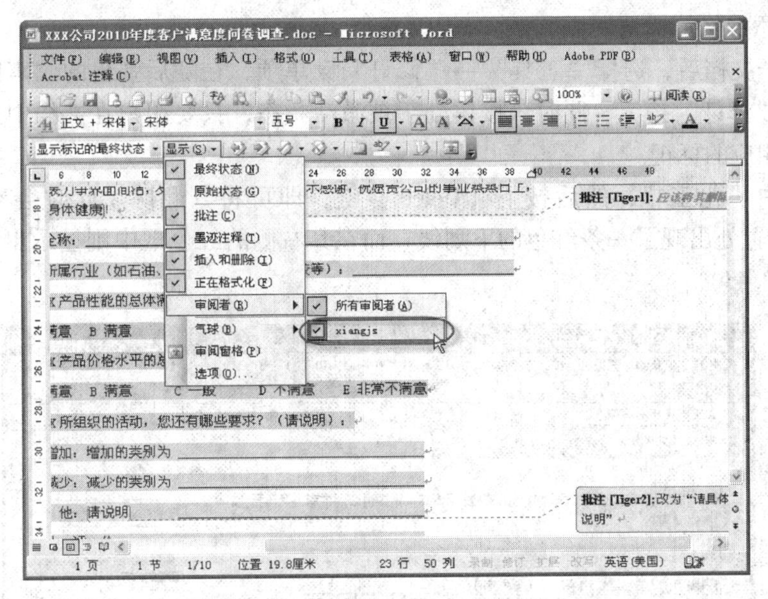

图 2.41

②当再次选择此菜单项时，即可将“xiangjs”所做的批注隐藏起来。

③如果用户想在文档中定位“批注 1”的话，首先将光标定位在文档开始处，然后选择“编辑”→“定位”菜单项，在随即弹出的“查找和替换”对话框中，切换到“定位”选项卡，然后在“定位目标”列表框中选择“批注”选项，在“请输入审阅者姓名”下拉列表框中选择“xiangjs”选项。

④单击下一处(T)按钮后再单击关闭按钮，即可看到光标在“批注 1”的正文之前闪烁（见图 2.42）。

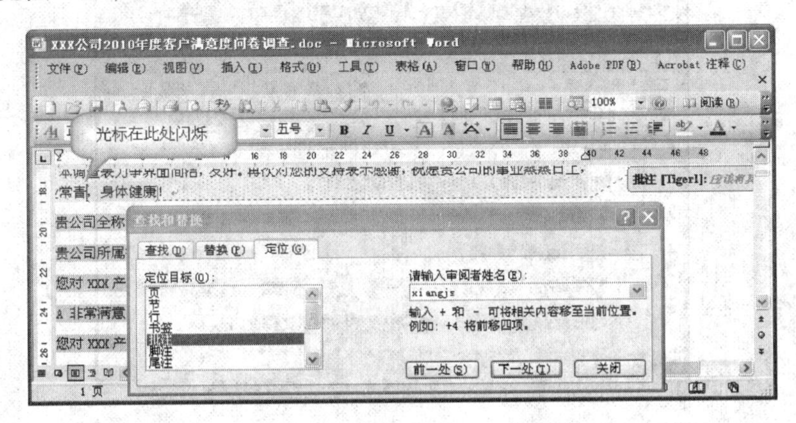

图 2.42

2.8 使用修订

启用修订功能可以使原作者通过修订标记清楚地看到文档中被修改的地方，然后根据情况决定是否接受修改。此外，用户还可以设置不同的颜色来区分不同审阅者的修改。

（1）添加修订标记

①打开文档后，选择“工具”→“修订”菜单项，在随后弹出的“审阅”工具栏中，单击“修订”按钮，此时该按钮处于被激活状态，只要用户在文档中进行修改就会显示出相应的标记。

②选中“化工、”，然后按下【Delete】键，即可将其删除。此时会看到在“化工、”的位置处出现了一条红色的下划线，而在其右侧的红色框中则显示出被删除的内容（见图2.43）。

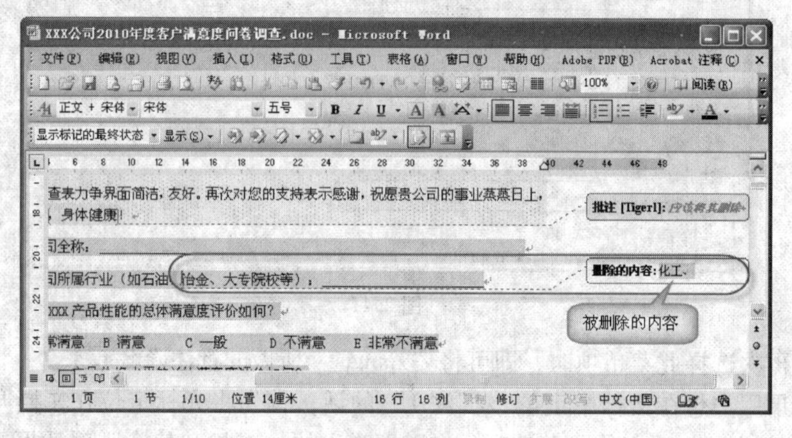

图2.43

③在第三个问题的文字“满意度”前面添加文字“总体”后，可以看到新添加的文字下面出现了一条红色的下划线（见图2.44）。

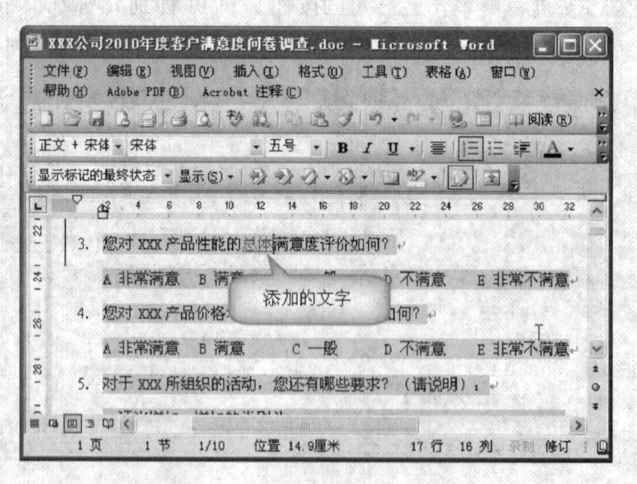

图2.44

④选中文字“ABC”并改为“XYZ”，则此时文档中被修改的文字“ABC”会显示在文档右侧的红色框中，而修改的文字“XYZ”下方则会出现一条红色的下划线（见图2.45）。

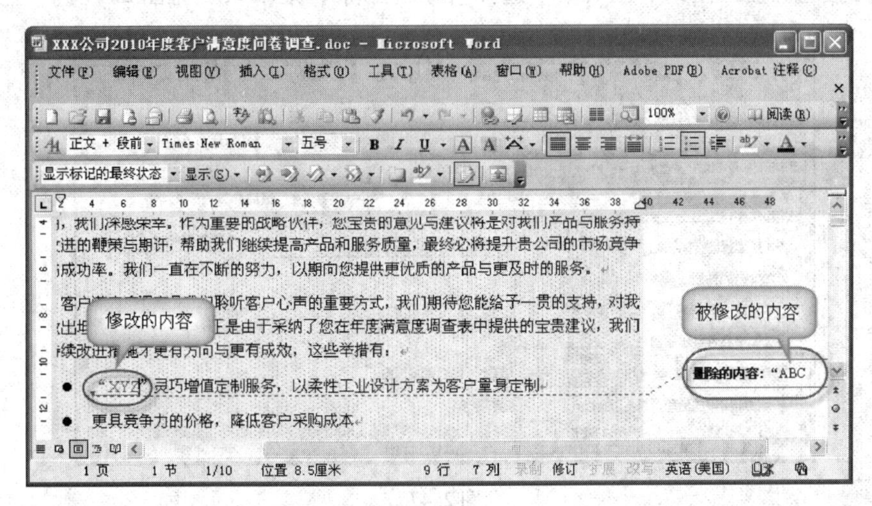

图2.45

⑤修订完毕后，再次单击“修订”按钮，即可退出修订状态。当然单击“审阅窗格”按钮，系统也会列出此文档所有的修订（见图2.46）。

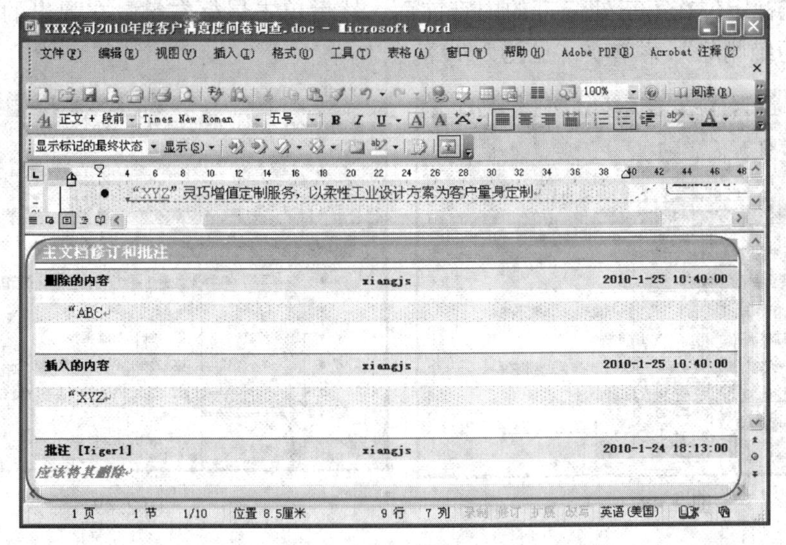

图2.46

（2）接受或者拒绝修订

将各位审阅者所做的修订合并到同一个文档后，就可以对文档进行最后的修改了。用户可以使用修订标记跟踪编辑过的文档，然后检查审阅者所做的修订，根据实际情况决定是否接受修订。

如果用户接受一个修订，那么此修订的内容就会被添加到文档中，同时修订标记会从文档中消失；相反，如果用户拒绝一个修订，那么此修订的内容就会从正文中隐去，返回到修改之前的状态。

①打开文档后，先将光标定位在第一处删除内容的地方。单击鼠标右键，在弹出的快捷菜单中选择“接受删除”菜单项，或者直接单击“审阅”工具栏中的“接受所选修订”按钮，在其下拉菜单中选择“接受删除”菜单项（见图 2.47）。

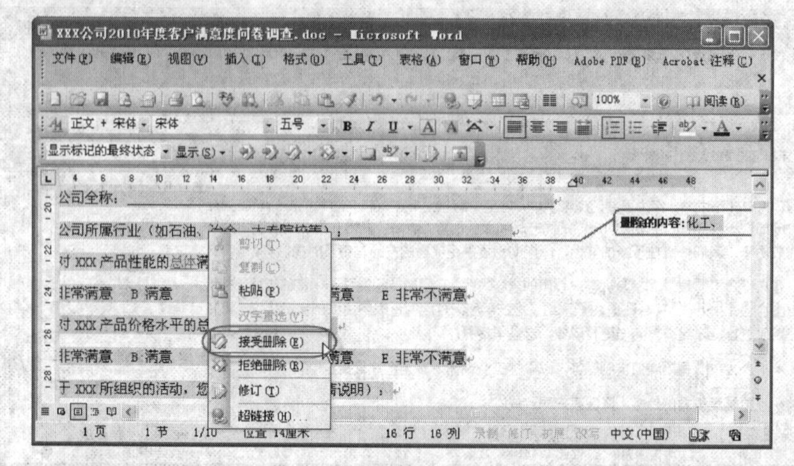

图 2.47

②将光标定位在第二处修订的内容“总体”中，单击鼠标右键，在弹出的快捷菜单中选择“接受插入”菜单项，或者直接单击“审阅”工具栏中的“接受所选修订”按钮，在其下拉菜单中选择“接受插入”菜单项即可（见图 2.48）。

③将光标定位在第三处修订的内容前面，然后单击鼠标右键，在弹出的快捷菜单中选择“拒绝删除”菜单项（见图 2.49）。

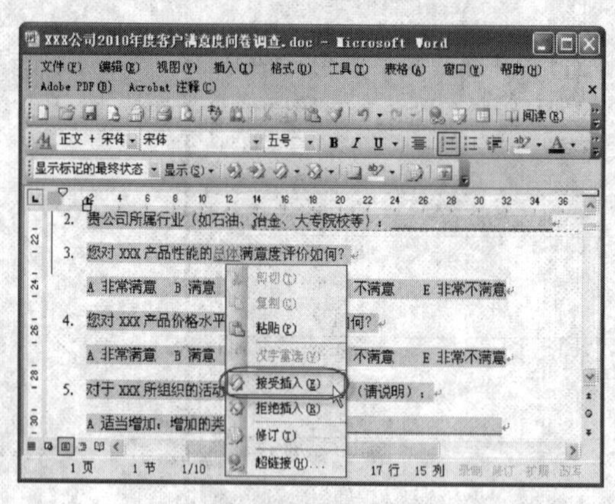

图 2.48

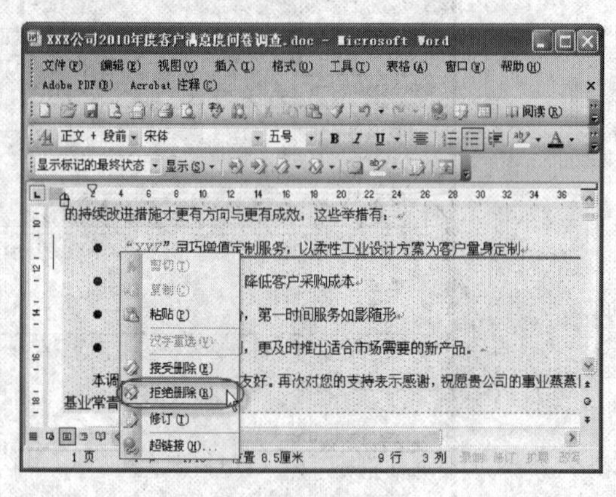

图 2.49

④此时修订框中的内容会自动恢复到修订内容的前面，而修订内容下面会有一条红色的下划线。只要将光标插入修订内容的前面，然后再次单击鼠标右键，在弹出的快捷菜单中选择“拒绝插入”菜单项，此修订内容就会自动消失。

小提示：用户如果接受所有的修订，只需要在“审阅”工具栏中单击“接受所选修订”按钮，然后在其下拉菜单中选择“接受对文档所做的所有修订”菜单项即可。

（3）打印和显示批注与修订

在有批注和修订的文档中执行打印功能时，不但可以将文档内容打印出来，还可以将文档中的批注和修订都打印出来，这样有利于对文档的书面查阅。

①打开文档后，选择“文件”→“打印”菜单项，在随即弹出的“打印”对话框的“打印内容”下拉列表中选择“显示标记的文档”选项，然后再设置“副本”、“页面范围”和“缩放”等项目（见图2.50）。

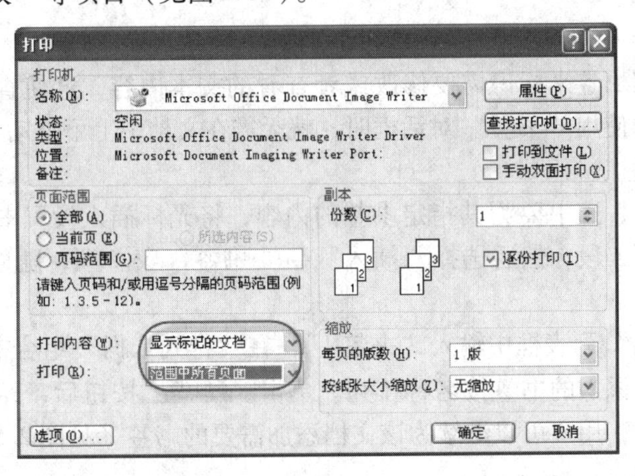

图2.50

②单击工具栏中的“打印预览”按钮，即可显示打印后的效果。

③打开文档后，单击“审阅”工具栏中的“显示以审阅”按钮［显示标记的最终状态］，在随即弹出的下拉列表中选择“显示标记的最终状态”选项，在该状态下，文档中的所有批注和修订都会被显示出来（见图2.51、图2.52）。

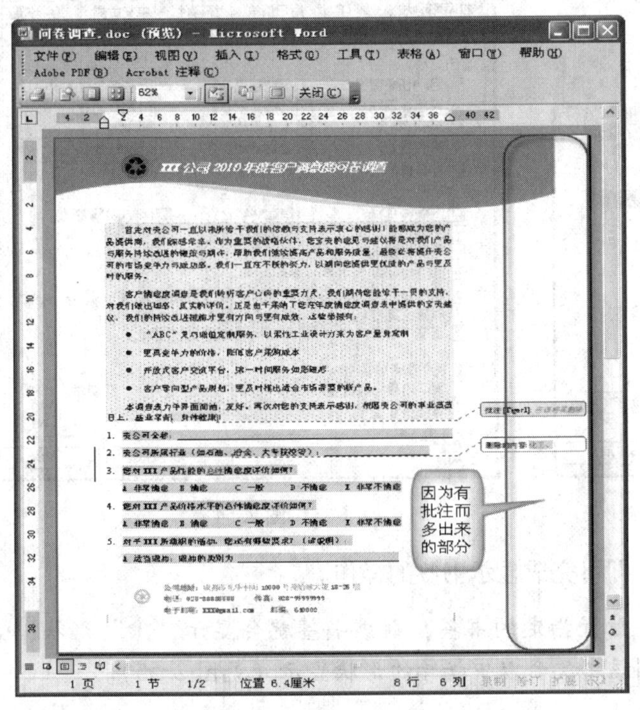

图2.51

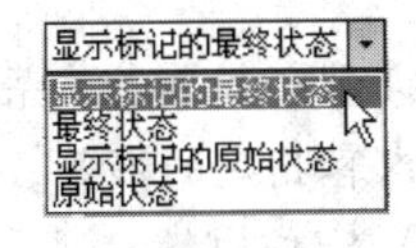

图2.52

小提示：文档修订前后的内容是不同的，所以针对不同的文档内容，Word提供了“显示标记的最终状态”、“最终状态”、“显示标记的原始状态”和“原始状态”四种显示方式来帮助读者查看文档的内容。

2.9 使用书签

用户可以使用书签来标识需要修改或者查看的文本内容，这使查找和定位文本变得十分简单。因为使用“书签”对话框时，就无需在文档中上下滚动了。

（1）添加书签

①打开文档后，选中要为其指定书签的内容，将光标插入设置书签的位置。在此选择说明性文字第二段，然后选择“插入”→“书签”菜单项，随即会弹出“书签”对话框。

②在“书签名”列表框中输入“书签1”，在“排列依据”组合框中选中“名称”单选按钮，即可将添加的书签按名称排列。单击 添加(A) 按钮后，即可完成此书签的添加。按照此方法，用户可以继续为该文档添加需要的书签（见图 2.53）。

（2）显示书签

书签在默认情况下是被隐藏的，如果用户需要的话，可以通过下面的操作来显示。

①选择“工具”→“选项”菜单项，在随即弹出的“选项”对话框中，切换到“视图”选项卡，然后在“显示”组合框中选中“书签”复选框（见图 2.54）。

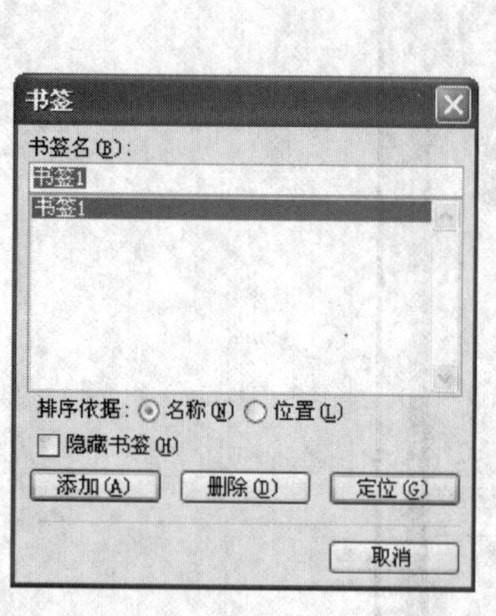

图 2.53

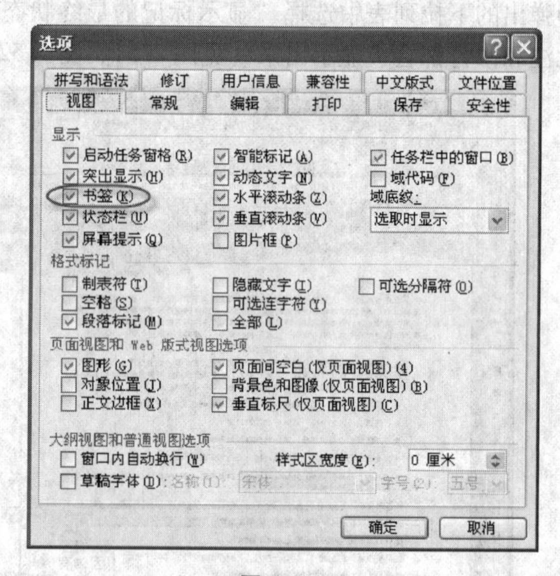

图 2.54

②单击 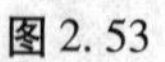 按钮，即可完成显示书签的操作。

小提示： *如果是为某个位置指定的书签，则该书签就会显示“I”形状；如果是为某项内容指定的书签，则该书签会以中括号的形状显示（见图 2.55）。*

（3）定位书签

在添加了一个书签后，用户就可以利用“查找和替换”中的“定位”功能来定位书签了。

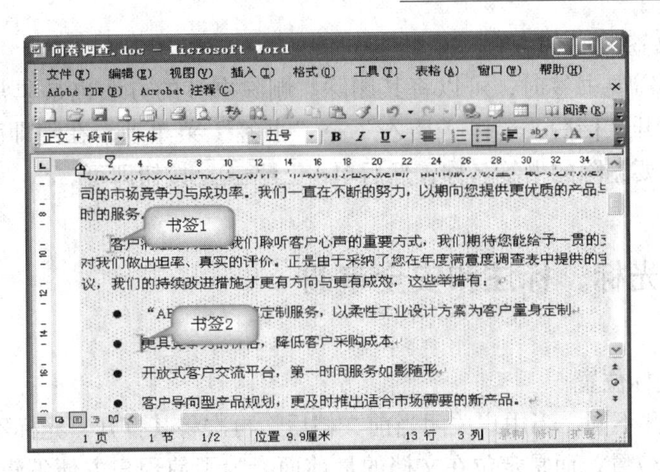

图 2.55

①打开文档后，选择“编辑”→“定位”菜单项，在随即弹出的“查找和替换”对话框中，切换到“定位”选项卡，在“定位目标”列表中选择“书签”选项，然后在“请输入书签名称”下拉列表中选择书签的名称“书签4”（见图2.56）。

②如果此文档中没有此书签，则系统会弹出提示用户“书签不存在”的提示对话框（见图2.57）。

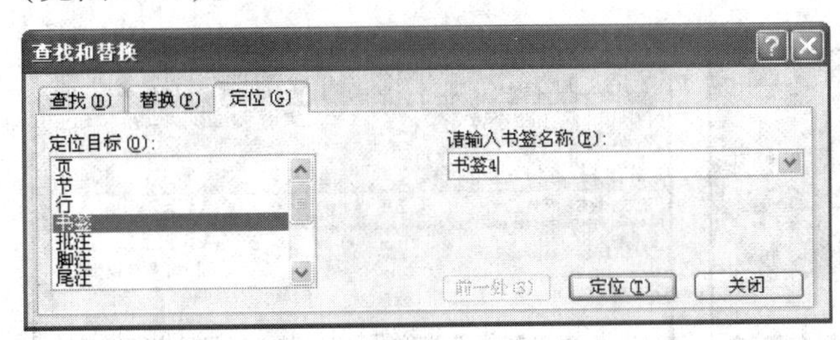

图 2.56

图 2.57

③如果此文档中有此书签，单击[定位(T)]按钮后，系统会自动将光标定位到所选的书签位置（见图2.58）。

④此外，用户还可以利用“书签”对话框来定位书签。选择“插入”→“书签”菜单项，在随即弹出的“书签”对话框中，在“书签名”文本框中输入“书签2”，然后单击[定位(T)]按钮即可（见图2.59）。

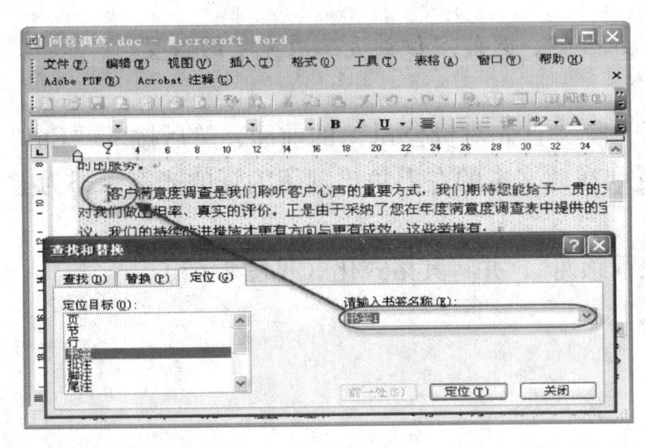

图 2.58

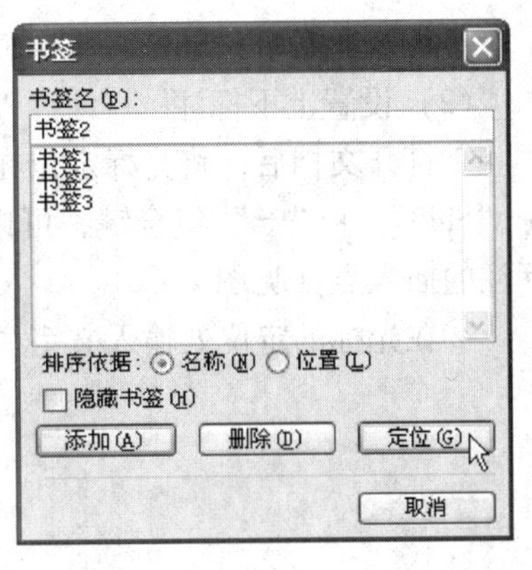

图 2.59

(4) 删除书签

当用户不再需要书签时，可以将其删除。删除书签的方法也是非常简单的，具体操作方法是：打开文档后，选择“插入”→“书签”菜单项，在随即弹出的“书签”对话框中选中需要删除的书签名称，然后单击 删除(D) 按钮即可。

2.10 使用光标、标注和安全审阅

(1) 定位光标位置

Word 与 WPS 不同，当用户关闭当前文档后，再次将其打开，光标不会自动地定位在用户存盘时的位置，而是定位在文档的最前面。为了使用户方便编辑，Word 也提供了一种方法来使其达到与 WPS 同样的效果。

①打开文档，第二段的文字稍做修改，例如将文字“因为”改为“由于”（见图 2.60）。

②保存后关闭此文档，然后再次打开此文档，可以看到光标定位在文档的开始处。

③按下“Shift”+“F5”组合键，此时可以看到光标快速地定位到了用户关闭文档前的光标位置（见图 2.61）。

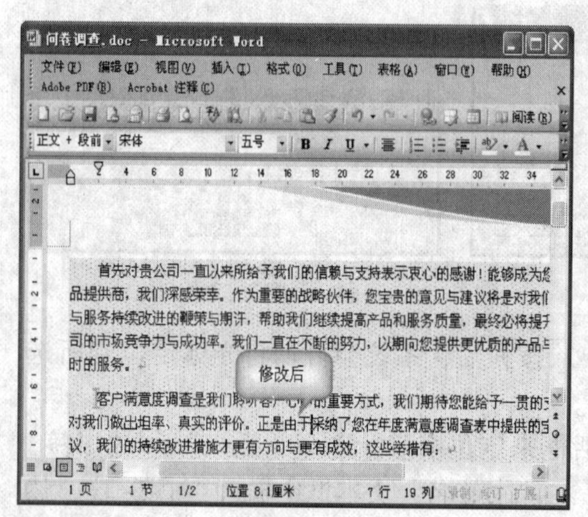

图 2.60

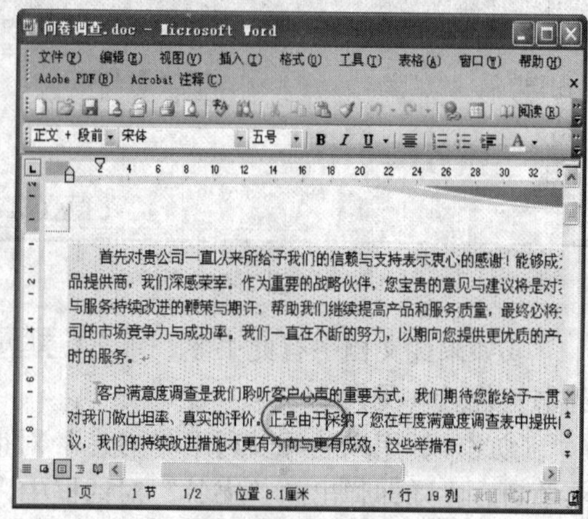

图 2.61

小提示：利用“Shift”+“F5”组合键，只能定位最近三次光标的位置。

(2) 设置上下标注

①打开文档后，将光标定位在第一段“首先对贵公司”的前面，然后按下“Ctrl”+“Shift”+“=”组合键，可以看到在此文本的左上角出现了闪烁的光标，即为上标注的插入点（见图 2.62）。

②在光标的定位处输入文字“表示感谢”，并将其格式化（见图 2.63）。

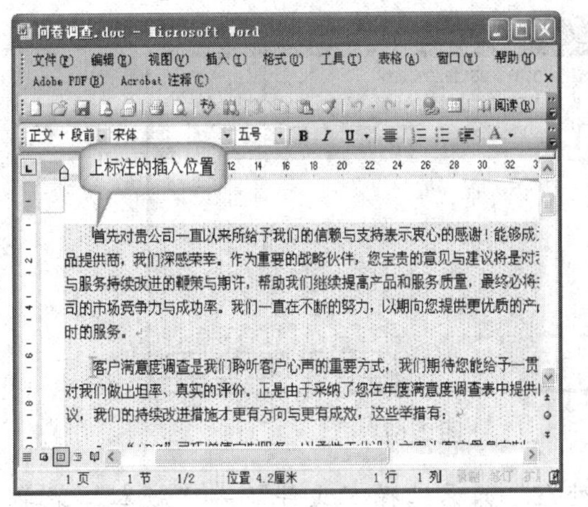

图 2.62

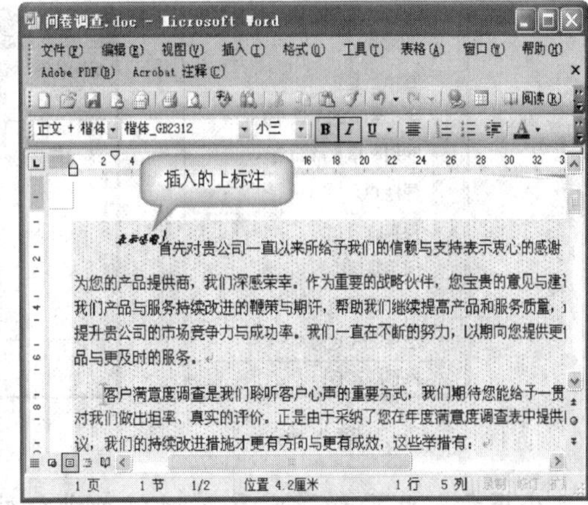

图 2.63

③将光标定位在需要插入下标注的文字“开放式客户交流平台”的前面，然后按下“Ctrl”＋“＝”快捷键，即可看到在此文本的左下角出现一个闪烁的光标（见图 2.64）。

④在下标注的插入点处输入“特色服务”，并将其格式化（见图 2.65）。

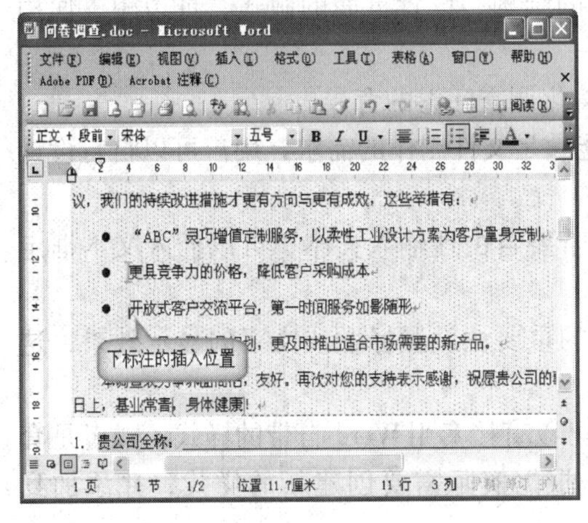

图 2.64

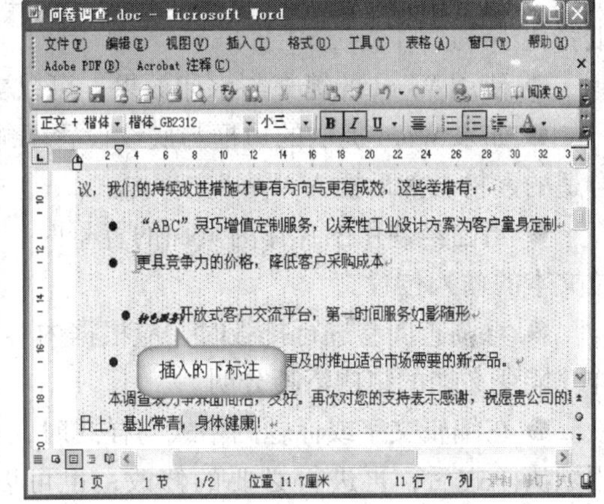

图 2.65

（3）方便安全的审阅

用户在将文档交给他人审阅之前，首先要对原文档进行保护设置，以便审阅人在文档上所做的修订能够以批注或者修订标记的形式记录下来。

保护文档的方法有两种，一是使用前面介绍过的“版本”功能，将文档保存为另外的版本；二是使用“工具”→“保护文档”菜单项。

①打开文档后，选择“文件”→“另存为”菜单项，在随即弹出的“另存为”对话框中，点击 工具(L)▾ 按钮，然后在其下拉列表中选择“保存版本”选项（见图 2.66）。

②在随即弹出的“保存版本”对话框中，用户可以在“版本备注”文本框中输入文字“第一稿”。单击 确定 按钮后，即可完成设置安全审阅的操作（见图 2.67）。

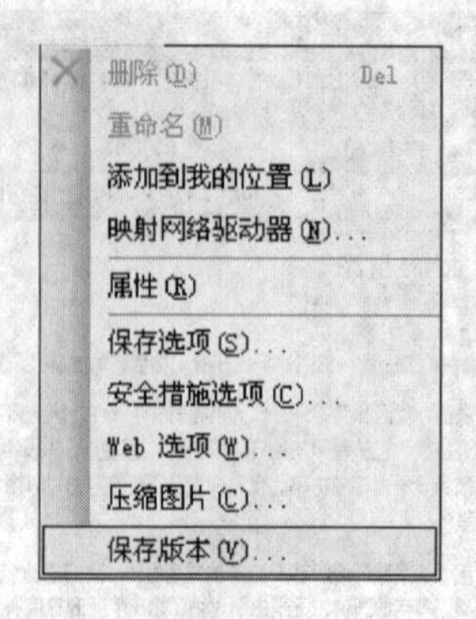

图 2. 66

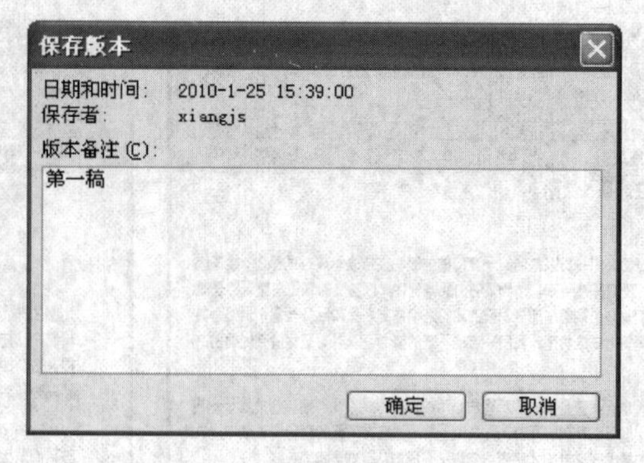

图 2. 67

小提示：此后如果需要对旧版本进行处理，只需选择“文件”→“版本”菜单项，打开“保存版本”对话框，然后从中选择需要的选项即可。

2. 11 重点回顾

● 制作调查问卷时，首先要根据本问卷的结构，设置页面的版式、页边距、使用纸张大小等。

● 使用 Word 的填充与水印效果，可以美化调查问卷的背景。

● 如果 Word 提供的边框与底纹设置不能满足文件制作的需求，用户可以自行设计合适的素材，然后插入 Word 文件内。

● 当已经使用图片作为页面的背景时，若要自由地输入文本，可以插入文本框定位文本的输入位置。

● 对调查问卷进行排版时，应根据内容的重要性设置标题或文字的显示效果，这样才能令文档的结构清晰分明。

● 在编辑文字或标题的格式与样式时，可以直接套用 Word 自带的样式，或者是套用默认样式后，再进行必要的修改；也可以根据实际需要创建新的样式，并添加到 Word 的文档模板中，留待日后使用。

● 在页眉或页脚中可以插入图片或自动图文集。一般商务文件主要使用公司 Logo 作为页眉，作者、日期、页码或公司地址、联系方式等作为页脚。

● 批注的作用是对文档中某些内容进行注释，插入的批注会以特殊的样式显示。

● 修订功能主要是用于追踪检阅者对文档内容的修改。当在制作文档时打开了修订功能，文件发给其他人检阅时，修订功能也是打开的。

● 选择正确的审阅方式，可以了解文档被修订前后的状态。要查看被修订的内容时，可以使用“显示标记的最终状态”审阅方式。

2.12　补充实训

（1）制作信笺

不管是在工作中还是在生活中，信笺是最常用的工具之一。一个典雅大方的信笺会让看信的人心情愉悦，所以信笺格式的设置也是不容忽视的。请自行设计一个美观大方的信笺。

（2）设计荣誉证书

年末将至，作为某公司办公室助理的小王需要设计一份公司“年度优秀员工”的荣誉证书。由于上一年度的证书在设计上缺乏新意，未能让公司领导与员工满意，因此，公司领导对今年的荣誉证书提出了新的要求，一是要美观得体，二是证书中要突出公司的形象。

实训3 使用图形、图片和艺术字——图文混排

3.0 内容导航

一篇精美的文档，往往需要在文档中适当地插入一些图形、图片、艺术字等。这样，既能使编辑的文档显得生动有趣、美观漂亮，还能帮助读者更快地理解文档内容。Word 提供了强大的绘图和图形处理功能，使图文混排操作十分直观、方便、快捷。

● 在文档的编辑过程中有时需要插入一些简单的图形，比如线条、基本图形、箭头、流程图、星与旗帜、标注等，可以使用 Word 提供的“自选图形”功能来满足这些要求。

● 为了使文档更加美观，主题更加鲜明，提高文档的观赏性，Word 提供的“艺术字”功能，可满足编辑排版的多样性需要。

● 在文档中插入一张漂亮的图片或剪贴画，可使文档增色不少。Word 提供的插入“图片”功能，可使编辑的文档图文并茂。

● 文本框作为存放文本及图片等对象的容器，以图形对象方式放置在页面上，可方便地调整大小和效果设置，也可起到美化文档的作用。

● 一些比较特殊的文档，往往需要编辑各种公式。Word 提供的“公式编辑器”功能，可以让用户方便、快捷地制作出美观、专业的各类复杂公式。

● 在文档中编辑企事业单位的组织结构图，也是 Word 提供的重要功能之一。“插入组织结构图”功能，能方便地编制出各类复杂的组织结构图。

本实训将介绍利用 Word 的图形、图片、艺术字、公式、组织结构图等编辑排版功能，完成图文混排的复杂版面的制作过程。制作的最终效果如图 3.1 所示。

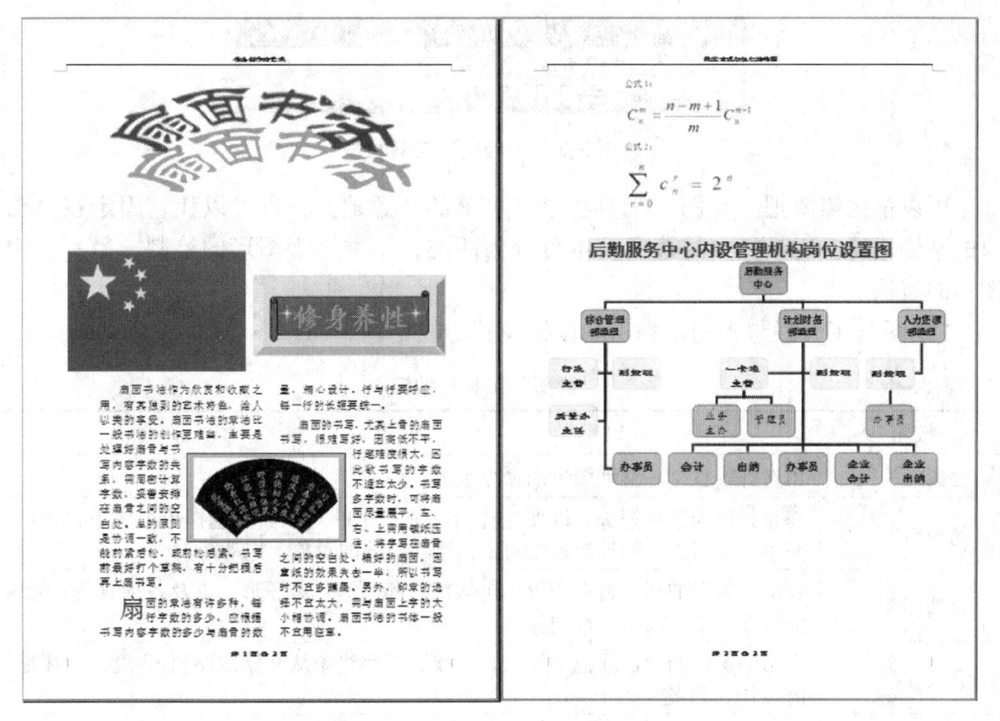

图 3.1　图文混排的最终效果图

3.1　绘制图形

在 Word 中可以方便地绘图或制作各种图形及标志，也可以在文档中使用现成的图形，还可以重新调整图形的大小，也可以对其进行旋转、翻转、添加颜色，并与其他图形（如圆和正方形）组合为更复杂的图形。很多图形都具有调整控点，可以用来更改图形最主要的特征。

“绘图”工具栏上的“自选图形”菜单包含了许多类图形，如线条、基本形状、流程图元素、星与旗帜、标注等。

【示例 3.1】绘制样文中的图形“五星红旗”。

【准备阶段】选择“开始”→“程序”→“Microsoft Office”→“Microsoft Office Word 2003”菜单项，启动文字处理软件；按样文输入文本，将文档保存为“图文混排”文档；按前面介绍的方法进行版面设置；选定文本，按样文进行“字体”、“字号”、“段落”、“首字下沉”、“分栏”等格式设置。

【操作步骤】

（1）在文档中将光标置于文档的开始，反复按回车键，留出若干空行，以便插入“艺术字”标题及图形。

（2）单击“常用”工具栏的“绘图”按钮，弹出“绘图”工具栏（如图 3.2 所示）。

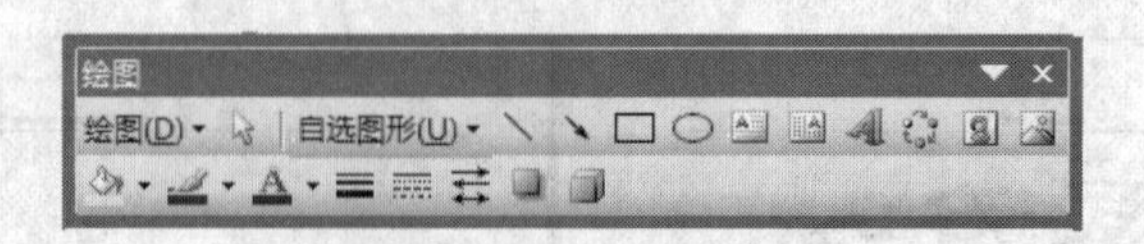

图 3.2 “绘图”工具栏

可以根据需要把“绘图”工具栏移到屏幕的任意地方，也可以让它固定在文档窗口的某侧边缘。工具栏中的按钮基本可分为两类，一类用于图形的绘制，另一类用于图形的编辑。

“绘图”工具栏包含的各种工具按钮及其功能见表 3－1。

表 3－1 “绘图”工具栏按钮

按钮	说明
绘图	由对齐、重排和移动图形的命令组成
选择对象	将指针改为选项箭头，以便选择活动文档中的对象。要选择单个对象，请用箭头单击该对象。要选择多个对象，请在要选的对象上拖动箭头
自选图形	在活动窗口的插入自选图形，包括矩形和圆等基本图形，以及各种线条、箭头、流程图、星、旗帜、标注等
直线	在活动窗口的单击或拖动处插入直线。要使线条从开始点倾斜 15 度，请在拖动时按住 Shift 键
箭头	在活动窗口的单击或拖动处插入带箭头的直线。要使线条从开始点倾斜 15 度，请在拖动时按住 Shift 键
矩形	在活动窗口的单击或拖动处绘制矩形。要绘制正方形，请在拖动时按住 Shift 键
椭圆	在活动窗口的单击或拖动处绘制椭圆。要绘制圆，请在拖动时按住 Shift 键
文本框	在活动窗口的单击或拖动位置绘制一个文本框。文本框用于在图片或图形中添加文字（如题注和标注）
竖排文本框	通过单击并拖动绘制一个竖排文本框
插入艺术字	给文字增加特殊效果。例如，创建带阴影的、斜体的、旋转的和延伸的文字，创建符合预定形状的文字等
插入剪贴画	用专业人员设计的图像来“装扮”文档
填充颜色	为指定对象添加、更改或清除填充颜色或填充效果。填充效果包括过渡、纹理、图案和图片填充
线条颜色	添加、更改或清除指定对象的线条颜色
字体颜色	将所选定文字的字体颜色设为单击选定的颜色
线型	更改选定对象的线型和线宽
虚型线	更改用于所选图像或边框的虚线或虚点线类型
箭头样式	更改所选线条的箭头形状
阴影	更改所选对象的阴影效果
三维效果	更改所选对象的三维效果

（3）单击工具栏上的“自选图形”框，选择“基本形状”→“矩形”（如图 3.3 所示）。按住鼠标左键拖动画出一个适当大小的矩形，在矩形中间双击左键，打开“设置自选图形格式”对话框（如图 3.4 所示）。

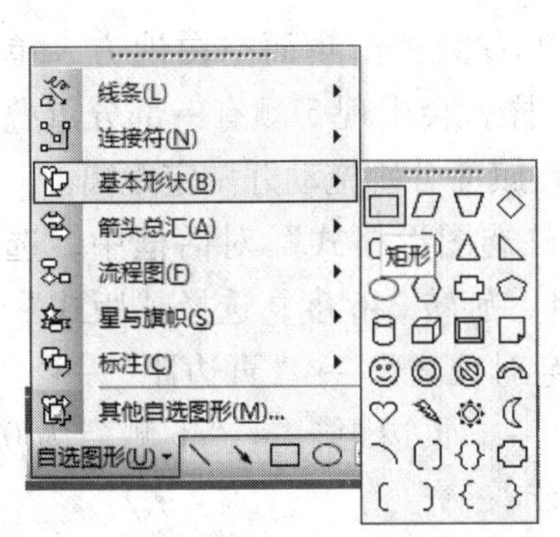

图 3.3　“自选图形”基本形状菜单项

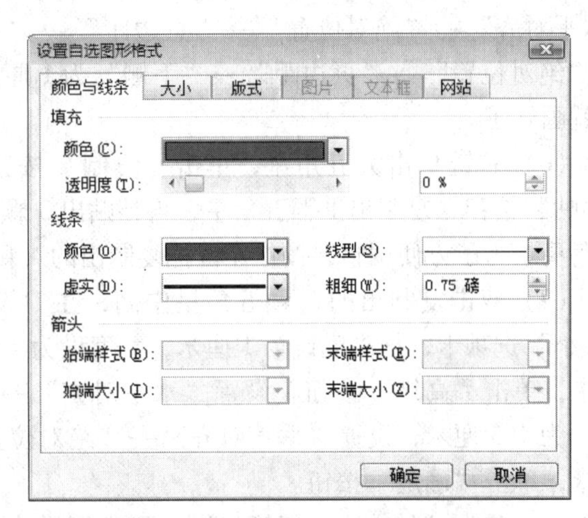

图 3.4　“设置自选图形格式”对话框

(4) 选择“大小”选项卡，高度设为10厘米，宽度设为15厘米；选择“颜色与线条”选项卡，“填充”颜色和“线条”颜色都设为红色（见图3.4)；选择“版式”选项卡，环绕方式选择“四周型”，单击“高级”按钮，打开“高级版式”对话框，按图3.5所示，进行“水平对齐”和“垂直对齐”的设置，为下一步5颗星的定位做准备。

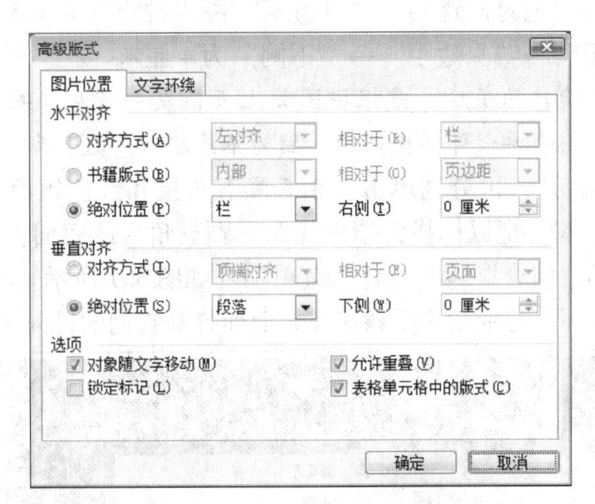

图 3.5　“高级版式”对话框

(5) 单击工具栏上的“自选图形”框，选择“星与旗帜”→“五角星”（如图3.6所示）。在画好的旗面上，按住鼠标左键拖动画出1颗五角星，双击五角星中间，打开“设置自选图形格式”对话框，选择“颜色与线条”选项卡，“填充”颜色和“线条”颜色都设为黄色；选择“大小”选项卡，高度设为3厘米，宽度也设为3厘米；选择“版式”选项卡，单击“高级”按钮，设置

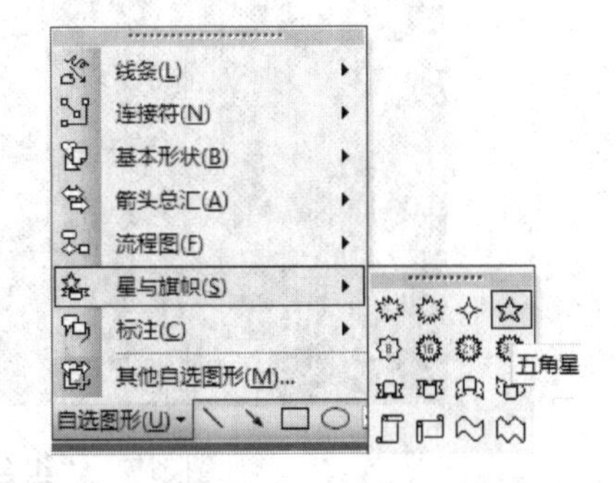

图 3.6　“自选图形”的“星与旗帜”菜单项

“水平对齐”→“绝对位置”→“页边距”→“右侧”为1厘米，设置“垂直对齐”→“绝对位置”→“页边距”→“下侧”为1厘米，单击“确定”按钮。这样大五角星就画好了。

(6) 右键单击大五角星，单击“复制”按钮，再右键单击旗面空白地方，单击“粘贴”按钮，复制出1颗五角星，再粘贴出3颗，这样就会出现5颗有一部分重叠的五角星。为了方便调整，按住左键把复制出的4颗星在旗面分别拖动开一定距离。

(7) 双击复制出的1颗五角星中间，在“设置自选图形格式”对话框中，选择“大小”选项卡，把高度设为1厘米，宽度设为1厘米，旋转246度；选择“版式”选项卡，单击“高级”按钮，设置“水平对齐”→“绝对位置”→“页边距”→“右侧”为4.5厘米，设置“垂直对齐”→“绝对位置”→“页边距”→“下侧”为0.5厘米，单击“确定”按钮。

(8) 按照此种方法，把第二颗小星高度设为1厘米，宽度设为1厘米，旋转261度；设置“水平对齐”→“绝对位置”→“页边距”→“右侧”为5.5厘米，设置“垂直对齐”→“绝对位置”→“页边距”→“下侧”为1.5厘米。第3颗小星高度设为1厘米，宽度设为1厘米，旋转288度；设置“水平对齐”→“绝对位置”→“页边距”→“右侧”为5.5厘米，设置“垂直对齐”→“绝对位置”→“页边距”→“下侧”为3厘米。第四颗小星高度设为1厘米，宽度设为1厘米，旋转313度；设置“水平对齐”→“绝对位置”→“页边距”→“右侧”为4.5厘米，设置“垂直对齐”→“绝对位置”→“页边距”→“下侧”为4厘米。

小提示：这里“旋转的角度”是根据国旗上五角星分布和4颗小星必须有一角尖正对大五角星的中心点的要求计算出来的。因为不能输入小数，所以稍微有误差。

(9) 按住【Ctrl】键，再分别单击大小5颗五角星和红色旗面（也就是把它们都选中），放开【Ctrl】键，把鼠标指针指向任意一颗五角星或旗面，右键单击，在弹出的快捷菜单中，选择“组合”→“组合”菜单项（如图3.7所示），把它们组合成一个整体，这样就不怕一不小心拖动了某颗星或旗面而打乱它们的排列了。

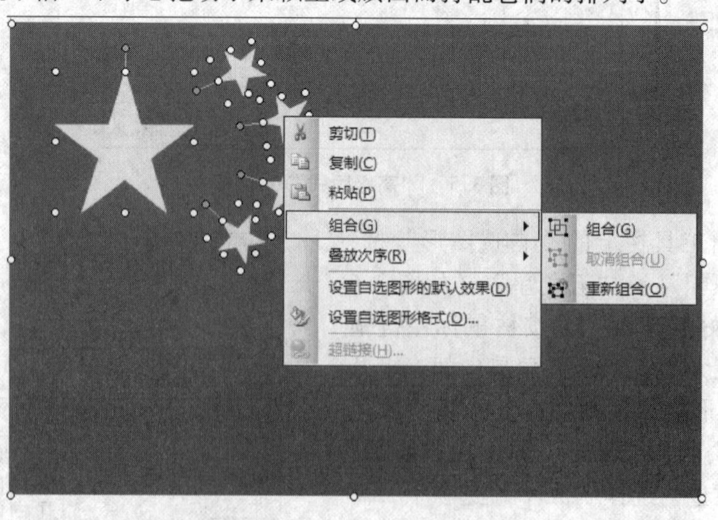

图3.7 “组合”→“组合”菜单项

【示例3.2】绘制样文中的图形，效果如图3.8所示。

【操作步骤】

（1）在文档中将光标置于要绘制图形的位置。

（2）选择“插入”→“图片”→“自选图形”菜单项，弹出“自选图形”工具栏（如图3.9所示）。

图3.8　绘制图形效果图

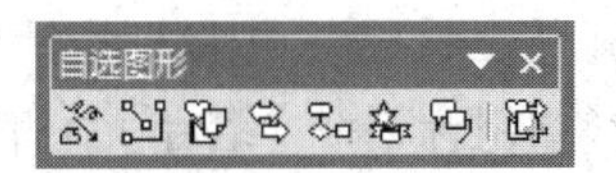

图3.9　“自选图形”工具栏

（3）选择“自选图形”工具栏的“基本形状”中的“棱台”图形，按住左键拖动画出一个适当大小的“棱台”图形，在“棱台”图形中间双击左键，打开“设置自选图形格式”对话框（如图3.10所示）。

（4）选择“大小”选项卡，高度设为3.5厘米，宽度设为8.5厘米；选择“颜色与线条”选项卡，“填充”颜色和“线条”颜色都设为“茶色”；选择“版式”选项卡，环绕方式选择“四周型”，单击“确定”按钮。

（5）选择“自选图形”工具栏的“星与旗帜”中的“横卷形”图形（如图3.11所示）。在刚才绘制的“棱台”图形上按住鼠标左键拖动画出一个适当大小的“横卷形”图形，在“横卷形”图形中间双击左键，打开“设置自选图形格式”对话框。

图3.10　“自选图形”工具栏的“基本形状”中的“棱台”图形

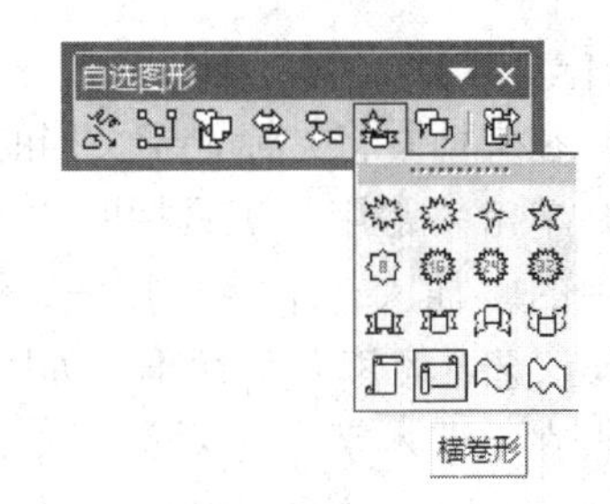

图3.11　“自选图形”工具栏的“星与旗帜”中的“横卷形”图形

（6）选择“大小”选项卡，高度设为2.2厘米，宽度设为7.0厘米；选择“颜色与线条”选项卡，“填充”颜色和“线条”颜色都设为“玫红色”；选择“版式”选项卡，环绕方式选择“浮于文字上面”，单击“确定”按钮。

（7）选定“横卷形”图形，单击鼠标右键，在弹出的快捷菜单选择“添加文字”菜单项，输入“修身养性”文字内容，并设置该文字为“楷体”、“小初”、“加粗”、“居中”、“橙色”。

（8）选择“自选图形”工具栏的“星与旗帜”中的“十字星”图形，在刚才绘制的“横卷形”图形的左右两端分别按住左键拖动画出一个适当大小的“十字星”图形，在“十字星”图形中间双击左键，打开“设置自选图形格式”对话框。选择“大小”选项卡，高度设为0.73厘米，宽度设为0.73厘米；选择“颜色与线条”选项卡，“填充”颜色为“黄色”，“线条”颜色为“粉红色”；选择“版式”选项卡，环绕方式选择“浮于文字上面”，单击“确定”按钮。

（9）按住【Ctrl】键，再分别单击“横卷形”图形和两个“十字星”图形，放开【Ctrl】键，把鼠标指针指向选定的任意图形上，右键单击，在弹出的快捷菜单中，选择“组合”→“组合”菜单项，把它们组合成一个整体。

（10）选定“棱台”图形，单击鼠标右键，在弹出的快捷菜单选择“叠加次序”的“置于底层”菜单项。按住【Ctrl】键，再分别单击“棱台”图形和“横卷形”图形，放开【Ctrl】键，把鼠标指针指向选定的任意图形上，右键单击，在弹出的快捷菜单中，选择“组合”→“组合”菜单项，把它们组合成一个整体。完成的效果图见图3.8。

3.2 插入艺术字

【示例3.3】绘制样文中的艺术字，效果如图3.12所示。

图3.12 艺术字效果图

【操作步骤】

（1）在文档中将光标置于文档的开始。

（2）单击“常用”工具栏的“绘图”按钮，弹出“绘图”工具栏，单击“绘图”工具栏中的“插入艺术字”按钮；或者选择“插入”→“图片”→“艺术字”菜单项，打开“艺术字库”对话框，如图3.13所示。

（3）在“艺术字库”对话框中，任选一种样式，单击“确定”按钮。弹出编辑“艺术字”对话框，在“文字”框输入“扇面书法”文字，设置“华文隶书”，字号为36（如图3.14所示），单击“确定”按钮。同时打开“艺术字”工具栏（如图3.15所示）。

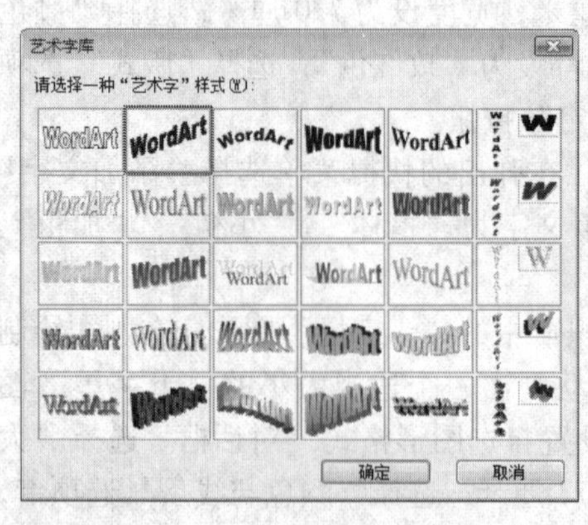

图3.13 “艺术字库”对话框

图3.14 编辑“艺术字”文字对话框

图 3.15　“艺术字”工具栏

（4）选定艺术字对象，单击“艺术字”工具栏上的“艺术字形状”按钮，选择“粗上弯弧”形状（如图 3.16 所示）。

（5）选定艺术字对象，单击“艺术字”工具栏上的“设置艺术字格式”按钮，打开“设置艺术字格式”对话框（如图 3.17 所示）。选择“大小”选项卡，高度设为 6.14 厘米，宽度设为 14.00 厘米；选择“颜色与线条”选项卡，“填充”颜色设为“紫罗兰”，“线条”颜色设为“橙色”；选择“版式”选项卡，环绕方式选择“嵌入型”，单击“确定”按钮。

图 3.16　“艺术字”工具栏上的“艺术字形状”

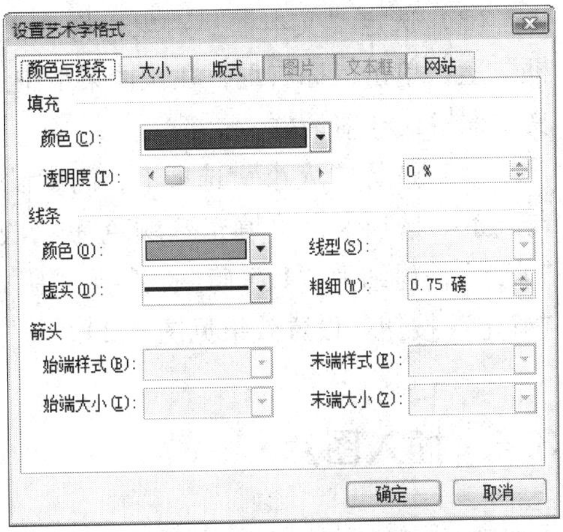

图 3.17　“设置艺术字格式”对话框

（6）选定艺术字对象，单击“绘图”工具栏上的“阴影样式”按钮，选择“阴影样式 6”（如图 3.18 所示）。选择“阴影设置”菜单项，打开“阴影设置”工具栏（如图 3.19 所示）。在“阴影设置”工具栏上，反复按“向下移”和“向右移”按钮，完成阴影效果的设置。

（7）选定艺术字对象，单击常用格式工具栏上的“居中”按钮，完成艺术字的设置。

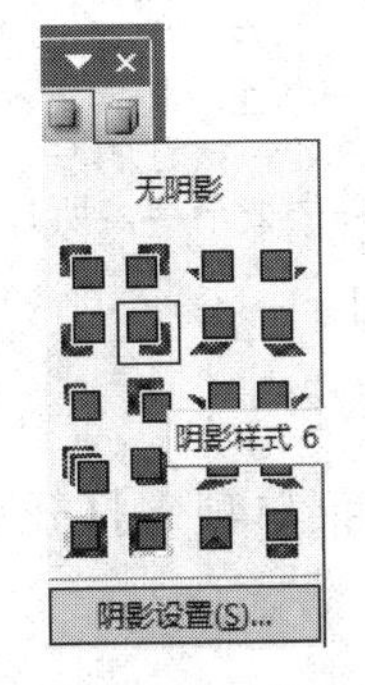

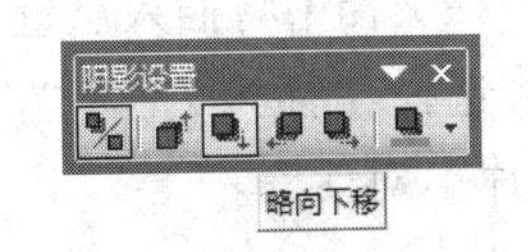

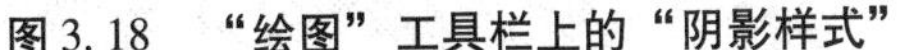

图 3.18　“绘图”工具栏上的“阴影样式”　　图 3.19　“阴影设置”工具栏

小提示：用“艺术字”工具栏，对要制作的艺术字进行修改，如在“艺术字”工具栏中的“编辑文字”按钮，选择需要的字体，可以得到不同字体的艺术效果；单击

“艺术字”工具栏上的“艺术字字母高度相同”按钮、“艺术字竖排文字”按钮、“艺术字对齐方式”按钮和“艺术字字符间距”按钮，可以设置艺术字的其他格式。

3.3 插入文本框

【示例3.4】插入样文所示的文本框。

【操作步骤】

（1）在文档中将光标置于文档的适当位置。

（2）选择“插入”→“文本框”→“横排”菜单项，鼠标变成“十字”指针，按住鼠标左键，从起点拖至终点，绘制一个文本框对象。

（3）选定“文本框”对象，将“文本框”对象拖至合适的位置，鼠标移到“文本框”上，单击鼠标右键，在快捷菜单中选择“设置文本框格式”菜单项，打开“设置文本框格式”对话框。

（4）选择“大小”选项卡，高度设为4.04厘米，宽度设为7.0厘米；选择“颜色与线条”选项卡，“填充”颜色为“淡紫色”，“线条”颜色为“紫罗兰”，线型为“直线”，粗细为“1.5磅”；选择“版式”选项卡，环绕方式选择“四周型”，单击“确定”按钮。设置效果见图3.20。

3.4 插入图片

【示例3.5】插入样文所示的图片，效果如图3.20所示。

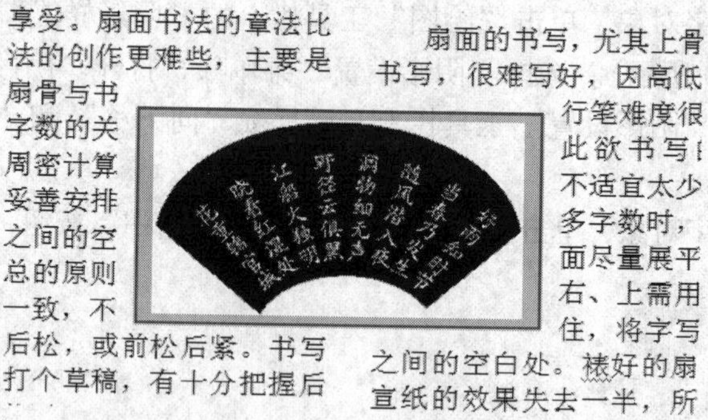

图3.20 插入图片效果图

（1）在文档中将插入点置于文本框中。

（2）选择“插入”→“图片”→“来自文件”菜单项，打开如图3.21所示的“插入图片”对话框。

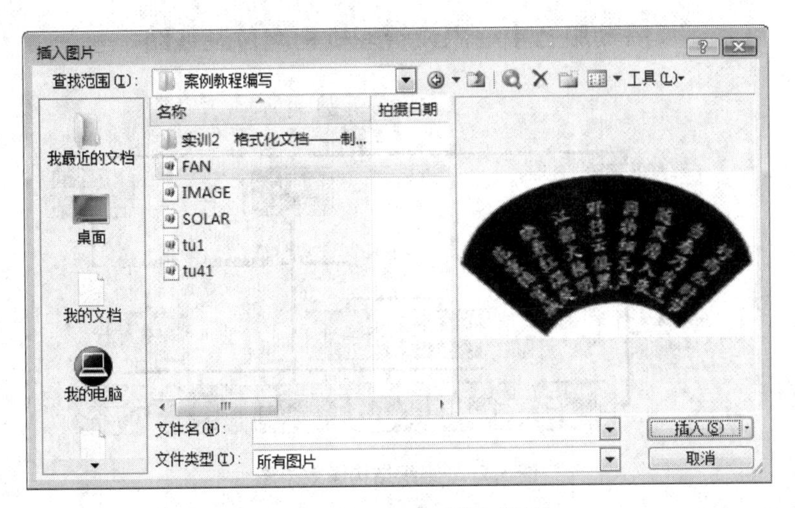

图 3.21 “插入图片”对话框

(3) 在“插入图片”对话框中，在“查找范围”下拉列表框中，选定存放图片的文件夹，“文件类型”选择“所有文件”，找到需要插入的图片，单击“插入”按钮。

(4) 选定插入的“图片”对象，单击鼠标右键，在弹出的快捷菜单中，选择“设置图片格式”菜单项，打开“设置图片格式”对话框，选择“大小”选项卡，“高度”设为 3.55 厘米，“宽度”设为 6.43 厘米，其他设置见图 3.22。

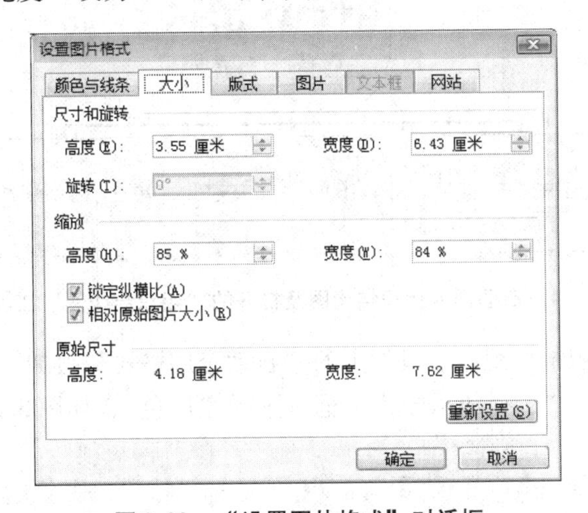

图 3.22 “设置图片格式”对话框

小提示：选择“插入”→“图片”→“剪贴画”菜单项，可插入 Word 系统提供的图片。

3.5 插入组织结构图

【示例 3.6】插入样文所示的组织结构图，效果如图 3.23 所示。

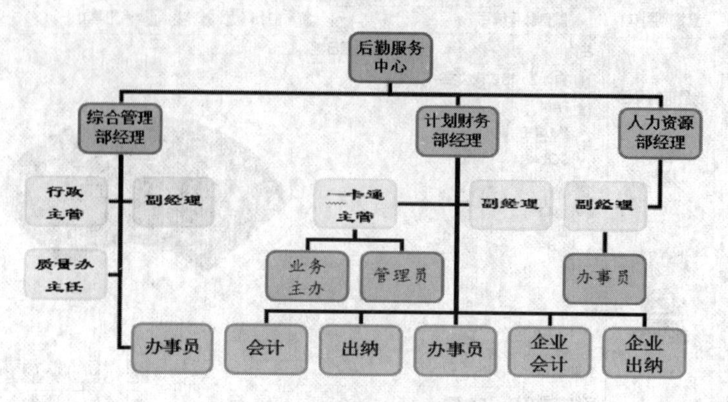

图 3.23　组织结构图效果图

（1）在文档中将光标置于需要绘制组织结构图的位置。

（2）选择“插入”→“图片”→“组织结构图”菜单项，系统将自动插入组织结构图。打开“组织结构图”工具栏，如图 3.24 所示。

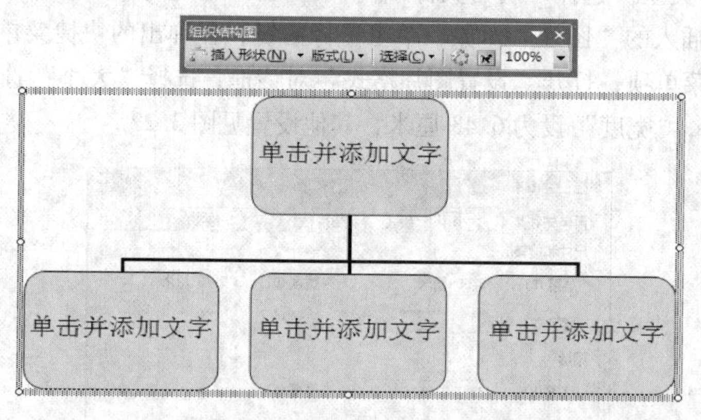

图 3.24　自动插入组织结构图及打开的“组织结构图”工具栏

（3）单击“组织结构图”工具栏上的“自动套用格式”按钮，打开“组织结构图样式库”对话框，从“选择图示样式”框中选择“原色”，如图 3.25 所示，单击“确定”按钮。

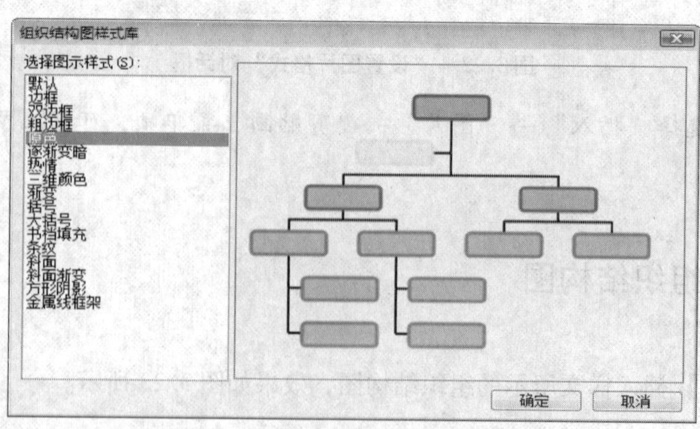

图 3.25　“组织结构图样式库”对话框

（4）单击顶层图形对象，输入文字“后勤服务中心”，再从左到右分别单击二层图形对象，分别输入文字“综合管理部经理”、“计划财务部经理”、“人力资源部经理”。

（5）选定“综合管理部经理”图形对象，选择“组织结构图”工具栏上的“插入形状”的“助手”菜单项（如图3.26所示），分别插入三个“助手”图形，在插入的三个“助手”图形中依次输入文字“行政主管”、“副经理”、“质量办主任”。

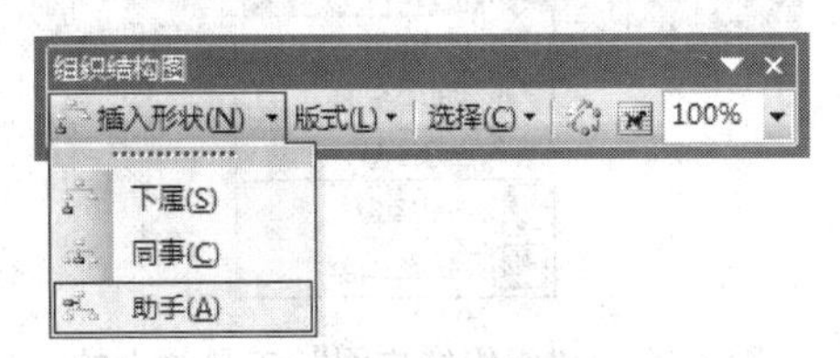

图3.26　“组织结构图”工具栏上的“插入形状”菜单项

（6）选定“综合管理部经理”图形对象，选择“组织结构图”工具栏上的“插入形状”的“下属”菜单项，在插入的“下属”图形中输入文字“办事员”。

（7）选定“综合管理部经理”图形对象，选择“组织结构图”工具栏上的“版式”的“左悬挂”菜单项（如图3.27所示）。

（8）选定“计划财务部经理”图形对象，选择“组织结构图”工具栏上的“插入形状”的“助手”菜单项，分别插入两个“助手”图形，在插入的两个“助手”图形中依次输入文字“一卡通主管”、“副经理”。

（9）选定“一卡通主管”图形对象，选择“组织结构图”工具栏上的“插入形状”的“下属”菜单项，分别插入两个“下属”图形，在插入的两个“下属”图形中依次输入文字“业务主办”、“管理员”。

（10）选定“计划财务部经理”图形对象，选择“组织结构图”工具栏上的“插入形状”的“下属”菜单项，分别插入五个“下属”图形，在插入的五个“下属”图形中依次输入文字“会计”、“出纳”、“办事员”、“企业会计”、“企业出纳”。

（11）选定“人力资源部经理”图形对象，选择“组织结构图”工具栏上的“插入形状”的“助手”菜单项，插入一个“助手”图形，在插入的“助手”图形中输入文字“副经理”。选定“副经理”图形对象，选择“组织结构图”工具栏上的“插入形状”的“下属”菜单项，插入一个“下属”图形，在插入的“下属”图形中输入文字“办事员”。

（12）选定“综合管理部经理”图形对象，选择“组织结构图”工具栏上的“选择”的“级别”菜单项（如图3.28所示），设置同一级别对象的文字格式为“宋体”、“小四号”、“加粗”、“居中对齐”；选定“综合管理部经理”图形对象，选择“组织结构图”工具栏上的“选择”的“所有助手”菜单项，设置同一级别对象的文字格式为“隶书”、“四号”、“加粗”、“居中对齐”；选定“管理员”图形对象，选择“组织结构图”工具栏上的“选择”的“级别”菜单项，设置同一级别对象的文字格式为“楷体”、“四号”、“居中对齐”；选定“会计”图形对象，选择“组织结构图”工具栏上的“选择”的“级别”菜单项，设置同一级别对象的文字格式为“宋体”、“四号”、“加粗”、“居中对齐”。

（13）分别选定“副经理”、“管理员”、“办事员”、“会计”、“出纳”对象，单击鼠标右键，在快捷菜单中选择“段落”菜单项，在“段落”对话框中，“间距”的“段前”设为0.5行，单击“确定”按钮。

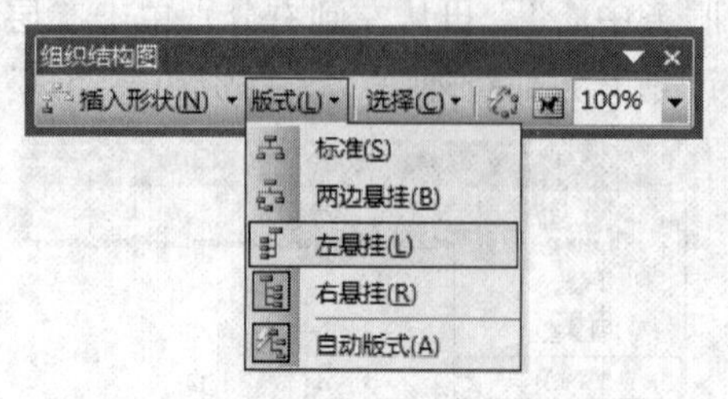

图 3.27 “组织结构图”工具栏上的“版式”菜单项

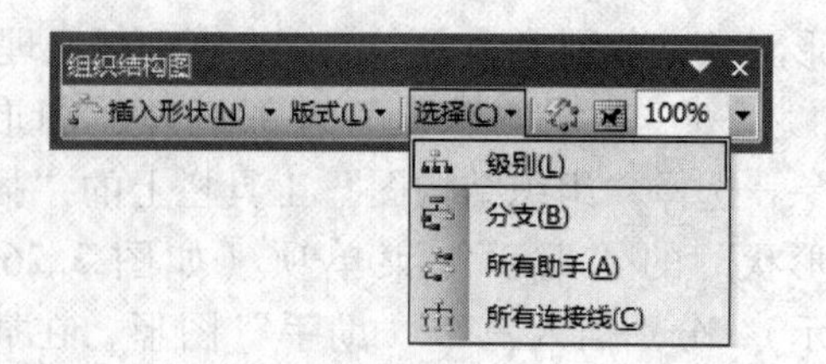

图 3.28 “组织结构图”工具栏上的“选择”菜单项

小提示：选择“绘图”工具栏上的“插入组织结构图或其他图示”，也可以插入“组织结构图”。

3.6 插入数学公式

【示例 3.7】插入样文所示的数学公式框，效果如图 3.29 所示。

公式 1：

$$C_n^m = \frac{n-m+1}{m} C_n^{m-1}$$

公式 2：

$$\sum_{r=0}^{n} c_n^r = 2^n$$

图 3.29 插入的公式效果图

（1）在文档中将光标置于输入公式的位置。

（2）选择“插入”→“对象”，打开“对象”对话框（如图 3.30 所示），在“对象类型”框中选择“Microsoft 公式 3.0”，单击“确定”按钮，进入输入公式状态，同时打开“公式”工具栏（如图 3.31 所示）。

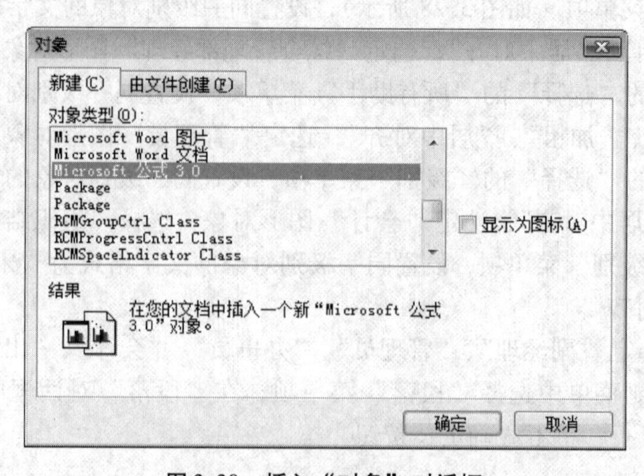

图 3.30 插入“对象”对话框

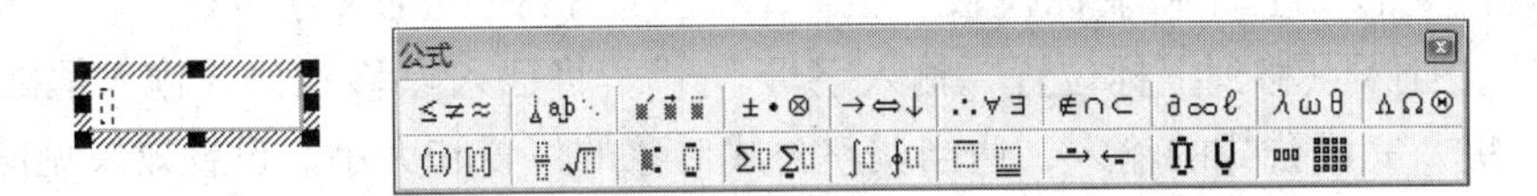

图3.31 输入公式状态及“公式”工具栏

（3）输入“公式1”。在公式输入框内，选择“公式”工具栏上的“上标和下标模板”的“样式3”按钮（如图3.32所示）。插入点移到开始，输入字母“C”；插入点移到上标位置，输入字母“m”；插入点移到下标位置，输入字母“n”；插入点移到字母“C”的后面，输入“=”。选择“公式”工具栏上的“分式和根式模板”的“样式1”按钮（如图3.33所示），插入点移到分子位置，输入“n－m－1”，插入点移到分母位置，输入字母“m”。插入点移到分式位置，选择“公式”工具栏上的“上标和下标模板”的“样式3”按钮（如图3.32所示），插入点移到分式位置，输入字母“C”，插入点移到上标位置，输入“m－1”，插入点移到下标位置，输入字母“n”。将插入点移到公式输入框之外，单击鼠标左键，完成公式的输入，适当调整公式对象的位置和大小。

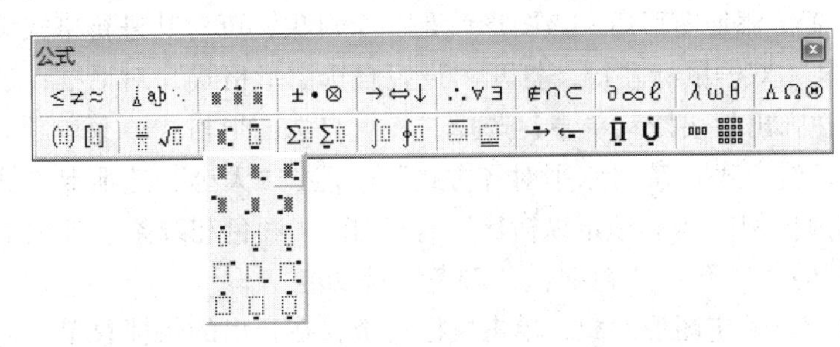

图3.32 “公式”工具栏上的“上标和下标模板”

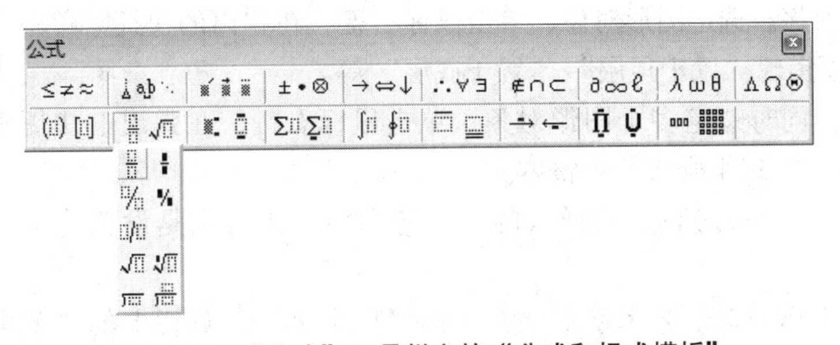

图3.33 “公式”工具栏上的“分式和根式模板”

（4）输入“公式2”。在文档中将光标置于输入公式的位置，选择“插入”→“对象”，打开“对象”对话框，在“对象类型”框中选择“Microsoft 公式3.0”，单击“确定”按钮，进入输入公式状态。同时，打开“格式工具栏”，在公式输入框内，选择“公式”工具栏上的“求和模板”的“样式3”按钮（如图3.34所示），插入点移到求和符的上部，输入字母“n”，插入点移到求和符的下部，输入“r=0”，插入点移到求和符的右侧，选择“公式”工具栏上的“分式和根式模板”的“样式3”按钮，插入点移到求和符的右侧，输入字母“C”，插入点移到上标位置，输入字母“r”，插入点移到下标，输入字母“n”，插入点移到字母“C”的右侧，输入“=”。选择“公式”工具栏上的“上标和下标模板”的“样式1”按钮，插入点移到“=”的右侧，输入“2”，插入点移到上标位置，输入字母“n”。将插入点移到公式输入框之外，单击鼠标左键，完成公式的输入，适当调整公式对象的位置和大小。设置效果见图3.29。

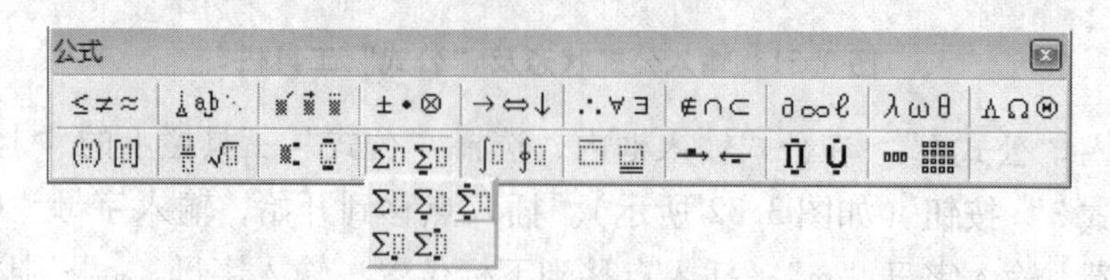

图3.34 “公式”工具栏上的“求和模板”

3.7 重点回顾

（1）Word允许在文档中用一个图形或者组合多个图形以生产一个复杂的图形。可用的图形包括线条、基本图形、箭头总汇、流程图、星与旗帜、标注及其他自选图形。

● 格式设置。添加图形后，该图形就是一个对象，可对其进行格式设置。快捷方法是选定该对象，双击鼠标左键，打开“设置自选图形格式”对话框；当然也可以单击鼠标右键，在弹出的快捷菜单中，选择“设置自选图形格式”菜单项。“版式”选项卡提供了“环绕方式”及“水平对齐方式”功能；“大小”选项卡提供了“大尺寸和旋转”、“缩放比例”及“锁定纵横比”等功能；“颜色和线条”选项卡提供了“填充颜色”、线条的“线型”、“粗细”、“颜色”等功能。

● 添加文字。选定图形对象，单击鼠标右键，在弹出的快捷菜单中，选择“添加文字”菜单项实现。

● 叠放次序。选定图形对象，单击鼠标右键，在弹出的快捷菜单中，选择“叠放次序”菜单项实现“置于顶层”、“置于底层”等。

● 组合。同时选定多个图形对象，单击鼠标右键，在弹出的快捷菜单中，选择“组合”菜单项实现组合成一个整体。

（2）艺术字是以对象方式插入的。“艺术字”工具栏是设置艺术字效果的有效工具。

● 设置字形。选定艺术字对象，选择“艺术字”工具栏上的“艺术字形状”按钮，可设置各种不同的形状。

● 设置艺术字格式。选定艺术字对象，选择“艺术字”工具栏上的“设置艺术字格式”按钮，可设置各种不同的格式。

● 环绕方式。选定艺术字对象，选择“艺术字”工具栏上的“环绕方式”按钮，可设置各种不同的环绕方式。

● 编辑文字。选定艺术字对象，选择“艺术字”工具栏上的“编辑艺术字”按钮，可设置各种不同的字体、字号等。

● 设置阴影。选定艺术字对象，选择“绘图”工具栏上的“阴影样式”按钮，可设置各种不同的阴影样式。“阴影设置”工具栏可对阴影效果进行“水平”方向、“垂直”方向的微调。选择“绘图”工具栏上的“三维效果样式”按钮，也可设置三维阴影效果。

（3）Word 允许将多种来源的图片和剪贴画插入或复制到文档中。

● 设置图片格式。选定图片字对象，双击鼠标左键，打开“设置图片格式”对话框；当然也可以单击鼠标右键，在弹出的快捷菜单中，选择“设置图片格式”菜单项。

● 设置文本框格式。文本框作为存放文本及图片等对象的容器，以图形对象方式放置在页面上，可方便地调整大小和效果设置。格式设置方法与图片类似。将剪贴画或图片插入到文本框中，既可以更方便地调整图片或剪贴画的格式，也可以起到美化文档的作用。

（4）公式编辑器提供的“公式”工具栏可以方便、快捷地制作出各类专业、复杂的公式。掌握一些常用模板的使用是必需的。

●“分式和根式模板”提供了各种不同的分式和根式样式。

●“上标和下标模板”提供了各种不同的上标和下标样式

●“求和模板”提供了各种不同的求和样式。

（5）选择“插入”→“图片”→“组织结构图”菜单项，系统将自动插入组织结构图，打开“组织结构图”工具栏。利用“组织结构图”工具栏可以方便实现组织结构图的制作。

● 自动套用格式。单击“组织结构图”工具栏上的“自动套用格式”按钮，打开“组织结构图样式库”对话框，从“选择图示样式”框中选择不同的样式。

● 插入形状。选择“组织结构图”工具栏上的“插入形状”菜单项，可以插入“助手”、“下属”及“同事”。

● 选择“组织结构图”工具栏上的“版式”菜单项，可实现“左悬挂”、“右悬挂”、“两边悬挂”等多种版式。

● 需要对多个对象同时进行格式设置时，选择“组织结构图”工具栏上的“选择”菜单项，可用“级别”、“分支”、“所有助手”等多种分式选定对象。

3.8　补充实训

利用 Word 提供的图形、图片、艺术字、公式、组织结构图等功能，实现图文混排。版面效果如图 3.35 所示。

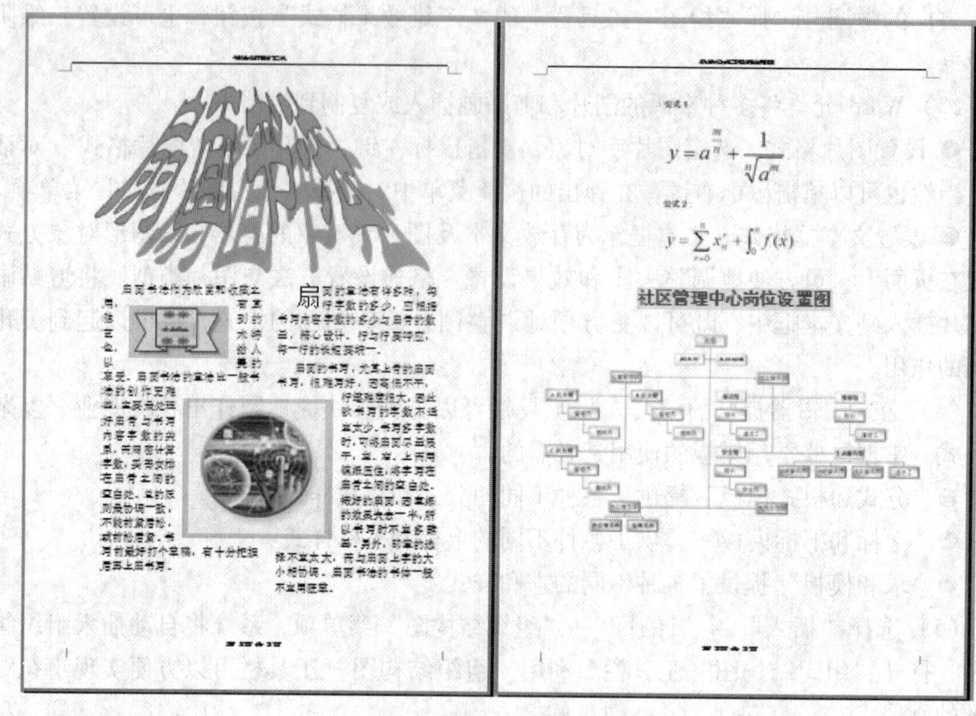

图 3.35　图文混排版面效果图

（1）设置艺术字，效果图如图 3.36 所示。

图 3.36　艺术字设置效果图

（2）设置图形，效果图如图 3.37 所示。

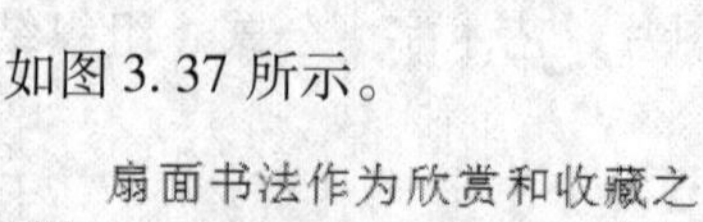

扇面书法作为欣赏和收藏之用，有其独到的艺术特色，给人以美的享受。扇面书法的章法比一般书

图 3.37　图形设置效果图

（3）插入图片，效果图如图 3. 38 所示。

图 3. 38　图片设置效果图

（4）插入公式，效果图如图 3. 39 所示。

公式 1：

$$y=a^{\frac{m}{n}}+\frac{1}{\sqrt[n]{a^m}}$$

公式 2：

$$y=\sum_{r=0}^{n}x_n^r+\int_0^n f(x)$$

图 3. 39　公式设置效果图

（5）插入组织结构图，效果图如图 3. 40 所示。

社区管理中心岗位设置图

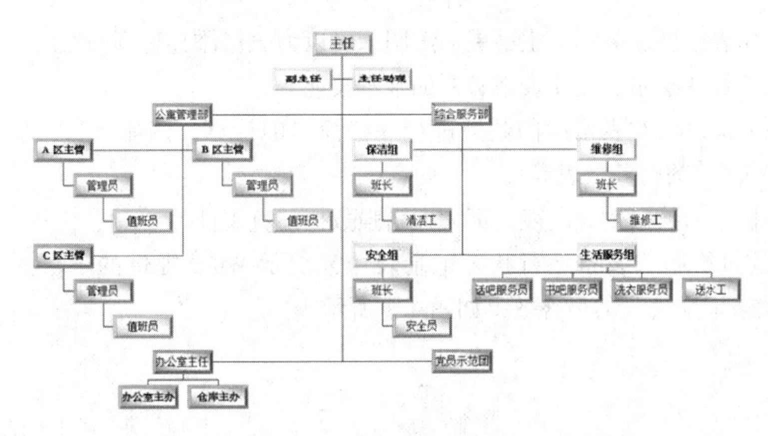

图 3. 40　组织结构图效果图

实训 4
表格的使用——制作设备运行状态记录表

4.0 内容导航

Word 具有丰富的表格功能，可以方便快速地制作出简单或复杂的表格，包括直线、斜线、改变表格的宽度和高度，对不满意的线段可以用“橡皮”擦掉。同时，Word 还提供了大量精美、复杂的现成表格样式，简单地套用这些表格样式，可以制作出具有专业水准的表格。

● 可以从规则表修改、修饰成为复杂的表格。

● 对表格进行操作，必须先选定单元格、行、列及整个表格。

● 调整行高和列宽是编辑表格的基本操作。

●“表格和边框”工具栏是编辑表格的基本工具。

●“合并”和“拆分”单元格是把规则表变成复杂表的常用操作方法；“表格和边框”工具栏中的“绘制表格”和“擦除”工具的组合运用，也是把规则表变成复杂表的常用方法。

● 为了使表格更加美观、主题更加鲜明，可以为表格添加边框与底纹。

● 表格斜线的绘制是完成表格必要的基本技能。

● 利用公式可以对表格中的数据进行一些简单的计算，例如求和、求平均值等，从而制作一些简单的财务报表等。

● 把表格中的数据生成图表，可大大增强数据的直观性。

本实训通过绘制“设备运行状态记录表”来展示 Word 提供的丰富的表格功能。“设备运行状态记录表”的最终效果如图 4.1 所示。

设备运行状态记录表

年份 参数 组别	2009年				2010年		备注
	9	10	11	12	1	2	
第一组	调整启用	10.23			5		只有部分记录供参考
第二组		9.76			9.11		
第三组		8.35				8.45	
第四组	空缺						
第五组	11	22					
第六组			33				
说明：							

图4.1　表格效果图

4.1　创建表格

【示例4.1】使用三种方法绘制一个8行8列的简单表或规则表。

【准备阶段】选择“开始”→“程序”→“Microsoft Office”→“Microsoft Office Word 2003”菜单项，启动文字处理软件；选择“文件”→“另存为”菜单项，将文档保存为“设备运行状态记录表”文档。

◆使用“常用”工具栏法

【操作步骤】

（1）在文档中将光标置于要创建表格的位置。

（2）单击“常用”工具栏的“插入表格”按钮，会出现一个4行5列的示意表格。

（3）用鼠标在示意表格中向右下方拖动，以选择表格的行列数。这时鼠标拖动过的网格会以深色显示，同时在底部的提示栏显示相应的行列数。如果所需要表格行列数比任意表格大，只要在表格上继续向右下方拖动鼠标，表格会自动扩展（如图4.2所示）。

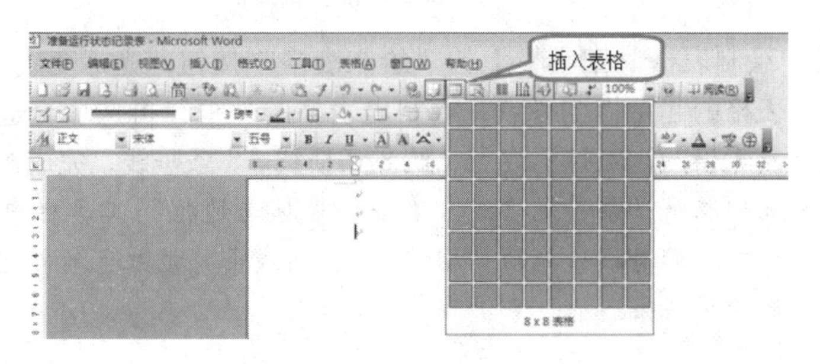

图4.2　“常用”工具栏的“插入表格”按钮

(4) 在所需的行列位置上松开鼠标，一个空表格就插入到了文档中（如图 4.3 所示）。

↵	↵	↵	↵	↵	↵	↵	↵
↵	↵	↵	↵	↵	↵	↵	↵
↵	↵	↵	↵	↵	↵	↵	↵
↵	↵	↵	↵	↵	↵	↵	↵
↵	↵	↵	↵	↵	↵	↵	↵
↵	↵	↵	↵	↵	↵	↵	↵
↵	↵	↵	↵	↵	↵	↵	↵
↵	↵	↵	↵	↵	↵	↵	↵

图 4.3　插入的“8 x 8”表格

◆使用“插入表格”对话框法

【操作步骤】

(1) 在文档中将光标置于要创建表格的位置。

(2) 单击“表格”菜单中的“插入”命令，在其子菜单中单击“表格”命令，打开“插入表格”对话框。

(3) 在“表格尺寸”的“行数”、“列数”框中选择或直接键入表格的行数（8）、列数（8），如图 4.4 所示。

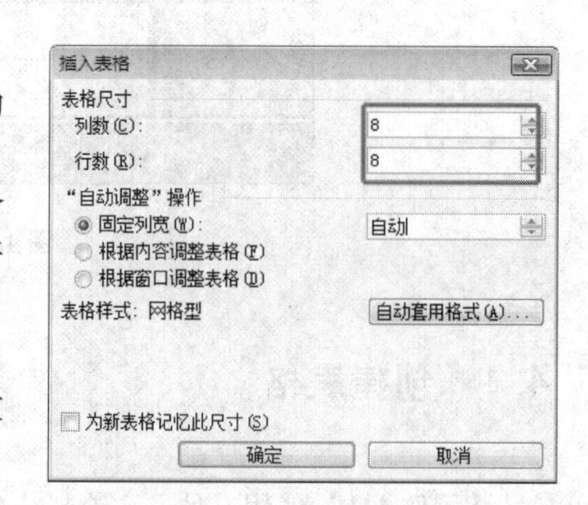

图 4.4　“插入表格”对话框

(4) 在“列宽”框中选择或直接键入表格中的列的宽度，默认为“自动”模式，即表格总体宽度占满整行，每一列的宽度平均分配。

(5) 单击“确定”按钮，一个空表格就插入到了文档中。

◆使用“绘制表格”工具栏法

【操作步骤】

(1) 在文档中将光标置于要创建表格的位置。

(2) 单击“表格”菜单中的“绘制表格”命令，打开“绘制表格”工具栏（如图 4.5 所示）。

图 4.5　“绘制表格”工具栏

(3) 单击“绘制表格”工具栏上的“绘制表格”按钮，光标变成“笔”，按住鼠标左键，从绘制表格的起点拖至终点，绘制出表格的外框，再选取合适的位置，按住鼠标左键，从绘制表格的起点拖至终点，画 8 条横线、8 条竖线，完成规则表的绘制。

小提示：如果要取消一条单元格线，单击“表格与边框”工具栏中的“擦除”按钮，然后单击框线并且沿着线条拖动“橡皮擦”，该线条将被红色的粗边框包围，松开鼠标左键，即可删除该线条。

4.2　选定表格

在表格中选定文本有点类似于在文档中选定文本，可以拖动I形鼠标指针使文本反白显示。另外，还可以使用鼠标或键盘来选定单元格、行或列。

【示例4.2】分别使用鼠标和键盘，选定规则表中的任意单元格、行、列及整个表格。

◆使用鼠标选定单元格、行或列及整个表格

【操作步骤】

（1）如果要选定一个单元格，将鼠标指针移到该单元格左侧的选定栏中使其变成右指向箭头，然后单击鼠标左键。

（2）如果要选定一行，将鼠标指针移到该行左侧的选定栏中使其变成右指向箭头，然后单击鼠标左键。

（3）如果要选定一列，将鼠标指针移到该列顶端的选定栏中使其变成黑色的向下箭头，然后单击鼠标左键。

（4）如果要选定整个表格，将鼠标指针移到表格的左上角，鼠标变成指向左上角的指向箭头，然后单击鼠标左键；也可以按住鼠标左键，从起点单元格拖至终点单元格或从终点单元格拖至起点单元格。

◆使用键盘选定单元格、行或列及整个表格

【操作步骤】

（1）如果要选定下一个单元格中的内容，按【Tab】键（如果下一个单元格中没有文本，仅把插入点移到下一个单元格中）。

（2）如果要选定多个单元格，按【Shift】+箭头键。

（3）如果要选定一整行，把插入点放在该行的任一单元格中，然后选择“表格”菜单中的“选定行”命令。

（4）如果要选定一整列，把插入点放在该列的任一单元格中，然后选择“表格”菜单中的“选定列”命令。

（5）如果要选定整个表格，把插入点放在表格的任一单元格中，然后选择“表格”菜单中的“选定表格”命令。

4.3　修改表格

在表格中，每一个单元格都可以看成一个独立的单位，可以对其进行插入、删除、拆分、合并等编辑操作。

【示例4.3】对规则表插入一行、一列或一个单元格。

【操作步骤】

插入一行，可以按照以下步骤进行：

（1）在表格中要插入新行的位置选定一行或多行。

（2）选择“表格”菜单中的“插入”命令（如图4.6所示），选择“行（在上方)”或“行（在下方)”，即可在指定行的上方或下方插入一行。

小提示：如果要在表格的末尾插入新行，将插入点移到表格的最后一个单元格中，然后按【Tab】键。

插入一列，可以按照以下步骤进行：

（1）在表格中要插入新列的位置选定一列或多列。

（2）选择“表格”菜单中的“插入”命令（如图 4.6 所示），选择“列（在左侧)”或“列（在右侧)”，即可在指定列的左侧或右侧插入一列。

插入一个单元格，可以按照以下步骤进行：

（1）在表格中要插入新单元格的位置选定一个或一组单元格。

（2）选择“表格”菜单中的“插入”命令，选择“单元格”菜单项，出现如图 4.7 所示的“插入单元格”对话框。

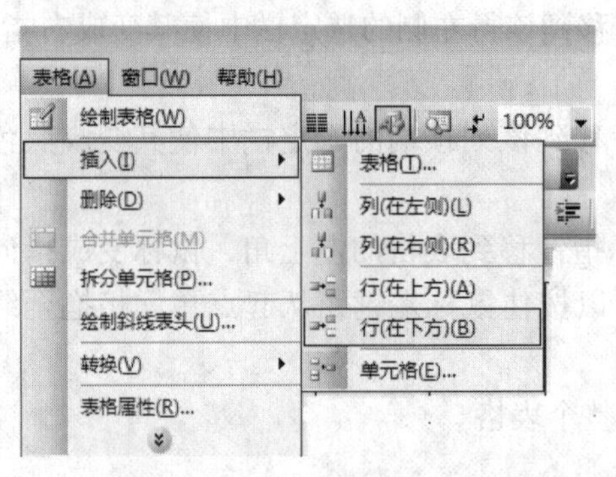

图 4.6 “表格”菜单中的“插入”菜单项

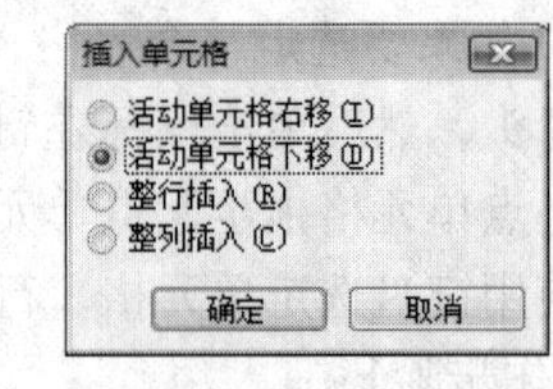

图 4.7 “插入单元格”对话框

（3）在“插入单元格”对话框中，根据需要选择一个选项。例如，选中“活动单元格右移”选项，新插入的单元格占原选定单元格的位置，原来选定的单元格移向右边，这样，选定单元格所在行的最右边会多出一个单元格。

（4）单击“确定”按钮。

小提示：删除行、列或单元格的方法与插入行、列或单元格的方法类似，只需在选定要删除的行、列或单元格之后，选择“表格”菜单中的“删除”命令，分别选择“行”、“列”或“单元格”命令。

【示例 4.4】按样本调整规则表的列宽和行高。

◆调整列宽的操作方法

【操作步骤】

（1）将插入点置于要调整列宽的单元格中，或者选定要调整列宽的一列或多列。

（2）选择“表格”菜单中的“表格属性”命令，出现“表格属性”对话框（如图 4.8 所示）。

（3）单击“列”标签，选定“指定宽度”复选框，选择“列宽单位”为厘米，在“指定宽度”中输入宽度数值或通过微调按钮改变宽度数值。

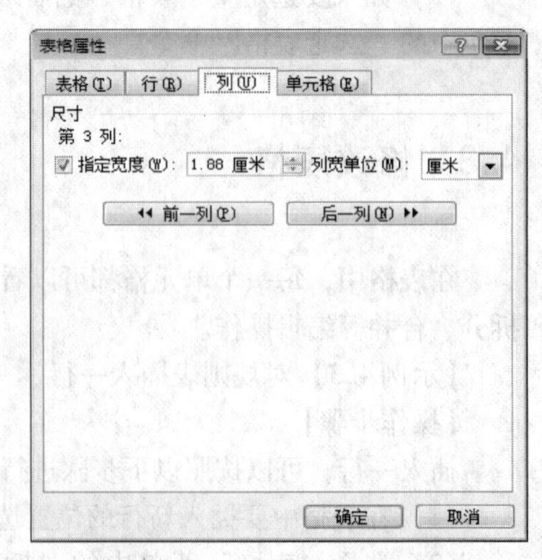

图 4.8 “表格属性”对话框

(4) 如果想改变选定列的前一列或后一列的宽度，单击“前一列”或“后一列”按钮，从而免去了关闭对话框再选定其他列的麻烦。

(5) 单击“确定”按钮。

小提示：也可使用鼠标调整列宽，具体可以按照以下步骤进行：

(1) 将鼠标指针移到要调整列宽的表格边框上，直到鼠标指针变成水平双箭头形状。

(2) 按住鼠标左键拖动，会出现一条虚线表明改变列宽后的位置。

(3) 当到达所需的位置后，松开鼠标左键。

制作表格时，默认的行高为一行文本的高度。当输入的内容超过一行时，Word 会自动增大行高。用户也可以根据需要调整行高。

◆调整行高的操作方法

【操作步骤】

(1) 选定调整行高的一行或多行。如果要改变所有行的行高，把插入点放在表格的任一单元格中。

(2) 选择“表格”菜单中的“表格属性”命令，出现“表格属性”对话框（见图 4.8）。

(3) 单击“行”标签，选定“指定高度”复选框，选择“行高值是”为“最小值”或“固定值”，在“指定高度”中输入高度数值或通过微调按钮改变高度数值。

(4) 如果想改变选定行的上一行或下一行的高度，单击“上一行”或“下一行”按钮，从而免去了关闭对话框再选定其他列的麻烦。

(5) 单击“确定”按钮。调整行高和列宽后的效果如图 4.9 所示。

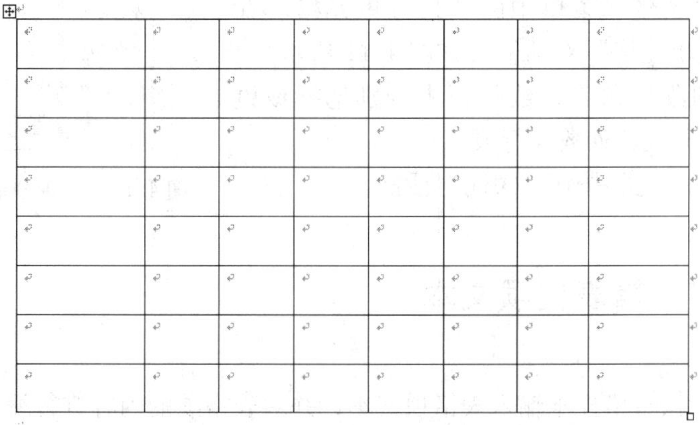

图 4.9　调整行高和列宽后的效果图

【示例 4.5】按表格样本对规则表进行合并和拆分单元格。

拆分单元格就是将一个单元格拆分为多个单元格；合并单元格就是将多个单元格合并成为一个单元格。

◆合并单元格的操作方法

【操作步骤】

(1) 选定要合并的多个单元格。

(2) 单击“表格”菜单中的“合并单元格”命令，这样就删除了所选单元格之间的边界，建立起一个新的单元格，原单元格的文本成为新单元格中的独立的段。按样表反复用该方法合并单元格，合并后的效果如图 4. 10 所示。

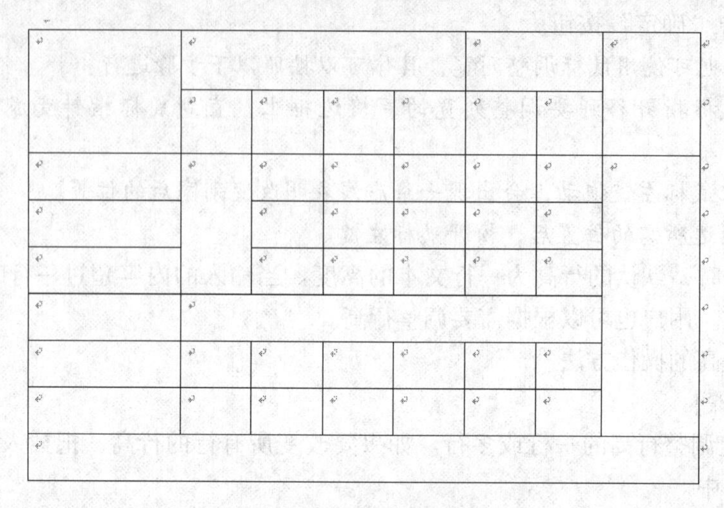

图 4. 10　合并后的效果图

小提示：也可以使用“表格与边框”工具栏中的“擦除”工具，单击表格框线并且沿着线条拖动橡皮擦，该线条将被红色的粗边框包围，松开鼠标左键，即可删除该线条，这样也实现了单元格的合并。

◆拆分单元格的操作方法

【操作步骤】

(1) 选定要拆分的多个单元格。

(2) 单击“表格”菜单中的“拆分单元格”命令，打开“拆分单元格”对话框（如图 4. 11 所示）。

(3) 在“列数”和“行数”框中分别选择或键入单元格将要拆分成的列数和行数。

(4) 单击“确定”按钮，关闭对话框。

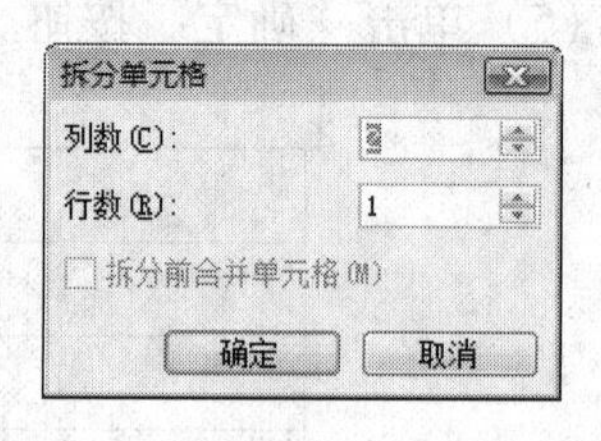

图 4. 11　“拆分单元格”对话框

4. 4　输入与编辑表格项文本

【示例 4. 6】按表格样本输入表格项文本，并对表格项的内容进行编辑。

【操作步骤】

(1) 输入表格项文本

将插入点定位在需要输入文本内容的单元格，按表格样文输入内容。使用【Tab】键可以将插入点移到下一个单元格，也可以使用上、下、左、右光标键来移动单元格。在单元格内，按回车键，开始一个新段落；按下【Ctrl】 + 【Tab】组合键，在表格单元中插入制表符。按样本输入完成如图 4. 12 所示。

(2) 删除表格项文本

选定要删除的表格项，按下【Delete】键。

	2009年				2010年		备注
	9	10	11	12	1	2	
第一组	调整启用	10.23			5		只有部分记录供参考
第二组		9.76			9.11		
第三组		8.35				8.45	
第四组	空缺						
第五组	11	22					
第六组			33				
说明：							

图 4.12　按样本输入的数据效果图

（3）删除整个表格及其内容

单击表格的左上角，选定整个表格，按下【Delete】键，删除整个表格的所有内容；单击“剪切”按钮，则删除整个表格。

（4）复制表格项文本

选定要复制的表格项，单击“复制”按钮，将插入点定位到目标单元格，单击“粘贴”按钮。如果选定内容仅是单元格内的文本而不包括单元格结束标记，则只将文本复制到新位置，并不改变新位置原有的文本。如果选定内容包括要复制的文本和单元格及结束标记，则覆盖新位置上原有的文本和格式。

（5）移动表格项文本

选定表格项文本，可在按住【Ctrl】键的同时将选定内容拖动至新位置，也可使用“剪切”按钮和“粘贴”按钮来实现。

4.5　设置表格标题及表格项文本的格式

【示例4.7】按表格样本设置表格标题及表格项文本的格式。

【操作步骤】

（1）插入点定位在表格顶端，输入“设备运行状态记录表”标题文字。

（2）选定该标题文本，单击常用格式工具栏上的“居中”按钮。

（3）设置“字体”为隶书，“字号”为二号，“字体颜色”为紫罗兰。

（4）选定表格文本，设置“字体”为宋体，“字号”为小四，单击“表格和边框”工具栏上的“中部居中”按钮。

（5）选定第一个单元格，单击“表格和边框”工具栏上的“靠上两端对齐”按钮；选定最后一行，单击常用格式工具栏上的“两端对齐”按钮。

（6）选定第一列，设置“字体”为楷体，“字号”为三号，“字体颜色”为粉红。设置效果如图 4.13 所示。

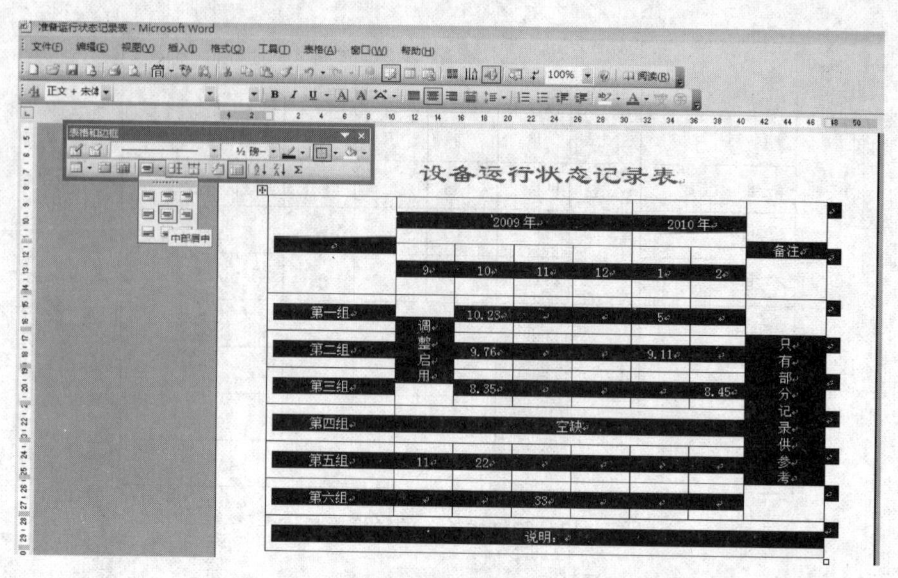

图 4.13　设置标题及表格文本的效果图

4.6　创建斜线表头

【示例 4.8】按表格样本设置斜线表头。

【操作步骤】

（1）插入点定位到第一个单元格。

（2）单击“表格”菜单的“绘制斜线表头”命令，打开“插入斜线表头”对话框。

（3）在“插入斜线表头”对话框中，“表头样式”选择“样式三”，“字体大小”选择“五号”，“行标题一”输入“年份”，“行标题二”输入“参数”，“列标题”输入“组别”（如图 4.14 所示）。

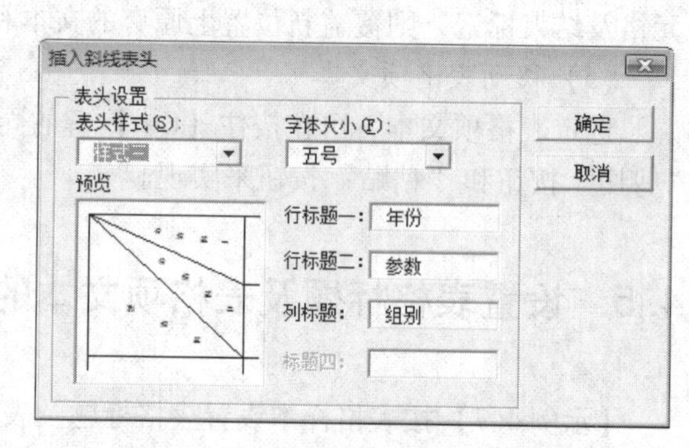

图 4.14　“插入斜线表头”对话框

（4）单击“确定”按钮。效果见图 4.1。

小提示：如果单元格只需画一条斜线，可以使用“表格和边框”工具栏上的“绘制表格”工具，画对角线即可。

4.7　设置边框和底纹

在 Word 中，可以为段落、图文框、单元格以及表格设置边框和底纹，以便获得更加美观的效果。

【示例4.9】按表格样本设置边框与底纹。

◆设置边框的操作方法

【操作步骤】

（1）单击“表格”菜单中的“绘制表格”命令，打开“表格与边框”工具栏。

（2）选择“表格与边框”工具栏上的“线型”下拉列表框，选择不同的“线型”；选择“粗细”下拉列表框，选择不同粗细的“线条”；选择“边框颜色”下拉列表框，选择不同颜色的“线条”。

（3）单击“绘制表格”按钮，使用“画笔”工具，分别按样本中的边框线画出需要的边框线。

◆设置底纹的操作方法

【操作步骤】

（1）单击“表格”菜单中的“绘制表格”命令，打开“表格与边框”工具栏。

（2）选定需要设置底纹的单元格，如第一个单元格，选择“表格与边框”工具栏上的“底纹颜色”下拉列表框，选择不同的“颜色”，如“浅黄”。其他单元格、行、列的设置方法与此类似。

（3）选择“年份”所在的两个单元格，选择“格式”菜单中的“边框和底纹”命令，打开“边框和底纹”对话框。单击“底纹”标签，在“填充”调色板中选择“水绿色”，在图案“样式”列表框中选择“浅色下斜线”，“颜色”选择“自动”，在预览“应用于”列表框中选择“单元格”（如图4.15所示），单击“确定”按钮。其他底纹图案的设置方法与此类似。设置效果见图4.1的样本。

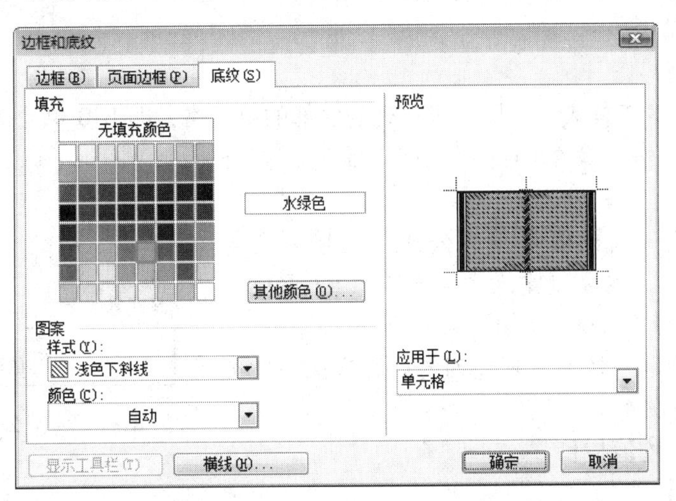

图4.15　“边框和底纹”对话框

4.8　计算表格

在Word中，利用公式可以对表格中的数据进行一些简单的计算，例如求和、求平均值等，从而制作出一些简单的财务报表。

【示例4.10】对如下“产品价格分析表”（见图4.16）计算平均值和合计栏目。

产品价格分析表

月份 地区	1月	2月	3月	4月	5月	平均
广州	130	129	127	126	131	
上海	120	119	121	123	123	
北京	115	115	118	112	120	
南京	112	115	111	114	114	
天津	108	109	116	113	112	
江苏	110	111	112	112	111	
山东	105	106	105	108	108	
山西	104	106	103	105	105	
合计						

图4.16　计算平均值和合计

（1）计算合计栏目

●“绘制表格”工具栏法

【操作步骤】

①将插入点置于样表“1月”所在列的底部的单元格，即B10单元格。

②单击“绘制表格”工具栏上的“自动求和”按钮。

其他“合计”栏目的计算方法与此类似。

●“公式”法

【操作步骤】

①将插入点置于样表“1月”所在列的底部的单元格，即B10单元格。

②单击“表格”菜单中的“公式”命令，打开“公式”对话框。

③在“公式”对话框中，“公式”栏输入“=SUM（ABOVE）”，也可以输入“=SUM（B2:B9）”，“数据格式”选择“0.00”（如图4.17所示）。

④单击“确定”按钮。其他列的计算方法与此类似。计算结果见图4.18。

公式

公式(F)：

=SUM(ABOVE)

数字格式(N)：

0.00

粘贴函数(U)：　粘贴书签(B)：

确定　取消

图4.17　“公式”对话框

（2）计算平均值栏目

【操作步骤】

①将插入点置于样表“平均”所在列的第一个单元格，即G2单元格。

②单击“表格”菜单中的“公式”命令，打开“公式”对话框。

③在“公式”对话框中，删除原来的函数，选择“粘贴函数”列表框中的“AVERAGE（）”函数，函数参数输入“B2:F2”，也可直接在“公式”栏输入“=AVERAGE（B2:F2）”或“=AVERAGE（LEFT）”，“数据格式”选择“0.00”。

④单击“确定”按钮。计算结果如图4.18所示。其他行的“平均值”的计算方法与此类似。

产品价格分析表

月份/地区	1月	2月	3月	4月	5月	平均
广州	130	129	127	126	131	128.60
上海	120	119	121	123	123	121.20
北京	115	115	118	112	120	116.00
南京	112	115	111	114	114	113.20
天津	108	109	116	113	112	111.60
江苏	110	111	112	112	111	111.20
山东	105	106	105	108	108	106.40
山西	104	106	103	105	105	104.60
合计	904	910	913	913	924	912.8

图4.18 计算结果效果图

小提示：表格中的计算都是以单元格或区域为单位进行的，Word中用英文字母A、B、C……从左至右表示列，用正整数1、2、3……自上而下表示行，每一个单元格的名字则由它所在的行和列的编号组合而成（见表4.1）。

表4.1

A1	B1	C1	D1
A2	B2	C2	D2
A3	B3	C3	D3
A4	B4	C4	D4

A1：C2表示由A1、A2、B1、B2、C1、C2六个单元格组成的矩形区域。

A1，B3表示A1、B3两个单元格。

l1表示整个第一行。

C：C表示整个第三列。

SUM（A1:A4）：SUM是表示求和的函数，该式表示求A1、A2、A3、A4单元格数据的和。

Average（1:1，2:2）：Average是表示求平均值的函数，该式表示求第一行与第二行的和的平均值。

如果所选单元格位于数字列的底部，Word会建议用"=SUM（ABOVE）"公式，对该插入点上方的所有单元格中的数值进行求和；如果所选单元格位于数字行的右边，Word会建议用"=SUM（LEFT）"公式，对该插入点左边的所有单元格中的数值进行求和。若要对数据进行其他运算，可删除"="以外的内容，从"粘贴函数"下拉列表框中选择所需的函数，在函数后面的括号内输入要运算的参数值。

4.9 排序

Word可依据数字、日期和拼音等对表格内容进行排序。

【示例 4. 11】对样表按“1 月”列的数值大小“升序降序”排列。

【操作步骤】

（1）将插入点置于样表中。

（2）单击“表格”菜单中的“排序”命令，打开“排序”对话框。

（3）在“排序”对话框中，“主要关键字”列表框选择“1 月”，“类型”选择“数字”，“列表”选择“有标题行”单选框，选择“升序”单选框（如图 4. 19 所示）。

（4）单击“确定”按钮。排序效果如图 4. 20 所示。

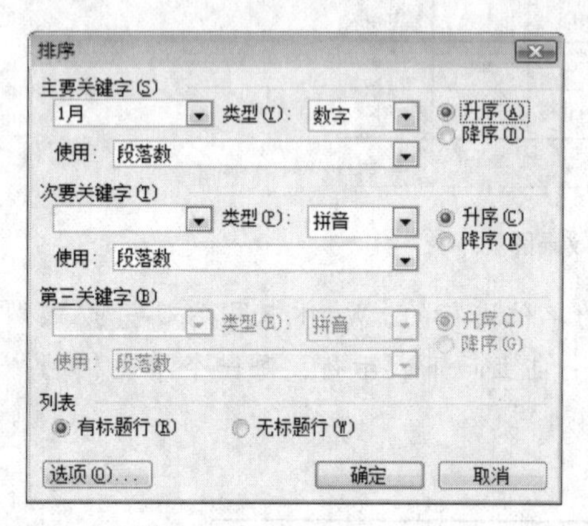

图 4. 19 “排序”对话框

月份 地区	1 月	2 月	3 月	4 月	5 月
广州	130	129	127	126	131
上海	120	119	121	123	123
北京	115	115	118	112	120
南京	112	115	111	114	114
天津	108	109	116	113	112
江苏	110	111	112	112	111
山东	105	106	105	108	108

图 4. 20 按“1月”列的数值大小“升序降序”排列结果

小提示：排序的表格中不能有合并后的单元格，否则无法进行排序。Word 允许以多个排序依据进行排序。如果要进一步指定排序的依据，可以在“次要关键字”、“第三关键字”下拉列表框中指定第二个、第三个排列依据、排序类型及排序的顺序。

4. 10 插入图表

Word 可把表格生成图表，可大大增强数据的直观性。

【示例 4. 12】把如下“产品价格分析表”制作成图 4. 21 所示的“平均价格对比图”。

产品价格分析表

地区	平均价格
广州	128.6
上海	121.2
北京	116
南京	113.2
天津	111.6
江苏	111.2
山东	106.4
山西	104.6
黑龙江	103

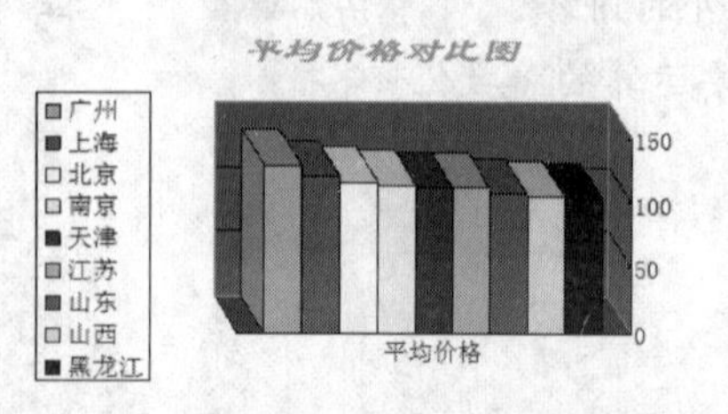

图 4. 21 平均价格对比图

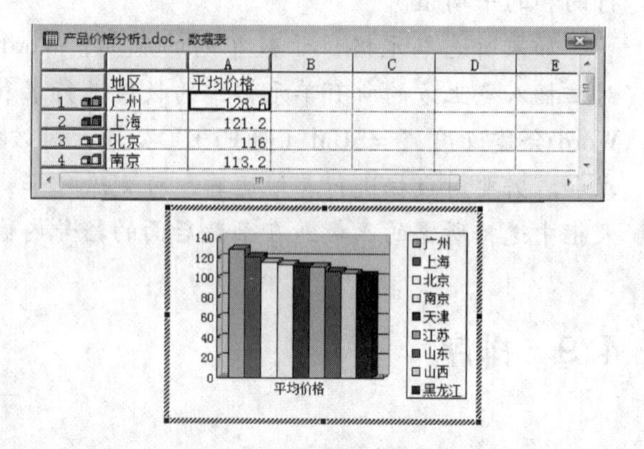

图 4. 22 插入的初始图表

【操作步骤】

（1）打开“产品价格分析表”的文档（产品价格分析1.doc），选定整个表格。

（2）单击“插入”→“图片”→“图表”菜单项。在文档中插入如图4.22所示的初始图表。

（3）将鼠标移向“图表区域”，单击鼠标右键，弹出快捷菜单（如图4.23所示），选择“图表类型”，打开“图表类型”对话框（如图4.24所示）。

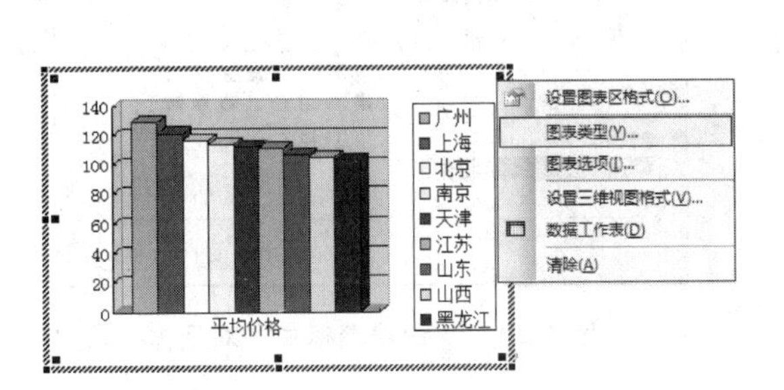

图4.23　选择“图表类型”的快捷菜单

图4.24　“图表类型”对话框

（4）在“图表类型”对话框中，“图表类型”选择“柱形图”，“子图表类型”选择“三维簇状柱形图”，单击“确定”按钮（如图4.24所示）。

（5）将鼠标移向“图表区域”，单击鼠标右键，弹出快捷菜单（如图4.23所示），选择“图表选项”，打开“图表选项”对话框（如图4.25所示）。

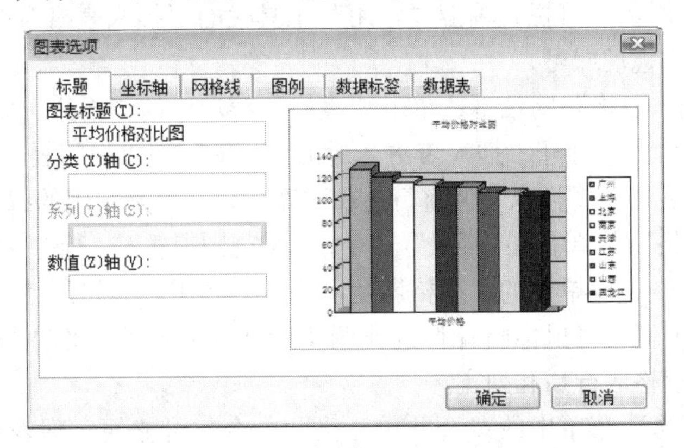

图4.25　“图表选项”对话框

（6）选择“标题”选项卡，在“图表标题”栏输入“平均价格对比图”，选择“图例”选项卡，在“位置”栏选择“靠左”单选框。单击“确定”按钮。

（7）选定标题文字，设置“隶书”字体、“三号”字、“加粗”、“倾斜”、“浅橙色”。

（8）鼠标移到“数值轴”，单击鼠标右键，在弹出的快捷菜单中选择“设置坐标轴格式”菜单项，打开“坐标轴格式”对话框，按如图4.26所示设置，单击“确定”按钮。

（9）鼠标移到“背景墙”，单击鼠标右键，在弹出的快捷菜单中选择“设置背景墙格式”菜单项，打开“背景墙格式”对话框，按如图 4.27 所示设置，单击“确定”按钮。“基底”颜色设置与“背景墙”类似。

（10）鼠标移到“坐标轴”的起点或定点，称为“角点”，按住鼠标左键拖动，可以改变视角、方位等。通过控制图表的控制点可适当调整图表大小。设置效果见图 4.21。

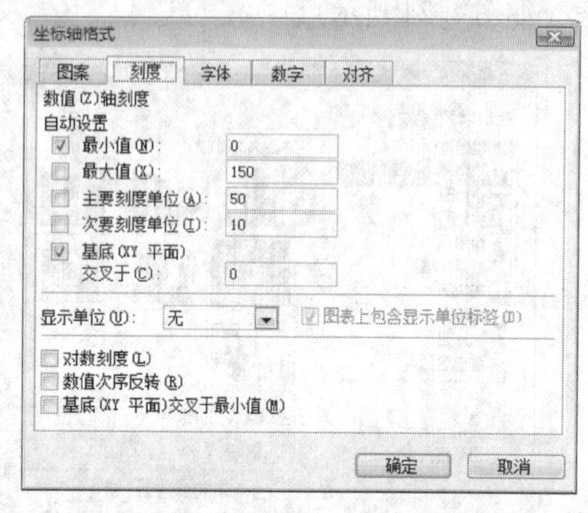

图 4.26 “坐标轴格式”对话框

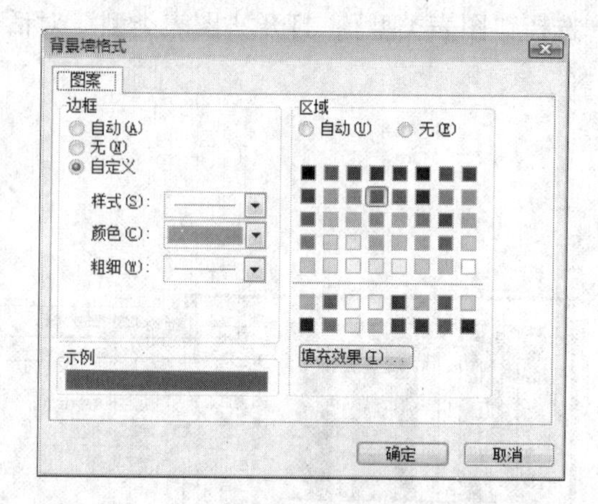

图 4.27 “背景墙格式”对话框

4.11 重点回顾

（1）可以从简单的规则表修改、修饰成为复杂的表格。

● 使用“常用”工具栏，单击“常用”工具栏的“插入表格”按钮，用鼠标在示意表格中向右下方拖动即可。

● 使用“插入表格”对话框，单击“表格”菜单中的“插入”命令，在其子菜单中单击“表格”命令，打开“插入表格”对话框，即可完成规则表格的插入。

（2）在修改表格中，插入、调整行高和列宽、合并等是常用的编辑操作。

● 选择“表格”菜单中的“插入”命令，可对规则表插入一行、一列或一个单元格。

● 选择“表格”菜单中的“表格属性”命令，利用“表格属性”对话框，精确调整表格的行高和列宽；将鼠标指针移到要调整行高或列宽的表格边框上，按住鼠标左键拖动也可调整表格的行高和列宽。

● 单击“表格”菜单中的“合并单元格”命令，可方便实现表格单元格的合并；使用“表格与边框”工具栏中的“擦除”工具，擦除表格线段，是实现单元格合并的常用方法。

（3）创建斜线表头是完成复杂表格的基本操作。

● 单击“表格”菜单的“绘制斜线表头”命令，通过“插入斜线表头”对话框来设置表格的斜线是常用的操作方法。

● 使用“表格和边框”工具栏上的“绘制表格”工具，画表格斜线，是最简单的操作方法。

（4）为单元格、行、列以及表格设置边框和底纹，以便获得更加美观的效果。

● 使用“表格与边框”工具栏，可设置边框的“线型”、“粗细”及“颜色”。

● 使用“绘制表格”工具栏的“画笔”，可画出需要的边框线。

● 选择“格式”菜单中的“边框和底纹”命令，通过“边框和底纹”对话框可设置需要的底纹。

（5）利用 Word 的公式功能可以对表格中的数据进行一些简单的计算，例如求和、求平均值等，从而制作出一些简单的财务报表等。

● 单击“表格”菜单中的“公式”命令，提供“公式”对话框可以实现求和、求平均值等的简单计算。

● 单击“绘制表格”工具栏上的“自动求和”按钮，可实现求和运算。

● 单击“表格”菜单中的“排序”命令，通过“排序”对话框，可实现“升序”或“降序”排列。

（6）利用表格中的数据生成图表，可大大增强数据的直观性。

● 单击“插入”→“图片”→“图表”菜单项可生成图表。

● 将鼠标移向“图表区域”，单击鼠标右键，弹出快捷菜单，通过快捷菜单的功能可对“图表类型”、“图表选项”、“设置图表区格式”等进行图表的编辑修改。

4.12　补充实训

（1）绘制如图 4.28 及图 4.29 所示的表格。

销售情况表

经销情况 机型类别		销　售		销售额		平均价（美元）
		台	占有率	百万元	占有率	
A组	TOSH	7890	45.8	23.1	40.7	2486
	CANO	9060	18.9	15.7	37.7	
	OKI	6000	11.0	11.7	20.8	1890
	NEEC	3450	8.3	0.9	4.6	
B组	LENT	2900	6.6	1.7	3.9	1748

图 4.28

计算机销售统计表

日期 数据 机型　品种		统计数据							备注
		2006年				2007年			
		九	十	十一	十二	一	二	三	
电子计算机 微型台式机	Compaq	1234						7654	业绩
	IBM		2345				9876		
	AST			3456		8756			
	DEC				4567				

图 4.29

（2）用如下职工基本工资表绘制职工基本工资对比图（见图 4. 30）。

职工基本工资表

姓名	基本工资
刘新民	787.60
王少隶	954.00
史静	1200.00
刘丽丽	900.50
傅涛	810.00
朱伟明	655.00
毕洪	480.00
吴欣新	787.60
徐倩	605.00
张芳芳	864.00

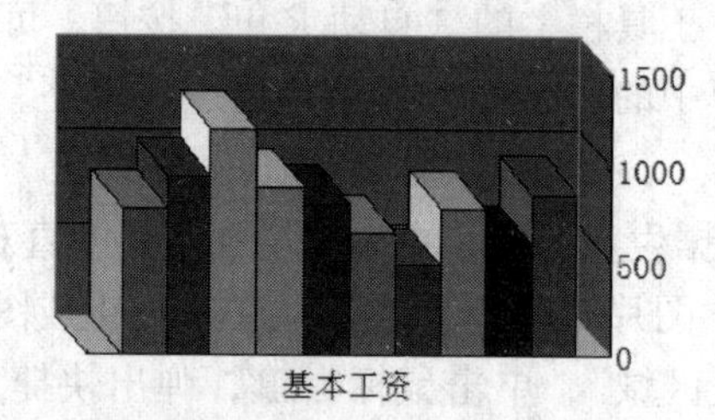

图 4. 30

实训5
长文档的编辑——制作和管理用户说明书

5.0　内容导航

公司要制作一份用户说明书，用来对新推出的产品进行说明。利用前面讲到的知识制作普通文档，已经是一件非常容易的事情，但编制用户说明书需要编辑上百页的长文档，如果采用普通的方法来创建、编辑、修改或者维护就非常麻烦了。在这种情况下，可以采用大纲视图、创建主控文档和子文档的方法来制作长文档。这种方法的优点是操作方便，维护容易，且可多人协作完成。

5.1　制作文档大纲

对于一篇比较长的文档，详细地阅读它并弄清它的结构和内容是一件比较困难的事。使用大纲视图可以迅速了解文档的结构和内容梗概，因为大纲视图可以清晰地显示文档的结构。在大纲视图中，文档标题和正文文字能够被分级显示出来，根据需要，一部分的标题和正文可以被暂时隐藏起来，以突出文档的总体结构。通过浏览文档视图，可以方便地把握文档的总体结构。

我们在创作一篇文档时，可以先在大纲视图中列出它的提纲和各级标题，然后再根据提纲逐步充实文档的内容。

(1) 首先切换到大纲视图。单击“视图”菜单中的“大纲”菜单项，就可以切换到大纲视图（见图5.1）。

小提示：Word文档创建时默认为“页面视图”，可以直接单击水平滚动条中的“大纲视图”按钮，也可以切换到大纲视图。

(2) 切换成大纲视图后，光标在闪烁，提示输入字符。在光标的左边有一个方框，表示这个段落是正文。正文是大纲中除标题以外的任何段落文字。正文可以看成最低一级的标题。

输入“用户说明书”，然后按回车键。此时光标自动移到下一行，成为一个新的段落。该段落左边的方框表示该段落也是正文。

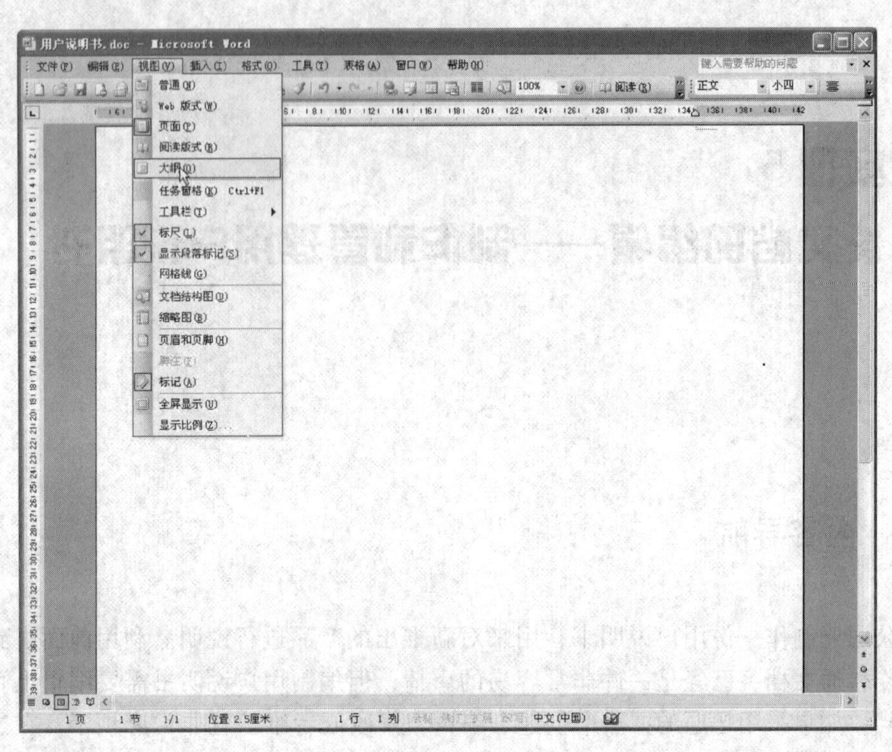

图 5.1

(3) 按照上面的方法，依次输入下图内容，效果如图 5.2 所示。

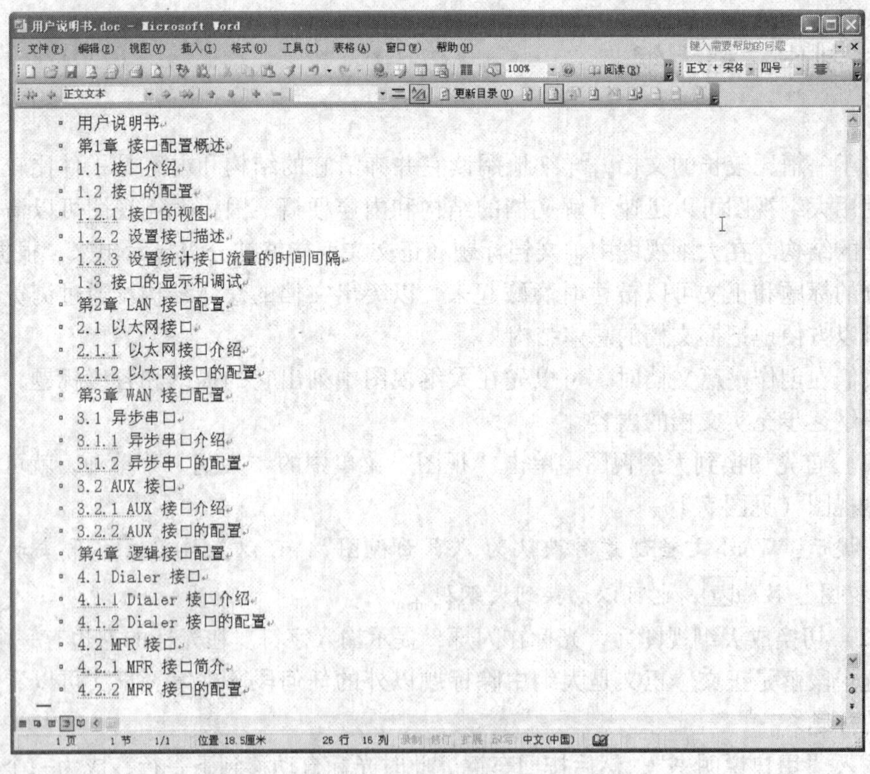

图 5.2

目前输入的都是“用户说明书”中的标题。因为还没有编辑大纲标题，所以暂时显示为正文。从已经输入的标题可以看出，“用户说明书”内容较多，用普通的“页面视图”显示是不太方便的。在后面输入正文内容之后，“大纲视图”的优点可以更加明确地显现出来。

5.2　制作文档正文

写完标题后，需要输入用户说明书的正文。

(1) 将光标移到“1.1 接口介绍”之后，按回车，切换到新的段落。该段落也是正文段。然后输入以下内容：

“路由器的接口即指路由器系统与网络中的其他设备交换数据并相互作用的部分，其功能就是完成路由器与其他网络设备的数据交换。”

“本路由器软件支持路由器上的物理接口和逻辑接口这两类接口。”

“物理接口就是真实存在、有对应器件支持的接口，如以太网接口、同/异步串口等。物理接口又分为两种，一种是 LAN（局域网）接口，主要是指以太网接口，路由器可以通过它与本地局域网中的网络设备交换数据；另一种是 WAN（广域网）接口，包括同/异步串口、异步串口、AUX 接口、AM 接口、CE1/PRI 接口、ISDN BRI 接口、语音接口等，路由器可以通过它们与外部网络中的网络设备交换数据。”

“逻辑接口是指能够实现数据交换功能但物理上不存在、需要通过配置建立的接口，包括 Dialer（拨号）接口、子接口、备份中心逻辑通道以及虚拟接口模板等。”

输入后，视图效果如图 5.3 所示。

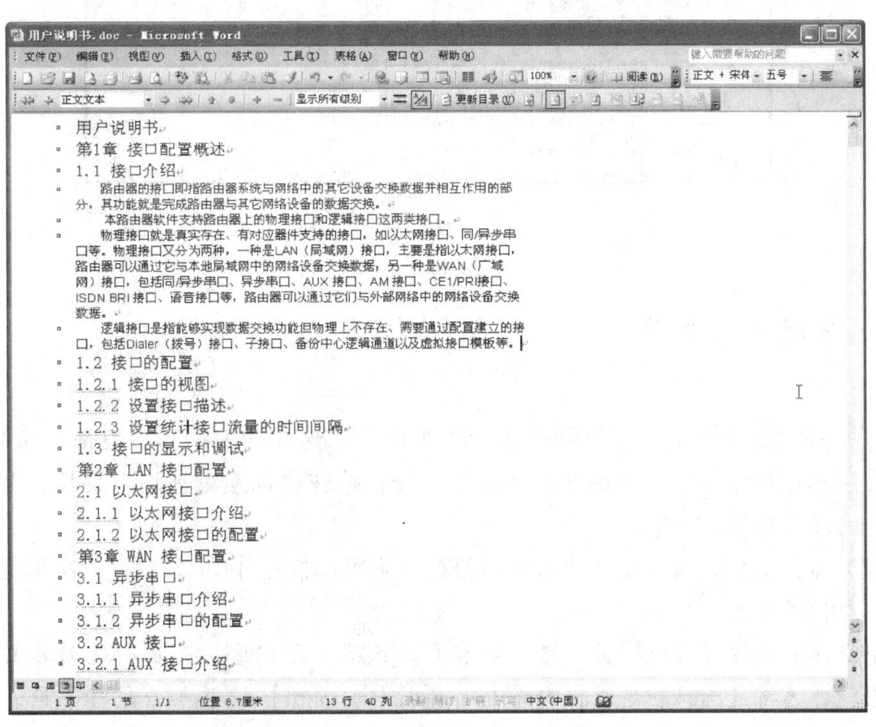

图 5.3

小提示：在大纲视图中，并不出现段落格式设置，而且，标尺和段落格式命令将无效，要查看或修改段落格式，应该切换到其他视图中。

（2）选中输入的内容，将字体、字号设置为“宋体”、“小四”（如图5.4所示）。

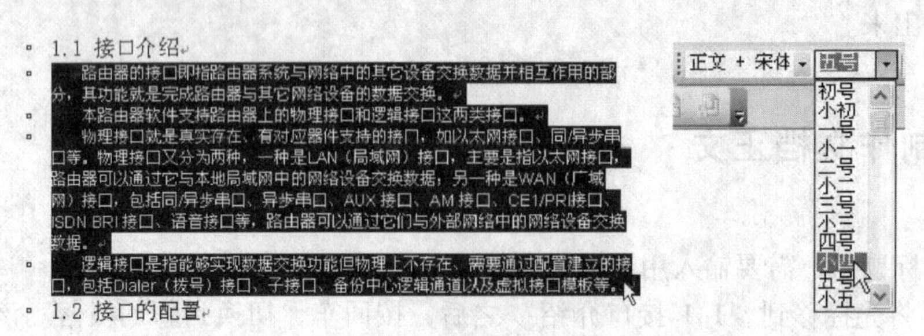

图5.4

（3）按照上面所讲的方法，输入其他内容。所有内容输入后，如图5.5所示。

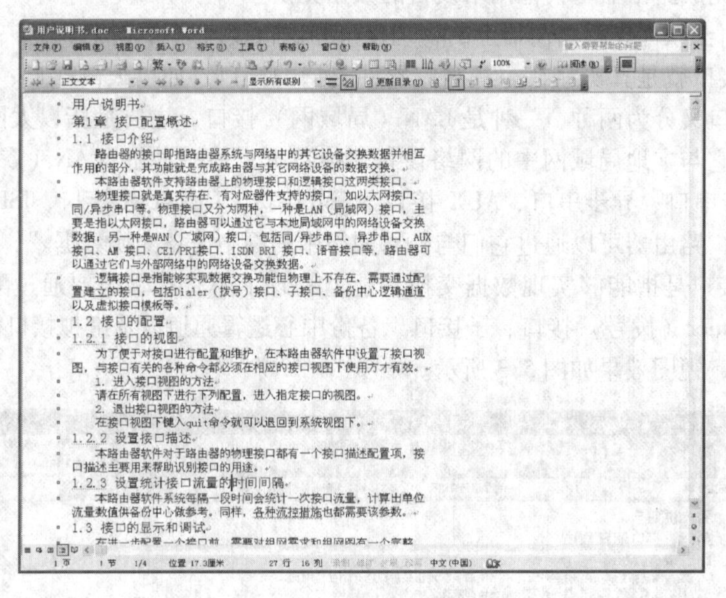

图5.5

5.3 选择大纲内容

（1）在大纲视图下，可以随意选择大纲内容。这里的大纲内容包括正文和标题。选择方法和在其他视图下选择文本的方法一样，按住鼠标左键拖动，放开左键后，所拖动的区域内容即被选定。

（2）如果要同时选定多个内容进行修改，则可以按住【Ctrl】键，依次选定各部分内容（如图5.6所示）。

小提示：按住【Shift】键，可以很容易地选择大段内容。先在所选内容之前单击鼠标左键，再将鼠标移动到所选内容尾部，按住【Shift】键并单击鼠标左键，两次鼠标单击之间的内容就全部被选中。

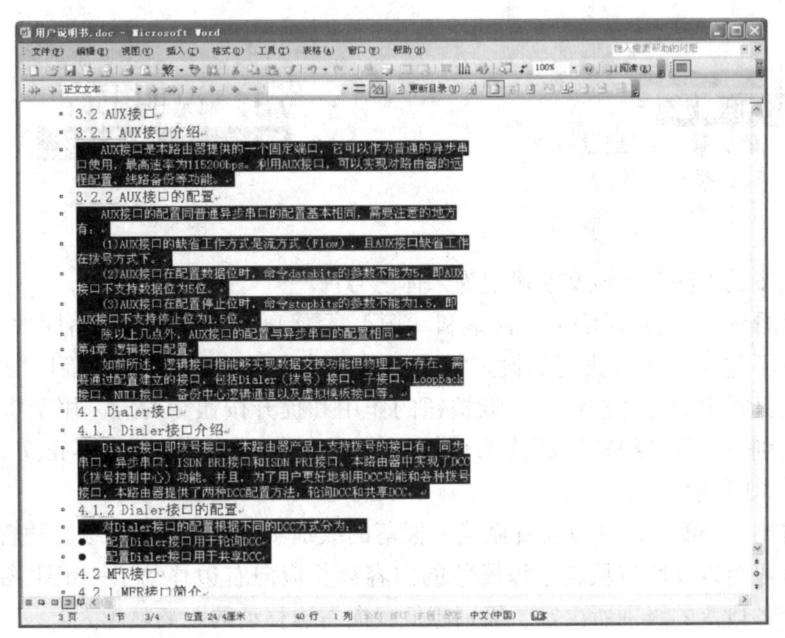

图 5.6

5.4　编辑大纲标题

（1）提升和降低大纲级别

到目前为止，用户说明书的内容已经输入完毕。但没有设定标题、正文的区别，整个格式还比较混乱。现在我们开始设定大纲级别，用以区分各级标题和正文。

①观察大纲视图下的工具栏，我们会发现多出了一栏工具（如图 5.7 所示）。这个工具栏叫做大纲工具栏，是在大纲视图下进行大纲级别编制所需的各种工具命令的集合。

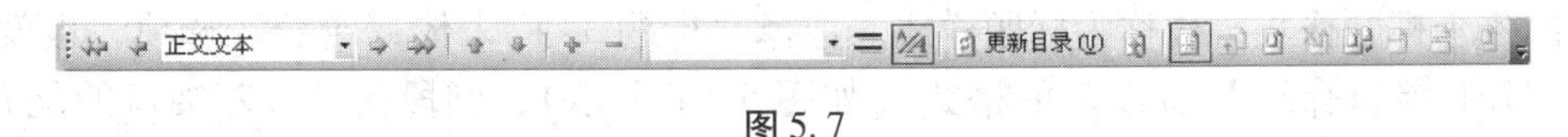

图 5.7

小提示：工具栏是包含可用于执行命令的按钮和选项的栏。要显示工具栏，请按【Alt】，然后按【Shift】 +【F10】。

②选定用户说明书的第一行“用户说明书”字样，单击大纲工具栏中的按钮。该按钮叫做提升按钮，是将所选文本提升一个级别的工具。所谓提升一个级别，就是从正文文本提升为标题，而标题也分为多个级别，从 1 级到 9 级。其中，1 级标题级别最高，9 级标题级别最低。每按一次提升按钮，该标题的级别就提升一级。级别低的标题从属于级别高的标题。当我们按了提升按钮后，“用户说明书”标题显示如图 5.8 所示。

可以看到，提升了段落“用户说明书”的级别以后，该段落直接变为最高级 1 级，字体加粗。最直观的是，段落左边的标记由方框变为了加号。

③保持选定“用户说明书”段落的状态，设定其字体为宋体二号。

④选定段落“第 1 章　接口配置概述”，按提升按钮，该段落也提升为 1 级标题（如图 5.9 所示）。

图 5.8

图 5.9

按第三步的方法，将该文字设定为宋体三号。

⑤可以看到，“用户说明书”段落和“第 1 章 接口配置概述”段落同为 1 级标题，互相之间并不包含，这与我们的设定意图不符。选定段落“第 1 章 接口配置概述”，单击大纲工具栏中的降低按钮。降低按钮的作用和提升按钮相对应，用于将所选段落降低一个级别——从高级别标题降为低级别标题，或从标题降为文本正文。单击后，效果如图 5.10 所示。

可以看出，“第 1 章 接口配置概述”段落的级别从 1 级变为了 2 级。随着标题级别的降低，该段落以及所有从属于该段落的内容都相应向右边移动了一定距离。具体移动的距离由各段落的级别所决定，级别越低，向右边移动的距离就越大。

⑥选定段落“1.1 接口介绍”，按提升按钮，该段落提升为 2 级标题。按照用户说明书的思路，该段落从属于“第 1 章 接口配置概述”，因此需要再降低一个级别。单击降低按钮，则该段落就变成了 3 级标题。设定其文字为宋体四号。

小提示：单击提升按钮时，所提升段落如果为正文文本，其级别会被提升到其从属于的段落的级别。如该正文文本从属的段落为 2 级标题，则该文本也被提升为 2 级标题；如该正文文本从属的段落为 3 级标题，则该文本也被提升为 3 级标题。如果该正文文本不从属于任何段落，如都为正文文本，则直接提升为 1 级标题。如果所提升段落为标题，则按照级别一级级提升，如从 3 级提高到 2 级，从 2 级提高到 1 级。

⑦选定段落“1.2 接口的配置”。

选择格式工具栏的格式下拉列表框，可以看到，下拉列表框内记录了编辑以来所设定的各个标题格式，被称为标题样式。选择“标题 3 + 宋体，四号”选项，也就是段落“1.1 接口介绍”所设定的格式（如图 5.11 所示），则段落“1.2 接口的配置”自动变为和段落“1.1 接口介绍”的格式一致，免去了多次设定的麻烦。

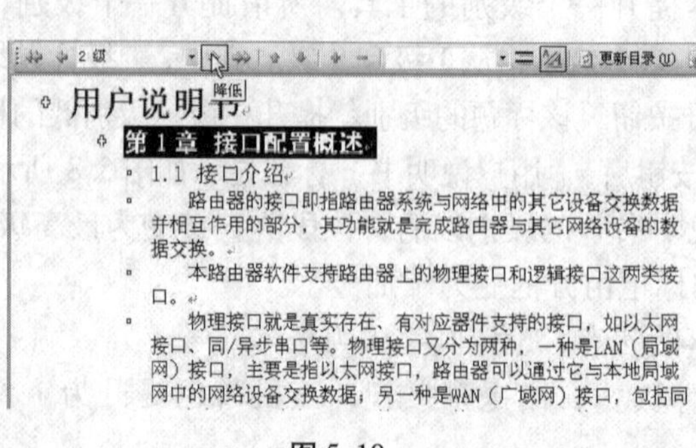

图 5.10

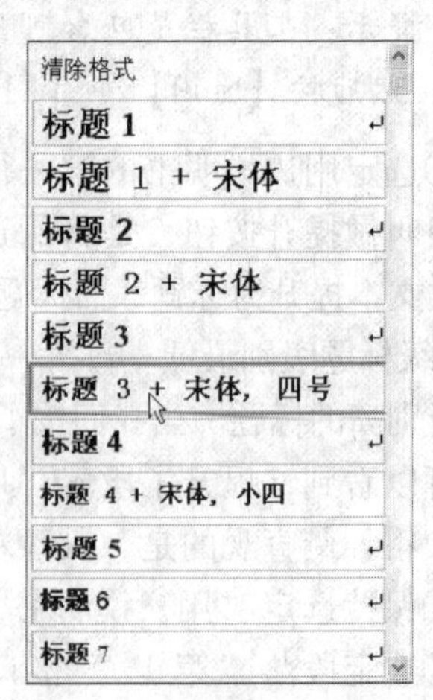

图 5.11

小提示：标题样式是应用于标题的格式设置。Microsoft Word 有 9 个不同的内置样式：从标题 1 到标题 9。

⑧选定段落“1.2.1 接口的视图”，单击降低按钮，则该段落自动变为 4 级标题。设定其字体为小四宋体。

小提示：单击降低按钮时，所提升段落如果为正文文本，其级别会被设定为其从属于的段落级别的下一级。如该正文文本从属的段落为 2 级标题，则该文本被设定为 3 级标题；如该正文文本从属的段落为 3 级标题，则该文本被设定为 4 级标题。如果该正文文本不从属于任何段落，如都为正文文本，则直接设定为 2 级标题。如果所降低段落为标题，则按照级别一级级降低。

⑨按照上述方法，将所有标题都进行设定。

小提示：在大纲工具栏上，有两个按钮分别为“提升到标题 1”和“降为正文文本”。顾名思义，它们的作用分别为将所选段落直接提升为 1 级标题和直接降为正文文本。在某些情况下不用一级级调整，非常方便。而“大纲级别”下拉列表框 4 级 则可以直接对所选段落进行 1 ~9 级标题和正文文本的选择。可以说，Word 在大纲工具中提供了非常便利的编辑条件。

（2）展开和折叠大纲标题

设定完各级标题后，效果图如图 5.12 所示。在大纲视图下，每个标题的左边都显示了一个符号。加号表示带有下一级标题（包括子标题和正文），减号表示不带有下一级标题。

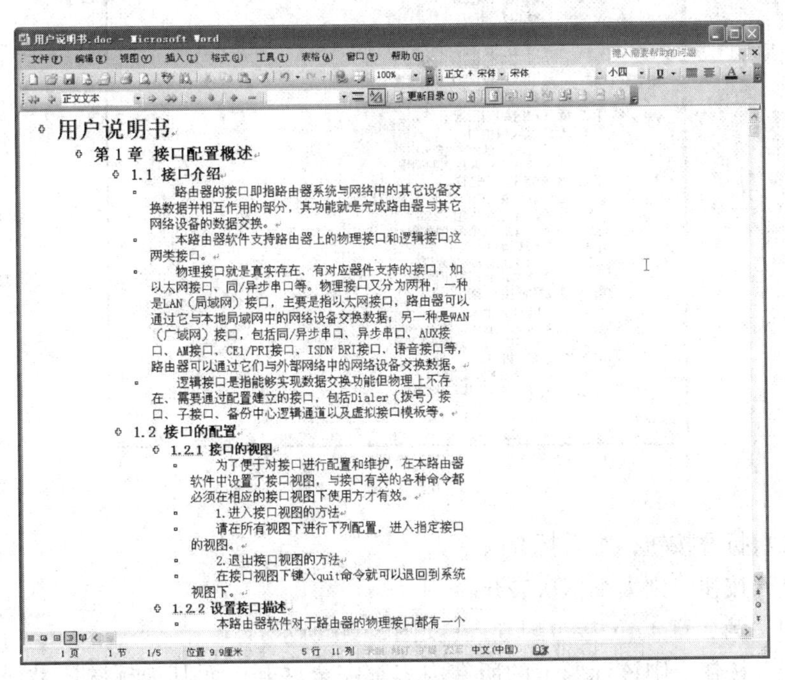

图 5.12

该说明书有 5 页内容，要进行编辑势必要进行频繁拖动，非常不方便。大纲视图最大的优点是可以展开和折叠大纲标题，类似于资源管理器。现在就让我们来使用这个功能。

①选中标题“用户说明书”，单击折叠按钮[-]，效果如图 5.13 所示。

“用户说明书”标题下的所有内容都折叠了起来。一个标题完全折叠后，该段落的下面会出现一条类似波浪线的下划线。单击展开按钮[+]，重新将其完全展开。

小提示：选中某个标题时，折叠和展开都是完全的，即该标题下所有的内容都将折叠或展开。

②将光标移动到“用户说明书”一行，但是不选中该行（如图 5.14 所示）。

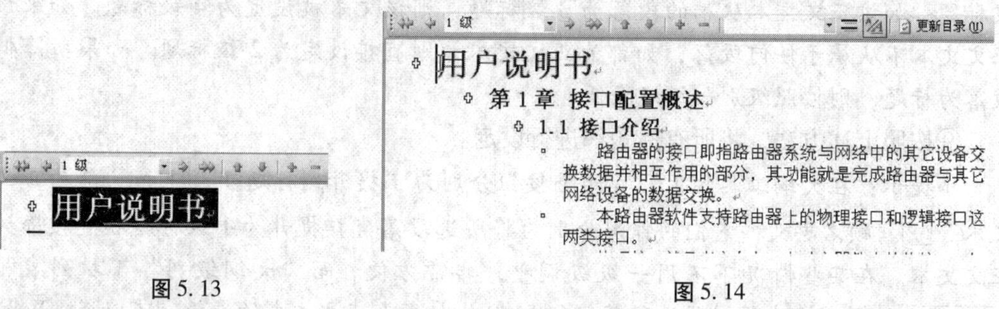

图 5.13　　　　图 5.14

单击折叠按钮，这次是一层层折叠。也就是说，先折叠级别最低的段落，在本例中，所有正文文本都被折叠（如图 5.15 所示）。

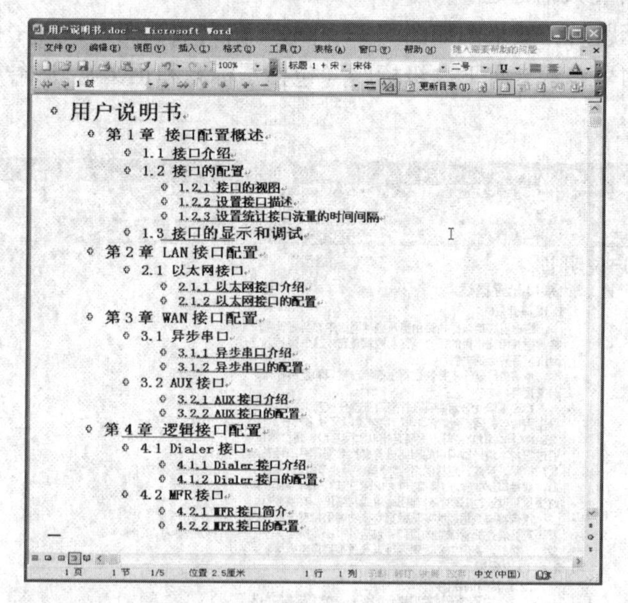

图 5.15

再按几次折叠按钮，查看折叠效果。

单击展开按钮，则大纲依次展开。

③选中“第 2 章 LAN 接口配置”（如图 5.16 所示）。

单击展开按钮，则该标题下的所有内容都完全展开，而其他标题还是保持折叠状态（如图 5.17 所示）。

我们可以选择一层层展开，或者展开其中的某一部分，Word 都提供了简便的方法。依靠折叠展开的方法，我们可以很方便地进行各个段落的查看、修改，这就是大纲视图的优势之一。

（3）移动大纲标题

在大纲视图中，还可以很方便地进行各个段落的移动。假定我们希望将“第 3 章 WAN 接口配置”下的“3.1 异步串口”和“3.2 AUX 接口”位置进行互换，按照以前的方法，需要剪切、粘贴很多内容。但是在大纲视图下，这种互换就非常方便了。

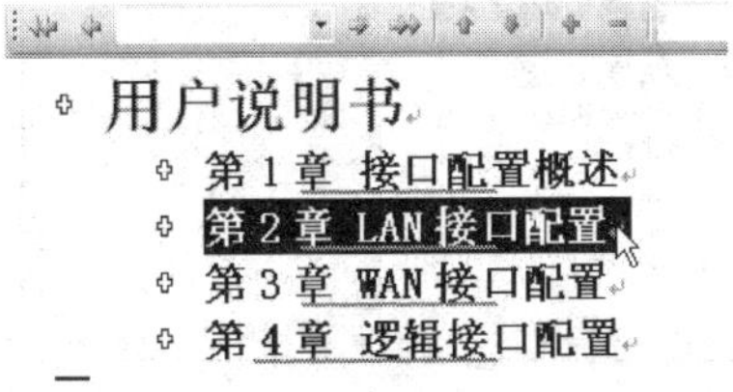

用户说明书
第 1 章　接口配置概述
第 2 章　LAN 接口配置
第 3 章　WAN 接口配置
第 4 章　逻辑接口配置

图 5.16

图 5.17

①选中“3.1 异步串口”（如图 5.18 所示）。

②单击下移按钮，段落“3.1 异步串口”就移动到了段落“3.2 AUX 接口”之后（如图 5.19 所示）。

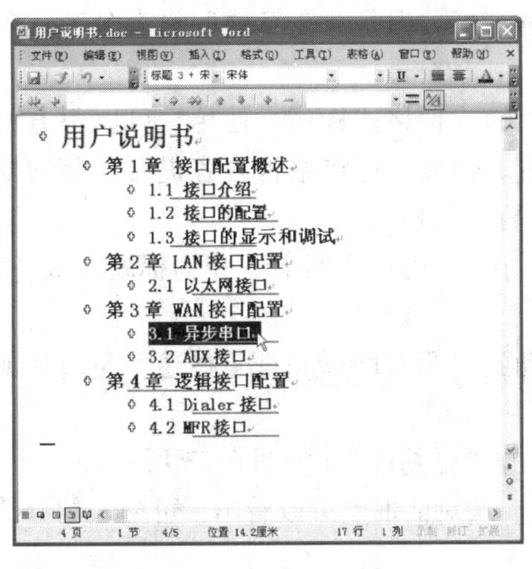

图 5.18

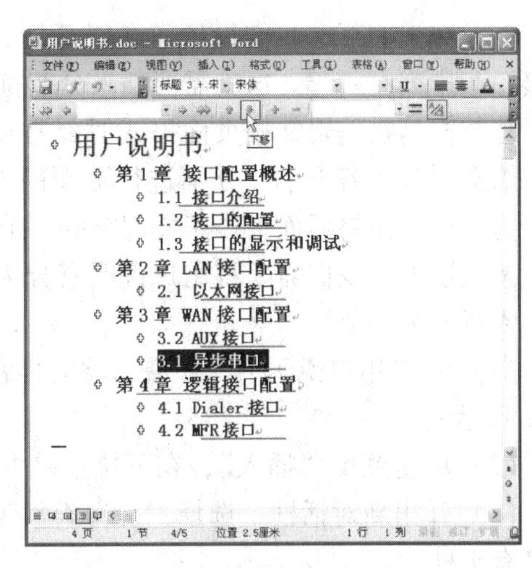

图 5.19

③单击展开按钮，我们会发现，段落“3.1 异步串口”中的所有内容都相应地进行了下移，而段落“3.2 AUX 接口”中的所有内容也全部排到了上面。利用这种方法，可以快速地重新组织文档内各部分的内容。下移效果如图 5.20 所示。

④要将段落“3.1 异步串口”重新移回原处，则在保持段落“3.1 异步串口”全部被选定的状态下（折叠状态或展开状态皆可），单击上移按钮，则段落“3.1 异步串口”又重新移到了段落“3.2 AUX 接口”的上面（如图 5.21 所示）。

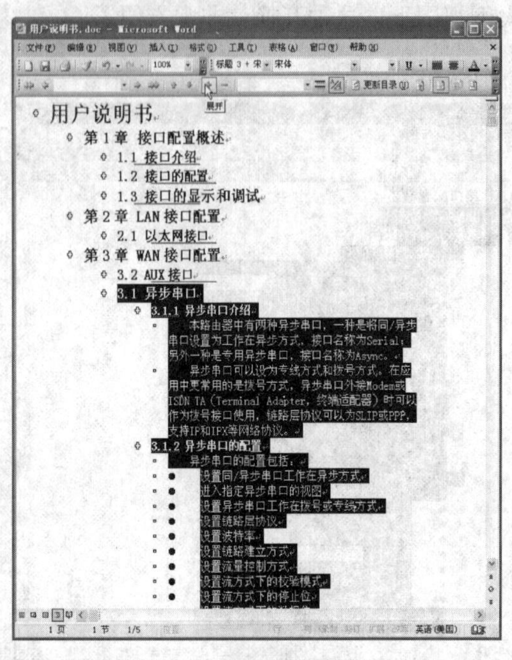

图 5.20

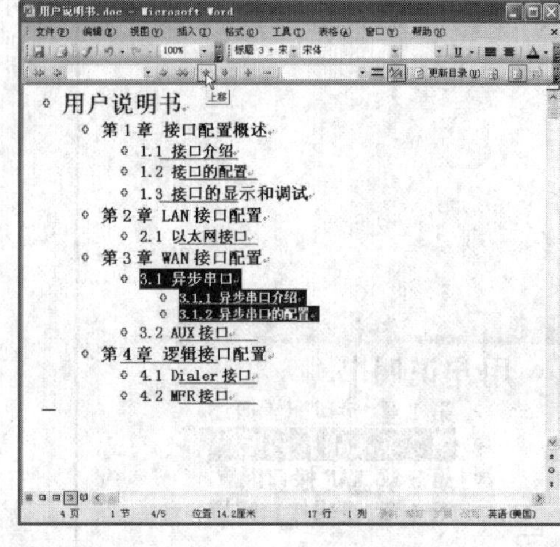

图 5.21

5.5 插入分节符

在大纲视图下，我们设置了各级标题，分了章。但是章与章之间没有分节，一章紧接一章排列在一起。这就需要插入分节符。

分节符是在编辑文档页面格式时经常使用的一种格式标记，使用它可以很方便地将一篇文档分成若干小节分别进行页面的设置。例如，可将报告内容提要一节的格式设置为一栏，而将后面报告正文部分的一节设置成两栏。

按照设想，我们需要将用户说明书分为 5 节。“用户说明书”作为标题自成一节，其他 4 章各为一节。

（1）将“用户说明书”折叠，将光标移动到“第 1 章 接口配置概述”左边（如图 5.22 所示）。

（2）单击菜单“插入”，在下拉菜单中单击“分隔符”（如图 5.23 所示）。

（3）弹出新对话框，选择“分节符类型”。从对话框上可以看出，可插入的分节符类型有 4 种：

● 下一页：插入一个分节符，新节从下一页开始。

● 连续：插入一个分节符，新节从同一页开始。

● 奇数页或偶数页：插入一个分节符，新节从下一个奇数页或偶数页开始。

我们选择“下一页”（如图 5.24 所示），单击确定，即完成了一次分节符插入。

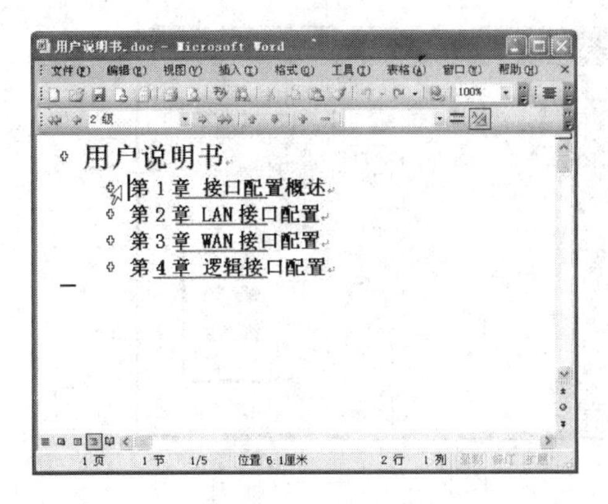

图 5.22

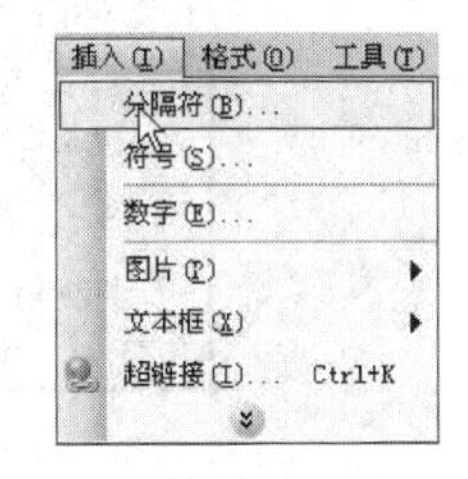

图 5.23

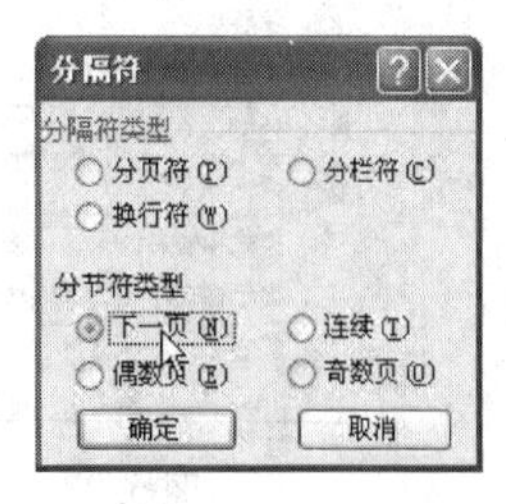

图 5.24

插入分隔符后效果如图 5.25 所示。

(4) 按照上面的方法，依次在第 2、第 3、第 4 章前面插入分节符，完成后效果如图 5.26 所示。

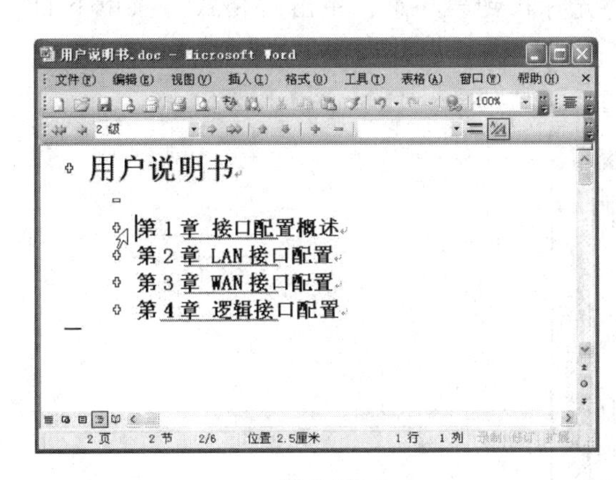

图 5.25

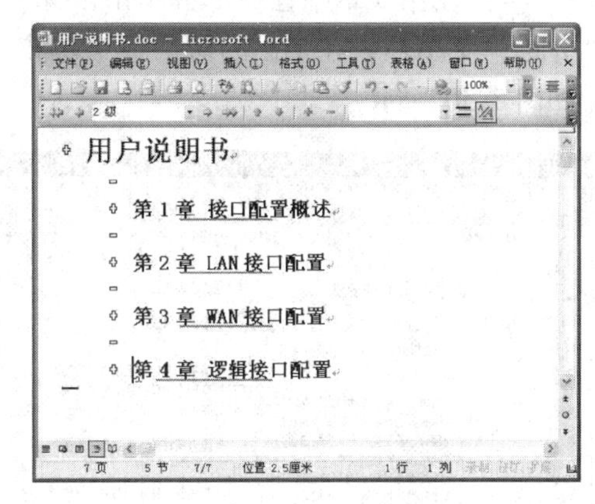

图 5.26

5.6　设置节的格式

将“用户说明书”分为不同的节之后，我们可以对各节分别进行设定。为了突出效果，我们设定第 1 章、第 2 章为两栏，而第 3 章、第 4 章则为两栏并带分隔线。

(1) 单击“视图”菜单中的“页面”菜单项，将视图切换为页面视图。

小提示：可以直接单击水平滚动条中的“页面视图”按钮，也可以切换到页面视图。在 Word 文档编辑中，灵活运用各种视图的转换是非常重要的。

(2) 在第 1 章中任何部分单击鼠标，将光标移到第 1 章，单击“格式”菜单下的“分栏”菜单项（如图 5.27 所示）。

(3) 弹出新对话框，在“两栏”的图标上单击，就选定了将本节文档分为两栏（如图 5.28 所示），单击确定。

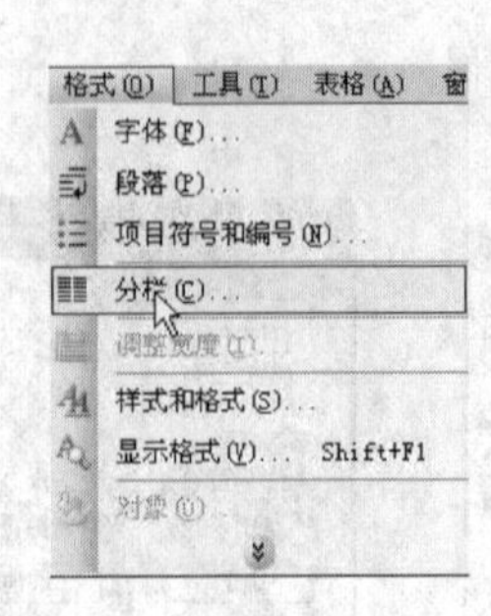

图 5.27

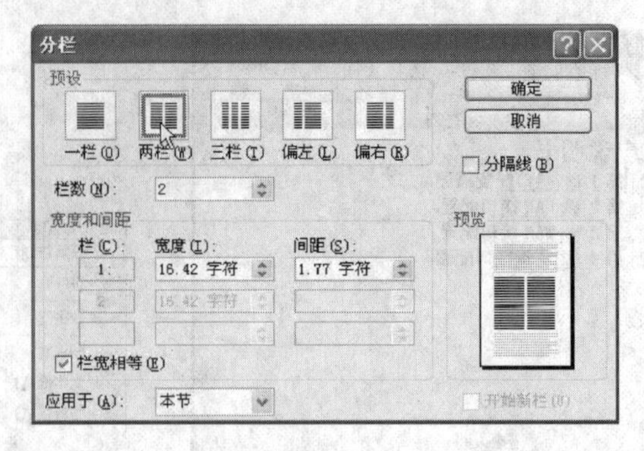

图 5.28

小提示：在栏数编辑框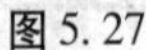上可以直接输入栏数，可方便地分为任意栏数。

现在第 1 章已经被分为了两栏，效果如图 5.29 所示。

(4) 在第 3 章中任何部分单击鼠标，将光标移到第 3 章，单击“格式”菜单下的“分栏”菜单项，在弹出的对话框中单击“两栏”图标，并选中“分隔线”的复选框(如图 5.30 所示)。

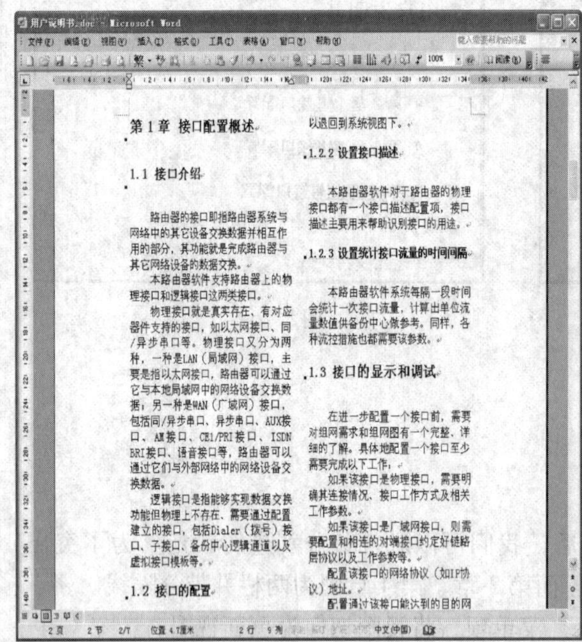

图 5.29

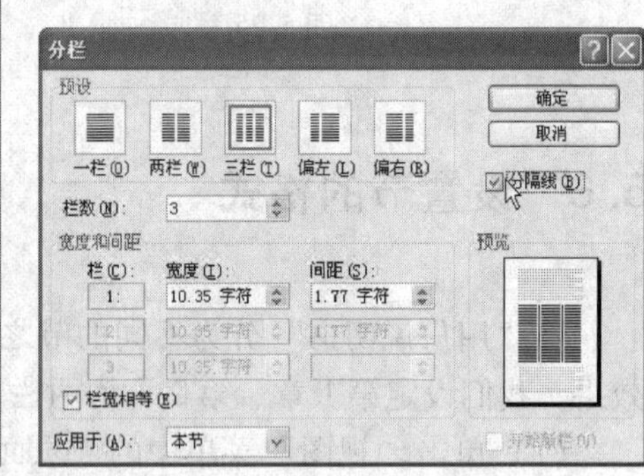

图 5.30

单击确定，第 3 章就被分为了三栏。效果如图 5.31 所示。

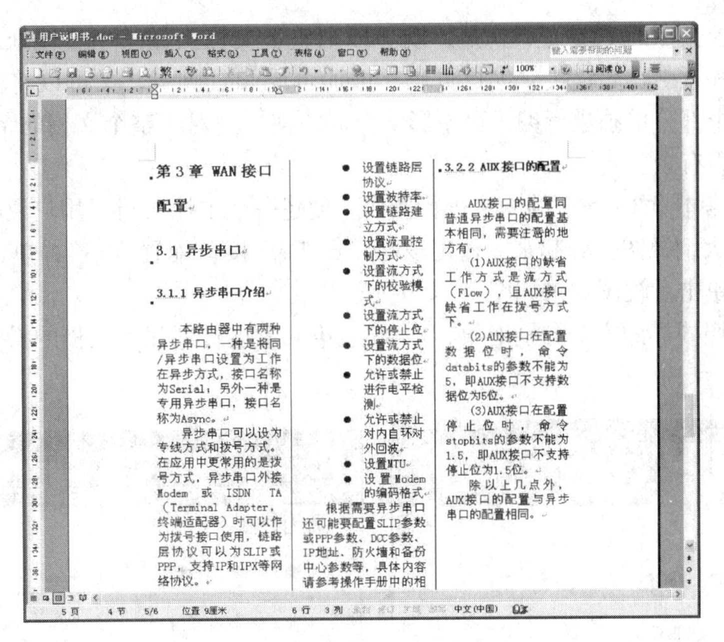

图 5.31

(5) 按照同样的方法，分别对第 2 章和第 4 章进行设置。

利用分节符，可以对各节分别进行设置，如对每一节设置不同的页眉、页脚。这是非常方便和实用的。

5.7　创建主控文档和子文档

很多人在撰写论文或其他多章节的文章时，把每个章节独立出来，作为一个文件，以便管理和操作。但是，文章或论文毕竟是一个整体，特别是当文档某一部分发生变动时，整个文档的页码、格式等都要发生变化，而独立的文件之间缺乏必要的关联，那样每个部分都要人为地去改变，非常麻烦。Word 中的主控文档就可以解决这一问题。

主控文档是包含一系列相关文档的文档。可以使用主控文档将长文档分成较小的、更易于管理的子文档，从而便于组织和维护。我们既可以将一篇现有的文档转换为主控文档，然后将其划分为子文档；也可以将现有的文档添加到主控文档之中，使之成为子文档。在工作组中，可以将它保存在网络上，并将其划分为能供不同用户同时处理的子文档，从而共享文档的所有权。

同时，主控文档还可以帮助工作组的成员同时处理存储在网络上的主控文档，主要就是对文档进行安全设置。如果某人正在处理一子文档，则该文档对于其他人来说将处于锁定状态。其他人只能查看子文档，除非此人关闭了子文档，否则其他人不能进行修改。

本章前面部分的操作就是创建主控文档的操作。简单地说，将视图切换到大纲视图，输入文档和各子文档的标题，并在键入每个标题后按回车键。这时，Word 用内置标题样式“标题 1”给标题设置格式，然后根据文章的需要给每个标题指定标题样式（例如，标题 1，标题 2……），然后调整每个标题的级别。

使用主控文档的主要优点就是，既可以把整个文档当做一个整体处理，例如为文档建立目录和索引、超链接、编排页码、添加页眉和页脚等，又可以将其分成若干个部分，对每个部分单独进行编辑而不影响全局，使用户对于整个文档的结构了如指掌，操作起来游刃有余。

（1）参考本章 1 ~5 节的内容进行操作，创建一个主控文档“用户说明书”。

（2）将大纲视图折叠起来，选定段落“第 1 章 接口配置概述”，单击“创建子文档”按钮，单击后视图效果如图 5. 32 所示。

（3）按照同样的方法分别对第 2、第 3、第 4 章进行创建子文档的操作，最后效果如图 5. 33 所示。

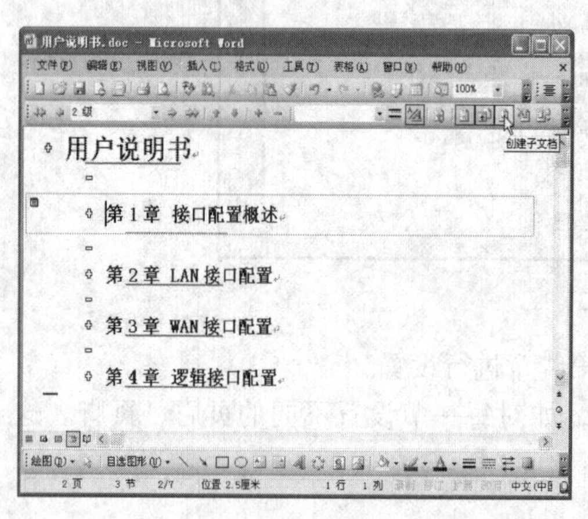

图 5. 32

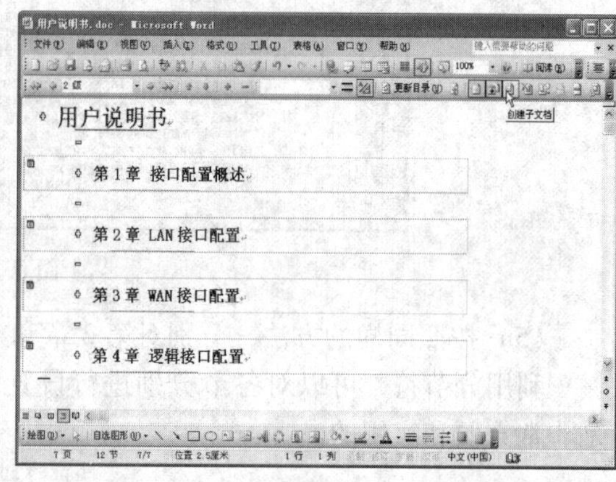

图 5. 33

（4）单击“文件”菜单的“另存为”菜单项，将“用户说明书”保存下来。查看时，会发现 Word 将“用户说明书”保存为了 5 个文档，分别是“用户说明书 . doc”、“第 1 章 接口配置概述 . doc”、“第 2 章 LAN 接口配置 . doc”、“第 3 章 WAN 接口配置. doc”、“第 4 章 逻辑接口配置 . doc”。也就是主控文档保存为一个文件，其他四个子文档各保存为一个文件（如图 5. 34 所示）。

图 5. 34

5. 8 展开和折叠子文档

（1）双击“用户说明书 . doc”，可以看到，主控文档中记录了子文档的位置，引用了文档的内容。这样，主控文档的内容就可以随着子文档的更改而更改了。

（2）单击“大纲”工具栏上的“展开子文档”按钮，子文档展开，同时“展开子文档”按钮也变为了“折叠子文档”按钮（如图5.35所示）。

（3）虽然打开的“用户说明书”由主控文档和子文档多个文件组成，但除了子文档的内容是间接引用而不是直接写在主文档上的区别外，对主控文档的操作和对单一文档的操作并无二致。例如，将主控文档切换成页面视图（如图5.36所示）。

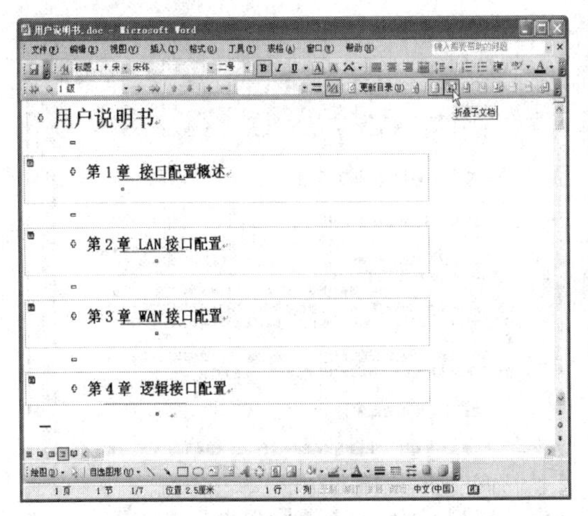

图5.35

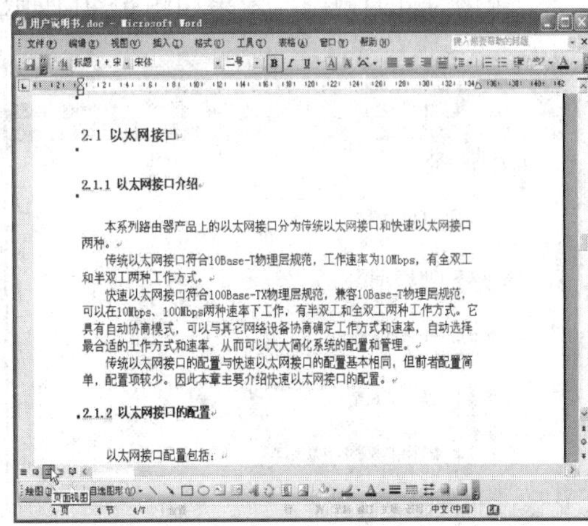

图5.36

5.9　插入子文档

由于公司业务的需要，用户说明书又增添了一章——“第5章 虚拟接口模板和虚拟接口”。如果是单个文件，则需要进行大量的修改，但使用了主控文档和子文档结构后，就非常方便了。

（1）单独写好“第5章 虚拟接口模板和虚拟接口”的内容（如图5.37所示）。

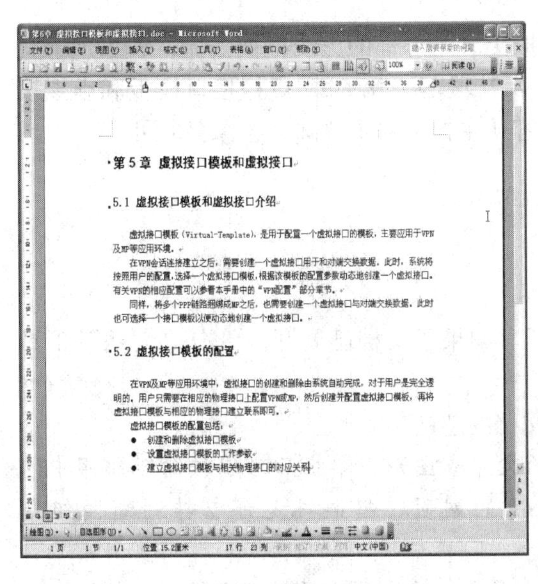

图5.37

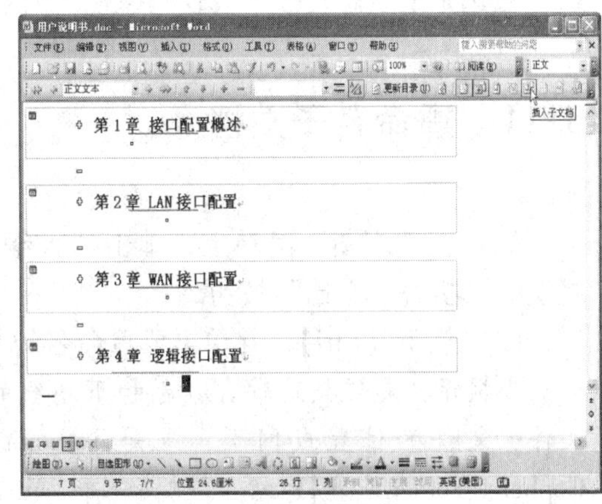

图5.38

（2）打开用户说明书的主控文档，将光标移到最后的空行上，单击“大纲”工具栏上的“插入子文档”按钮（如图5.38所示）。

小提示：如果不能使用“创建子文档”按钮，需要先单击“展开子文档”按钮。

（3）插入该文档后，效果如图5.39所示。

转化为页面视图，效果如图5.40所示。

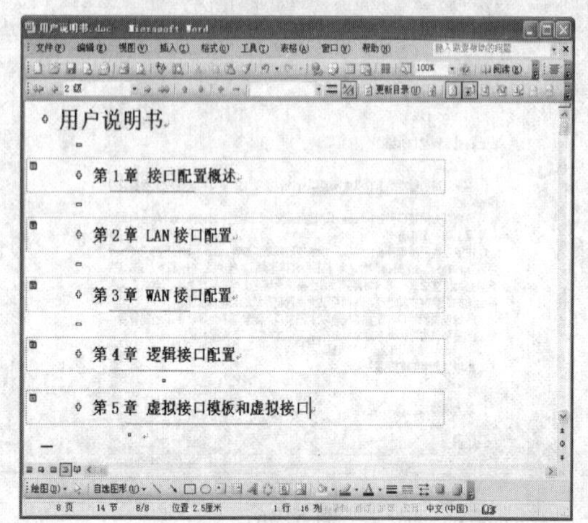

图5.39

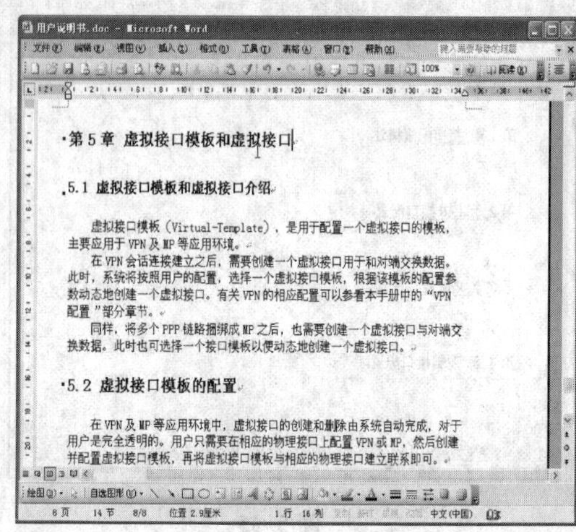

图5.40

第5章被自动加到了用户说明书中，无需进行其他操作。

5.10 删除子文档

删除子文档的操作也非常简便。

（1）打开用户说明书的主控文档，选定“第5章 虚拟接口模板和虚拟接口”，单击“删除子文档”按钮。

（2）段落“第5章 虚拟接口模板和虚拟接口”外部的虚线框被去掉，表示该子文档已经被移除，其内容移到了主控文档中。保持段落“第5章 虚拟接口模板和虚拟接口”被选中的状态，按下【Del】键，该内容从主控文档中移除，再保存即可。

5.11 重命名子文档

（1）在“视图”菜单上，单击“大纲”。如果子文档已展开，单击“大纲”工具栏上的“折叠子文档”按钮。

（2）按下【Ctrl】，并单击要重命名的文档的超链接。

小提示：超链接是带有颜色和下划线的文字或图形，单击后可以转向万维网中的文件、文件的位置或网页，或是Intranet上的网页。超链接还可以转到新闻组或Gopher、Telnet和FTP站点。

（3）单击“文件”菜单中的“另存为”命令，输入子文档的新文件名或位置，然后单击“保存”按钮，保存并关闭主控文档。

小提示：重新命名子文档时，原版本的子文档文件将保留在原来的位置。如果需要，可删除该子文档文件。

5.12　锁定文档

（1）在“视图”菜单上，单击“大纲”。如果子文档已展开，单击“大纲”工具栏上的“折叠子文档”按钮。

（2）单击要锁定的子文档中的任何位置。

（3）单击“大纲”工具栏上的“锁定文档”按钮。

当文档被锁定时，无法对其进行修改操作。如果要解除锁定，再次选中被锁定的文档，单击“锁定文档”按钮即可。

小提示：Word 可在下列情况下锁定子文档：①子文档被折叠；②该主控文档为工作组所共享，而其他人正在处理子文档；③以前处理过该子文档的人将文件共享方式设置为只读方式；④子文档被保存在只读共享文件夹中。

5.13　合并和拆分子文档

（1）打开用户说明书。

（2）选择相邻的第 1 章和第 2 章，单击“合并子文档”按钮（如图 5.41 所示），则两个文档就被合并到一起了。

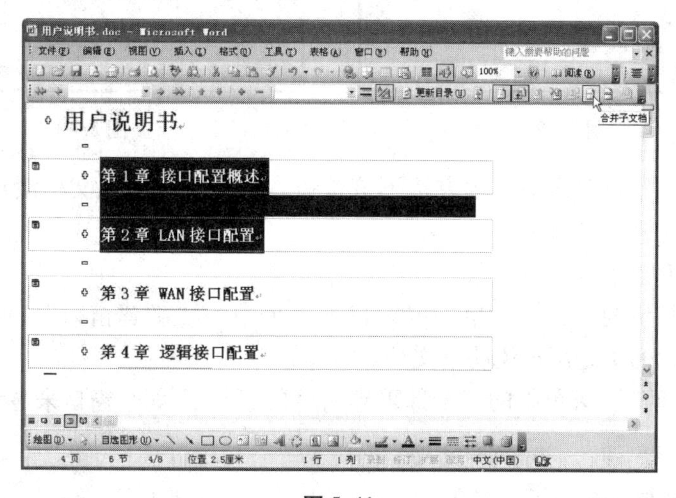

图 5.41

（3）第 1、第 2 章内容合并后，选定第 2 章，单击“拆分子文档”按钮，则第 1、第 2 章又被拆分为独立的两个子文档。

5.14 查看文档

(1) 快速定位

编辑长文档时，经常需要回到上一次编辑的地方进行修改。在 Word 中，按【Shift】+【F5】组合键的作用是定位到 Word 最后三次编辑的位置，即 Word 会记录下文档最近三次编辑文字的位置。我们可以重复按【Shift】+【F5】组合键，则可以在三次编辑位置之间循环。

(2) 自动滚动

在查看 Word 长文档时，经常要手动拖动页面。其实 Word 提供了自动滚动功能。

①打开“工具”菜单中的“自定义”子菜单。

②选择“命令”标签，并在其“类别”中选择“工具”(如图 5.42 所示)。

③在右边的“命令”窗口中找到“自动滚动”并选中。按住左键并拖到工具栏或者是菜单条，对应位置将会出现“自动滚动”按钮（如图 5.43 所示）。

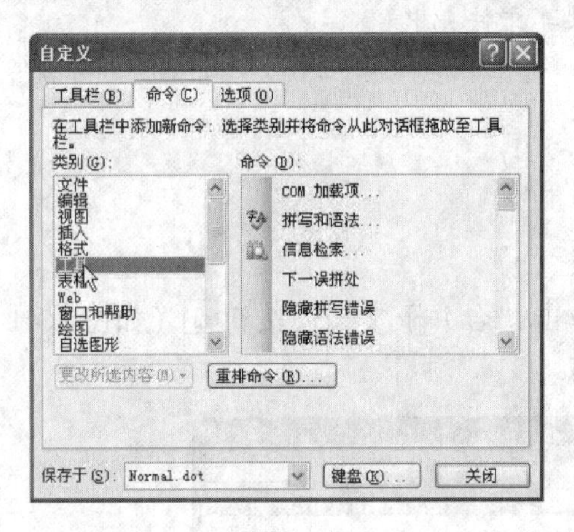

图 5.42

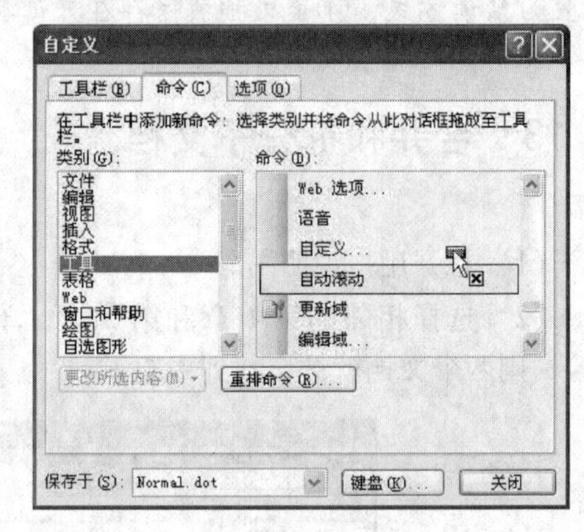

图 5.43

④在需要开始自动滚动的地方按下该按钮，将会自动实现文档滚动，想要终止时只需要按鼠标左键就可以了。

(3) 多窗口查看

①打开用户说明书文档，单击“窗口”菜单中的“新建窗口”，此时产生了一个新的窗口，显示的也是用户说明书文档。

②单击“窗口”菜单中的“全部重排”，可打开上下两个窗口来显示同一个文档。

5.15 重点回顾

● 制作长文档时，可以先在大纲视图中列出它的提纲和各级标题，然后再根据提纲逐步充实文档的内容。

● 标题分为 9 个级别，级数越小级别越高。标题和正文的级别可以自由提升和降低。

- 大纲的各级标题和内容可以被展开和折叠。
- 多人共同设计文档时，可以将文档分为主控文档和子文档。大家各自完成自己的子文档，通过主控文档统一控制。
- Word 提供了方便的查看方法，包括快速定位、自动滚动、多窗口显示等。

5.16 补充实训

（1）制作自动化办公软件操作手册

公司购买了一套自动化办公软件。公司员工对这套软件不太熟悉，上手较为困难。公司需要为这套自动化办公软件制作一份操作手册，要求简明易懂、操作方便、排版美观，请你完成这份工作。

（2）新员工入职手册

公司每年都要引进大量新员工，公司往年都是安排老员工带新人。随着新员工逐渐增多，老员工有些忙不过来了。公司要求你写一份新员工入职手册，告诉新员工公司的环境、工作条件、需要注意的事项等。要求规范正式，介绍详尽。

实训 6
目录和索引的使用——设计公司章程

6.0 内容导航

公司要制作一份章程，用以指导公司各方面的事务。公司章程条款众多，涉及面广。公司指定你拟订一份公司章程草案，并要求便于查阅。这种情况下，制作一份好的目录和索引供大家快速查阅，就显得非常重要了。下面我们一步步地来设计这样一份公司章程。

6.1 设置标题项的格式

要拟订一份好的章程，并提供合适的目录索引，先要设置好标题的格式。

（1）设置标题 1 的格式

①新建一份 Word 文档，取名“公司章程”。

②检查“格式”工具栏是否显示。检查方式为：在工具栏的任何地方单击右键，在弹出菜单上检查“格式”工具栏是否被勾选，如果没有则勾选上（如图 6.1 所示）。

勾选后工具栏上会出现“格式”工具栏（如图 6.2 所示）。

③此时 Word 文档中还没有任何输入，光标在文档第一行闪烁。输入“公司章程”字样，作为文档的总标题，然后选择“格式”工具栏的“样式”下拉列表框中的“标题 1”（如图 6.3 所示）。

选中后，文档当前的编辑行就变为了标题 1 样式（如图 6.4 所示）。

从图中可以看出，设置了标题 1 样式后，该样式字体变为了宋体、二号、加粗、两端对齐。如果标题 1 的默认样式就是我们想要的样式，那么设置到这里就完成了，非常简便。

④假定我们对默认的标题 1 样式并不满意，也可以很方便地自行修改。选中“公司章程”字样，在“字体”下拉列表框中，选择我们想要设定的字体，这里我们设置为“黑体”（如图 6.5 所示）。下拉列表框中有很多字体可供选择，而且每一种字体都给出了相应的外观示例，一目了然。

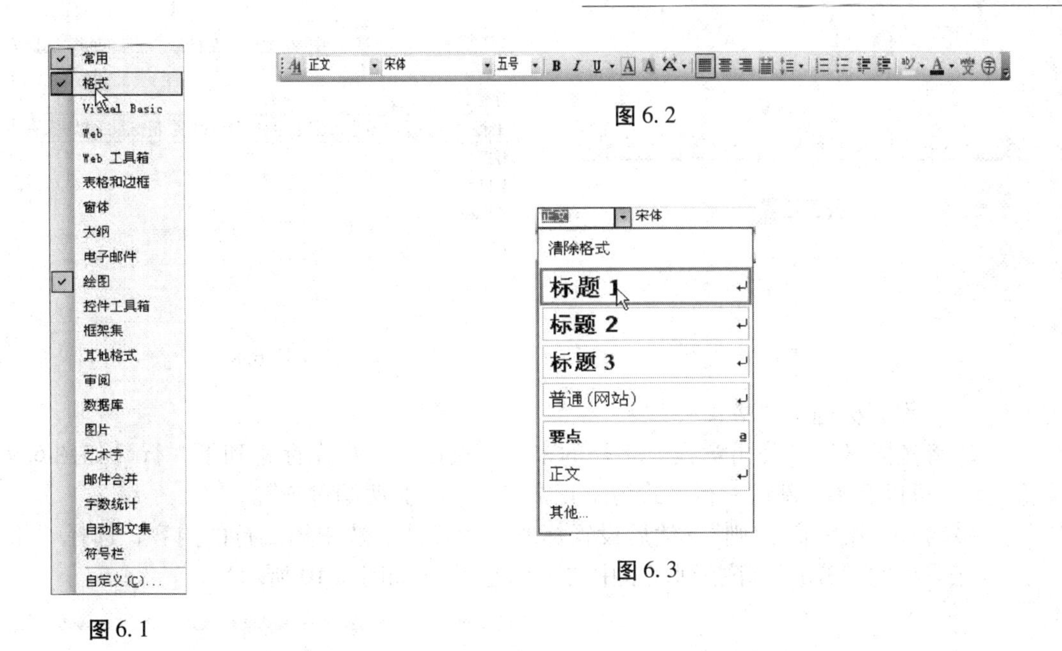

图 6.1

图 6.2

图 6.3

保持“公司章程”字样选中状态，在“字号”下拉列表框中，选择我们想要设定的字号，这里我们设置为“一号”（如图 6.6 所示）。

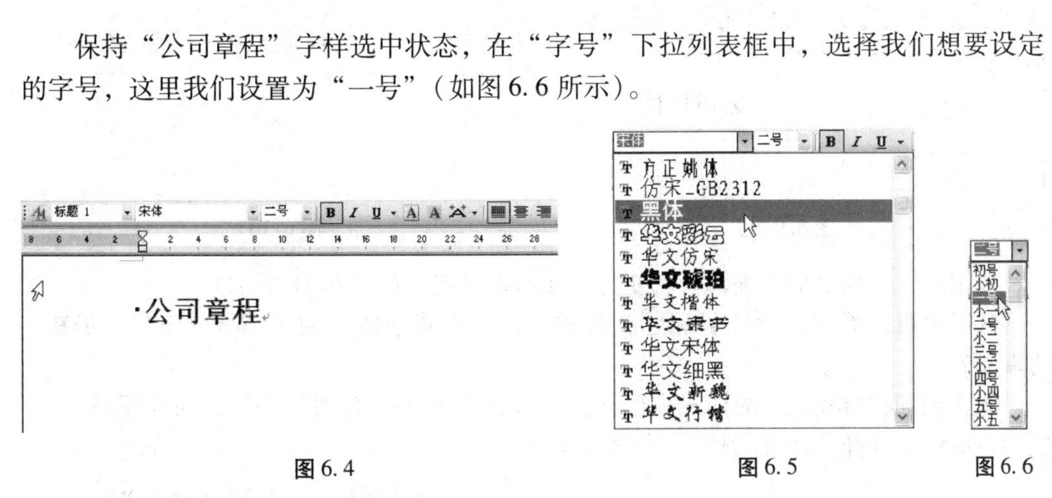

图 6.4

图 6.5

图 6.6

小提示：在 Word 中，表述字体大小的计量单位有两种，一种是汉字的字号，如初号、小初、一号……七号、八号，另一种是用国际上通用的“磅”来表示，如 4、4.5、10、12……48、72 等。中文字号中，“数值”越大，字就越小，所以八号字是最小的；在用“磅”表示字号时，数值越小，字符的尺寸越小，数值越大，字符的尺寸越大。

⑤标题 1 默认已经加粗，我们可以给标题加上底纹。选中“公司章程”字样，单击“格式”工具栏上“字符底纹”按钮 A，给文字加上底纹。

我们希望标题能够居中，选中“公司章程”字样，单击“格式”工具栏上“居中”按钮，则该字样就处于水平正中了。

设定后，“公司章程”字样效果如图 6.7 所示。

由于我们对标题 1 的默认样式进行了修改，所以 Word 自动增加了一条标题项。打开“格式”工具栏的“样式”下拉列表框，我们可以看到，该下拉列表框增加了一项条目。该条目和我们编辑的“公司章程”标题的样式相对应（如图 6.8 所示）。在该条目中，列出了我们设定的标题 1 的各种特征，便于查看。

公司章程

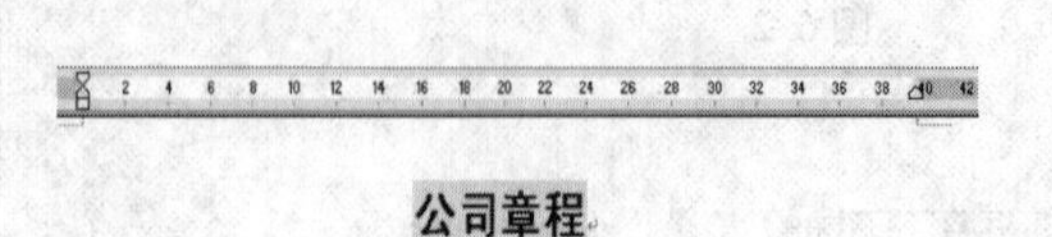

图 6.7

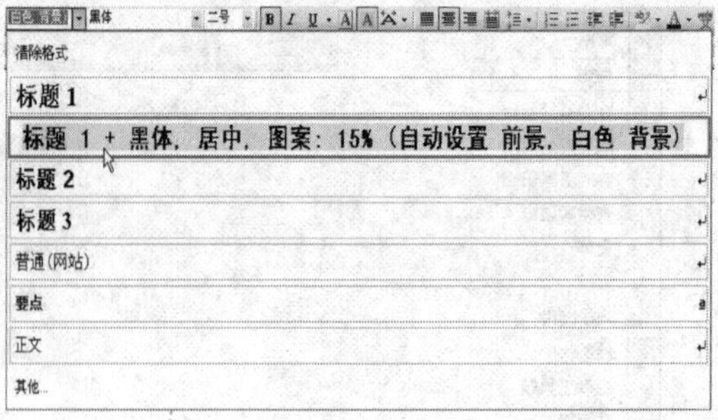

清除格式
标题 1
标题 1 + 黑体，居中，图案：15%（自动设置 前景，白色 背景）
标题 2
标题 3
普通(网站)
要点
正文
其他...

图 6.8

（2）设置标题 2 的格式

①将光标移到“公司章程”字样的末尾，按回车，将光标移到下一行（如图 6.9 所示）。可以看到，新的一行格式为“正文 宋体 五号 两端对齐”。

②输入“第一章 总则”，然后设置标题 2 的样式。选中第二行的内容，选择“格式”工具栏的“样式”下拉列表框中的“标题 2”（如图 6.10 所示）。

正文
宋体
五号
公司章程

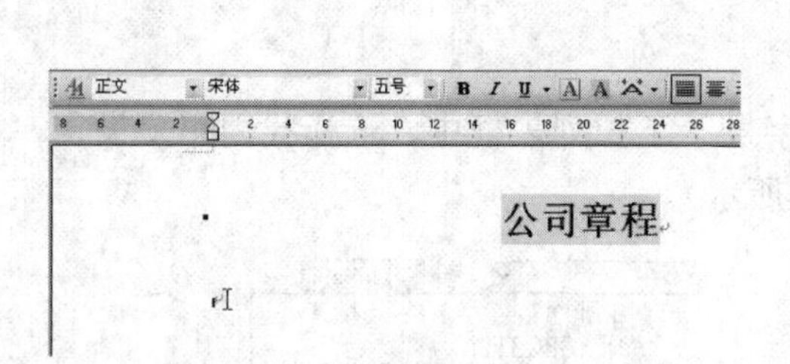

图 6.9

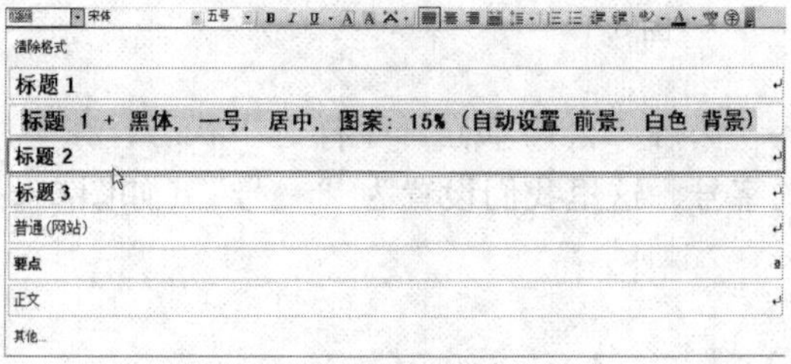

清除格式
标题 1
标题 1 + 黑体，一号，居中，图案：15%（自动设置 前景，白色 背景）
标题 2
标题 3
普通(网站)
要点
正文
其他...

图 6.10

选中后，文档当前的编辑行就变为了标题 2 样式（如图 6.11 所示）。

从图中可以看出，设置了标题 2 样式后，该样式字体变为了黑体、三号、加粗、两端对齐。

③我们同样对标题 2 的样式进行设置。选中“第一章 总则”字样，在“字体”下拉列表框中，选择“华文楷体”（如图 6.12 所示）。

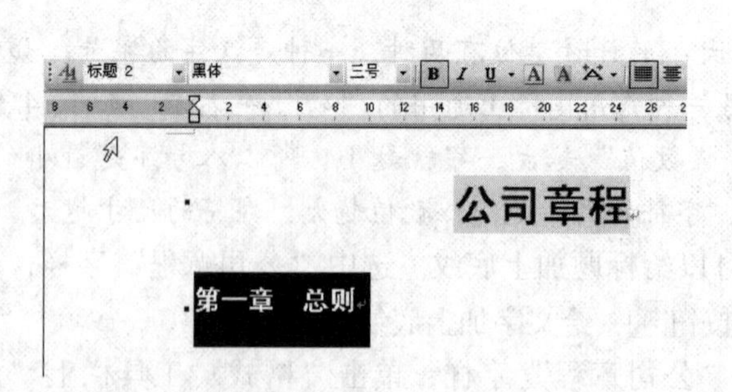

标题 2
黑体
三号
公司章程
第一章 总则

图 6.11

华文楷体
三号
PMingLiU
方正舒体
方正姚体
仿宋_GB2312
黑体
华文彩云
华文仿宋
华文琥珀
华文楷体
华文隶书
华文宋体
华文细黑

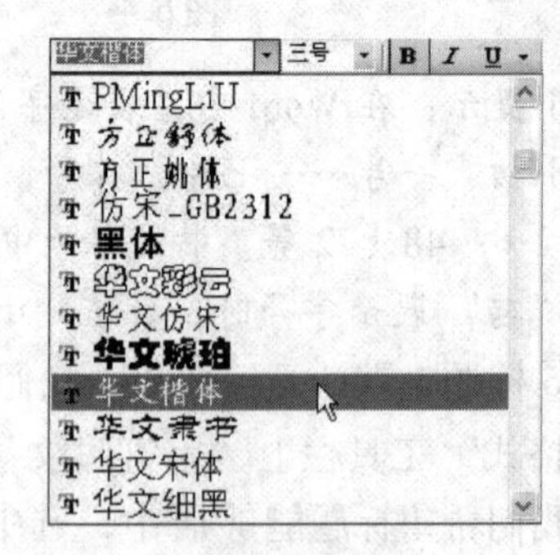

图 6.12

保持“第一章 总则”字样选中状态，在“字号”下拉列表框中，选择“小二”（如图 6.13 所示）。

④选中“第一章 总则”字样，单击“格式”工具栏上“居中”按钮，使其处于水平正中。

设定后，“公司章程”字样效果如图 6.14 所示。

图 6.13

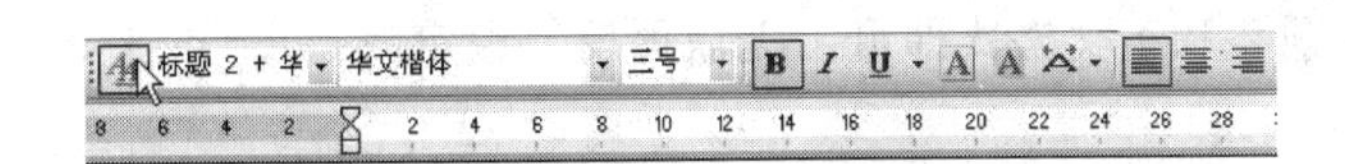

公司章程

图 6.14

同样，Word 自动为标题 2 增加了一条标题项。打开“格式”工具栏的“样式”下拉列表框进行查看（如图 6.15 所示）。

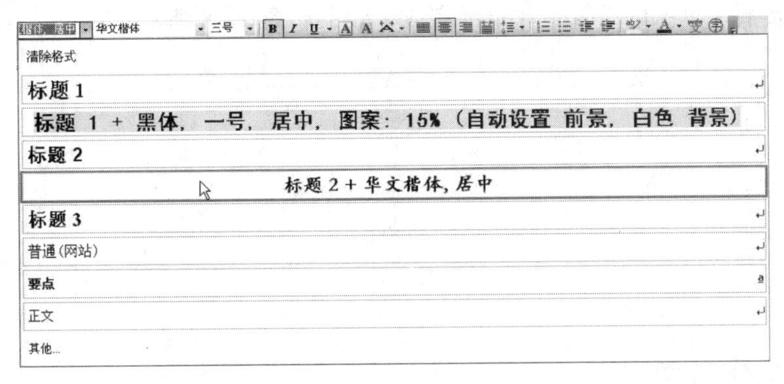

图 6.15

（3）设置正文的格式

①将光标移动到“第一章 总则”字样的末尾，按回车，将光标移到下一行。

②输入“第一条 依据《中华人民共和国公司法》（以下简称《公司法》）及有关法律、法规的规定，由张三、李四等四方共同出资，设立 XXX 有限责任公司（以下简称公司），特制定本章程”（如图 6.16 所示）。

③选定该文本，设定其字号为“小四”（如图 6.17 所示）。其余无需改动。

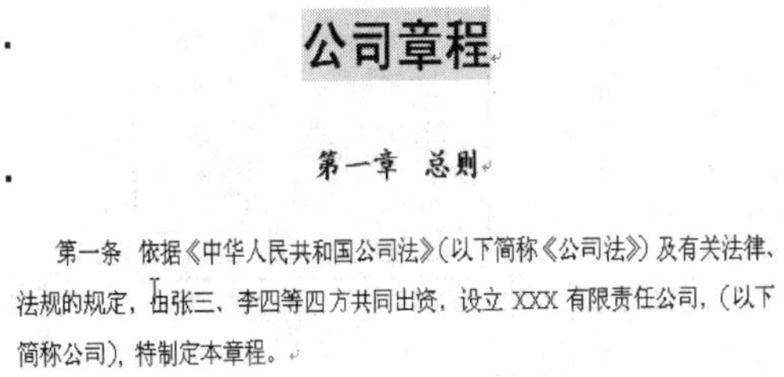

公司章程

第一章　总则

第一条　依据《中华人民共和国公司法》(以下简称《公司法》)及有关法律、法规的规定，由张三、李四等四方共同出资，设立 XXX 有限责任公司，(以下简称公司)，特制定本章程。

图 6.16

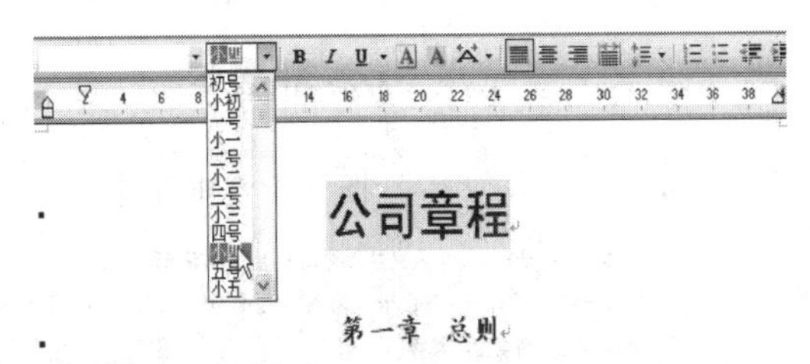

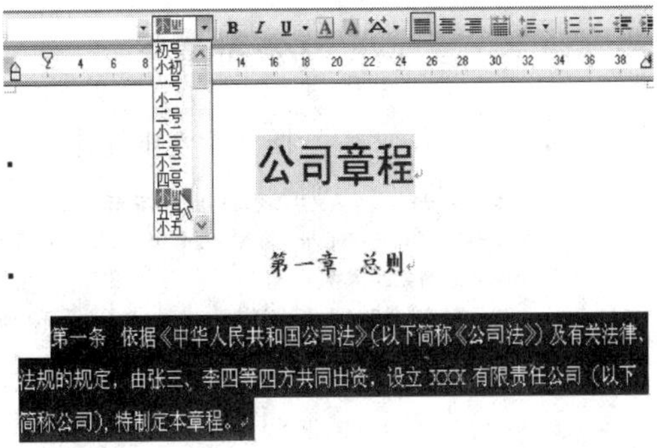

公司章程

第一章　总则

第一条　依据《中华人民共和国公司法》(以下简称《公司法》)及有关法律、法规的规定，由张三、李四等四方共同出资，设立 XXX 有限责任公司（以下简称公司)，特制定本章程。

图 6.17

至此，格式设置已经完成。在以后的公司章程输入中，只需套用我们设定好的标题1、标题2和正文格式即可，无需再反复设定。

6.2 设置页眉和页脚

页眉、页脚的设置，在本书第2章中已有详细的介绍，这里只简单说明一下步骤。

（1）单击“视图”→“页眉和页脚”菜单项，进入页眉编辑框。

（2）在页眉编辑栏输入“XXX公司章程”。按住鼠标左键选中文字，并将字体设为“宋体”，字号为“五号”、“斜体”。

（3）点击页脚编辑区，在页脚编辑栏输入页脚内容“公司地址：成都市光华村街10000号曼哈顿大厦18~25层”。按住鼠标左键选中页脚全部文字，并将字体设置为“宋体”、“五号”、“居中”。

至此，页眉、页脚的设置工作全部完成。效果如图6.18所示。

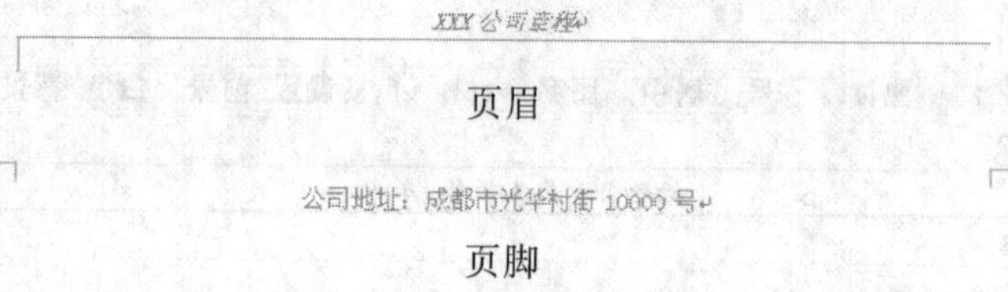

XXX公司章程
页眉
公司地址：成都市光华村街10000号
页脚

图6.18

6.3 插入分页符

我们已经拟订了公司章程的内容，共分9章。我们希望每一章开头单独换页，这时就需要插入分页符。分页符表示上一页结束以及下一页开始的位置。

（1）将光标移到“第一章 总则”左边（如图6.19所示）。

（2）单击“插入”菜单的“分隔符”菜单项，弹出对话框，选择“分页符”（如图6.20所示），单击确定按钮。

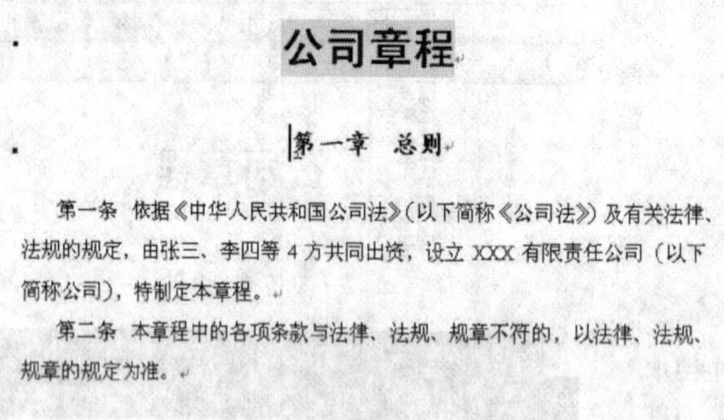

公司章程
第一章 总则
第一条 依据《中华人民共和国公司法》（以下简称《公司法》）及有关法律、法规的规定，由张三、李四等4方共同出资，设立XXX有限责任公司（以下简称公司），特制定本章程。
第二条 本章程中的各项条款与法律、法规、规章不符的，以法律、法规、规章的规定为准。

图6.19

分隔符
分隔符类型
分页符(P)
分栏符(C)
换行符(W)
分节符类型
下一页(N)
连续(T)
偶数页(E)
奇数页(O)
确定
取消

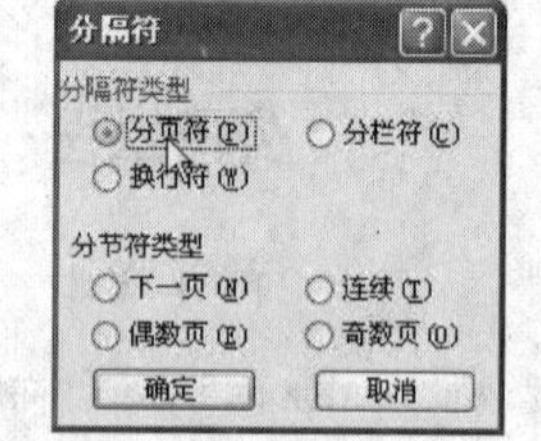

图6.20

现在“第一章 总则”被移到了新的一页。

小提示：当文字或图形填满一页时，Microsoft Word会插入一个自动分页符，并开始新的一页。要在特定位置插入分页符，可插入手动分页符。

（3）按照上面的方法，在每一章前面都插入一个分页符。

6.4　插入目录

为了方便地检索、查阅公司章程，一份目录是必不可少的。Word为我们提供了简便生成目录的方法。

（1）自动生成目录

①在“公司章程”之后插入一个分页符，以便在单独页生成目录。

②将光标移动到新的页，单击“插入”→“引用”→“索引和目录”菜单项，弹出新的对话框。选择“目录”选项卡，单击确定（如图6.21所示）。

③生成的目录如图6.22所示。

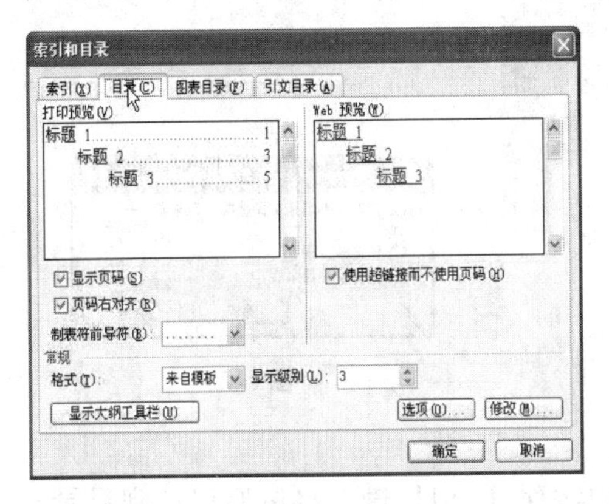

图6.21

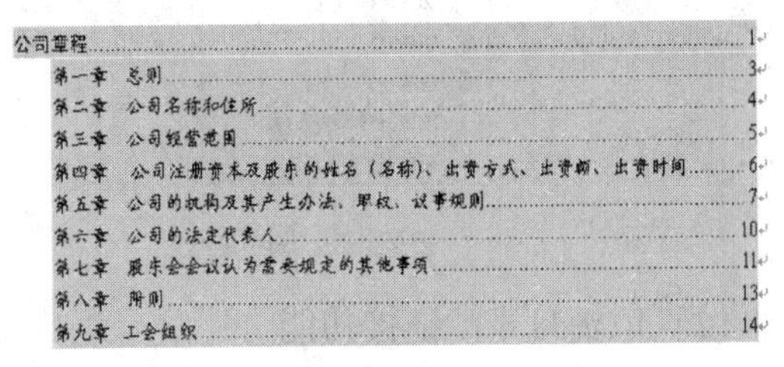

图6.22

（2）利用大纲级别生成目录

观察自动生成的目录，我们发现“公司章程”靠左，这是因为“公司章程”被设定为1级标题，而其余各章被设定为2级标题。我们希望能够全部标题对齐，利用大纲视图，这一切将会非常简单。

①将视图切换到“大纲视图”。

②将“公司章程”标题降低一个级别，和其他章节级别一致。

③将光标移动到目录页，单击“插入”→“引用”→“索引和目录”菜单项，弹出新的对话框。选择“目录”选项卡，单击确定。

④重新切换回“页面视图”，查看目录，如图6.23所示。

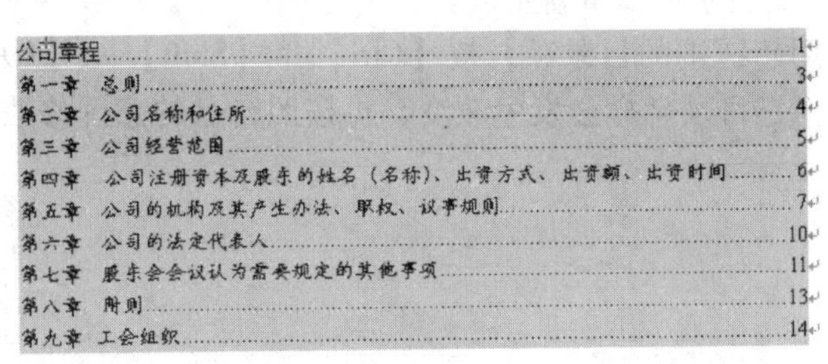

图6.23

6.5 设置目录

(1) 更新目录

很多时候，我们对正文内容进行了修改，各章节的位置、页码也发生了相应的变化。这个时候就需要更新目录，使之和内容保持一致。

更新目录非常简单。在目录上单击右键，在弹出的菜单中选择“更新域”选项（如图 6.24 所示）。

弹出新对话框，询问“只更新页码”还是“更新整个目录”。我们选择“更新整个目录”并确定就完成目录更新了（如图 6.25 所示）。

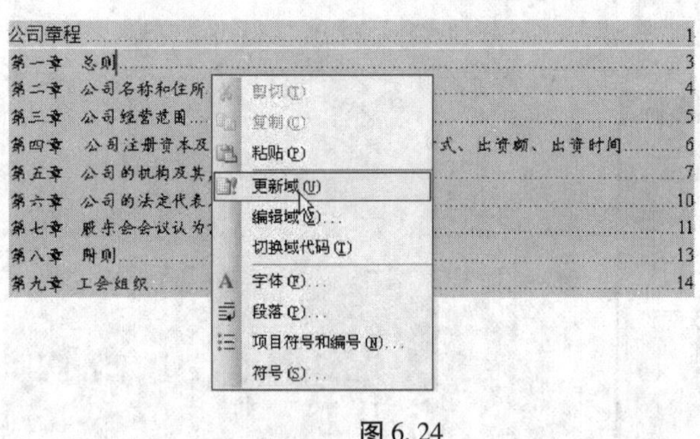

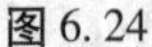
图 6.24

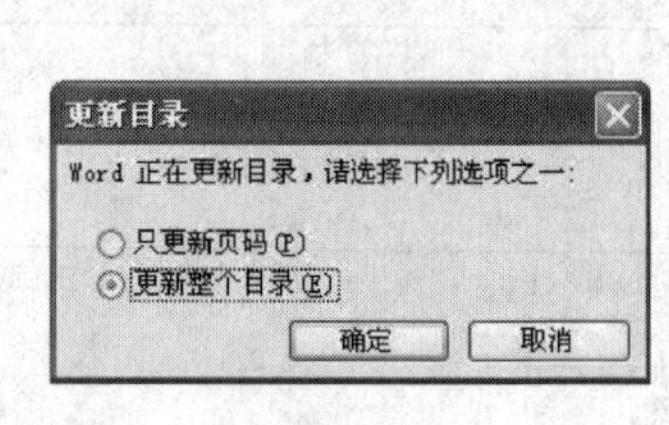

图 6.25

(2) 取消目录的链接功能

Word 生成的目录，拥有链接功能。当我们按住【Ctrl】键，将鼠标移动到目录条目上时，鼠标会变成手的形状，这个时候按下左键，就可以直接跳到鼠标所指的章节（如图 6.26 所示）。

图 6.26

但有的时候我们不希望使用目录的链接功能。这里提供两种方法，用以取消该功能。

①在生成目录的时候，去掉“使用超链接而不使用页码”复选框里的钩（如图 6.27 所示），已生成的目录可以重新生成。

②选中不想使用超链接的目录项，按【Ctrl】+【Shift】+【F9】组合键，可以直接去掉超链接，但是目录字样会发生改变，再按照自己的意图修改字体即可（如图 6.28 所示）。

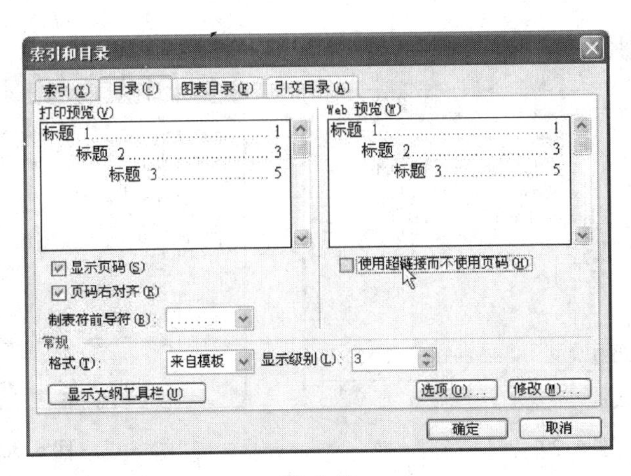

图 6.27

公司章程......1
第一章　总则......3
第二章　公司名称和住所......4
第三章　公司经营范围......5
第四章　公司注册资本及股东的姓名（名称）、出资方式、出资额、出资时间......6
第五章　公司的机构及其产生办法、职权、议事规则......7
第六章　公司的法定代表人......10
第七章　股东会会议认为需要规定的其他事项......11
第八章　附则......13
第九章　工会组织......14

图 6.28

6.6　创建索引目录

索引是根据需要，把书刊中的主要概念或各种题名摘录下来，标明出处、页码，按一定次序分条排列，以供人查阅的资料。它是图书中重要内容的地址标记和查阅指南。设计科学、编辑合理的索引不但可以使阅读者倍感方便，而且也是图书质量好的重要标志之一。Word 提供了图书编辑排版的索引功能。

（1）标记索引项

要创建索引目录，需要先标记索引项。

①在公司章程正文中，选中“股东”字样。单击“插入”→“引用”→“索引和目录”菜单项，弹出新的对话框。选择“索引”选项卡，单击“标记索引项”按钮（如图 6.29 所示）。

②弹出新对话框，如图 6.30 所示。对话框显示主索引项就是我们选中的文本“股东”和其他一些选项。下面有两个按钮：“标记”表示仅对当前选中的“股东”文本建立索引项；“标记全部”表示对文档中出现的所有“股东”字样都建立索引项。这里我们选择“标记全部”。

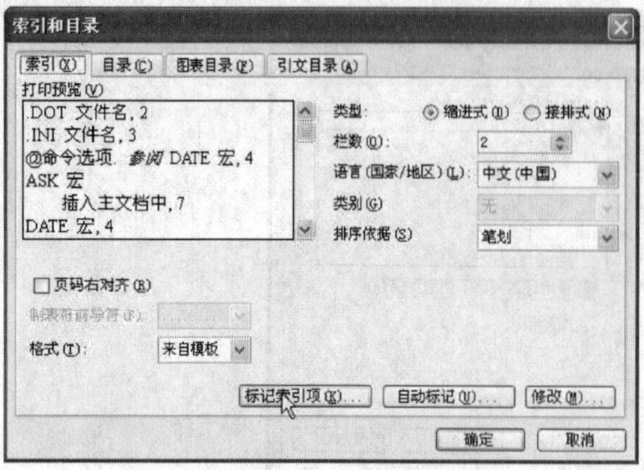

图 6.29

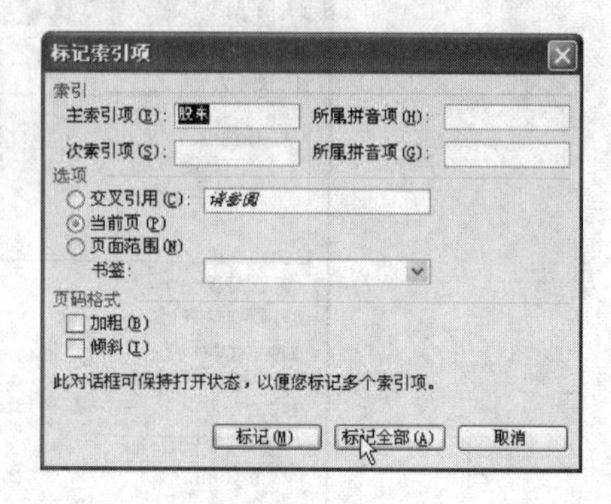

图 6.30

③此时我们可以看到，文档中的“股东”后面增添了“{XE“股东”}”字样，表明该字样已经被标记，同时显示出来很多隐藏字符（如图 6.31 所示）。

这是因为建立索引项的同时，Word 自动打开了“格式标记”选项。单击“工具”→“选项”菜单项，在弹出的对话框中选择“视图”选项卡，去掉“格式标记”段落下“全部”复选框前面的钩，就可以不显示这些隐藏字符，如图 6.32 所示。

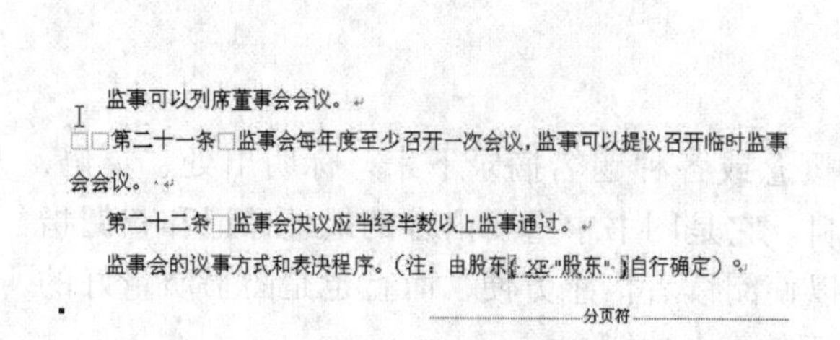
监事可以列席董事会会议。

□□第二十一条□监事会每年度至少召开一次会议，监事可以提议召开临时监事会会议。

第二十二条□监事会决议应当经半数以上监事通过。

监事会的议事方式和表决程序。（注：由股东{ XE "股东" }自行确定）

分页符

图 6.31

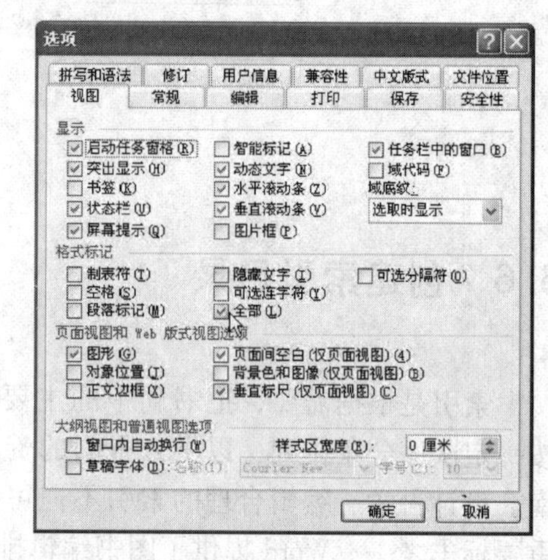

图 6.32

④按照同样的方法，为“公司”、“董事”、“监事”建立索引项。

（2）插入索引目录

在公司章程文档最后插入一个分页符，将光标移到新页上，单击“插入”→“引用”→“索引和目录”菜单项，弹出如图 6.29 所示的对话框，选择“索引”选项卡。单击确定，就为所标记的索引项建立了索引目录（如图 6.33 所示）。

6.7 修改索引目录

（1）复制索引目录

索引目录可以复制。使用“复制”、“粘贴”的命令，可将索引目录复制到另一个地方。需要注意的是，复制的索引目录是纯文本，不再具有索引目录的特性（如图 6.34 所示）。

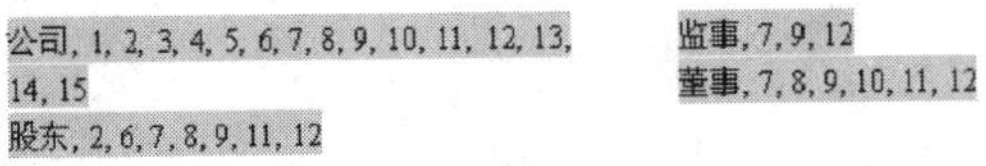

公司, 1, 2, 3, 4, 5, 6, 7, 8, 9, 10, 11, 12, 13, 14, 15
股东, 2, 6, 7, 8, 9, 11, 12
监事, 7, 9, 12
董事, 7, 8, 9, 10, 11, 12

图 6.33

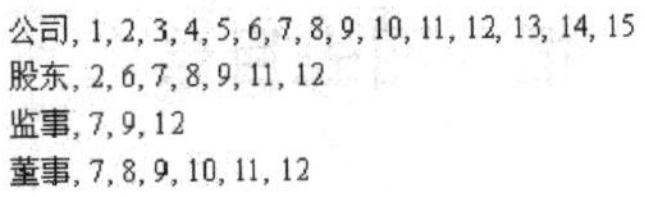

公司, 1, 2, 3, 4, 5, 6, 7, 8, 9, 10, 11, 12, 13, 14, 15
股东, 2, 6, 7, 8, 9, 11, 12
监事, 7, 9, 12
董事, 7, 8, 9, 10, 11, 12

图 6.34

（2）更新索引目录

在索引目录上单击右键，在弹出的菜单中选择“更新域”选项，即可完成更新索引目录的操作。

6.8 插入表格题注

文档中经常会出现表格、图表等。手动为它们一一编上题注、编号，不但工作量大，而且不便于修改。Word 提供了插入表格、图表题注的功能，让我们来一步步使用它。

公司章程中有一个表格，为股东的姓名（名称）、认缴及实缴的出资额、出资时间、出资方式表（如表 6.1 所示）。

表 6.1 出资明细表

股东姓名或名称	认缴情况			设立（截至变更登记申请日）时实际缴付		
	出资数额	出资时间	出资方式	出资数额	出资时间	出资方式
张三	25 万	2010 年	货币	25 万	2010 年	货币
李四	25 万	2010 年	货币	25 万	2010 年	货币
王五	25 万	2010 年	货币	25 万	2010 年	货币
赵六	25 万	2010 年	货币	25 万	2010 年	货币
合计	100 万					
	其中货币出资：100 万					

（1）为了插入题注，单击“插入”→“引用”→“题注”菜单项，弹出新对话框如图 6.35 所示。

（2）选择“标签”下拉框，将下拉选项改为“表格”（如图 6.36 所示），单击确定。

题注
题注(C):
图表 1
选项
标签(L): 图表
位置(P): 所选项目下方
题注中不包含标签(E)
新建标签(N)...
删除标签(D)
编号(U)...
自动插入题注(A)...
确定
取消

图 6.35

题注
题注(C):
表格 1
选项
标签(L): 表格
表格
公式
图表
题注中不
新建标签
自动插入题注(A)...
确定
关闭

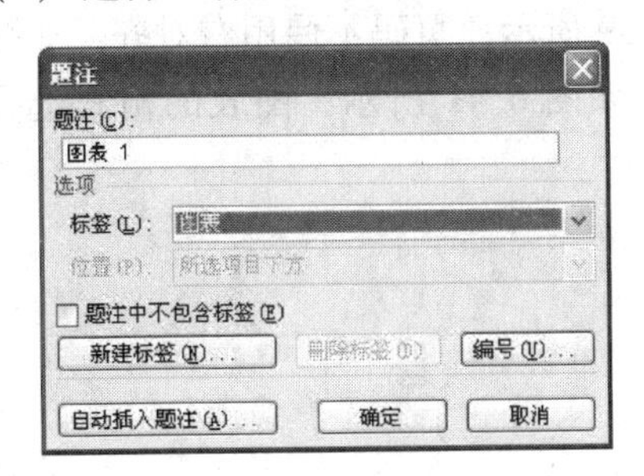

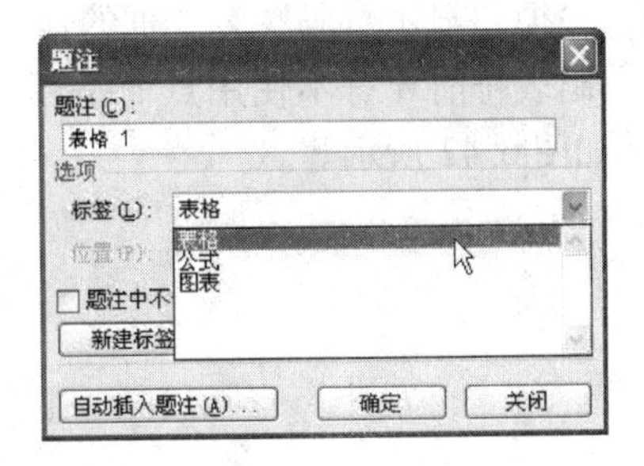

图 6.36

（3）插入的题注没有居中，单击“居中”按钮使其居中。

6.9　插入图表目录

插入图表目录的操作和插入目录差不多，单击“插入”→“引用”→“索引和目录”菜单项，弹出对话框后选择“图表目录”选项卡（如图 6.37 所示），单击确定，就为所标记的图表建立了图表目录（如图 6.38 所示）。

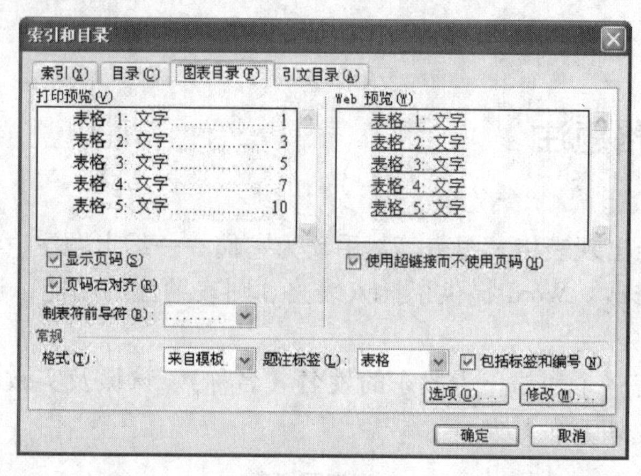

图 6.37

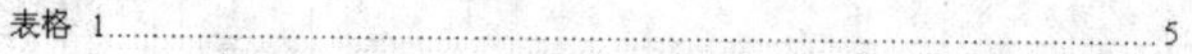

表格 1......5

图 6.38

6.10　设置图表目录

如果对图表目录的格式不满意，可以方便地进行各种设置。

（1）单击“插入”→“引用”→“索引和目录”菜单项，弹出对话框后选择“图表目录”选项卡（如图 6.37 所示）。

（2）有很多地方可以自行设置。每选择一个设置项，预览中都会给出相应的效果。例如，去掉“显示页码”复选框的钩，如图 6.39 所示；页码不使用右对齐，如图 6.40 所示；制表符前导符不使用点而是用下划线，如图 6.41 所示；图表的格式选择“优雅”，如图 6.42 所示等。

图 6.39　　图 6.40

图 6.41　　图 6.42

6.11　重点回顾

● 在编辑文档时，首先设定好标题格式，这为后面自动生成目录提供了方便。

● Word 可以自动生成目录，也可以方便地在大纲视图下进行目录调整。

● 索引可以方便读者对文档关键项目进行查阅。编辑索引项、生成索引目录是非常重要的。

● 图表、表格用自动生成的方法，不但方便，而且定位准确，便于生成图表目录。

6.12　补充实训

（1）为用户说明书提供目录

上一章我们制作了用户说明书，但并没有为其提供目录。利用这一章学到的知识，为其编制目录、索引目录和图表目录。

（2）员工活动手册

节日快到了，公司准备了各种活动来丰富员工的生活，如打篮球、打乒乓球等。为了便于员工更好地了解这些活动，公司让你编制一份员工活动手册，里面要记录各种活动的玩法、参加方法以及评奖等事宜。当然，目录、索引目录和图表目录是必不可少的。

实训 7
宏和域的使用——制作商品库存管理系统

7.0 内容导航

公司要制作一个商品库存管理系统，要求能够自动处理大部分数据。比如根据用户提供的商品价格和商品数量，自动算出总价。Word 内置的功能不能直接来完成这个任务。要达到公司的要求，就要掌握 Word 宏和域的相关知识。Word 宏和域在实际工作中有非常重要的作用，它可以帮助我们自动完成很多工作。本章我们来学习设计一个简单的商品库存管理系统，它的最终效果如图 7.1 所示。

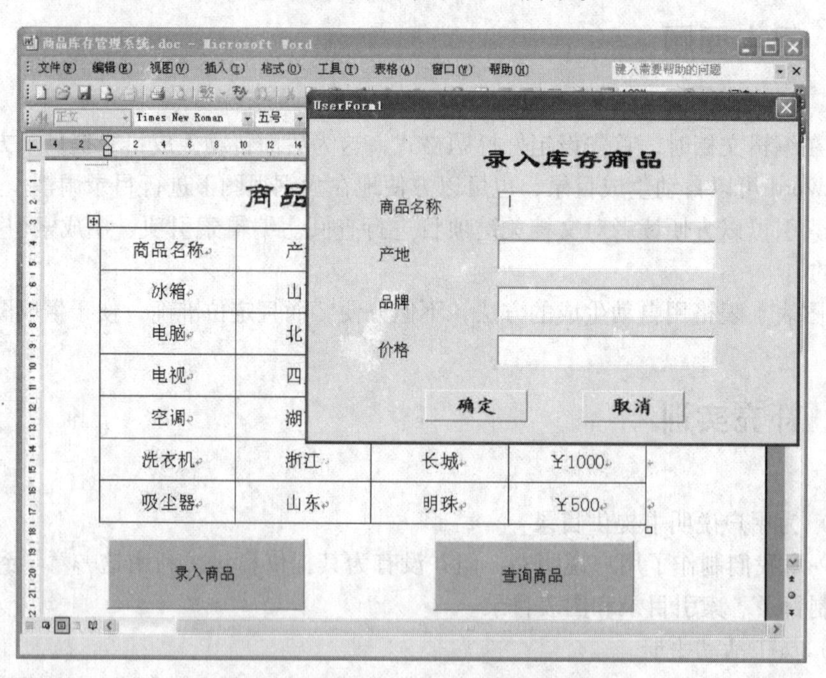

图 7.1　商品库存管理系统最终效果图

7.1　Word 宏的基础知识

（1）宏概述

宏是建立在 Microsoft Visual Basic Application（即 VBA）之上的。它是一系列组合在一起的 Word 命令和指令，它们形成了一个命令，以实现任务执行的自动化。我们可以创建并执行宏（宏实际上就是一条自定义的命令），以替代人工进行的一系列费时而单调的重复性 Word 操作。

在默认情况下，Word 将宏存储在 Normal 模板内，这样每个 Word 文档都可以使用它。如果需在单个文档中使用宏，则可以将宏存储在该文档中。

如果在 Microsoft Word 中反复执行某项任务，可以使用宏自动执行该任务。

（2）认识宏病毒

Word 宏病毒是一些制作病毒的专业人员利用 Word 的开放性即 Word 中提供的 VBA 编程接口，专门制作的一个或多个具有病毒特点的宏的集合。这种病毒宏的集合会影响到计算机的使用，并能通过 Word 文档及模板进行自我复制和传播。

宏病毒有以下特点：

①传播极快

Word 宏病毒通过 DOC 文档及 DOT 模板进行自我复制及传播，而计算机文档是交流最广的文件类型。多年来，人们大多重视保护自己计算机的引导部分和可执行文件不被病毒感染，而对外来的文档文件基本是直接浏览使用，这给 Word 宏病毒的传播带来了很多便利。特别是 Internet 的普及、E－mail 的大量应用，更为 Word 宏病毒的传播铺平了道路。

②制作、变种方便

目前，世界上的宏病毒原型已有几十种，其变种与日俱增，究其原因还是 Word 的开放性所致。现在的 Word 病毒都是用 VBA 语言写成的。所有用户在 Word 工具的宏菜单中很方便地就可以看到这种宏病毒的全部面目。一些别有用心的人利用掌握的 VBA 语句把其中病毒激活条件和破坏条件加以改变，立即就编写出了一种新的宏病毒，甚至比原病毒的危害更加严重。

③破坏可能性极大

VBA 语言提供了许多系统级底层调用，如直接使用 DOS 系统命令，调用 Windows API，调用 DDE、DLL 等。这些操作均可能对系统直接构成威胁，而 Word 在指令安全性和完整性上检测能力很弱，破坏系统的指令很容易被执行。宏病毒 Nuclear 就是破坏操作系统的典型例子。

（3）宏病毒的发现及删除清理

根据宏病毒的传播机制，不难看出宏病毒传播中的特点，所以要发现宏病毒可以通过以下步骤进行：

①在自己使用的 Word 中打开工具中的宏菜单，点中通用（Normal）模板，若发现有“AutoOpen”等自动宏、“FileSave”等文件操作宏或一些怪名字的宏，而自己又没有加载特殊模板，那就有可能有病毒了。因为大多数用户的通用（Normal）模板中是

没有宏的。

②如发现打开一个文档，它未经任何改动，立即就有存盘操作，也有可能是 Word 带有病毒了。

③打开以 DOC 为后缀名的文件在另存菜单中只能以模板方式存盘而此时通用模板中含有宏，也有可能是 Word 有病毒了。

有的情况下，可以考虑手动清除宏病毒，其步骤如下：

①打开宏菜单，在通用模板中删除认为是病毒的宏。

②打开带有宏病毒的文档（模板），然后打开宏菜单，在通用模板和病毒文件名模板中删除认为是病毒的宏。

③保存清洁文档。

需要注意的是，手动清除病毒总是比较烦琐而且不可靠，要清除宏病毒，最好的办法是使用各种杀毒软件、工具，并定期升级。

7.2 VBA 语言

VBA 是 Visual Basic For Application 的缩写，也叫宏程序。它是微软开发出来在其桌面应用程序中执行通用的自动化（OLE）任务的编程语言。VBA 可使常用的过程或者进程自动化，可以创建自定义的解决方案，最适合用于定制已有的桌面应用程序。

（1）打开 VBE 窗口

VBE 即 Visual Basic 编辑器，英文名是 Visual Basic Editor。它与 Visual Basic 中的代码编辑器是一样的，熟悉 VB 的用户不需要学习就会使用它。

①在 Word 中，点击菜单“工具”→“宏”→“Visual basic 编辑器”启动 VBE (如图 7.2 所示)。

小提示：我们还可以先录制一个宏，然后在“编辑”宏时打开 Visual basic 编辑器；或者命名一个宏，然后在“创建”宏时打开 Visual basic 编辑器。

②启动后 VBE 界面如图 7.3 所示。

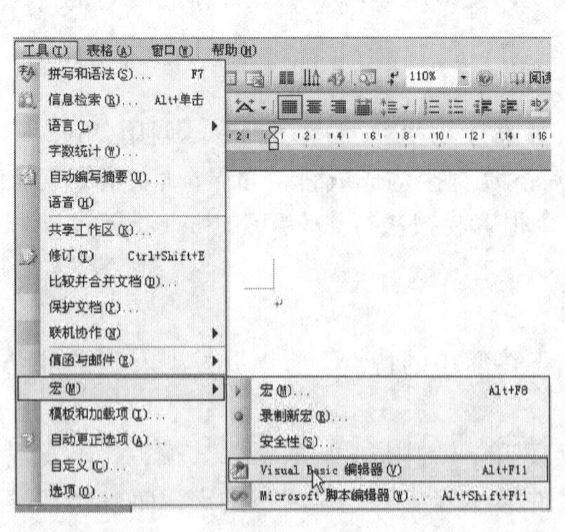

图 7.2

图 7.3

一般情况下，VBE界面主要由以下几个部分组成：

● 菜单栏

包含了绝大多数命令，供用户选择执行。

Visual Basic有两种类型的菜单：一是内建菜单，出现在窗口顶端的菜单栏中，每个菜单名称都会有些相应的命令（如图7.4所示），如“格式”菜单包含用来格式化窗体的命令。某些命令具有子菜单，而子菜单又包含一些命令。二是快捷方式菜单，是一个内含经常使用的命令的菜单，当在对象上单击鼠标右键时就会出现（如图7.5所示）。

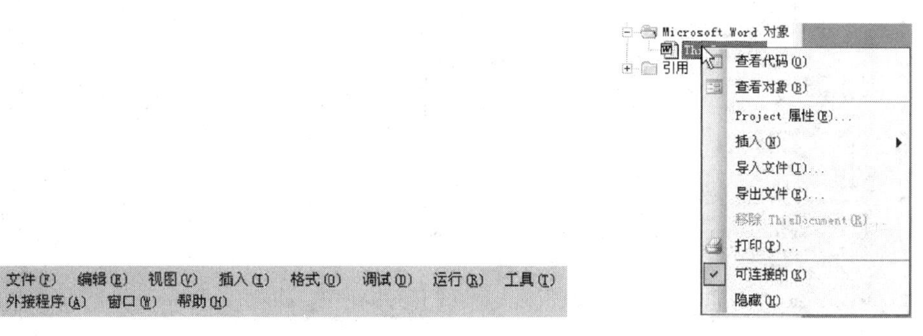

图7.4　　　图7.5

● 工具栏

默认情况下，标准工具栏显示在菜单栏下方，其他工具栏则被隐藏起来。可单击“视图”→“工具栏”→“自定义”菜单项，打开自定义对话框（如图7.6所示）。在“工具栏”选项卡中选择要显示的工具栏，也可点击“新建”按钮，自建工具栏。

● 工程资源管理器

工程资源管理器用来管理VBE工程项目，显示工程的一个分层结构列表（如图7.7所示）。VBE将每个工作簿视为一个工程，在Word中打开的所有工作簿都集中在工程资源管理器中进行管理。除了工作簿中的工作表以外，还可以管理自定义窗体，以及增加代码模块等。工程资源管理器只是一个浏览及管理工具。不能在工程资源管理器中建立应用程序。打开工程资源管理器的快捷键为【Ctrl】+【R】。

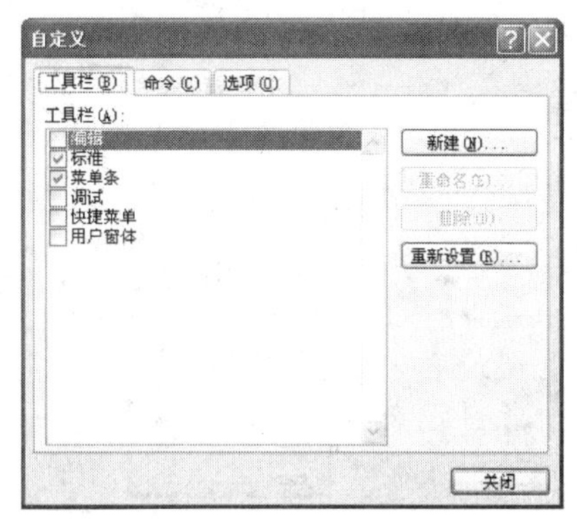

图7.6

图7.7

● 属性窗口

属性窗口主要用来设置对象属性（如图7.8所示）。属性窗口会按所选择的窗体、控件、类、工程或模块来列出设计时的属性。属性窗口左边显示属性名，右边显示属性值，属性值可以修改。属性窗口常常用于窗体中各对象属性的交互设计。打开属性窗口的快捷键为“F4”。

● 代码窗口

代码窗口是开发程序编写代码的地方（如图7.9所示）。每一个对象都有一个关联的代码窗口。在“工程资源管理器”中双击对象，即可打开该对象的代码窗口。

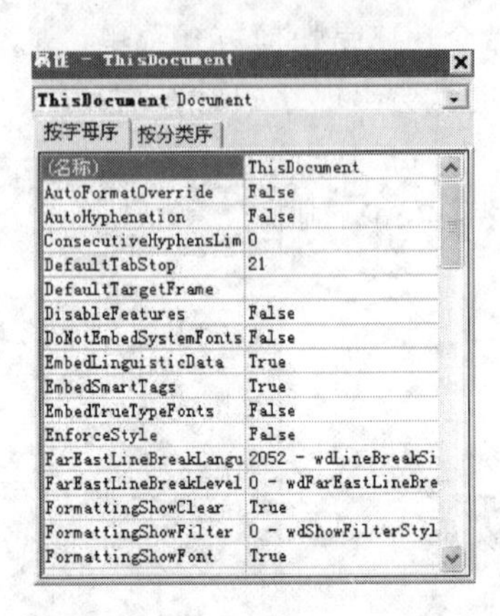

图7.8

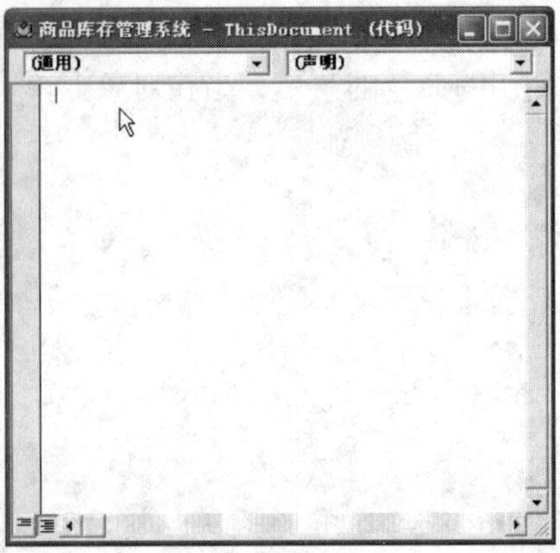

图7.9

● 本地窗口

本地窗口可自动显示出所有在当前过程中的变量声明及变量值。

● 立即窗口

立即窗口主要起程序的调试作用。

● 用户窗体

要创建自定义对话框，必须创建用户窗体，也就是程序运行或操作的界面。它是应用程序最终面向用户的窗口，它对应于应用程序的运行结果（如图7.10所示）。

● 工具箱

工具箱窗口由工具图标组成，这些图标是Visual Basic应用程序的构件，称为图形对象或控件。每个控件由工具箱中的一个工具图标来表示。简言之，“工具箱”标识不同的控件，这些控件可以添加到窗体、框架或页面中（如图7.11所示）。

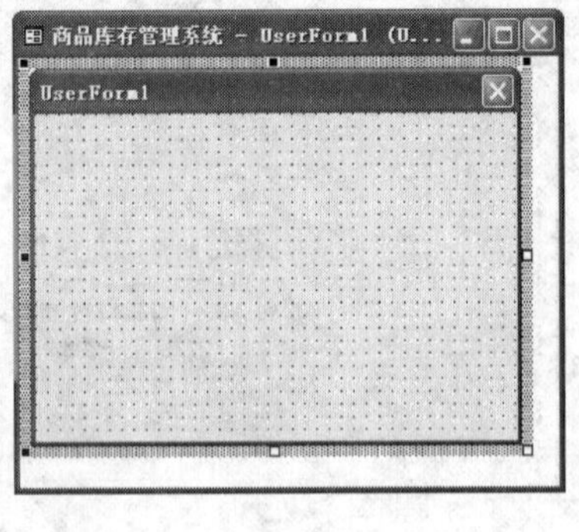

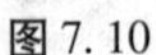
图7.10

图7.11

③VBE特性

VBE提供了可视化编程环境，可以快速地在工程中定位、编辑、运行代码。

窗体设计器能够建立包含ActiveX控件的自定义对话框。

VBE 包含有完整的调试工具，可单步执行代码、设置断点和监视点。

VBE 提供的开发环境存在于宿主应用程序外的多文档界面（MDI）窗口中，给程序开发带来了便利。例如，在一个窗口运行代码，同时在另一个窗口中查看应用程序对代码的响应情况。

（2）对象、属性和方法

VBA 有对象、属性、方法和事件，其中对象是 VBA 的核心。

VBA 对对象的操作语句格式总是遵循这样的格式："对象．属性"、"对象．方法"或者"父对象．子对象．属性"。

属性是对象的外在与内在特征，如大小、颜色或屏幕位置、名字、路径等，或某一方面的行为，例如对象是否可以激活、是否隐藏。

属性区分为可读与可写，大部分属性是可读也可写的。例如：

MsgBox Application. Version —— 获取使用的 Microsoft Word 的版本号。

Selection. Font. Engrave = True —— 将选定内容格式属性修改为阴文。

方法代表了对象所具备的动作，是对属性的操作。例如：

expression. Close ——关闭某个指定的文档的方法。

（3）常量和变量

VBA 的数据类型包括布尔型（Boolean）、日期型（Date）、字符串（String）、货币型（Currency）、小数型（Decimal）、字节型（Byte）、整数型（Integer）、长整数型（Long）、单精度浮点型（Single）、双精度浮点型（Double）、对象（Object）、用户自定义型及变体（Variant）。

变量是存储数据的所在处。每个变量都有名字和数据类型。根据缺省规定，如果在声明中没有说明变量的数据类型，则变量的数据类型为 Variant。Variant 类型可在不同场合代表不同数据类型，而且当指定变量为 Variant 时，不必进行数据类型的转换，VBA 会自动转换。

经常会发现程序代码包含一些固定的数值或字符串，且这些数值或字符串在程序中反复出现。为这些数值或字符串起一个有意义的名称，即定义为常量，则可以大大改进代码的可读性和可维护性。

（4）常用控制语句

① If... Then... Else 语句

根据表达式的值，有条件地执行一组语句。

② Select... Case 语句

根据表达式的值，运行若干组语句中的某一组。

③ While... End While 语句

只要给定条件为 True，就运行一系列语句。

④ Do... Loop 语句

当某个 Boolean 条件为 True 时，或在该条件变为 True 之前，重复执行某个语句块。

⑤ For... Next 语句

将一组语句重复执行指定的次数。

(5) 错误控制

On Error 语句在 VBA 中用来进行错误控制。该语句启用错误处理例程，并指定该例程在过程中的位置；也可以用来禁用错误处理例程。

如果不使用 On Error 语句，所发生的任何运行错误都会是致命的：显示错误信息，并且停止执行。

(6) 安全结束宏

在 VBA 程序代码中使用 End 语句、Stop 语句和 Cls 语句可以安全结束宏。

①End 语句

End 语句能够强制性地终止程序代码的执行，却不能卸载已经打开的用户窗体。

其语法格式为：

End

②Stop 语句

Stop 语句是在程序中设置断点。用户在调试程序时可以借助于 Stop 语句让其运行到某一个语句后自动暂停，从而检查程序运行中的某些动态信息。

其语法格式为：

Stop

小提示：与 End 语句不同的是，Stop 语句在解释方式下，不会关闭任何文件或者清除变量。

如果在可执行文件“.exe”中含有 Stop 语句，那么执行该语句时就会关闭所有的文件而退出程序。所以，在调试结束程序时，尽量在生成可执行文件前将程序代码中所有的 Stop 语句删除。

如果在运行程序时陷入了“死循环”或者“死锁”状态，而无法使用“中断”或者“结束”命令时，只要按下【Ctrl】+【Break】组合键，即可强制暂停运行的程序。

(7) Cls 清除方法

Cls 清除方法可以清除用户窗体和图片框中由 Print 方法和图形方法生成的文本或者图形。

其语法格式为：

Cls

小提示：Cls 方法只能清除在运行阶段显示的文本或者图形，不能清除在设计阶段设置的文本或者图形。

7.3 制作表格

(1) 设置表格

①创建一个新的文档，将其保存为“商品库存管理系统”，然后在文档中输入“商品库存管理系统”，适当地设置其格式（如图 7.12 所示）。

图 7.12

②根据实际情况插入表格，并输入相关信息（如图 7.13 所示）。

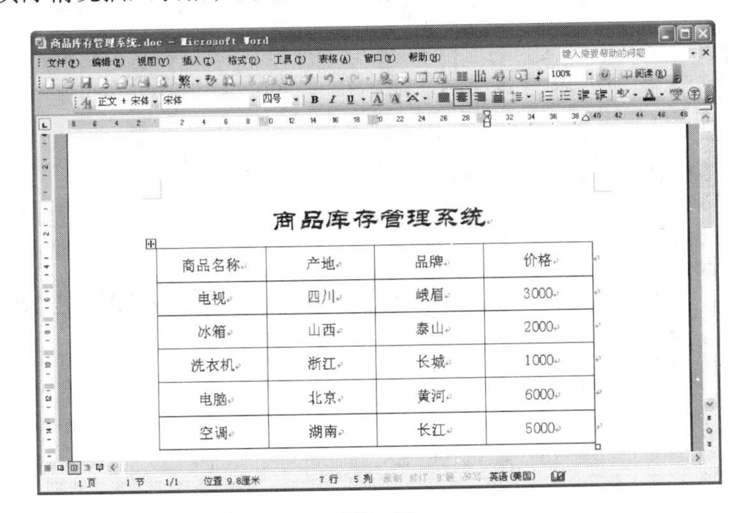

商品库存管理系统

商品名称	产地	品牌	价格
电视	四川	峨眉	3000
冰箱	山西	泰山	2000
洗衣机	浙江	长城	1000
电脑	北京	黄河	6000
空调	湖南	长江	5000

图 7.13

（2）录制宏

对于一些不常用的符号，或者常用但输入时需要不断地转换输入法的符号，如“¥”、“$”和“@”等，使用起来相当麻烦，此时用户就可以利用宏来简化其输入过程。

下面以在前面已经设置的表格中为价格添加“¥”为例，介绍如何为其录制宏。

①打开“商品库存管理系统”文档，将光标定位在第一个价格前面，选择“工具”→“宏”→“录制新宏”菜单项，弹出“录制宏”对话框（如图 7.14 所示）。

②在“宏名”文本框中输入“人民币”，然后单击“键盘”按钮，将子宏与键盘连接起来。

③弹出“自定义键盘”对话框，将光标定位在“请按新快捷键”文本框中，同时按下【Alt】+【P】组合键，单击“指定”按钮，即可将其添加到“当前快捷键”列

表框中（如图 7.15 所示）。

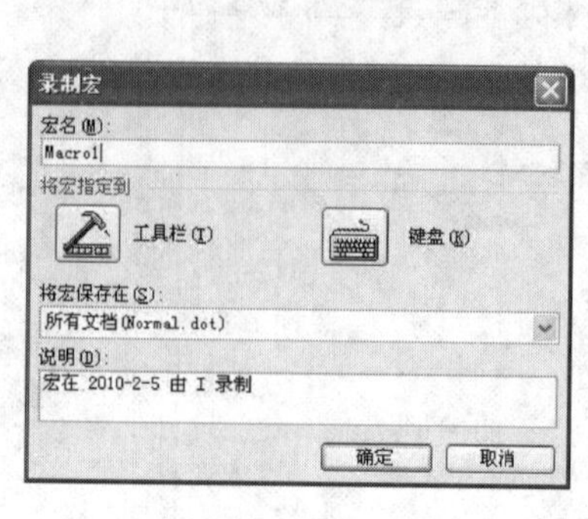

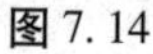

图 7.14

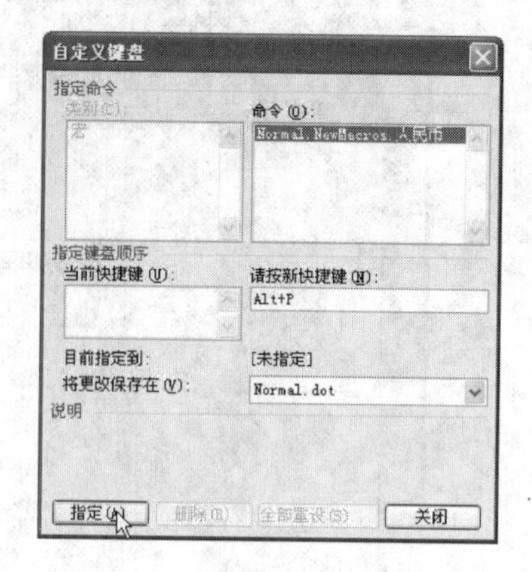

图 7.15

④单击“关闭”按钮返回到文档中。选择“插入”→“符号”菜单项，弹出“符号”对话框，选择“符号”选项卡，选择“￥”选项（如图 7.16 所示）。

⑤单击“插入”按钮，将选中的符号插入文档中的光标插入点，然后单击“停”工具栏中的“停止录制”按钮来结束宏的录制。

⑥选择“工具”→“宏”→“Visual Basic 编辑器”菜单项，弹出“Microsoft Visual Basic - Normal”窗口，录制的代码即显示在“Normal - NewMacros（代码）”窗口中（如图 7.17 所示）。

图 7.16

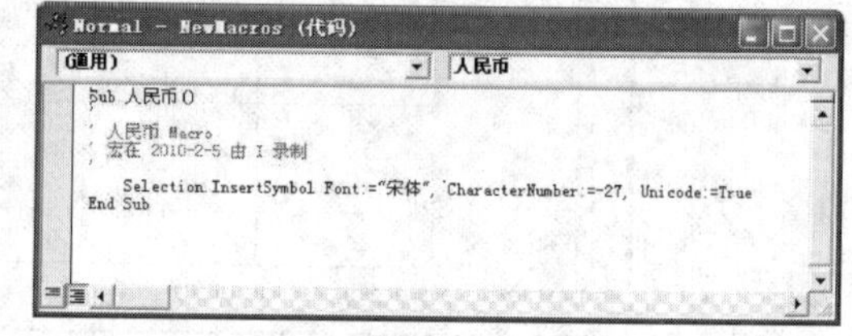

图 7.17

（3）运行宏

将光标定位在文档中其他价格前面，然后按下【Alt】+【P】组合键，或者在“Microsoft Visual Basic - Normal”窗口的“标准”工具栏中单击“运行子过程/用户窗体”按钮，即可运行录制的宏。

（4）设置宏

用户可以对录制的宏进行编辑、复制和删除等操作。

需要编辑宏，按如下方式进行：

①打开文档，选择“工具”→“宏”→“Visual Basic 编辑器”菜单项，弹出“Microsoft Visual Basic - Normal”窗口，可以看到录制的代码即显示在“Normal - NewMacros（代码）”窗口中。开始录制宏的代码如下：

```
Sub 人民币 ()
```

```
'
'人民币 Macro
'宏在 2010-2-5 由 I 录制
'
    Selection.InsertSymbol Font:="宋体", CharacterNumber:=-27, Unicode:=True
End Sub
```

②将“宋体”改为“黑体”，将“CharacterNumber：=-27”改为“CharacterNumber：=-45”，单击“标准”工具栏中的“运行子过程/用户窗体”按钮，然后单击“保存”按钮，最后关闭“Microsoft Visual Basic - Normal”窗口，返回到文档中。

③重新按【Alt】+【P】快捷键，会发现产生的字符不再是人民币的符号，这是因为我们修改了CharacterNumber。字体也变成了黑体。

此处创建的宏保存在了Normal模板中。如果用户新创建了一个文本，仍可以使用创建的宏。如果用户没有将宏保存到模板中而是保存在了当前文档中，也可以将其复制到其他文档或者Normal模板中进行使用。

其具体的操作过程如下：

①打开文档，选择“工具”→“宏”→“宏”菜单项，弹出“宏”对话框。在“宏名”列表框中选中要复制的宏，按后单击“管理器”按钮（如图7.18所示），弹出“管理器”对话框。

②切换到“宏方案项”选项卡，在其左侧的列表框中选中要复制的选项，然后单击“复制”按钮，即可将其复制到右侧的列表框中（如图7.19所示）。

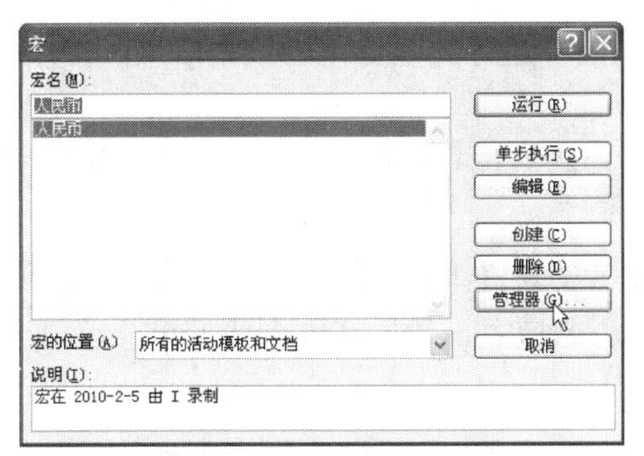

图7.18

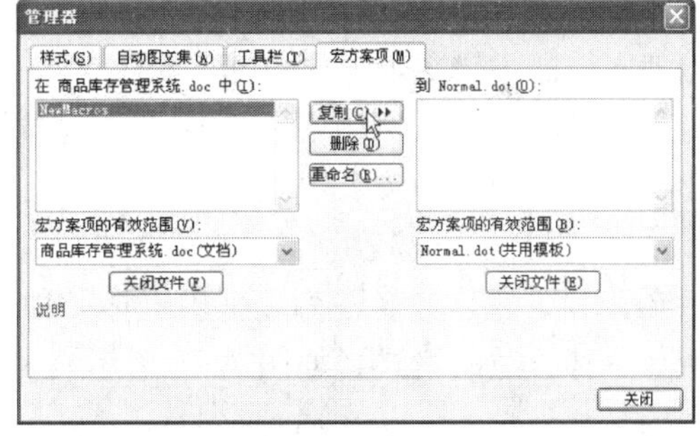

图7.19

如果用户不想要已经创建好的宏，也可以将其删除。

具体操作过程如下：

①打开文档，选择“工具”→“宏”→“宏”菜单项，弹出“宏”对话框。在“宏的位置”下拉列表框中选择“所有的活动模板和文档”选项，然后在其对应的“宏名”列表框中选择需要删除的选项，单击“删除”按钮（如图7.20所示）。

②弹出提示对话框，询问用户是否要删除选中的宏。

③单击“是”按钮就可以将选中的宏删除。

（5）宏的安全性

在运行宏和设置宏时应该注意宏的安全性，防止出现宏病毒，所以用户可以提高宏的安全级别。

①打开文档，选择“工具”→“宏”→“安全性”菜单项，弹出“安全性”对话框（如图 7.21 所示）。

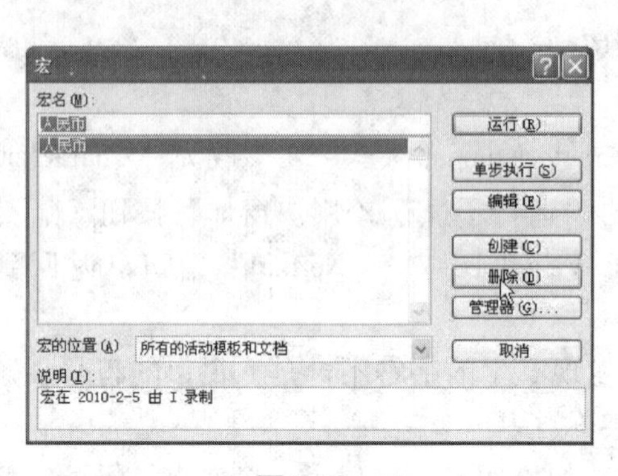

图 7.20

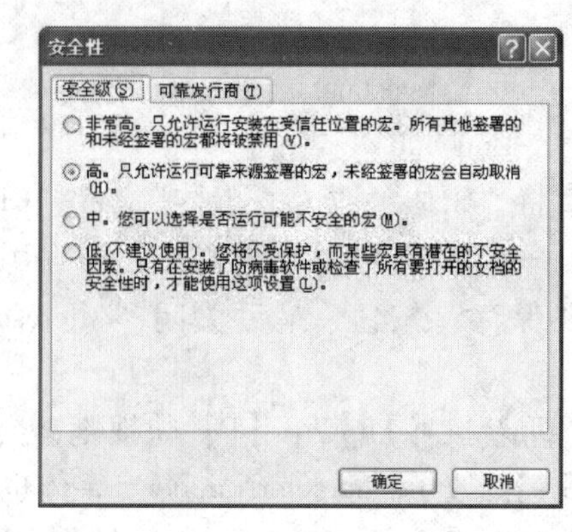

图 7.21

②切换到“安全级”选项卡，然后选中“高”单选按钮。

小提示：在运行宏的过程中，系统会自动检查引用的 XLS 文件的 XML 文件是否存在不安全脚本。如果安全级别为“低”，则运行该脚本；如果安全级别为“中”，系统会询问用户什么时候运行“. XLS”中的脚本；如果安全级别为“高”，那么禁止运行该脚本。

③切换到“可靠发行商”选项卡，用户可以再次删除不安全的来源。撤销“信任所有安装的加载项和模板”复选框，然后单击“确定”按钮。

6. 插入域

域是指 Word 中定义好的一系列规则，是文档中随时发生变化的数据信息。使用域可以使文档的编辑更加方便快捷。

①将光标定位在文档中需要插入域的位置，然后选择“插入”→“域”菜单项，弹出“域”对话框（如图 7.22 所示）。

②在“请选择域”组合框中的“类别”下拉列表框中选择“日期和时间”选项，然后在其对应的“域名”列表框中选择一种合适的域名，最后在“日期格式”列表框中选择一种合适的格式（如图 7.23 所示）。

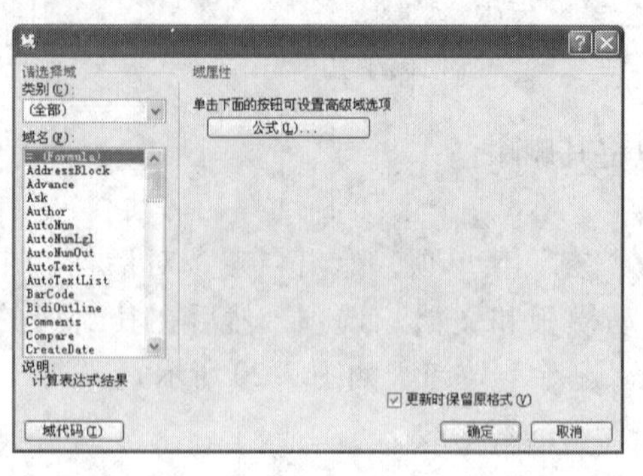

图 7.22

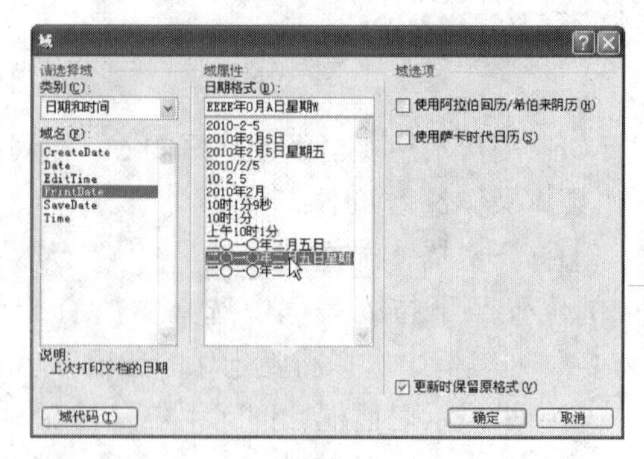

图 7.23

③单击“域代码”按钮，此时对话框中就会出现一个“高级域属性”组合框，而且还会在“域代码”文本框中显示出选中域的代码（如图7.24所示）。

④单击“选项”按钮，弹出“域选项”对话框，用户可以切换到“通用开关”和“域专用开关”选项卡进行相关设置（如图7.25所示）。

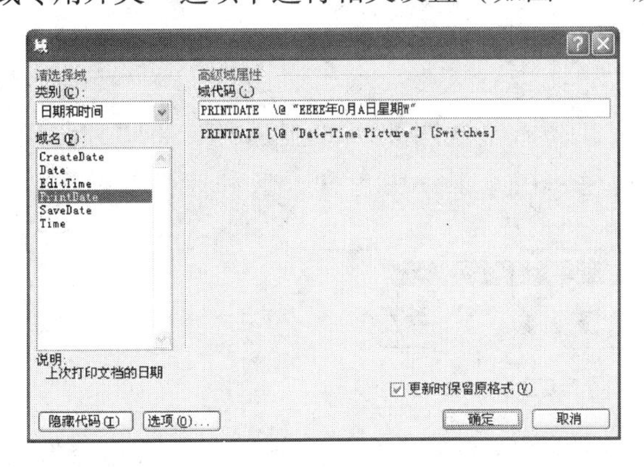

图7.24

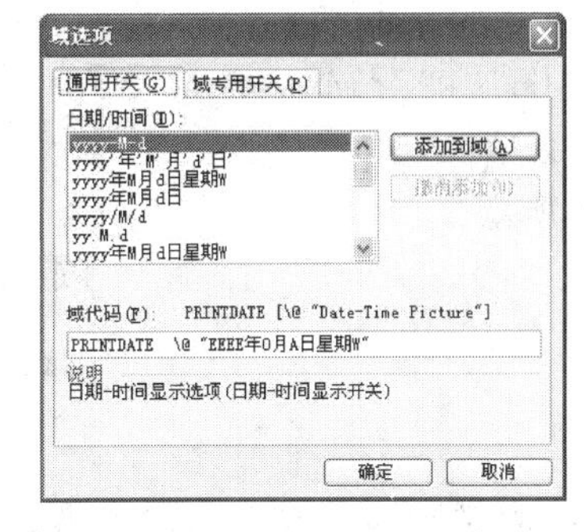

图7.25

⑤单击“确定”按钮，即完成了插入日期域的操作。

(7) 自动更新域

如果要打印插入域的文档，可以按下“F9”键更新域，以使日期更新为当前日期。如果没有更新域，就不能打印出正确的日期。为此，用户可以设置自动更新域的功能。

设置自动更新域的方法十分简单。打开文档后选择“工具”→“选项”菜单项，弹出“选项”对话框；切换到“打印”选项卡，然后在“打印选项”组合框中选中“更新域”复选框（如图7.26所示）；最后单击“确定”按钮。

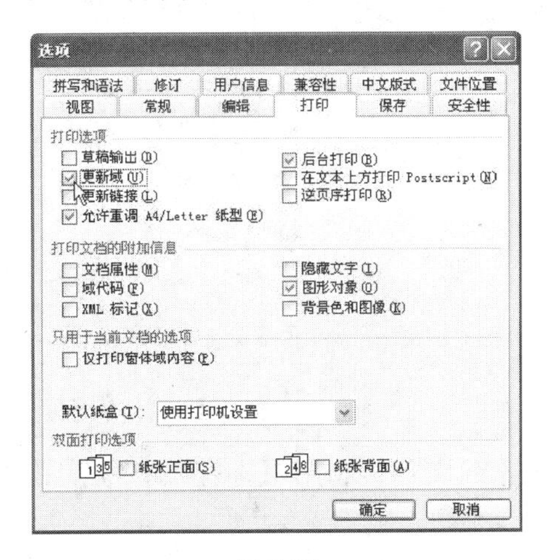

图7.26

此后每次打开插入域的文档，系统就会自动更新。

7.4 添加按钮

用户可以使用“控件工具箱”工具栏在文档中添加按钮。

(1) 插入按钮

①打开“商品库存管理系统”文档，选择“视图”→“工具栏”→“控件工具栏”菜单项，弹出“控件工具箱”工具栏，在此工具中包含了各种控件按钮（如图7.27所示）。

图7.27

②将光标定位在表格的下方，然后单击“控件工具箱”工具栏中的“命令按钮”▭，此时即可在光标插入点插入一个默认名称为“CommandButton1”的命令按钮。

(2) 设置按钮

接下来用户可以根据自己的需要设置按钮属性。

①单击“控件工具箱”工具栏中的“设计模式”按钮，然后选中插入的命令按钮，单击鼠标右键，从弹出的菜单中选择“设计控件格式”菜单项（如图7.28所示）。

②弹出“设置对象格式”对话框，切换到“版式”选项卡，在“环绕方式”组合框中选择“浮于文字上方”选项（如图7.29所示）。

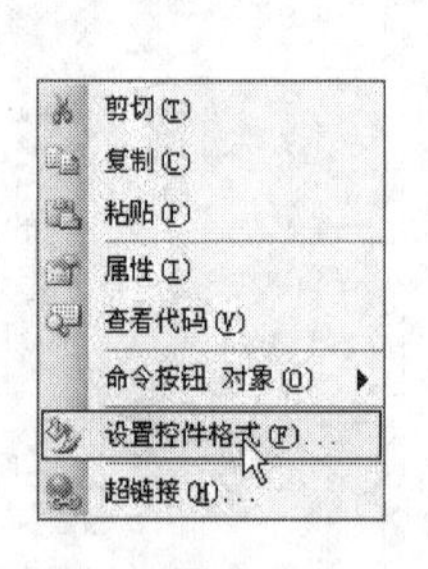

图7.28

图7.29

③单击“确定”按钮返回文档，利用鼠标拖动按钮周围的控制点来调整其大小（如图7.30所示）。

④在按钮上单击鼠标右键，从弹出的快捷菜单中选择“属性”菜单项，弹出“属性”对话框，用户可以在此设置该按钮的属性（如图7.31、图7.32所示）。

⑤单击“BackColor”属性，选择“调色板”选项卡，从中选择一种合适的颜色作为按钮的颜色（如图7.33所示）。

⑥在“ForeColor”属性中选择一种合适的颜色作为字体的颜色（如图7.34所示）。

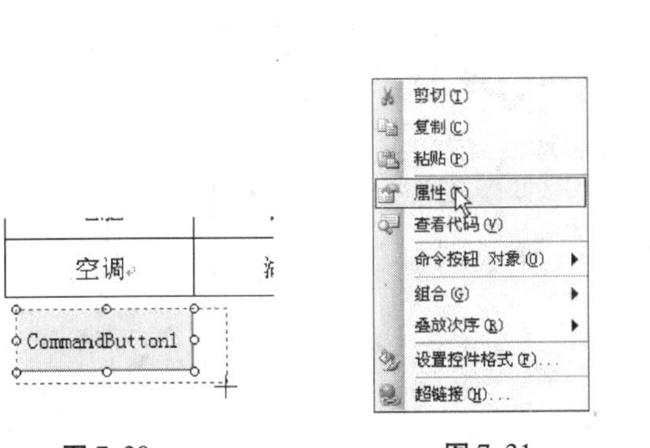

图 7.30　　　　图 7.31

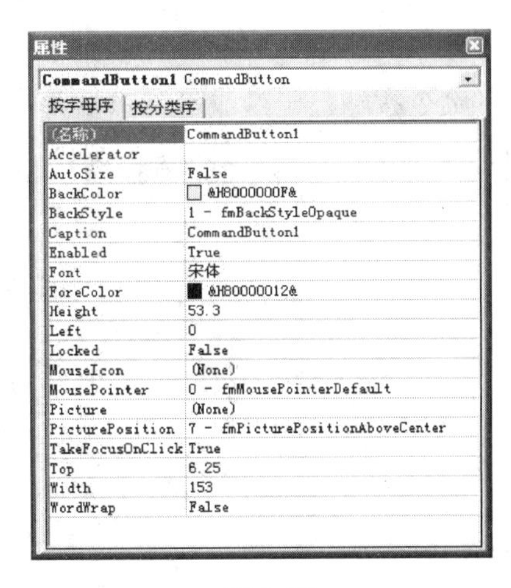

图 7.32

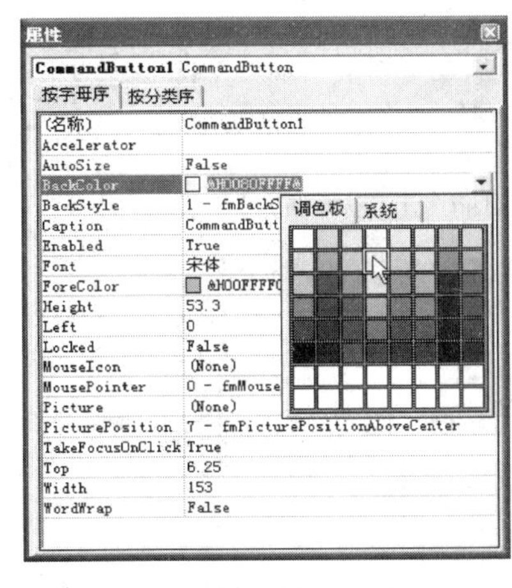

图 7.33

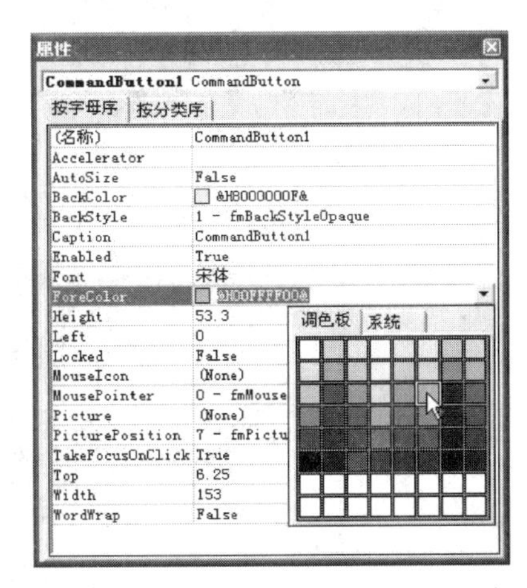

图 7.34

⑦单击“Caption”属性，然后在其右侧文本框中输入“录入商品”，将按钮进行重命名（如图 7.35 所示）。

⑧单击“Font”属性，右侧会出现一个“…”按钮。单击此按钮，弹出“字体”对话框，用户可以在此设置命令按钮上的字体格式（如图 7.36 所示）。

图 7.35

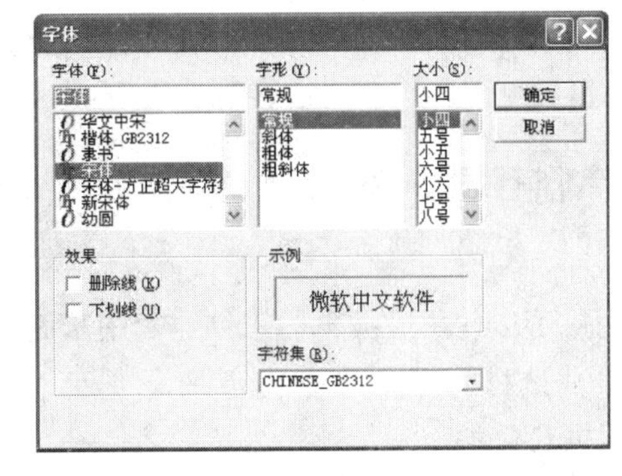

图 7.36

⑨单击“确定”按钮，返回到“属性”对话框。关闭属性对话框，可以看到文档中的命令按钮已经变成了用户设置的格式，如图 7.37 所示。

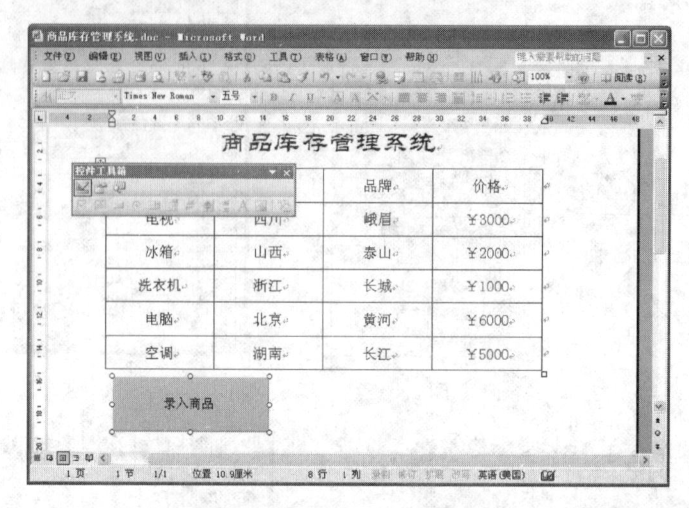

图 7.37

⑩选中设置完毕的按钮，复制一个格式相同的命令按钮，如图 7.38 所示。

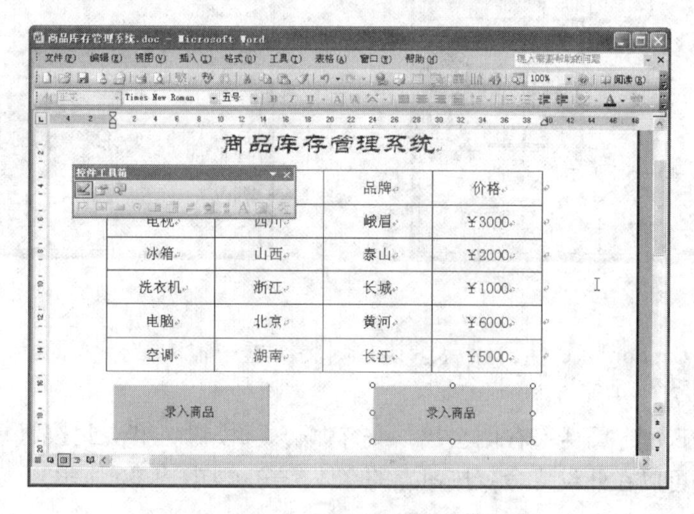

图 7.38

⑪单击鼠标右键，从弹出的快捷菜单中选择“命令按钮对象”→“编辑”菜单项，也可以使此按钮处于编辑状态，然后将复制的按钮重命名为“查询商品”。

7.5 制作录入窗体

用户可以使用宏编辑器来创建宏用来制作一个窗体。

(1) 选择“工具”→“宏”→“宏”菜单项，随即会弹出“宏”对话框，用户可以根据自己的实际情况来为宏命名。在“宏名”文本框中输入“录入商品”（如图 7.39 所示）。

（2）单击“创建”按钮，弹出“Microsoft Visual Basic - Normal”窗口（如图7.40所示）。

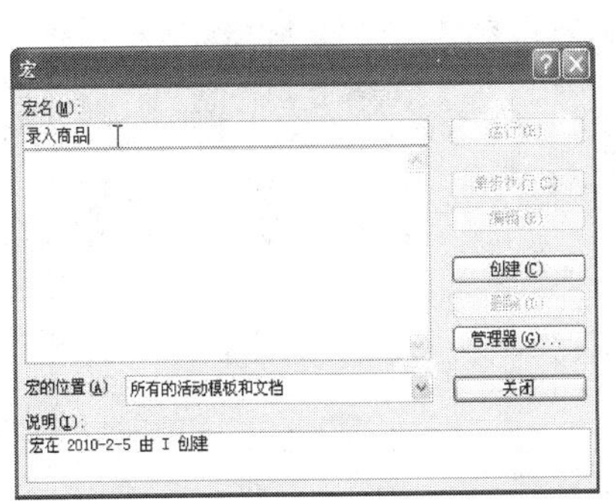

图7.39

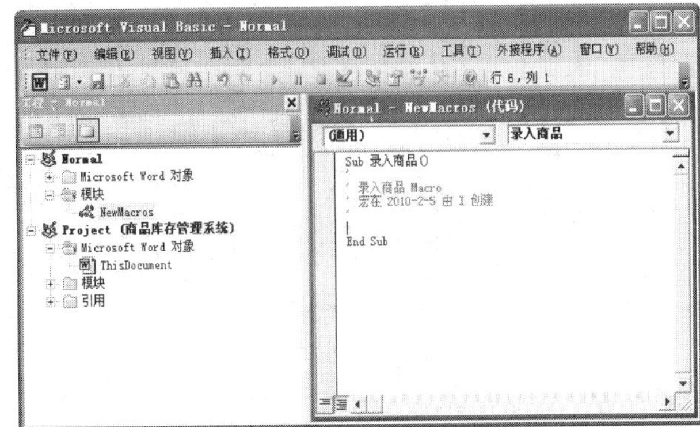

图7.40

（3）将光标定位在“工程资源管理器”窗口中的“商品库存管理系统”项目中，然后单击鼠标右键，在弹出的快捷菜单中选择“插入”→“用户窗体”菜单项（如图7.41所示）。

（4）弹出“商品库存管理系统 - UserForm1”窗口（如图7.42所示）。

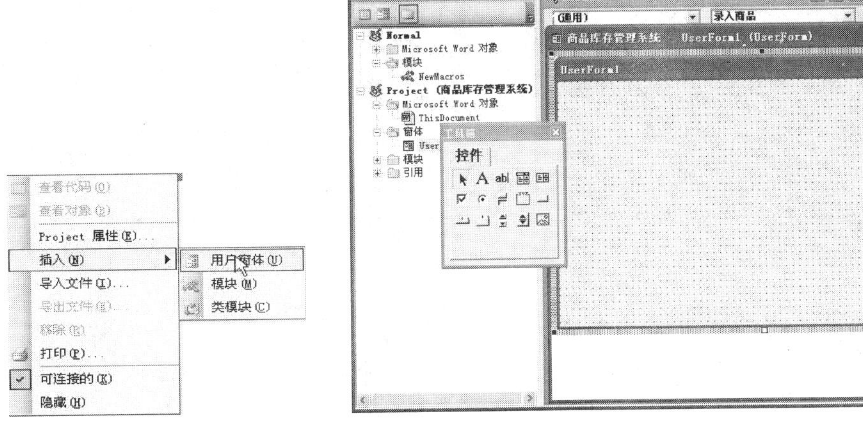

图7.41　　　　图7.42

（5）单击“工具箱”中的“标签”按钮A，将鼠标移动到“UserForm1”窗口中，按住鼠标左键不放，拖动鼠标，绘制一个标签控件（如图7.43所示）。

（6）在绘制的标签中输入“录入库存商品”，然后在其左侧的属性窗口中单击“Font”，弹出“字体”对话框。按前面所示的办法设置其字体，并调节标签的大小和位置。

（7）继续插入一个默认名称为“Label2”的标签按钮，将其“Caption”设置为“商品名称”，并设置合适的字体和外观（如图7.44所示）。

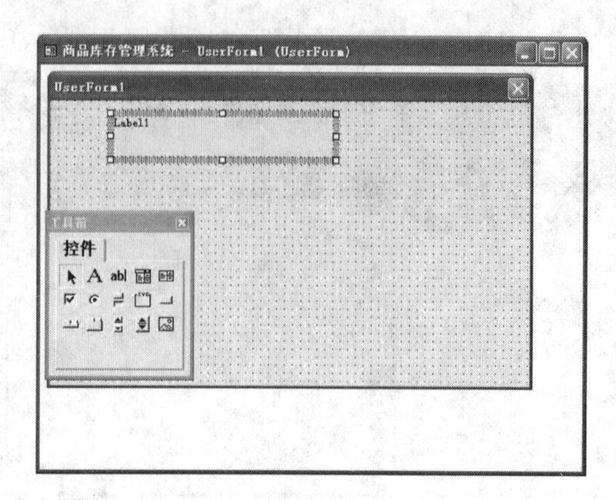

图 7.43

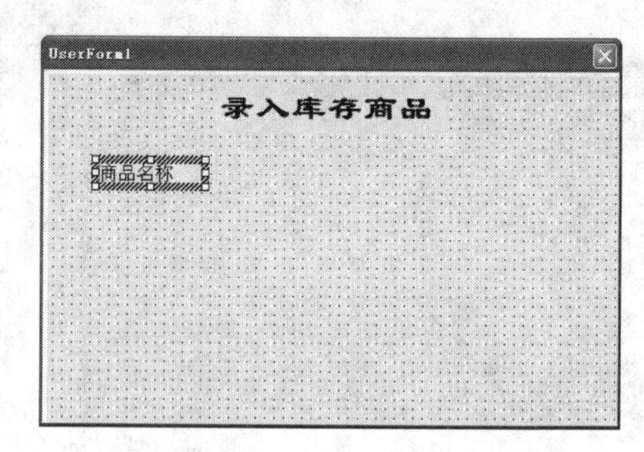

图 7.44

（8）选中“商品名称”标签，在窗体上复制三个相同格式的标签，将其分别命名为“产地”、“品牌”、“价格”，并调整合适的位置（如图 7.45 所示）。

（9）单击“文本框”按钮 ab|，将光标移动到“UserForm1”窗口中，按住鼠标左键不放，拖动鼠标绘制一个文本框，并设置合适的外观（如图 7.46 所示）。

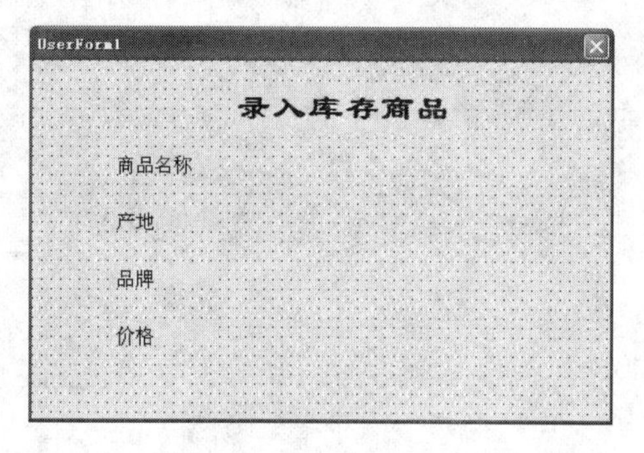

图 7.45

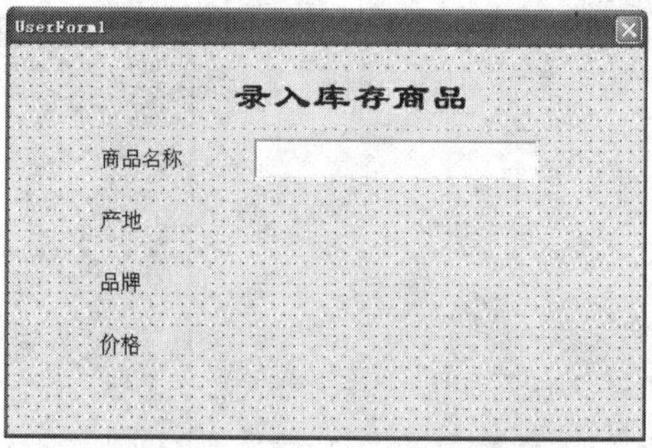

图 7.46

（10）复制三个格式相同的“文本框”，调整位置分别和标签对齐（如图 7.47 所示）。

（11）添加两个命令按钮，分别命名为“确定”和“取消”，设置各自的格式。界面如图 7.48 所示。

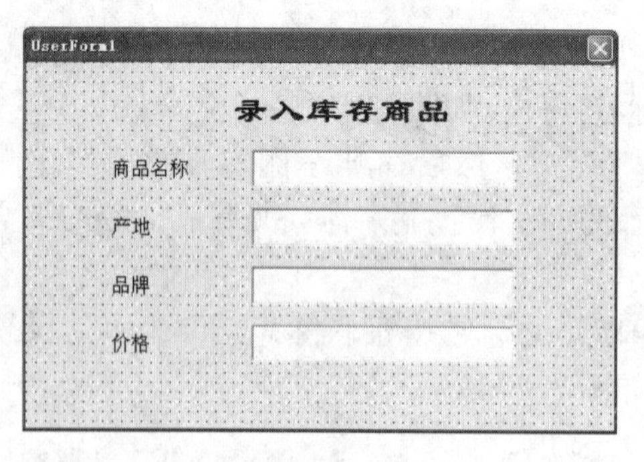

图 7.47

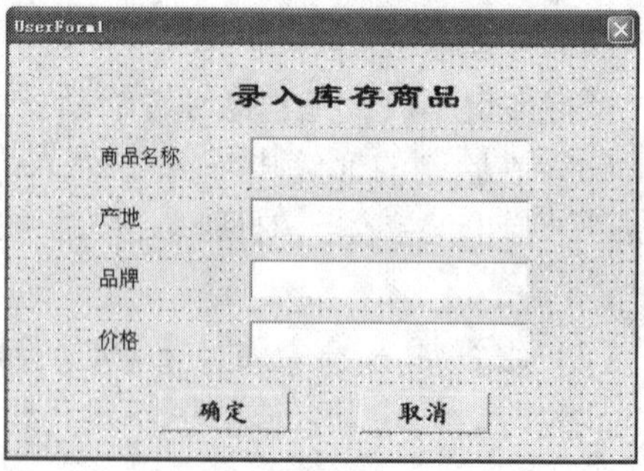

图 7.48

（12）单击“保存”按钮。

7.6　设置窗体控件的代码

设置完窗体的布局后，就应该为各个空间添加相应的代码了。

(1) 打开文档后，选择“工具”→“Visual Basic 编辑器”菜单项，弹出“Microsoft Visual Basic - 库存商品管理系统”窗口。在“工程资源管理器”窗口中的“窗体”列表中单击“UserForm1”选项，弹出前面创建的窗体（如图7.49所示）。

(2) 选择“工具”→“选项”菜单项，弹出“选项”对话框。切换到“编辑器”选项卡，在“代码设置”组合框中有一个“要求变量声明”复选框（如图7.50所示）。如果选中它，则所有变量都要求先声明再使用；如果不选中，则可以直接使用，默认没有选中。

图7.49

(3) 单击“确定”按钮返回，在UserForm1上单击右键，选择“查看代码”菜单项，打开代码窗口。在“对象”下拉列表中选择“通用”选项，在“过程”中自动地显示出“声明”选项（如图7.51所示）。

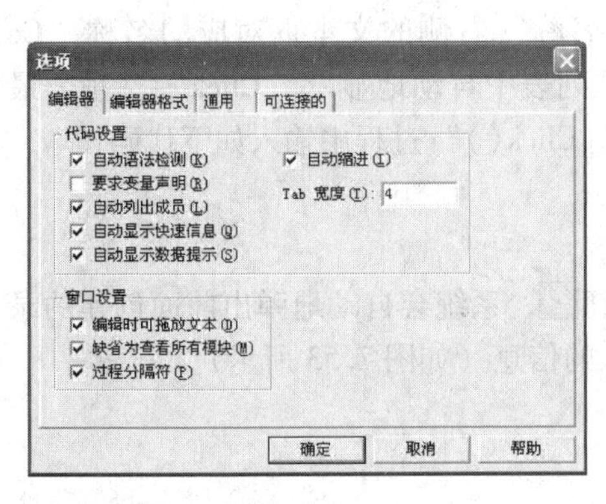

图7.50

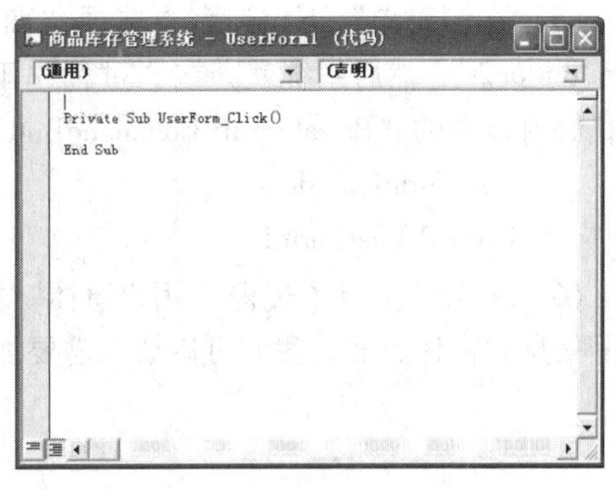

图7.51

（4）在“对象”下拉列表中选择“商品名称”右侧的文本框对应的名称“CommandButton1”，然后系统就会在“过程”下拉列表中自动地显示“Click”选项，最后在代码窗口中的“Private Sub CommandButton1_ Click（）”过程中输入如下代码（如图7.52所示）：

```
Set MyTable = ActiveDocument. Tables(1)
ActiveDocument. Tables(1). Rows. Add
MyTable. Cell(MyTable. Rows. Count, 1) = TextBox1. Value
MyTable. Cell(MyTable. Rows. Count, 2) = TextBox2. Value
MyTable. Cell(MyTable. Rows. Count, 3) = TextBox3. Value
MyTable. Cell(MyTable. Rows. Count, 4) = TextBox4. Value
MyTable. Sort ExcludeHeader: = True
TextBox1. Value = ""
TextBox2. Value = ""
TextBox3. Value = ""
TextBox4. Value = ""
UserForm1. Hide
Unload UserForm1
```

图7.52

（5）在“对象”下拉列表中选择“商品名称”右侧的文本框对应的名称“CommandButton2”，然后系统就会在“过程”下拉列表中自动地显示“Click”选项，最后在代码窗口中的“Private Sub CommandButton2_Click()”过程中输入如下代码：

```
UserForm1. Hide
Unload UserForm1
```

（6）单击“运行子过程/用户窗体”按钮▶，系统会自动地弹出前面创建的录入商品信息的窗体界面，我们可以填入需要加入的信息（如图7.53所示）。

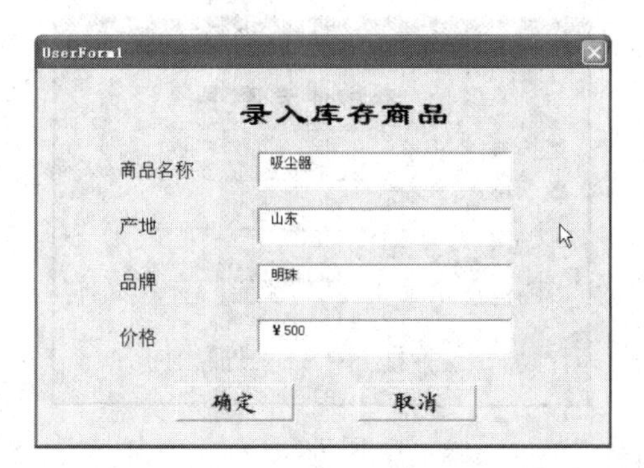

图 7.53

单击“确定”按钮，信息被添加到表格中（如图 7.54 所示）。

商品库存管理系统

商品名称	产地	品牌	价格
冰箱	山西	泰山	¥2000
电脑	北京	黄河	¥6000
电视	四川	峨眉	¥3000
空调	湖南	长江	¥5000
洗衣机	浙江	长城	¥1000
吸尘器	山东	明珠	¥500

录入商品　　查询商品

图 7.54

单击“取消”按钮，录入库存商品窗口会被关闭，信息不会被添加。

7.7　创建查询窗体

库存商品窗体创建好后就可以进行商品的录入了，但如果库存商品过多，查询起来会很麻烦，为此用户还需要创建一个查询窗体。

（1）打开“Microsoft Visual Basic - Normal”窗口，将光标定位在“工程资源管理器”窗口中的“商品库存管理系统”项目中，然后单击鼠标右键，在弹出的快捷菜单中选择“插入”→“用户窗体”菜单项，创建一个“UserForm2”窗体。

（2）按照前面介绍的方法，设计界面如图 7.55 所示。

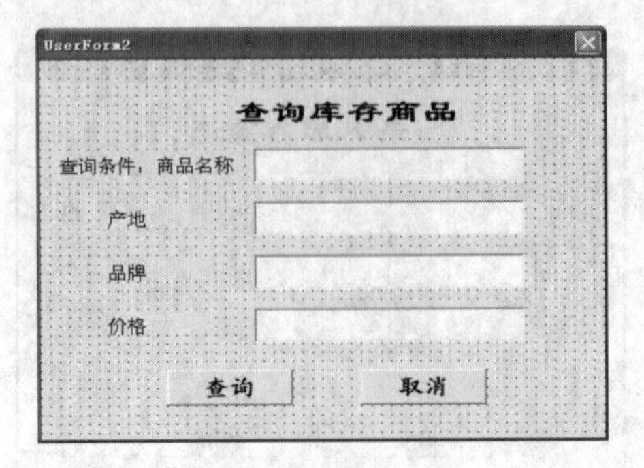

图 7.55

其中“商品名称”作为查询条件，用户输入商品名称，单击“查询”按钮，就会显示出该商品的产地、品牌、价格。

7.8　设置查询窗体的代码

设置完窗体的布局后，就应该为各个空间添加相应的代码了。

（1）打开文档后，选择“工具”→“Visual Basic 编辑器”菜单项，弹出“Microsoft Visual Basic - 库存商品管理系统”窗口。在“工程资源管理器”窗口中的“窗体”列表中单击“UserForm2”选项，弹出前面创建的窗体（如图 7.56 所示）。

（2）在 UserForm1 上单击右键，选择“查看代码”菜单项，打开代码窗口（如图 7.57 所示）。

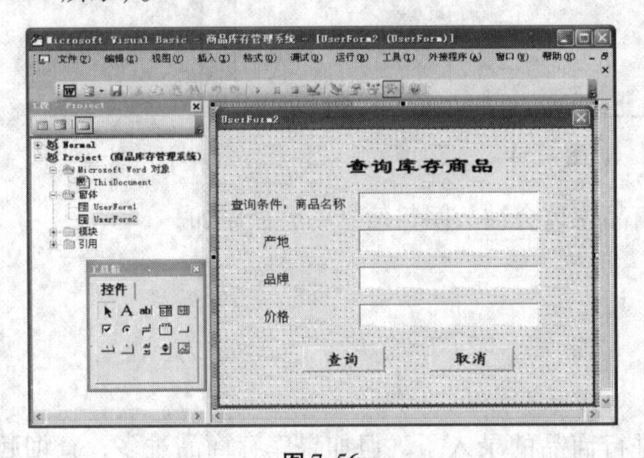

图 7.56

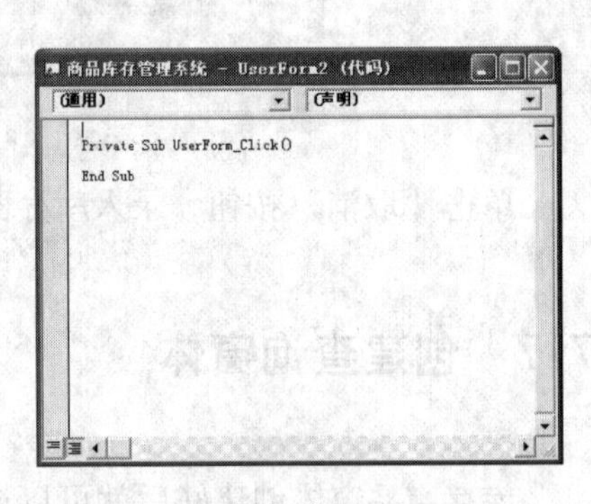

图 7.57

（3）在“对象”下拉列表中选择“商品名称”右侧的文本框对应的名称“CommandButton1”，然后系统就会在“过程”下拉列表中自动地显示“Click”选项，最后在代码窗口中的“Private Sub CommandButton1_ Click ()”过程中输入如下代码：

```
TextBox2. Value = ""
TextBox3. Value = ""
TextBox4. Value = ""
Set MyTable = ActiveDocument. Tables(1)
Formlength = MyTable. Rows. Count
```

```
Index = 2
While Index < = Formlength
    S1 = MyTable. Cell(Index, 1)
    S1 = Left(S1, Len(S1) - 2)
    If S1 = TextBox1. Value Then
        S2 = MyTable. Cell(Index, 2)
        S3 = MyTable. Cell(Index, 3)
        S4 = MyTable. Cell(Index, 4)
        TextBox2. Value = Left(S2, Len(S2) - 2)
        TextBox3. Value = Left(S3, Len(S3) - 2)
        TextBox4. Value = Left(S4, Len(S4) - 2)
    End If
    Index = Index + 1
Wend
```

（4）在“对象”下拉列表中选择“商品名称”右侧的文本框对应的名称“CommandButton2”，然后系统就会在“过程”下拉列表中自动地显示“Click”选项，最后在代码窗口中的“Private Sub CommandButton2_Click()”过程中输入如下代码：

```
UserForm2. Hide
Unload UserForm2
```

（5）单击“运行子过程／用户窗体”按钮，系统会自动地弹出前面创建的录入商品信息的窗体界面，我们填入查询条件（如图7.58所示）。

（6）单击“查询”按钮，符合该条件的条目的全部信息就会显示出来（如图7.59所示）。

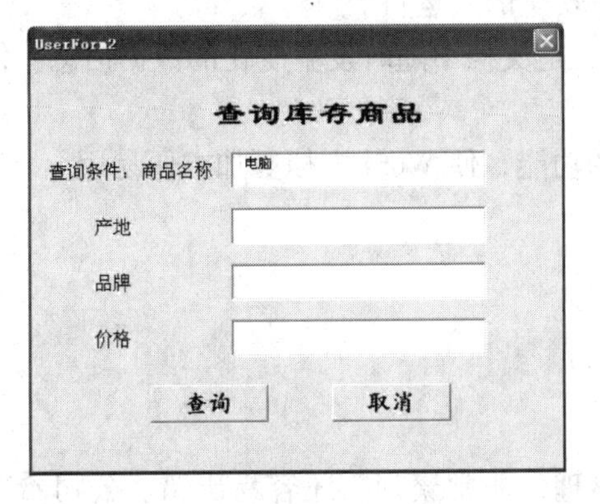

图7.58

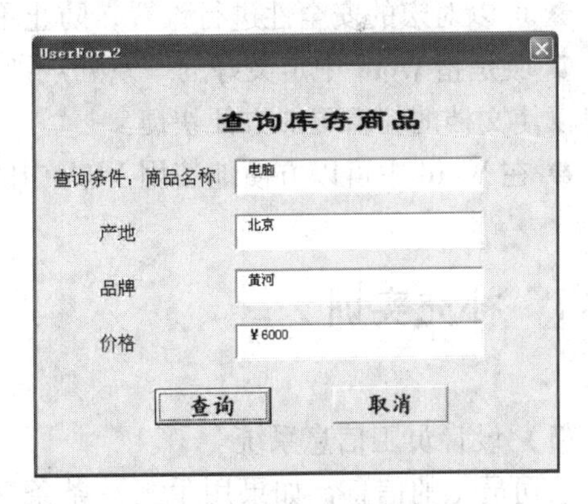

图7.59

7.9　链接窗体

在录入窗体和查询窗体后，还需要将它们与Word文档中的按钮链接起来。

（1）打开VBE窗口，选择“运行”→“设计模式”菜单项，使文档处于设计模式。

（2）在“工程管理器”窗口中的“商品库存管理系统”项目中双击“ThisDocument”选项。

（3）弹出代码窗口，选择“CommandButton1”选项，自动生成“Private Sub CommandButton1_Click()”子过程。添加如下代码：

```
UserForm1.Show
```

（4）选择“CommandButton2”选项，自动生成“Private Sub CommandButton2_Click()”子过程。添加如下代码：

```
UserForm2.Show
```

（5）此时切换到“商品库存管理系统”文档中，单击“录入商品”按钮，系统会自动弹出“录入库存商品”窗体；单击“查询商品”按钮，系统会自动弹出“查询库存商品”窗体。

7.10 重点回顾

● 宏是一系列组合在一起的 Word 命令和指令，它们形成了一个命令，以实现任务执行的自动化。

● 宏病毒会影响到计算机的使用，并能通过 Word 文档及模板进行自我复制和传播。

● 在 Word 中，可以使用 VBA 语言来完成复杂的功能。学会 VBA 语言对于学习其他语言也是大有裨益的。

● 利用宏来简化不常用字符的输入过程。

● 可以对宏的安全性进行设置，防止不安全的宏运行。

● 域是指 Word 中定义好的一系列规则，是文档中随时发生变化的数据信息。使用域可以使文档的编辑更加方便快捷。

● 在 Word 中可以方便地使用 VBA 中的功能，使 Word 文档更加方便易用。

7.11 补充实训

（1）设计员工信息系统

公司员工的信息，如果用手工一条条整理，非常繁琐，还容易出错。公司希望你能设计一套员工信息系统，用于方便地输入员工信息，并能对输入信息的正确性进行验证（例如，员工姓名不允许为空）。

（2）设计工资系统

公司工资条目数量巨大，每次查询某个员工的工资时总是很难找到对应的信息。请你设计一套工资系统，可以输入每个员工的工资，并能根据某些条件或条件组合，查询符合条件的工资条目。

实训8 邮件与文档的安全和超链接

8.0　内容导航

公司经常需要给客户发送邮件、超链接，用以介绍本公司的情况，向客户提供有用的信息。本章我们学习如何制作邮件、超链接，以及对文档的安全进行保护。最终效果如图8.1所示。

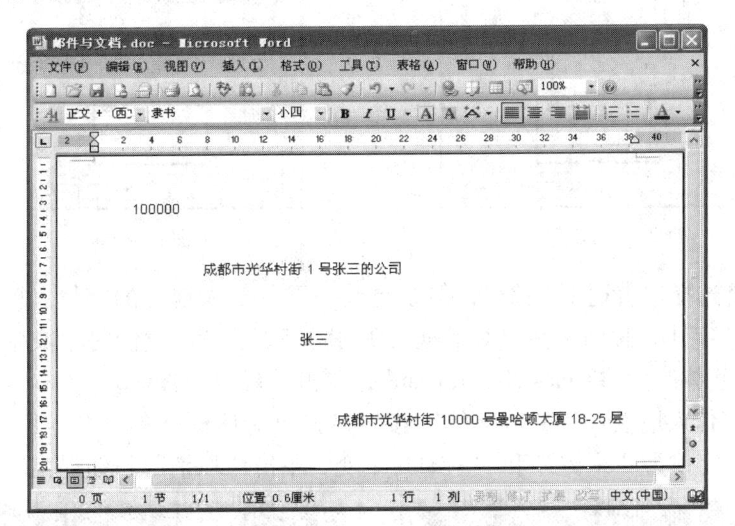

图8.1　邮件与文档最终效果图

8.1　制作普通信封

一个公司或者企业都有自己的信封。让绚丽的字体跃然纸上，在信封左下角的空白处加上具有特点的小图形，更能体现公司的特点。

（1）制作信封

①单击“工具”→“信函与邮件”→“信封和标签”菜单项，弹出对话框（如图8.2所示）。

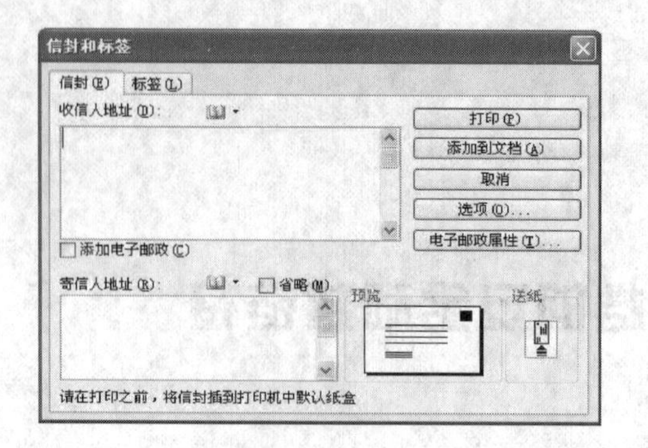

图 8.2

②分别在“收信人地址”编辑框填入收信人地址，在“寄信人地址”编辑框填入寄信人地址，单击“选项”按钮，弹出对话框（如图 8.3 所示）。

③在“信封尺寸”下拉框中，Word 提供了大量的尺寸供我们选择（如图 8.4 所示）。

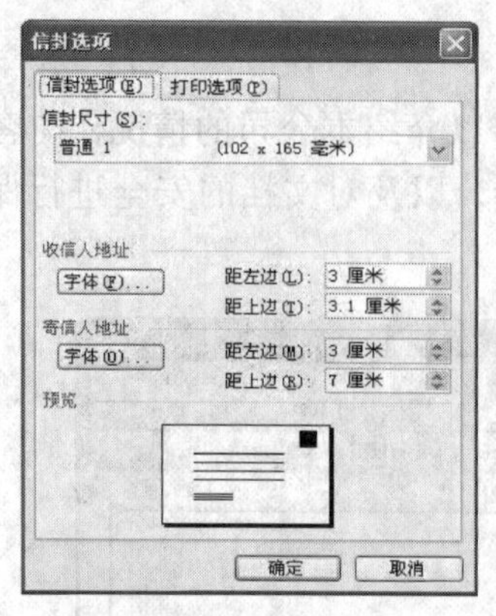

图 8.3

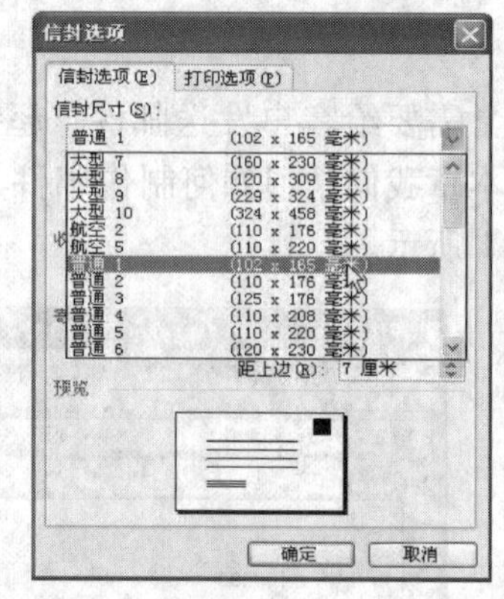

图 8.4

我们保持选择“普通 1”信封，但是更改一下收信人地址的字体。单击“收信人地址”下的“字体”按钮，弹出对话框（如图 8.5 所示）。我们将中文字体改为“隶书”，将西文字体改为“Times New Roman”，单击“确定”按钮。

单击“寄信人地址”下的“字体”按钮，弹出对话框（如图 8.6 所示）。为了对比，我们保持字体为“宋体”和“Arial”不变，单击“取消”按钮退出。

图 8.5

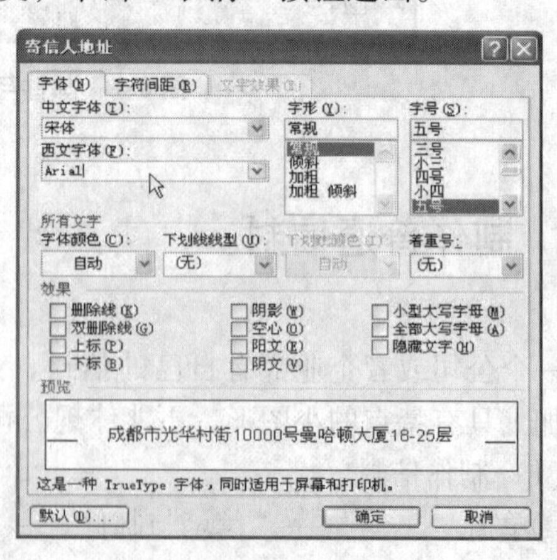

图 8.6

④在“信封和标签”对话框中，单击“添加到文档”按钮，Word会输出信封的样式（如图8.7所示）。

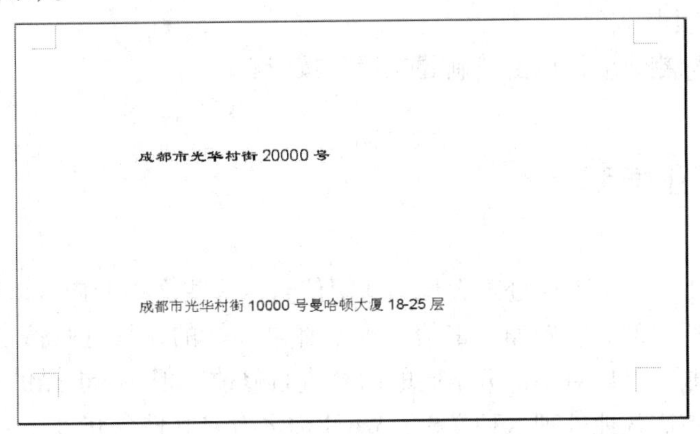

图8.7

（2）制作邮寄标签

①单击“工具”→“信函与邮件”→“信封和标签”菜单项，在弹出对话框上选择“标签”选项卡（如图8.8所示）。

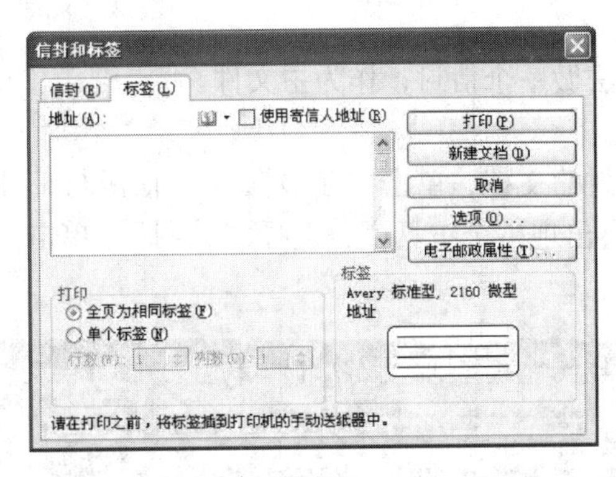

图8.8

②填入标签上要显示的地址，或者勾选“使用寄信人地址”的复选框。这里我们选择填入自己的地址，单击“新建文档”按钮（如图8.9所示）。

③最终输出的标签效果如图8.10所示。

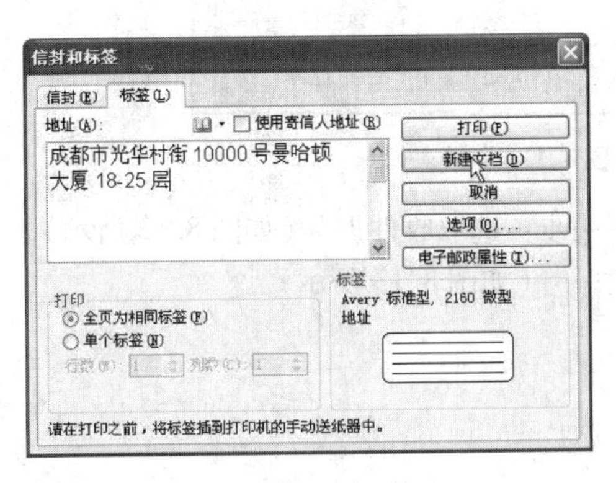

图8.9

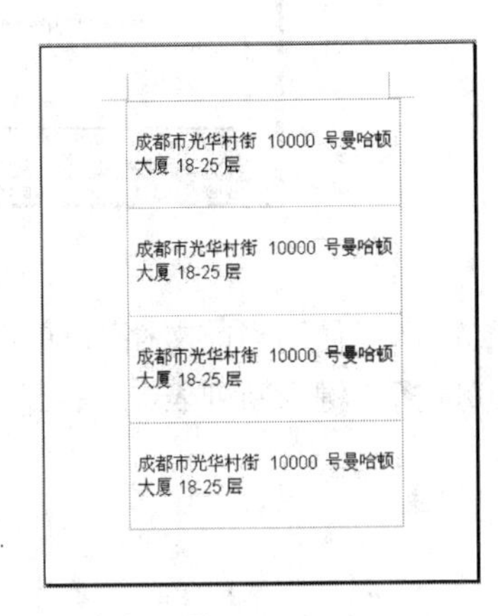

图8.10

(3) 修改邮寄标签

①单击“工具”→“信函与邮件”→“信封和标签”菜单项，在弹出的对话框上选择“标签”选项卡。

②填入新的标签地址，单击“新建文档”按钮。

8.2 制作商业信封

在商务邮件中，经常需要处理大量的通用信封，这些文档的内容既有相同的部分，又有格式不同的标识部分。例如，寄信人地址都是一样的，只有收信人地址不同。一般我们可以先复制，然后对小部分不同的内容进行修改。但 Word 提供了“邮件合并”的功能，可以快速高效地处理这种文档，Word 称之为“邮件合并”。

一般来说，任何形式的合并文档都由两个文件组成：一个主文件和一个数据源。主文件中包含着每个分类文档所共有的标准文字和图形，数据源中包含着需要变化的信息。当主文件和数据源合并时，Word 能够用数据源中相应的信息代替主文件中的对应域，生成合并文档。

(1) 主文档的建立

按照前文所述的方法做一个信封，作为主文件。

(2) 数据源的建立

①选中开始创建信封的文档，单击“工具”→“信函与邮件”→“邮件合并”菜单项，此时 Word 右边会出现一个工具栏，选择“信封”，单击“下一步：正在启动文档”(如图 8.11 所示)。

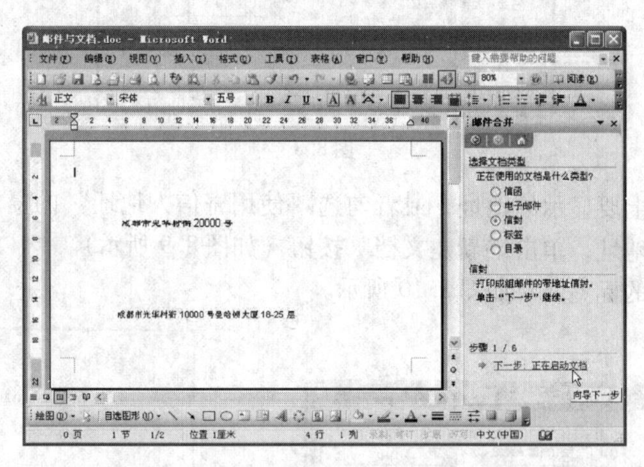

图 8.11

②选择“使用当前文档”，单击“下一步：选取收件人”(如图 8.12 所示)。

③选择“键入新列表”，单击“创建…”(如图 8.13 所示)。

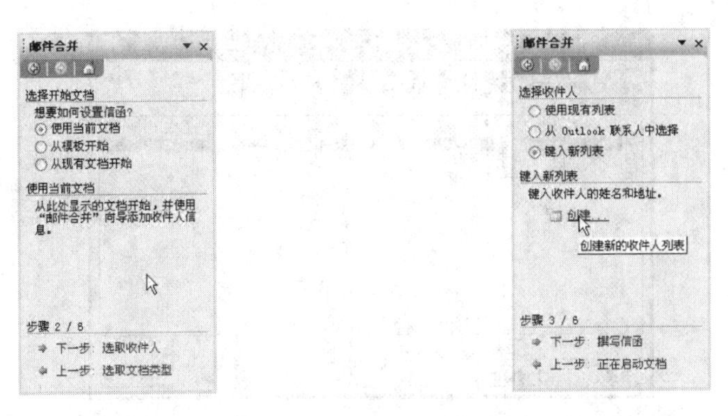

图 8.12　　　　图 8.13

在弹出的对话框中填入收件人信息（如图 8.14 所示）。单击“新建条目”按钮，Word 就记录了填入的信息。这时可以接着输入下一个收件人信息。当输入完成后，单击“关闭”按钮离开。

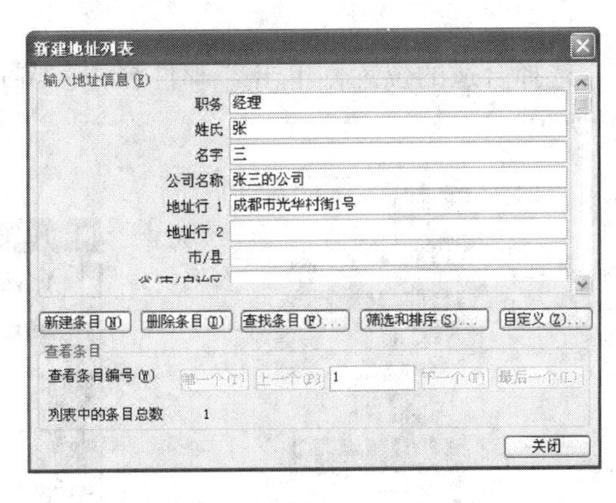

图 8.14

④此时，Word 会弹出文件对话框让我们保存刚才输入的信息到磁盘上。文件保存为 mdb 类型（如图 8.15 所示）。

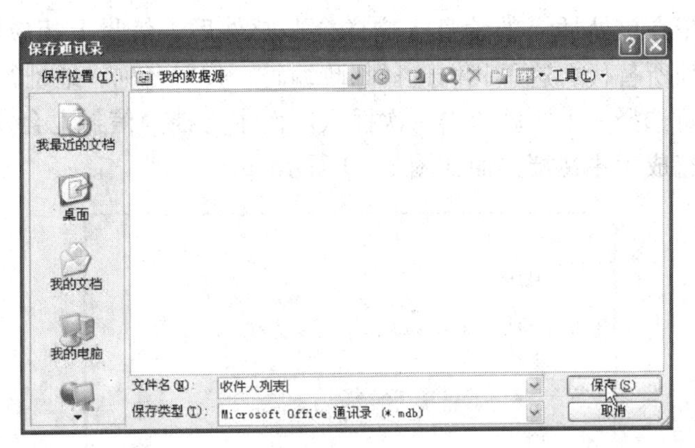

图 8.15

保存后，自动弹出“邮件合并接收人”对话框，这里我们可以从列表中勾选收件人（如图 8.16 所示），选择完成后单击“确定”按钮。

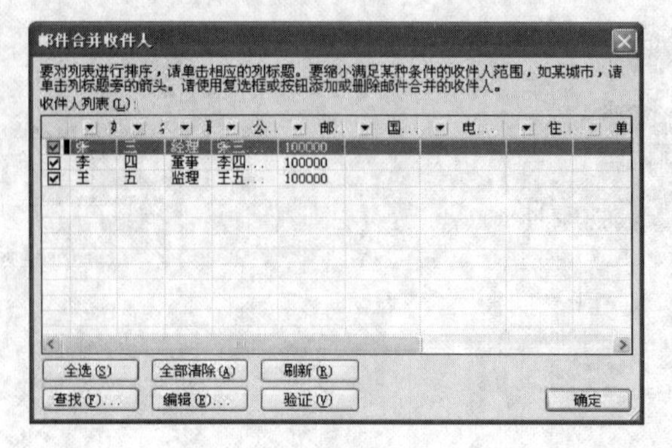

图 8.16

回到邮件合并的界面，单击“下一步：选取信封”（如图 8.17 所示）。

(3) 数据源的合并

①此时“邮件合并”界面如图 8.18 所示。我们要开始调整自己的信封，使之能够运行数据合并的功能。

②在做好的信封上，选择合适的位置，单击“邮件合并”界面上的“其他项目”，弹出对话框（如图 8.19 所示）。

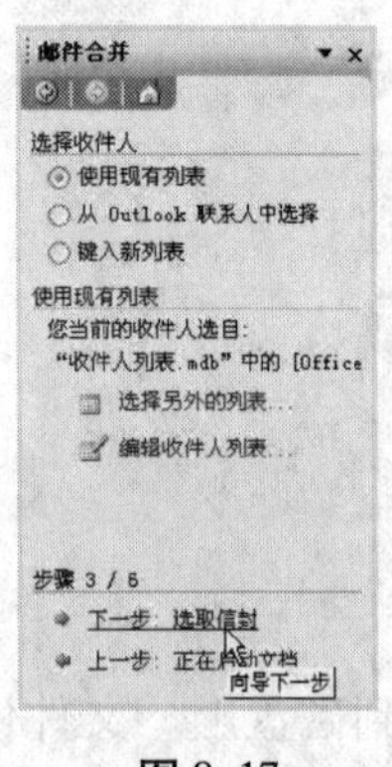

图 8.17

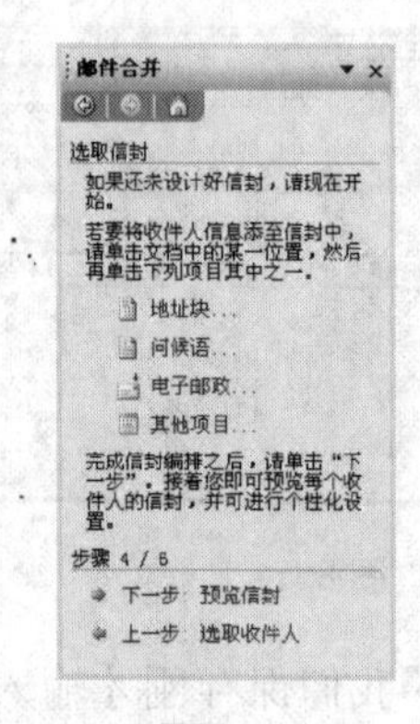

图 8.18

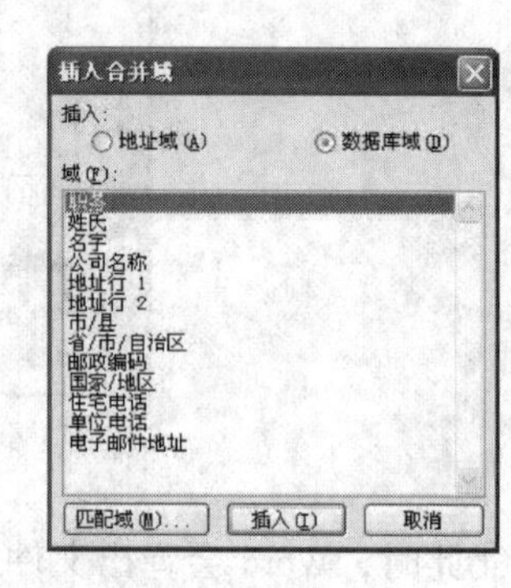

图 8.19

选择我们希望在该处插入的信息。这样合并邮件后，信封上相应地方的内容就被数据源中的数据项所替代。这里我们选择邮政编码、公司名称、地址行 1、姓氏、名字作为合并项目。每选择一个，就单击一次插入。而主文档的信封也会发生相应的改变，非常直观。修改完成后主文档界面如图 8.20 所示。

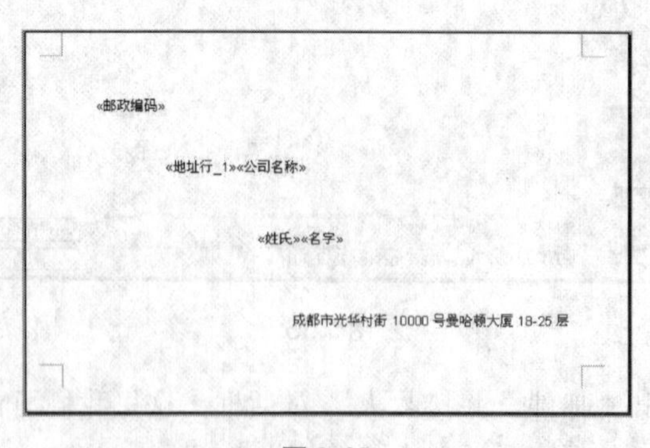

图 8.20

可以看到，插入域部分只是一个符号，合并后会用数据源的相应部分替代。单击“邮件合并”界面上的“下一步：预览信封”。

③“邮件合并”界面如图 8. 21 所示。此时可以预览信封，如果不满意可以修改。数据源中有三个信息，预览效果分别如图 8. 22、图 8. 23、图 8. 24 所示。

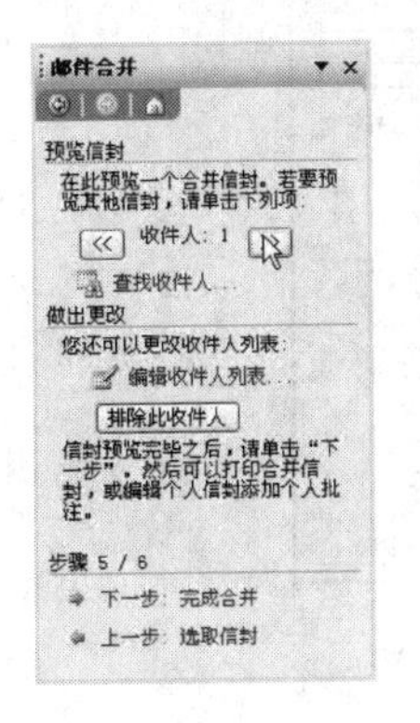

图 8. 21

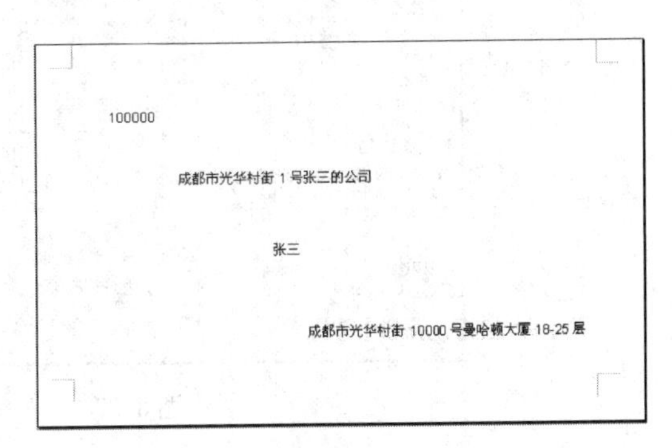

图 8. 22

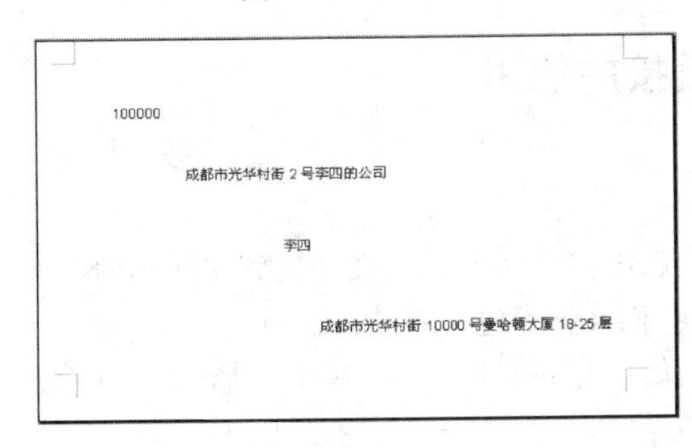

图 8. 23

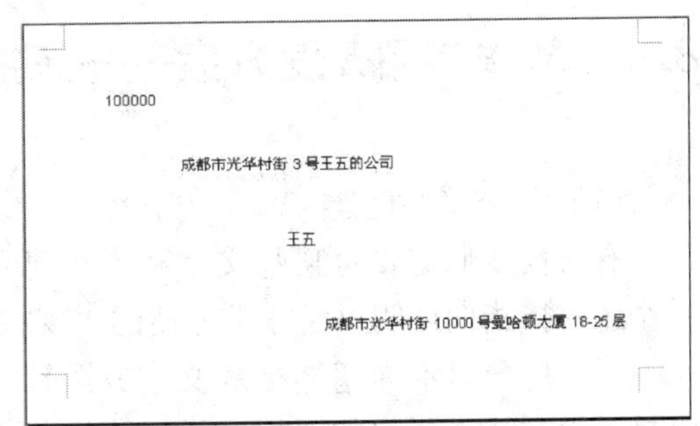

图 8. 24

至此可以单击“邮件合并”界面上的“下一步：合并完成”。

8. 3　打印信封

上面步骤完成后，“邮件合并”界面上出现“打印...”字样（如图 8. 25 所示）。单击“打印...”，弹出“合并到打印机”对话框（如图 8. 26 所示）。

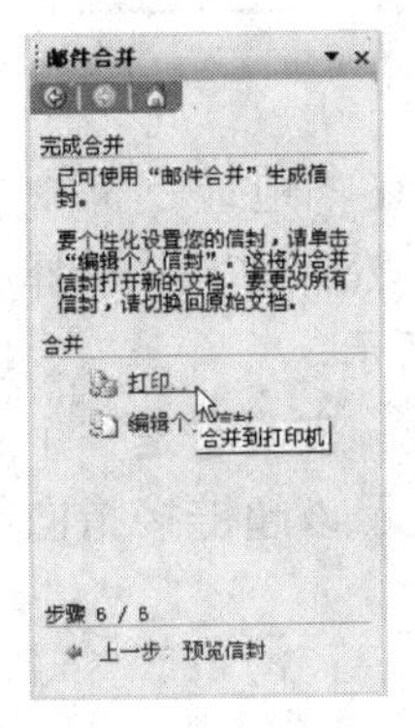

图 8. 25

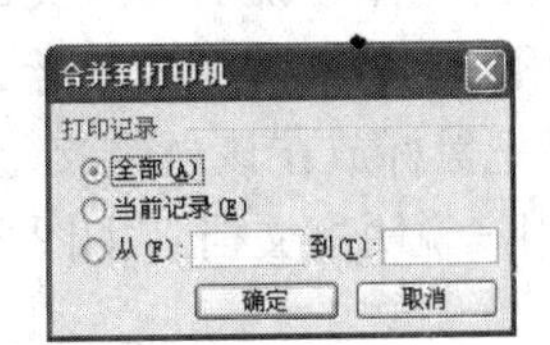

图 8. 26

选择“全部”，单击“确定”按钮，弹出“打印”对话框，如图 8.27 所示。按自己的需要进行设置后就可以打印了。

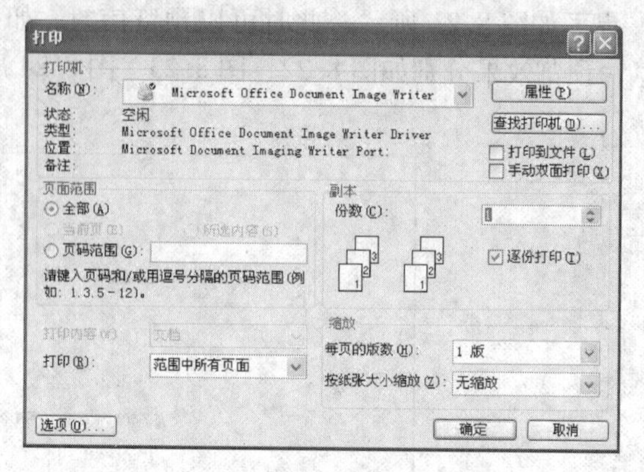

图 8.27

8.4 制作产品开发方案——超链接的使用

（1）超链接的创建

有时候我们需要对某些文字和图片建立超链接。例如，当文档提到说明书时，有一个超链接指向说明书是非常方便的。现在我们来学习建立超链接。

①选定要显示为超链接的文字或图片，如“用户说明书”，单击“插入”→“超链接”菜单项。弹出如图 8.28 所示的对话框。

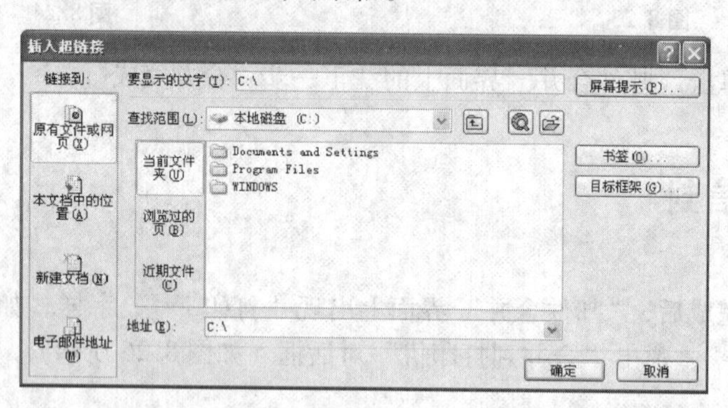

图 8.28

②在“链接到”下，单击“原有文件或网页”。在“地址”框中，键入要链接到的地址；或者在“查找范围”框中，单击向下箭头，然后浏览并选择文件。这里我们选择了前面所写的“用户说明书”文档，如图 8.29 所示。

③此时“用户说明书”变成了蓝色并带有下划线，表明它是一个超链接。当我们按住【Ctrl】键把鼠标放在该超链接上时，Word 会提示该超链接指向的位置。此时单击，则会打开用户说明书文档（如图 8.30 所示）。

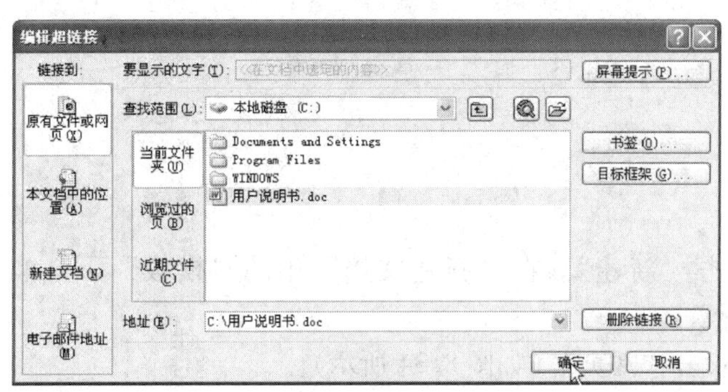

图 8.29

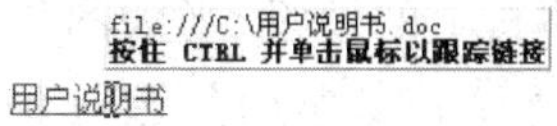

file:///C:\用户说明书.doc
按住 CTRL 并单击鼠标以跟踪链接
用户说明书

图 8.30

(2) 超链接的设置

①打开需要更改的超链接所在的文档，单击“格式”→“样式和格式”菜单项，文档右侧出现“样式和格式”界面（如图 8.31 所示）。

②在“请选择要应用的格式”框中，用鼠标右键单击“超链接”样式，再单击“修改”。

小提示：如果“超链接”或“已访问的超链接”的样式没有出现在“请选择要应用的格式”框中，先在“显示”框中单击“所有样式”。

③在“修改样式”对话框中，选择所需的格式选项，我们设定该超链接为“华文隶书”、“一号”（如图 8.32 所示）。然后单击“格式”按钮，在弹出的“字体”对话框中对其进行更多的设置。我们将其改为“空心”。

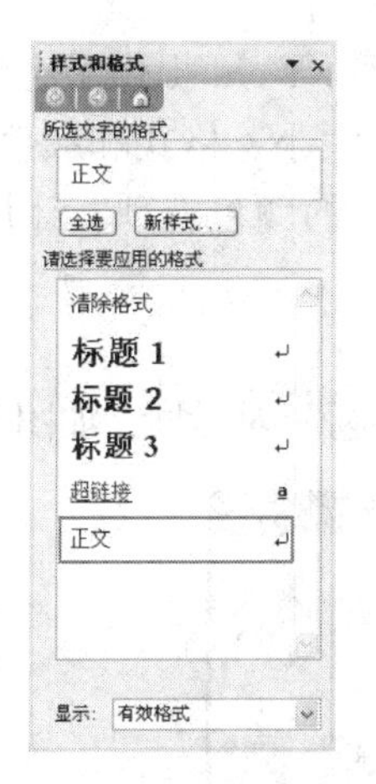

图 8.31

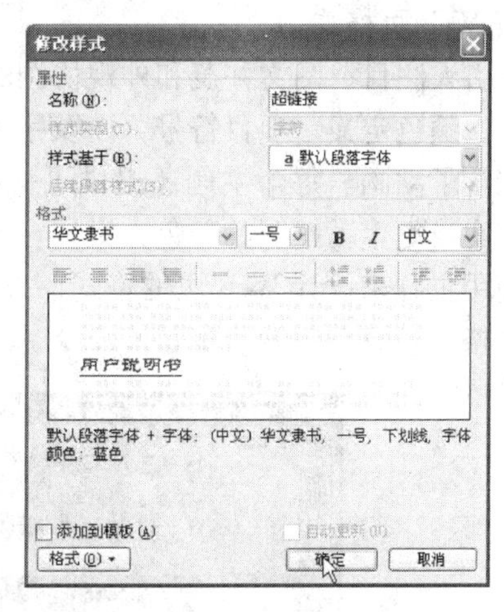

图 8.32

(3) 超链接的编辑

①右键单击超链接，在弹出的菜单中选择“编辑超链接”。

②弹出如图 8.29 所示的对话框，重新编辑该超链接即可。

(4) 超链接的删除

①打开需要更改的超链接所在的文档，单击“格式”→“样式和格式”菜单项，文档右侧会出现“样式和格式”界面。

②在“请选择要应用的格式”框中，用鼠标右键单击“超链接”样式，再单击“删除”。

8.5 制作 Web 页

（1）创建 Web 页

①在“文件”菜单上，单击“新建”。在“新建文档”中的“模板”下，单击“本机上的模板”（如图 8.33 所示）。

②在“常用”选项卡上，双击“网页”（如图 8.34 所示）。

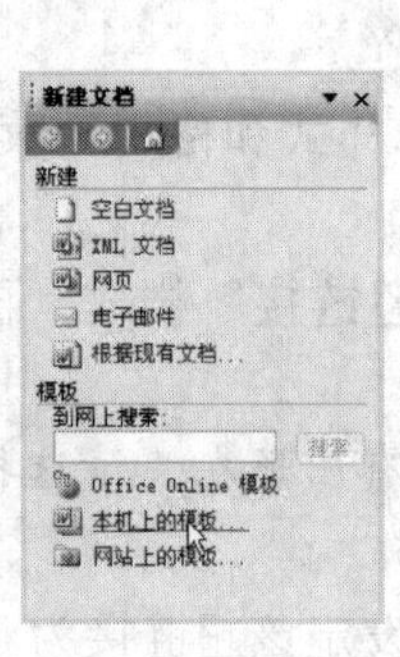

图 8.33

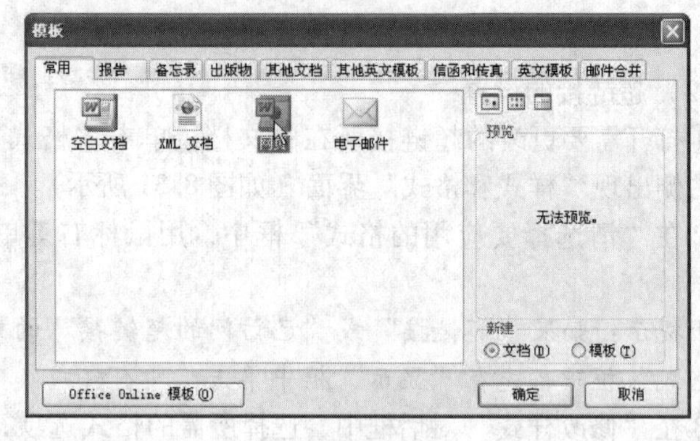

图 8.34

③产生新的文档，按照要求进行编辑，保存后即为网页格式。

（2）设置 Web 页格式

为了创建引人注目、图文并茂和外观协调的 Web 页，Word 提供了主题。主题设计元素包括背景、颜色定义、项目符号，以及字体类型、大小、格式和颜色等文本格式。有些主题还包含了动画。每个主题还提供了一个二选一的颜色选项，让用户选择默认的混合颜色方案或更生动鲜明的颜色方案。

如果要使用主题来设计 Web 页的格式，方法如下：

①选择“格式”菜单中的“主题”命令，出现“主题”对话框，如图 8.35 所示。

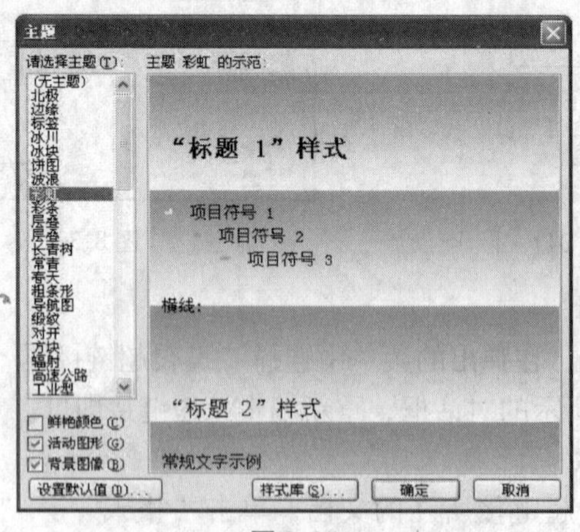

图 8.35

②从“请选择主题”框中选择一种主题，在右边的示范框中可以看到相应的示例。

③根据需要，选择“鲜艳颜色”、“活动图形”及“背景图像”复选框，以便将相

应的格式应用到 Web 页中。

④单击“确定”按钮。

⑤框架提供了一种简单的方法来使 Web 站点易于浏览。作为一个全 HTML 编辑器，Word 为创建和查看框架页提供了功能强大的工具。选择“格式”菜单中的“框架”命令，再从级联菜单中选择“新建框架集页面”命令，出现“框架集”工具栏（如图 8.36 所示）。

⑥单击“框架集”工具栏中的“右侧新框架”、“左侧新框架”、“上方新框架”、“下方新框架”按钮，即可在文档中的相应位置添加新框架。

如果要删除某个框架，只需将插入点置于该框架中，单击“框架集”工具栏中的“删除框架”按钮，即可删除该框架。

⑦如果要设置某个框架的属性，只需将插入点置于该框架中，单击“框架集”工具栏中的“框架属性”按钮，出现“框架属性”对话框（如图 8.37 所示）。

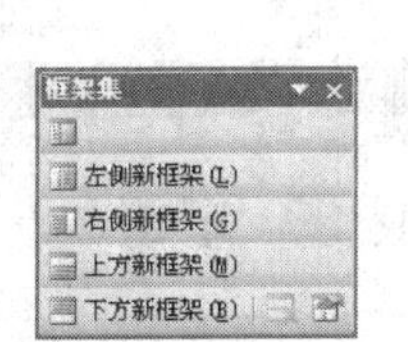

图 8.36

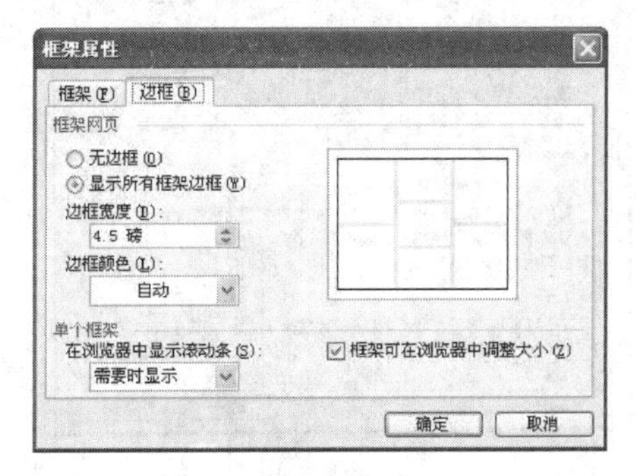

图 8.37

在“框架”选项卡中可设置框架的大小和常规属性，如初始页，名称等；也可直接用鼠标拖动来改变框架的大小。

在“边框”选项卡的“框架网页”区中可以设置框架的边框宽度和颜色；也可以选择“无边框”选项，这样将不显示框架的边框。

⑧在 Word 中，我们可以方便地为长文档创建目录。例如，一篇长文档的标题已经用内置的标题样式（标题 1 ~ 标题 9）进行格式化，单击“格式”→“框架”→“框架集中的目录”，即可用文档的标题创建一个目录框架（如图 8.38 所示）。

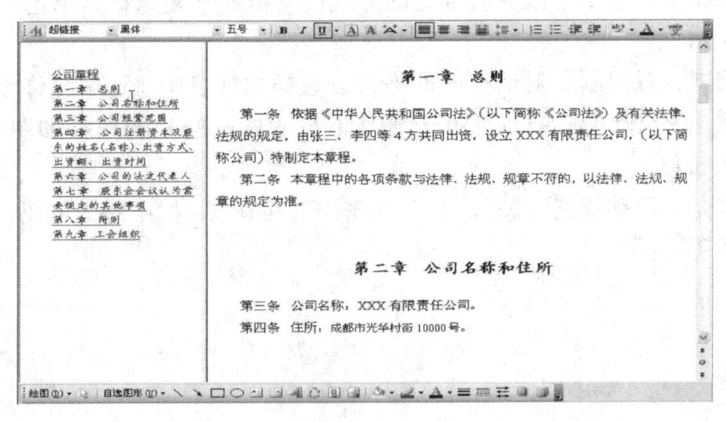

图 8.38

8.6　文档的安全

（1）密码保护

①打开文件，在“工具”菜单上，单击“选项”，再单击“安全性”选项卡（如图8.39所示）。

②在“打开文件时的密码”框中键入密码，再单击“确定”。在“请再次键入打开文件时的密码”框中再次键入该密码，然后单击“确定”（如图8.40所示）。

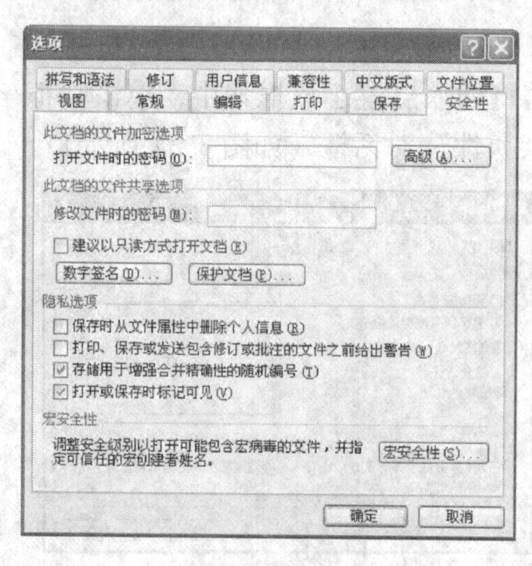

图8.39

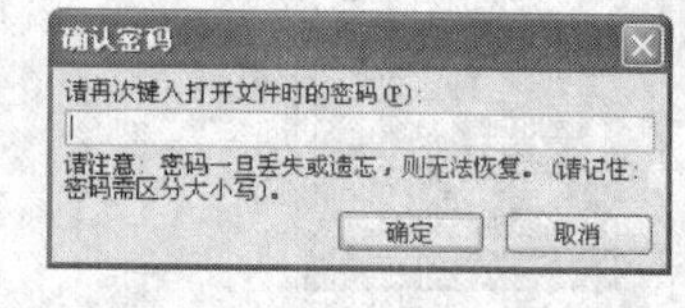

图8.40

③在“修改文件时的密码”框中键入密码，单击“确定”。在“请再次键入修改文件时的密码”框中再次键入该密码，然后单击“确定”。

（2）格式限制功能

我们可以限制文档的格式设置，可以防止其他用户应用未明确指定可用的样式，也可以防止用户直接将格式应用于文本（如项目符号或编号列表，以及字体格式）。限制格式之后，用于直接应用格式的命令和键盘快捷键将无法使用。

①单击“工具”菜单中的“保护文档”命令，文档右侧弹出相应界面。在“保护文档”任务窗格中，选中“限制对选定的样式设置格式”复选框，单击“设置”按钮（如图8.41所示）。

②在“格式设置限制”对话框中的格式设置样式列表中，选中允许设置其格式的样式的复选框，并清除文档中不允许设置其格式的样式的复选框（如图8.42所示），单击“确定”按钮。

③单击“是，启动强制保护”。在“新密码（可选）”框中键入密码，然后确认该密码（如图8.43所示）。

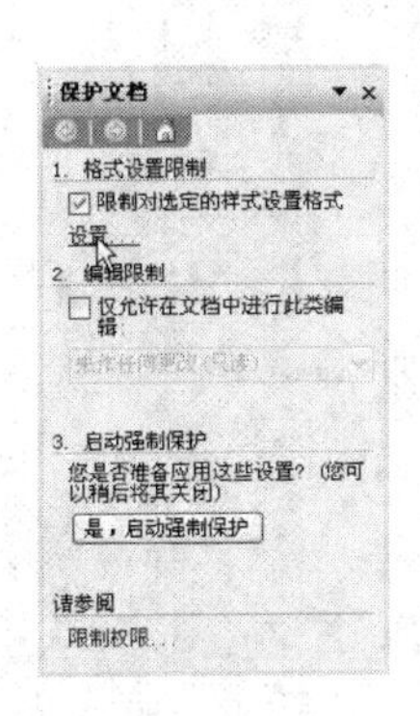

图 8.41

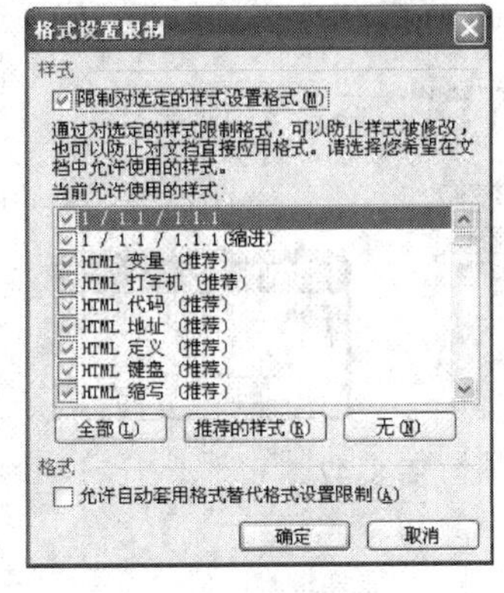

图 8.42

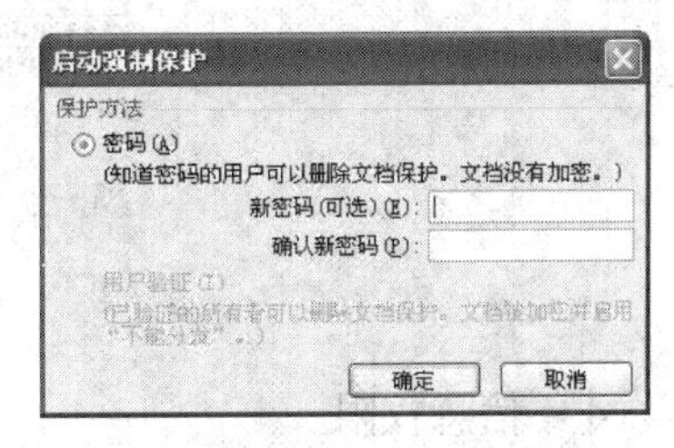

图 8.43

(3) 局部保护功能

Word 为文档提供了局部保护功能，可以在保护文档不被任意修改的同时，指定其中部分文档被修改。

①单击“工具”菜单中的“保护文档”命令，文档右侧弹出相应界面。在“保护文档”任务窗格中，选中“仅允许在文档中进行此类编辑”复选框（如图 8.44 所示）。

②在其下的下拉列表框中，可以选择运行何种编辑（如图 8.45 所示）。这里我们选择“未作任何更改（只读）”。

③我们可以选择例外项。选定需要进行编辑的文本，如果希望每个人都能对该例外项进行编辑，就勾选“每个人”复选框（如图 8.46 所示）。

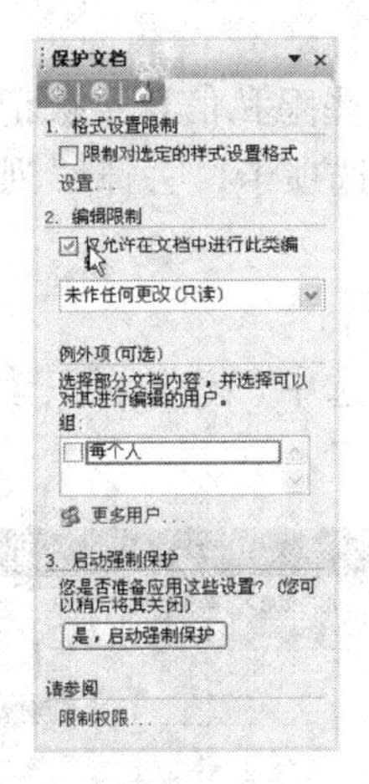

图 8.44

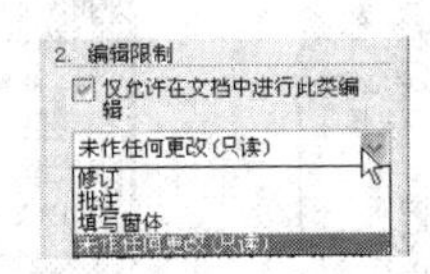

图 8.45

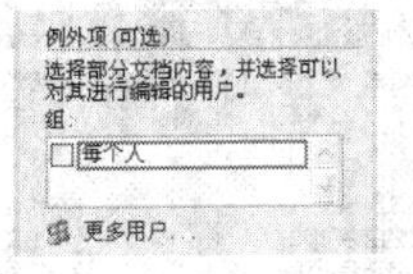

图 8.46

如果只希望部分人对例外项进行编辑，则单击“更多用户 ...”，弹出对话框。输入用户名（可以是 Windows 用户账户或电子邮件地址），用分号分隔，点“确定”。

④对于允许编辑所选部分的个人，请选中其名字旁的复选框，最后单击“是，启动强制保护”，并输入保护密码。这样，只有例外项文本可以编辑，而其他文本则不能编辑。

⑤如果要停止保护，可单击“保护文档”任务窗格底部的“停止保护”按钮，在弹出的对话框中输入密码进行确认即可（如图 8.47 所示）。

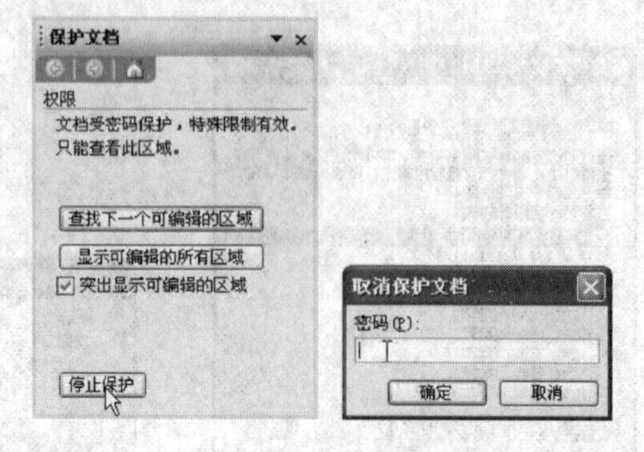

图 8.47

(4) 信息权限

现在，敏感信息仅可以通过限制对存储信息的网络或计算机的访问来进行控制。但是，一旦赋予了用户访问权限，就会对如何处理内容或将内容发送给谁没有任何限制。这种内容分发很容易使敏感信息扩散到从未打算让其接收这些信息的人员中。Word 提供了一种称为“信息权限管理（IRM）”的新功能，它可以帮助防止敏感信息扩散到错误的人员中，而不论是由于意外还是粗心。即使在文件离开您的计算机桌面之后，IRM 也可有效地帮助控制文件。

①启动 Word，并新建一个文档。

②在“文件”菜单上，指向“权限”，再单击“不能分发”。

③在“权限”对话框中，选中“限制对此<文件类型>的权限”复选框。

④在“读取”和“更改”框中，键入要授予权限的人员的姓名或电子邮件地址。

⑤单击“确定”，保存文档、工作簿或演示文稿，然后分发给具有权限的人员。

(5) 隐私选项功能

Word 会自动记录下最近几次编辑的文档。如果希望这些隐私信息不被记录，则单击“工具”→“选项”，在弹出的对话框中选择“常规”选项卡，去掉“列出最近所用文件”前的钩（如图 8.48 所示）。

(6) 设置只读方式

在“工具”菜单上，单击“选项”，单击“安全性”。选中“建议以只读方式打开文档”复选框，再单击“确定”（如图 8.49 所示）。

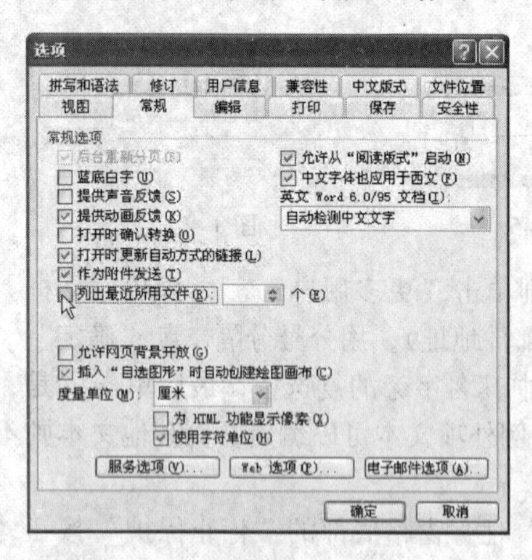

图 8.48

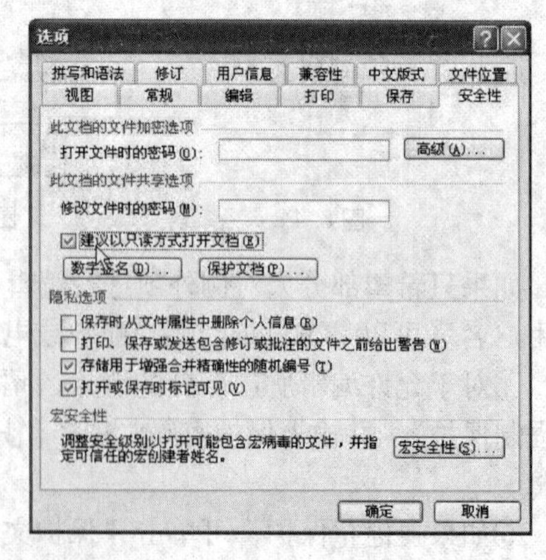

图 8.49

8.7　重点回顾

● 利用 Word 自带的功能，可以方便地设计风格独特的信封。

● 如果要进行大部分重复、少部分不同的文档输入，可以分别建立主文档和数据源，利用文件合并的方法进行自动生成。

● 超链接可以让文档更加灵活，查阅更加方便。超链接的使用在 Word 中是非常方便的。

● Word 使用所见即所得的方法创建 Web 页，直观明了。

● Word 为文档的安全提供了众多保护，包括密码保护、格式显示等。

8.8　补充实训

（1）设计英文信函

公司与国外的公司合作，需要制作一批英文信函。你需要利用 Word 所带功能，创建一批英文信函，并且利用邮件合并的方法，创建相关的主文件，利用公司国外客户的数据源，批量生成信函。

（2）信函权限设置

信函制作好了，出于商业机密考虑，公司不希望任何人都能阅读、修改该信函。公司要求你为这些信函设计权限，使其仅由指定的人才能修改，而用户只能阅读，不能更改该信函。

实训 9 工作表的编辑——制作人事档案表

9.0 内容导航

公司为了加强对现有人员的管理，将全体工作人员的基本情况进行了统计，制作了一个人事档案表格。希望公司领导能通过此档案表，一目了然地了解公司全体人员的基本情况，且做到表格数据完整、清晰明了、美观大方。如何解决这些问题呢？其实通过对 Excel 工作表的编辑操作，这些问题都可以迎刃而解。

● 为了使输入的数据符合用户的显示要求，用户可以根据数据类型设置单元格格式，在输入相同类型的数据时，可以通过快速填充的方法，达到事半功倍的效果。

● 用户可以通过对表格中单元格字体格式、添加边框和底纹的设置方法，达到突出表格中数据的显示效果。

● 为了提高工作效率，用户可以利用系统内置的格式模板通过自动套用的方法，快速建立外观精美的工作表。

● 为了使表格个性突出，更具有吸引力，用户可以通过格式刷、样式格式化工作表的方法，达到显示的要求，提高工作效率；也可以通过使用条件格式，让符合选定条件的数据以醒目的方式突出显示。

● 设置工作表背景也是对工作表的一种美化方式，可以增强文档的生动性。但背景的设置只能用于联机阅读，并不能被打印出来。

● 编辑完工作表之后在审阅的过程中，对出现重复的错误，可以通过工作表查找和替换的操作帮助用户来快速进行修改。工作表的最终效果图如图 9.1 所示。

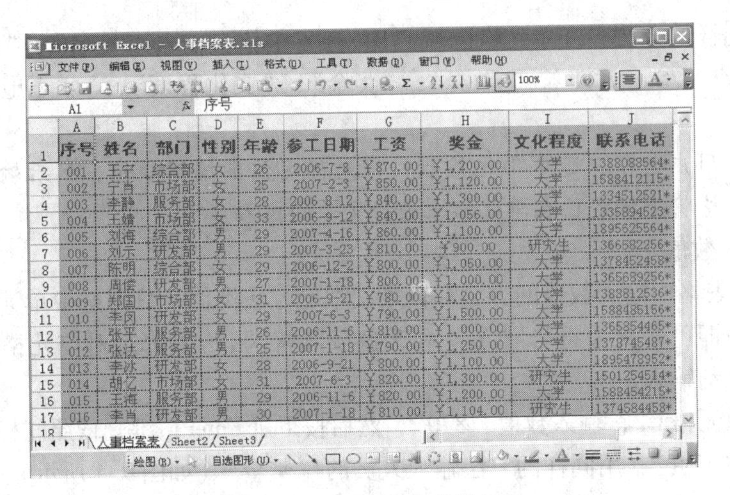

序号	姓名	部门	性别	年龄	参工日期	工资	奖金	文化程度	联系电话
001	王宁	综合部	女	26	2006-7-8	¥870.00	¥1,200.00	大学	1388088564*
002	宁肖	市场部	女	25	2007-2-3	¥850.00	¥1,120.00	大学	1588412115*
003	李静	服务部	女	28	2006-8-12	¥840.00	¥1,300.00	大学	1334512521*
004	王婧	市场部	女	33	2006-9-12	¥840.00	¥1,056.00	大学	1335894523*
005	刘海	综合部	男	29	2007-4-16	¥860.00	¥1,100.00	大学	1895625564*
006	刘元	研发部	男	29	2007-3-23	¥810.00	¥900.00	研究生	1366582256*
007	陈明	综合部	女	29	2006-12-2	¥800.00	¥1,050.00	大学	1378452458*
008	周偿	研发部	男	27	2007-1-18	¥800.00	¥1,000.00	大学	1365689256*
009	郑国	市场部	女	31	2006-9-21	¥780.00	¥1,200.00	大学	1388812536*
010	李冈	研发部	女	29	2007-6-3	¥790.00	¥1,500.00	大学	1588485156*
011	张平	服务部	男	26	2006-11-6	¥810.00	¥1,000.00	大学	1365854465*
012	张法	服务部	男	25	2007-1-18	¥790.00	¥1,250.00	大学	1378745487*
013	李冰	研发部	女	28	2006-9-21	¥800.00	¥1,100.00	大学	1895478952*
014	胡乙	市场部	女	31	2007-6-3	¥820.00	¥1,300.00	研究生	1501254514*
015	王海	服务部	男	29	2006-11-6	¥820.00	¥1,200.00	大学	1588454215*
016	李肖	研发部	男	30	2007-1-18	¥810.00	¥1,104.00	研究生	1374584458*

图 9.1　人事档案表最终效果图

9.1　输入数据

在实际办公应用中，Word 编辑的文档通常情况下需要通过打印机输出纸质文件。因此，使用哪个规格的纸以及内容如何摆放，就成为页面设置的主要任务。通过本实训可以发现，前期一个适当的页面设置是方便后续工作的基础。

制作人事档案表首先要做的是在空白表格中进行输入数据的操作。

首先单击“开始”按钮，从弹出的菜单中选择“所有程序”→“Microsoft Office”→“Microsoft Office Excel 2003”菜单项，打开“Microsoft Office Excel－Book1”窗口。

对新建的工作表将其保存为“人事档案表”，双击工作表标签“Sheet1”，将其重命名为“人事档案表”。

此时就可以对表格进行输入数据的操作了。在表格中输入数据包含文本、数值、时间、日期以及一些其他形式的数据等。

（1）输入文本

具体操作步骤如下：

①选中单元格 A1，输入文本“序号”，然后按下【Enter】键，即可将文本输入到单元格 A1 中，此时系统会自动选中单元格 A2（如图 9.2、图 9.3 所示）。

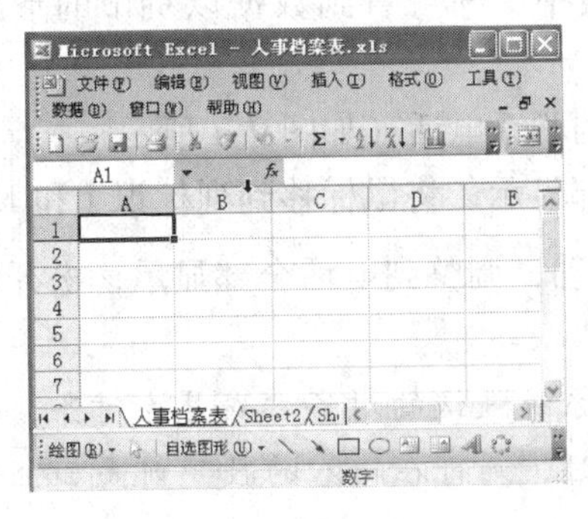

图 9.2

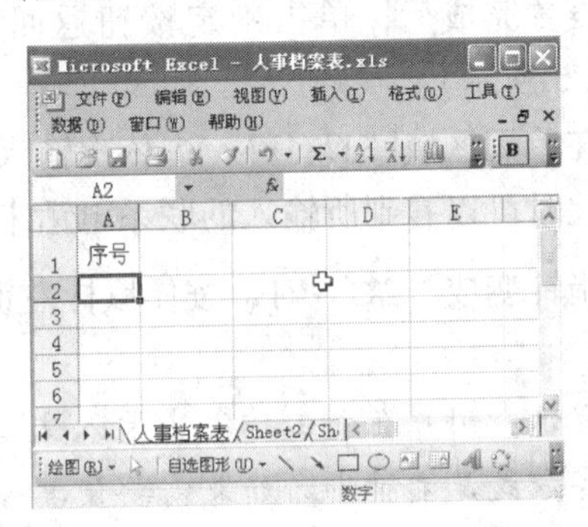

图 9.3

②按照同样的方法，在单元格区域“B1:J1”中依次输入“姓名”、“部门”、“性别”、“年龄”、“参工日期”、“工资”、“奖金”、“文化程度”、“联系电话”等文本内容。

小提示：用户也可以选中单元格后，将光标定位在编辑框中，然后输入文本，还可以双击单元格将光标定位在单元格中进行文本的输入。

（2）输入数值

在 Excel 表格中输入数值的方法和输入文本的方法类似，只需选中单元格，直接输入相应的数值即可。货币符号“￥”和千位分隔符“,”等都是对单元格设置时产生的，不需要手动输入。

①选中单元格 G2，输入数值“870”，然后按下【Enter】键，依照同样的方法依次输入人员的“工资”，用同样的方法输入人员的“奖金”（如图 9.4 所示）。

②选中单元格区域“G2:H17”，然后选择“格式”→“单元格”命令，将弹出“单元格格式”对话框。切换到“数字”选项，在“分类”列表框中选择“货币”选项，将“小数位数”设置为“2”，在“货币符号”下拉列表中选择“￥”选项，并在“负数”列表框中选择一种合适的样式（如图 9.5 所示）。

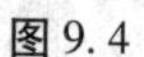

图 9.4

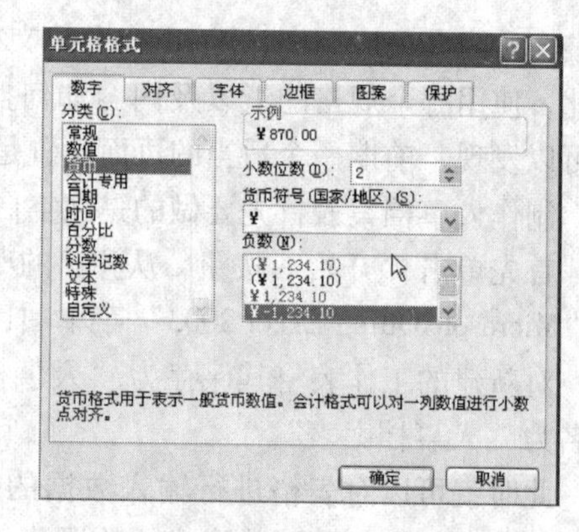

图 9.5

小提示：系统默认的数值为“常规”格式，“常规”格式的数字长度为 11 位。如果超过了 11 位或者超过单元格宽度时，系统会自动以科学的计数的形式表示出来。此时，用户可以根据自己的需求来设置数值的格式或调整单元格的宽度。

③设置完成后，单击确定按钮返回工作表中，即可看到数据以货币的形式显示（如图 9.6 所示）。

④在单元区域“J2:J17”中依次输入员工的联系电话（如图 9.7 所示）。

⑤此时可以看到所输入的联系电话未能全部显示，将鼠标移到列标识 J 和 K 中间，待鼠标指针变成“╋”时，按住鼠标左键并拖动，调整到电话全部显示，松开鼠标左键即可。

小提示：用户在向工作表中输入文本时，系统默认的对齐方式是左对齐，输入数字的对齐方式是右对齐。如果需要使其左对齐时，则可在输入的数字前面加上一个英文状态下的单引号“'”。

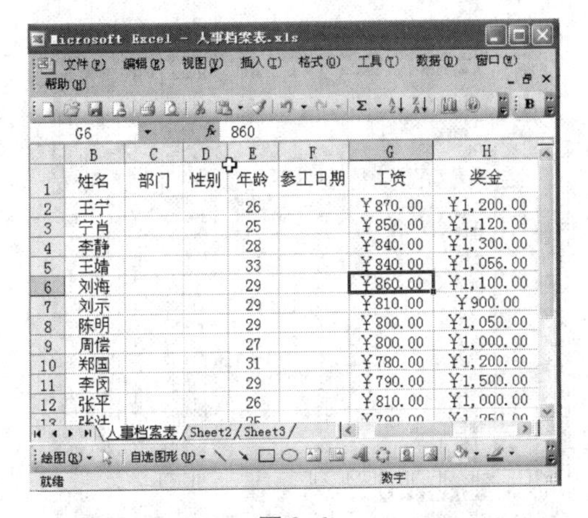

图9.6

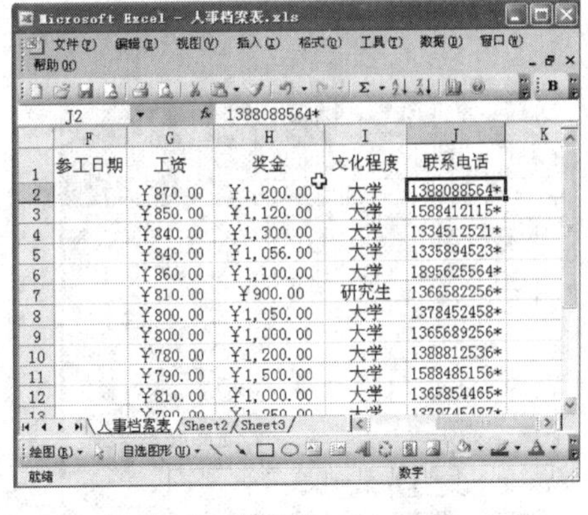

图9.7

(3) 输入日期

Excel中的日期是一种特殊的数值，输入时需要使用“/”或“-”来分隔日期中的年、月、日。

①选中单元格F2，然后输入“2006/7/8”或“2006-7-8”，输入完成后按下【Enter】键，系统会自动转换成日期格式（如图9.8所示）。

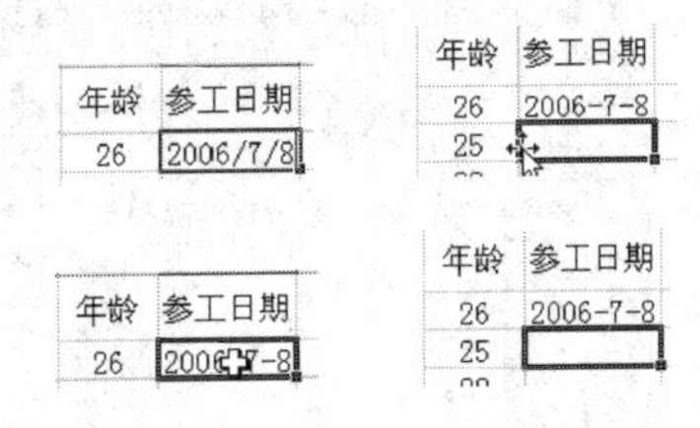

图9.8

小提示：用户在输入当前日期时，只需要在选中的单元格上按下【Ctrl+;】组合键；输入当前时间，按下【Ctrl+Shift+;】组合键即可。

②以同样的方法，依次输入人员的“参工日期”。

小提示：常用的修改单元格中的数据内容的方法有以下几种：

①双击要修改的单元格，将光标定位到单元格中，对相应的内容进行修改。

②选中要修改的单元格，然后输入正确的数据内容。

③选中要修改的单元格，然后将光标定位在编辑区，对数据进行修改。

(4) 快速填充数据

在Excel表格中输入日期、等差及等比等有规律的数据是非常便捷的。具体操作步骤如下：

①在“序号”所在的A列中选中单元格A2，然后输入“1”（如图9.9所示）。

②选中单元格A2，将鼠标放到该单元格的右下角，当鼠标指针变成“+”时，按住鼠标左键，同时向下拖动鼠标移至A17时释放左键，此时发现A列中的编号被填充为“1”，同时在该列右下角有一个“自动填充选项”按钮（如图9.10所示）。

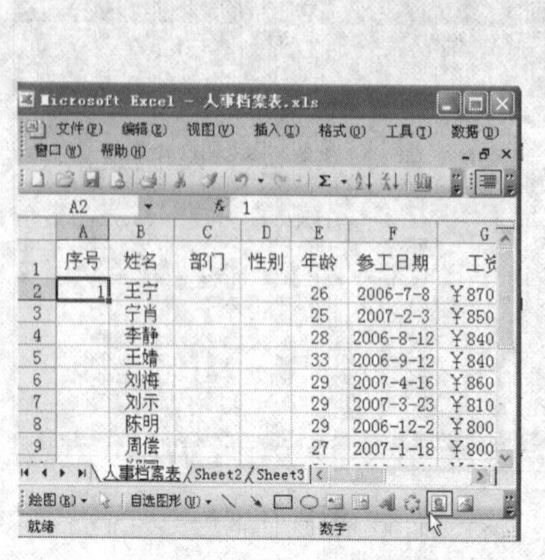

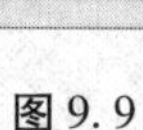

图 9.9

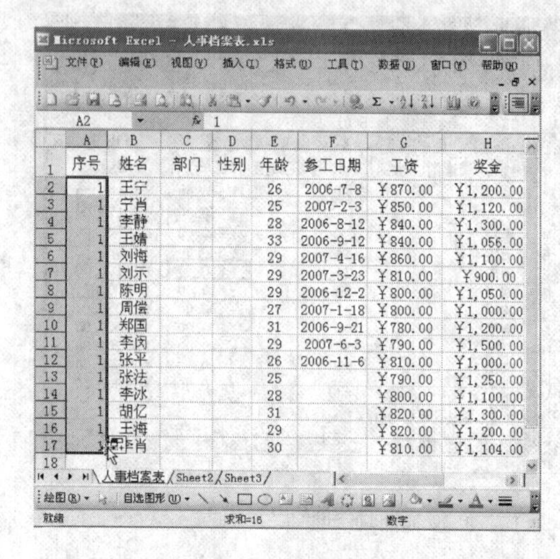

图 9.10

③单击“自动填充选项”按钮，然后从弹出的下拉菜单中选中“以序列方式填充”单选按钮，即可将数字以序列的方式填充到所选择的区域内（如图 9. 11 所示）。

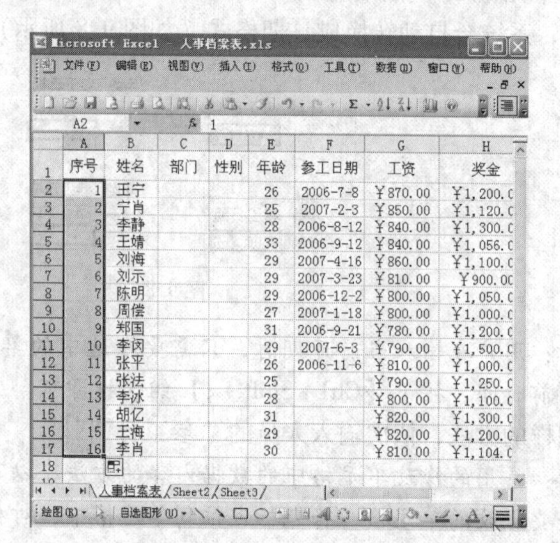

图 9. 11

④此时选择“格式→单元格”菜单项，随即弹出“单元格格式”对话框。在“分类”列表框中选择“自定义”选项，然后在“类型”下拉列表文本框中输入“000”（如图 9. 12 所示）。

⑤此时单击“确定”按钮返回工作表中，就可以看到所有的编号以 3 位数显示（如图 9. 13 所示）。

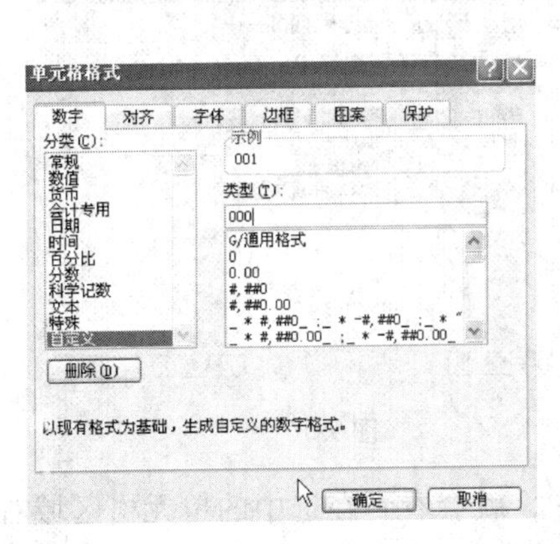

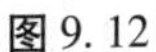
图9.12

	A	B	C	D	E	F	G	H
1	序号	姓名	部门	性别	年龄	参工日期	工资	奖金
2	001	王宁			26	2006-7-8	￥870.00	￥1,200
3	002	宁肖			25	2007-2-3	￥850.00	￥1,120
4	003	李静			28	2006-8-12	￥840.00	￥1,300
5	004	王婧			33	2006-9-12	￥840.00	￥1,056
6	005	刘海			29	2007-4-16	￥860.00	￥1,100
7	006	刘示			29	2007-3-23	￥810.00	￥900.
8	007	陈明			29	2006-12-2	￥800.00	￥1,050
9	008	周信			27	2007-1-18	￥800.00	￥1,000
10	009	郑国			31	2006-9-21	￥780.00	￥1,200
11	010	李闵			29	2007-6-3	￥790.00	￥1,500
12	011	张平			26	2006-11-6	￥810.00	￥1,000
13	012	张法			25		￥790.00	￥1,250
14	013	李冰			28		￥800.00	￥1,100
15	014	胡亿			31		￥820.00	￥1,300
16	015	王海			29		￥820.00	￥1,200
17	016	李肖			30		￥810.00	￥1,104

图9.13

（5）设置数据有效性

在Excel工作表中用户可以设置单元格中数据的有效范围，即对输入的数据进行限制。下面以设置“性别”所在列的有效性为例进行介绍。具体操作步骤如下：

①选中“性别”所在D列中的单元格区域“D2:D17”，然后选择“数据→有效性”菜单项，即会弹出“数据有效性”对话框。切换到“设置”选项卡中，然后在“允许”下拉列表中选择“序列”选项，在“来源”文本框中输入“男，女”（如图9.14所示）。

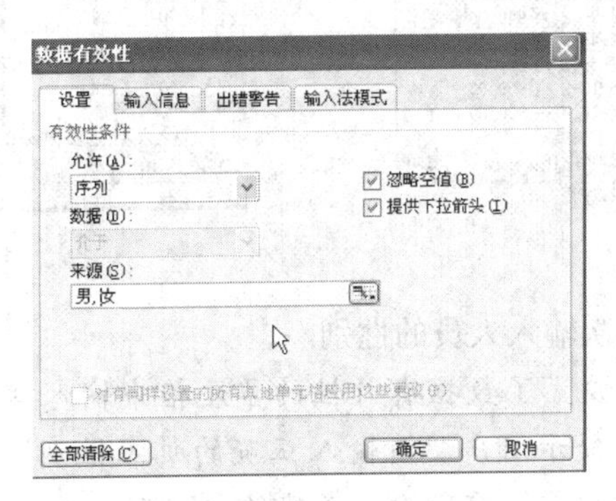

图9.14

小提示：用户在“设置”选项卡中的“来源”文本框中输入“男，女”时，一定要用英文状态下的逗号“,”隔开，否则系统会默认为输入的是一项内容。

②切换到“输入信息”选项卡，选中“选定单元格时显示输入信息”复选框，在“选定单元格时显示下列输入信息：”组合框中的“标题”文本框中输入“性别”，“输入信息”文本框中输入“只允许输入‘男’或‘女’”（如图9.15所示）。

③切换到“出错警告”选项卡中，选中“输入无效数据时显示出错警告”复选框，在“输入无效数据时显示下列出错警告”组合框中的“样式”下拉列表中选择“停止”选项，在“标题”文本框中输入“错误输入”，在“错误信息”文本框中输入“请输入正确的员工性别”（如图9.16所示）。

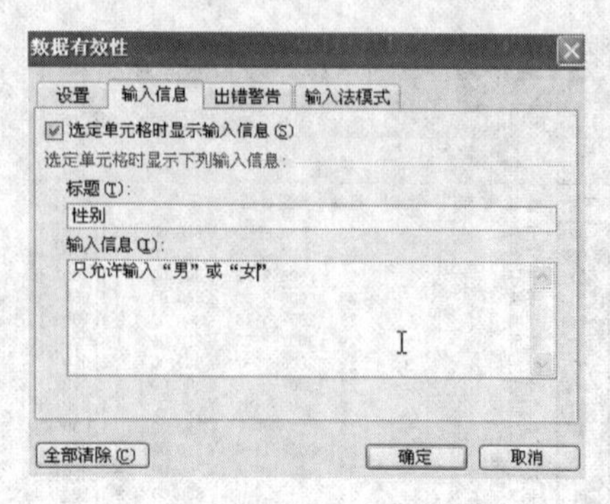

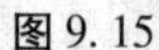
图 9.15

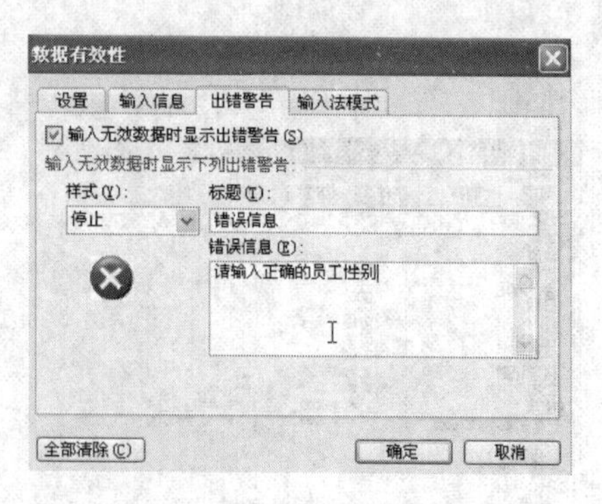

图 9.16

④设置完成后单击确定按钮返回到工作表中，就会看到在选中的单元格区域右侧有一个小提示信息（如图 9.17 所示）。

⑤选中单元格 D2，单击其右侧的下箭头按钮，然后在弹出的下拉列表中选择人员的性别（如图 9.18 所示）。

图 9.17

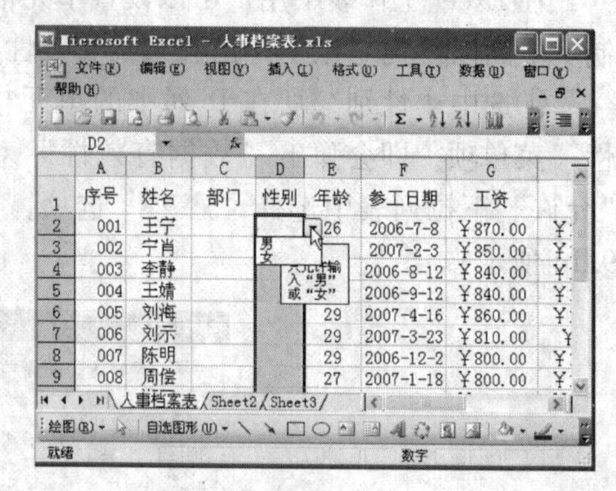

图 9.18

⑥按照同样的方法依次输入人员的性别。

小提示：如果用户在设置了数据有效性的单元格中输入其他信息，系统会自动弹出“错误输入”对话框，提示用户“请输入正确的员工性别”（如图 9.19 所示）。此时用户只要单击“重试”按钮，重新输入正确信息即可。

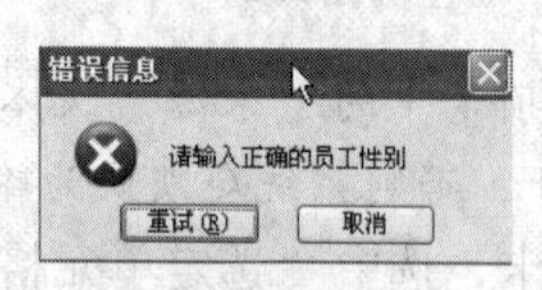

图 9.19

（6）使用下拉列表填充数据

Excel 还提供了一种使用下拉列表输入数据的功能，使用该功能可以快速地输入用户所需要的数据。这里以输入人员的部门为例进行介绍。具体操作步骤如下：

①选中“部门”所在 C 列的单元格区域“C2:C17”，然后输入不重复的人员所在部门“研发部”、“市场部”、“服务部”、“综合部”（如图 9.20 所示）。

②如果在 C3 中输入一个“市”字，单元格中会自动显示“市场部”，按下【Enter】键即可输入“市场部”（如图 9.21 所示）。

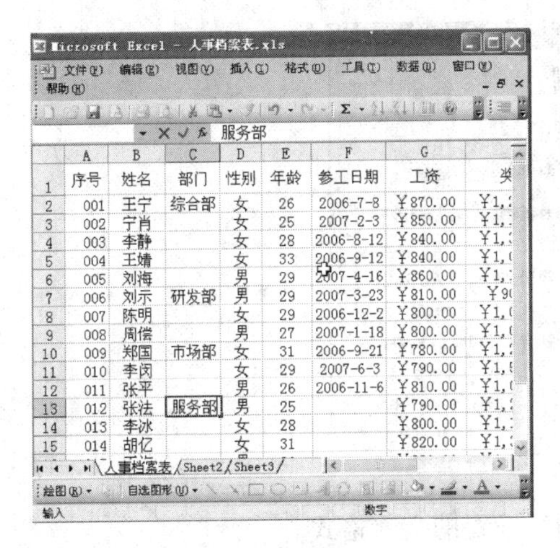

图 9.20

图 9.21

③用户还可以在没有输入部门的单元格中单击鼠标右键，从弹出的快捷菜单中选择“从下拉列表中选择”菜单项。

④此时在选中的单元下方会出现一个下拉列表，用户从中选择人员的部门，用同样的方法输入其他人员所在部门即可（如图 9.22、图 9.23 所示）。

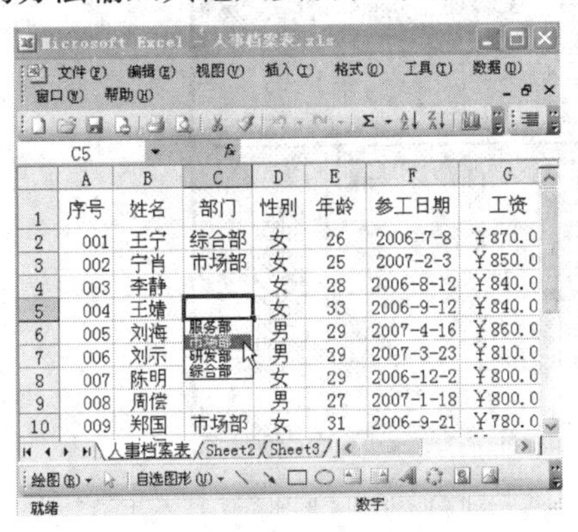

图 9.22

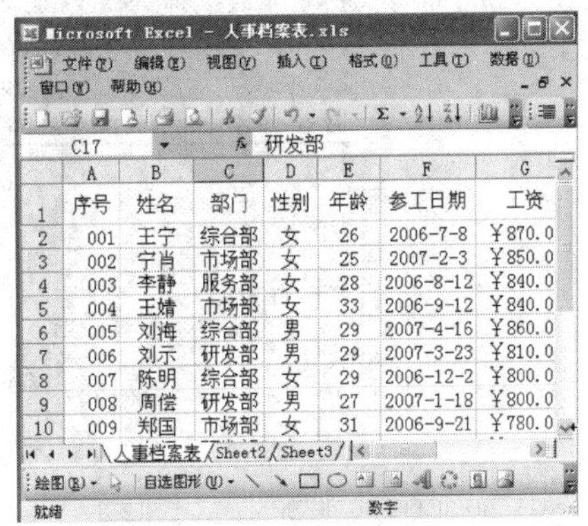

图 9.23

9.2　设置单元格

用户在输入数据后，还需要对单元格进行设置，对录入的数据进行美化，以达到预期的效果。

（1）设置字体格式

在 Excel 表格中，所有输入的数据内容的字体格式都可以进行设置，包括字体、字形、颜色、字号等。具体操作步骤如下：

①选中单元格区域“A1:J1”，然后选择“格式”→“单元格”菜单项。

②在弹出的“单元格格式”对话框中选择“字体”选项卡，然后在“字体”列表框中选择“黑体”选项，在“字形”列表框中选择“加粗”选项，在“字号”列表框中选择“14”选项，并在“颜色”下拉列表中选择“蓝色”（如图 9.24 所示）。

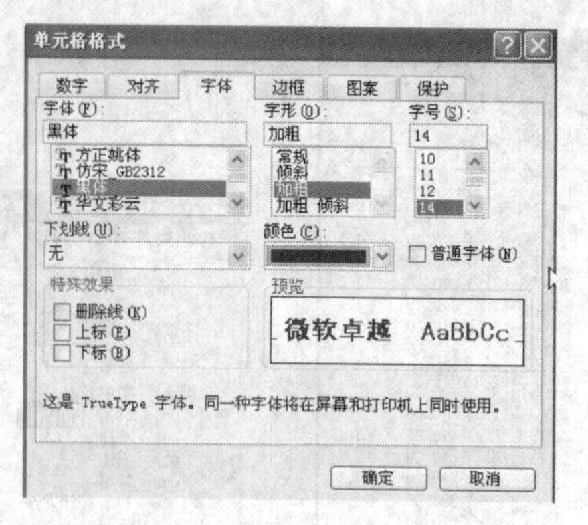

图 9.24

③设置完成后单击确定按钮，即可看到所设置的文字格式。

④也可以通过工具栏中的快捷按钮进行设置。首先是选择单元格区域“A2:J17”，然后在工具栏中的“字体”下拉列表中选择“宋体”选项，“字号”下拉列表中选择“12”选项，单击“字体”颜色按钮，在弹出的颜色列表中选择“深红”，效果如图 9.25 所示。

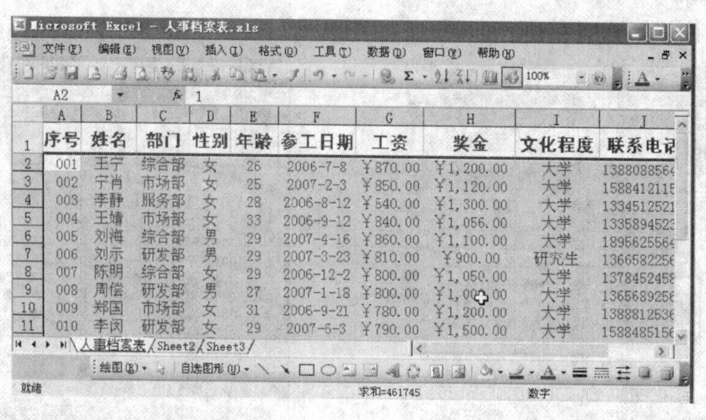

	A	B	C	D	E	F	G	H	I	J
1	序号	姓名	部门	性别	年龄	参工日期	工资	奖金	文化程度	联系电记
2	001	王宁	综合部	女	26	2006-7-8	￥870.00	￥1,200.00	大学	1388088564
3	002	宁肖	市场部	女	25	2007-2-3	￥850.00	￥1,120.00	大学	1588412115
4	003	李静	服务部	女	28	2006-8-12	￥840.00	￥1,300.00	大学	1334512521
5	004	王婧	市场部	女	33	2006-9-12	￥840.00	￥1,056.00	大学	1335894523
6	005	刘海	综合部	男	29	2007-4-16	￥860.00	￥1,100.00	大学	1896625564
7	006	刘示	研发部	男	29	2007-3-23	￥810.00	￥900.00	研究生	1366582256
8	007	陈明	综合部	女	29	2006-12-2	￥800.00	￥1,050.00	大学	1378452458
9	008	周信	研发部	男	27	2007-1-18	￥800.00	[illegible]	大学	1365689256
10	009	郑国	市场部	女	31	2006-9-21	￥780.00	￥1,200.00	大学	1388812536
11	010	李闵	研发部	女	29	2007-6-3	￥790.00	￥1,500.00	大学	1588485156

图 9.25

(2）对齐方式的设置

在 Excel 中，对齐方式是指数据在单元格中显示的位置。在系统默认的情况下，文本内容是左对齐，数值内容是右对齐。用户可以自定义单元格中数据的对齐方式。具体操作步骤如下:

①选中要设置的单元格区域“A1:J1”，然后选择“格式”→“单元格”菜单项，弹出“单元格格式”对话框。切换到“对齐”选项卡中，然后在“文本对齐方式”组合框中的“水平对齐”和“垂直对齐”下拉列表中均选择“居中”选项（如图 9.26 所示）。

②设置完成后单击确定按钮即可，效果如图 9.27 所示。

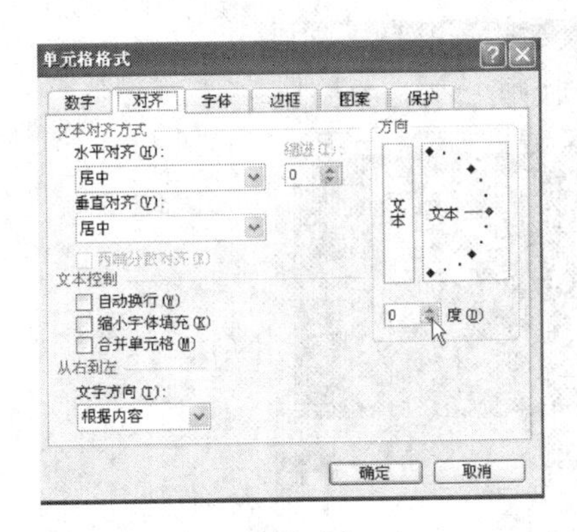

图 9.26

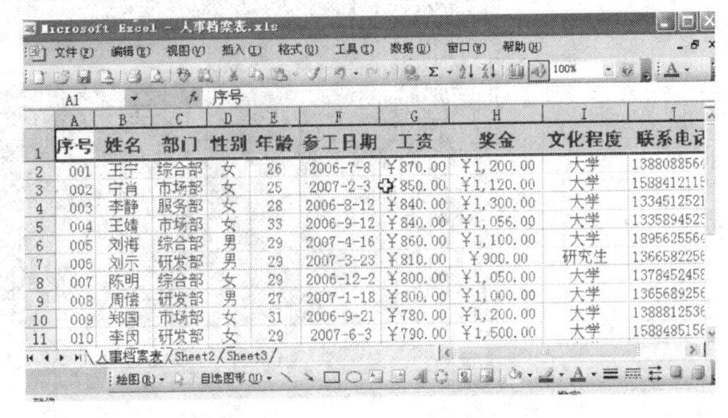

	A	B	C	D	E	F	G	H	I	J
1	序号	姓名	部门	性别	年龄	参工日期	工资	奖金	文化程度	联系电话
2	001	王宁	综合部	女	26	2006-7-8	￥870.00	￥1,200.00	大学	138808856
3	002	宁肖	市场部	女	25	2007-2-3	￥850.00	￥1,120.00	大学	158841211
4	003	李静	服务部	女	28	2006-8-12	￥840.00	￥1,300.00	大学	1334512521
5	004	王婧	市场部	女	33	2006-9-12	￥840.00	￥1,056.00	大学	133589452
6	005	刘海	综合部	男	29	2007-4-16	￥860.00	￥1,100.00	大学	189562556
7	006	刘示	研发部	男	29	2007-3-23	￥810.00	￥900.00	研究生	136658225
8	007	陈明	综合部	女	29	2006-12-2	￥800.00	￥1,050.00	大学	137845245
9	008	周偕	研发部	男	27	2007-1-18	￥800.00	￥1,000.00	大学	136568925
10	009	郑国	市场部	女	31	2006-9-21	￥780.00	￥1,200.00	大学	138881253
11	010	李闵	研发部	女	29	2007-6-3	￥790.00	￥1,500.00	大学	158848515

图 9.27

③也可以通过工具栏中的快捷按钮来设置对齐方式。首先选择单元格区域“A2:J17”，单击工具栏中的“居中”按钮，即可设置选中的单元格内容的对齐方式。

（3）添加边框和底纹

在 Excel 工作表中，默认的单元格边框是不能被打印出来的，用户可以添加边框和底纹，使单元格中的数据更加清晰明了。具体的操作步骤如下：

①选择单元格区域“A1:J17”，然后选择“格式”→“单元格”菜单项，弹出“单元格格式”对话框。切换到“边框”选项卡，在“线条”组合框中的“颜色”下拉列表中选择“黑色”，在“样式”列表框中选择“双横线”选项，然后单击“预置”组合框中的“外边框”按钮，用同样的方式在“样式”列表框中选中“粗虚线”选项，然后单击“内部”按钮即可（如图 9.28 所示）。

②切换到“图案”选项卡中，然后在“颜色”列表框中选择“灰色”（如图 9.29 所示）。

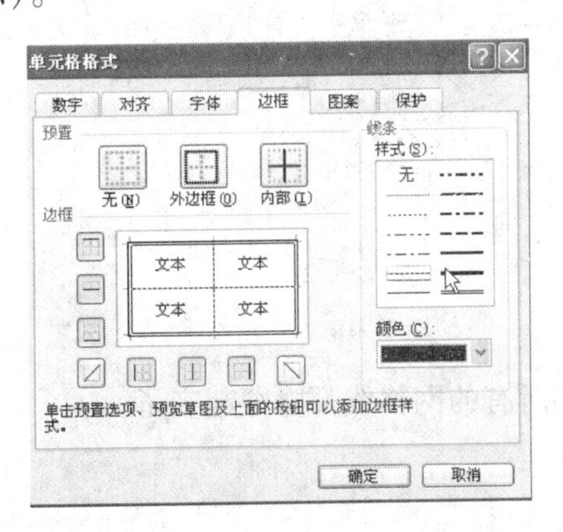

图 9.28

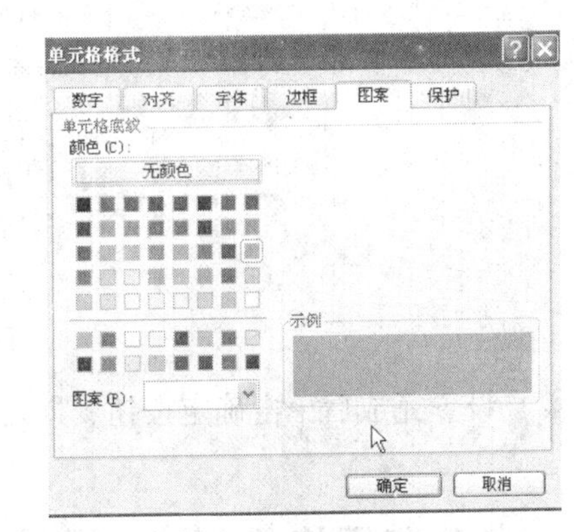

图 9.29

③设置完成后单击确定按钮返回工作表，便可看到所设置的效果了（如图 9.30 所示）。

小提示：在设置边框样式时，除了单击“预置”组合框中的三个按钮之外，用户还可以通过单击边框组合框中的 8 个按钮来单个设置各个边框的样式。

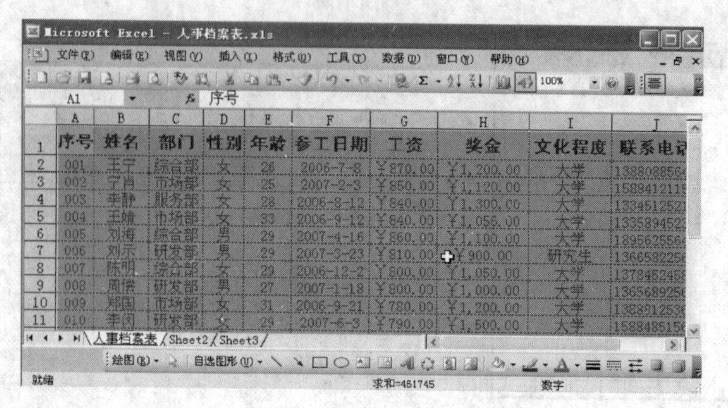

图 9. 30

9.3 隐藏网格线

在 Excel 工作表中，默认的网格线是可以隐藏的，可以设置隐藏网格线以突出用户设置的单元格区域。具体操作步骤如下：

（1）打开工作表，选择“工具”→“选项”菜单项，随即会弹出“选项”对话框，选择“视图”选项，然后在“窗口选项”组合框中选择“网格线”复选框（如图 9. 31 所示）。

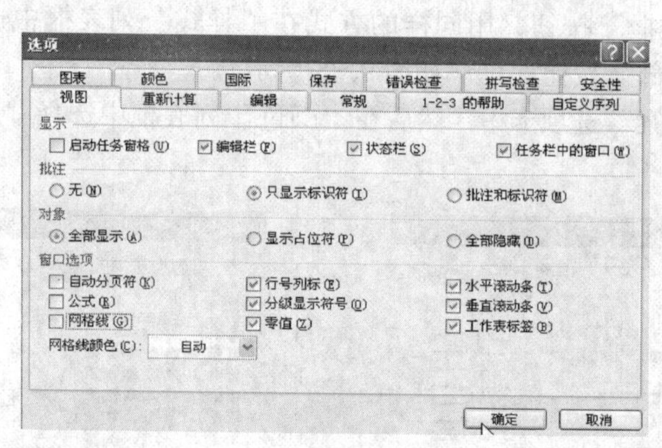

图 9. 31

（2）设置完成后单击确定按钮，即可看到所有的网格线都隐藏起来了。

9.4 自动套用格式创建工作表

用户在制作工作表后，还可以对多个工作表的格式进行设置。而且，Excel 提供了许多现成的格式模板，用户可以直接套用进行快速的表格格式的设置。具体操作步骤如下：

（1）选择需要自动套用格式的单元格区域“A1:J17”，然后选择“格式”→“自动套用格式”菜单项，即会弹出“自动套用格式”对话框，从中选择“古典 2”选项（如图 9. 32 所示）。

（2）单击“选项”按钮，弹出“要应用的格式”组合框。用户可以根据自己的需要撤选不需要的复选框，这里撤选“数字”和“列宽/行高”两个复选框（如图9.33所示）。

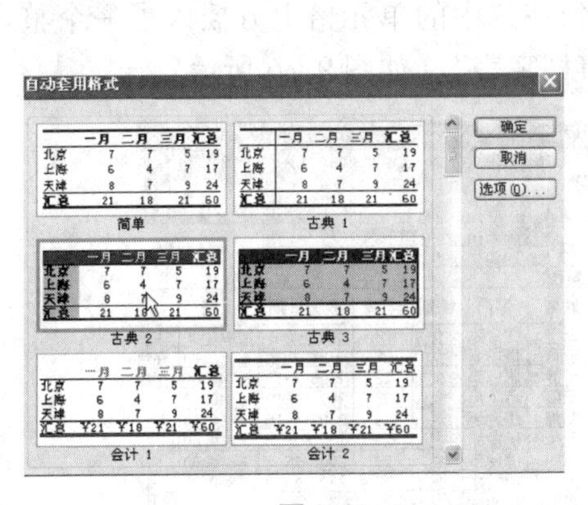

图9.32

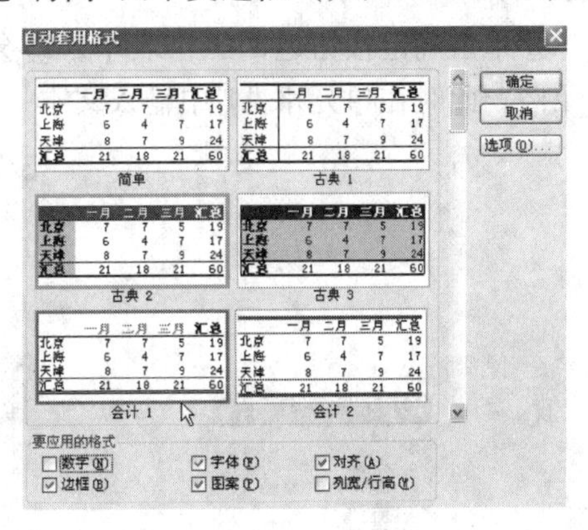

图9.33

小提示：默认情况下“要应用的格式”组合框中的六个复选框都是被选中的。

（3）设置完成后，单击确定按钮，即可看到设置的最终效果（如图9.34所示）。

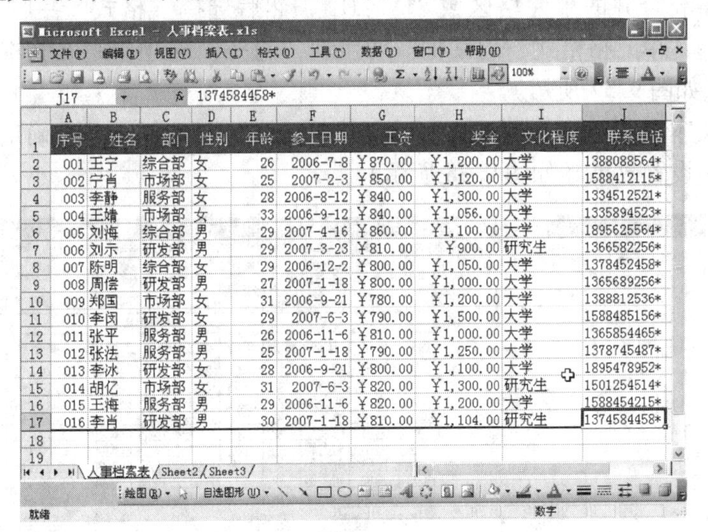

序号	姓名	部门	性别	年龄	参工日期	工资	奖金	文化程度	联系电话
001	王宁	综合部	女	26	2006-7-8	¥870.00	¥1,200.00	大学	1388088564*
002	宁肖	市场部	女	25	2007-2-3	¥850.00	¥1,120.00	大学	1588412115*
003	李静	服务部	女	28	2006-8-12	¥840.00	¥1,300.00	大学	1334512521*
004	王婧	市场部	女	33	2006-9-12	¥840.00	¥1,056.00	大学	1335894523*
005	刘海	综合部	男	29	2007-4-16	¥860.00	¥1,100.00	大学	1895625564*
006	刘示	研发部	男	29	2007-3-23	¥810.00	¥900.00	研究生	1366582256*
007	陈明	综合部	女	29	2006-12-2	¥800.00	¥1,050.00	大学	1378452458*
008	周偿	研发部	男	27	2007-1-18	¥800.00	¥1,000.00	大学	1365689256*
009	郑国	市场部	女	31	2006-9-21	¥780.00	¥1,200.00	大学	1388812536*
010	李闵	研发部	女	29	2007-6-3	¥790.00	¥1,500.00	大学	1588485156*
011	张平	服务部	男	26	2006-11-6	¥810.00	¥1,000.00	大学	1365854465*
012	张法	服务部	男	25	2007-1-18	¥790.00	¥1,250.00	大学	1378745487*
013	李冰	研发部	女	28	2006-9-21	¥800.00	¥1,100.00	大学	1895478952*
014	胡亿	市场部	女	31	2007-6-3	¥820.00	¥1,300.00	研究生	1501254514*
015	王海	服务部	男	29	2006-11-6	¥820.00	¥1,200.00	大学	1588454215*
016	李肖	研发部	男	30	2007-1-18	¥810.00	¥1,104.00	研究生	1374584458*

图9.34

9.5　格式化工作表

用户除了自动套用格式外，还可以使用Excel提供的其他几种方法来快速格式化工作表，如设置单元格格式、使用格式刷、使用样式及使用条件格式等。

（1）设置单元格格式

设置单元格格式的内容很多，前面提及了一些，这里再介绍几种常用的设置。

●插入并合并单元格

具体操作步骤如下：

①打开“人事档案表”，选中单元格A1，单击鼠标右键，从弹出的快捷菜单中选择“插入”选项。

②会弹出“插入”对话框，在“插入”组合框中选中“整行”单选按钮（如图9.35所示）。

③单击确定按钮返回工作表中，即会看到在选中的单元格上方插入了一个整列的单元格，此时在单元格A1中输入文本“人事档案表”（如图9.36所示）。

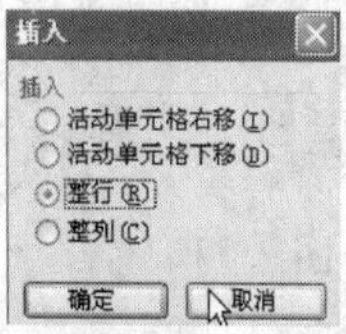

图9.35

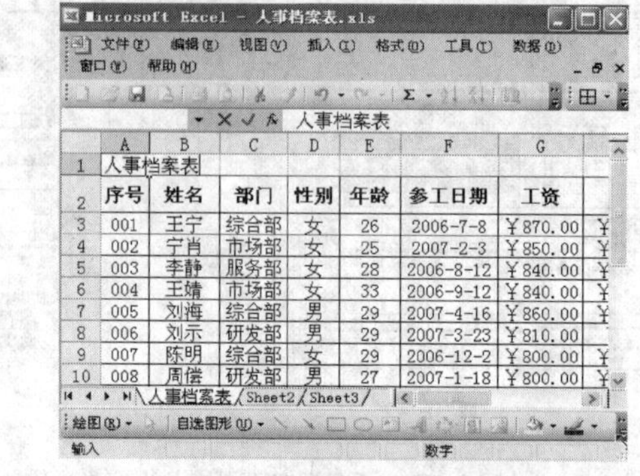

图9.36

④选择需要合并的单元格区域“A1:J1”，然后选择“格式”→“单元格”菜单项，随后弹出“单元格格式”对话框。切换到“对齐”选项卡，在文本对齐方式中选择“居中”（如图9.37所示）。

⑤在“文本控制”组合框中选中“合并单元格”复选框，单击确定按钮返回工作表，即可看到设置效果（如图9.38所示）。

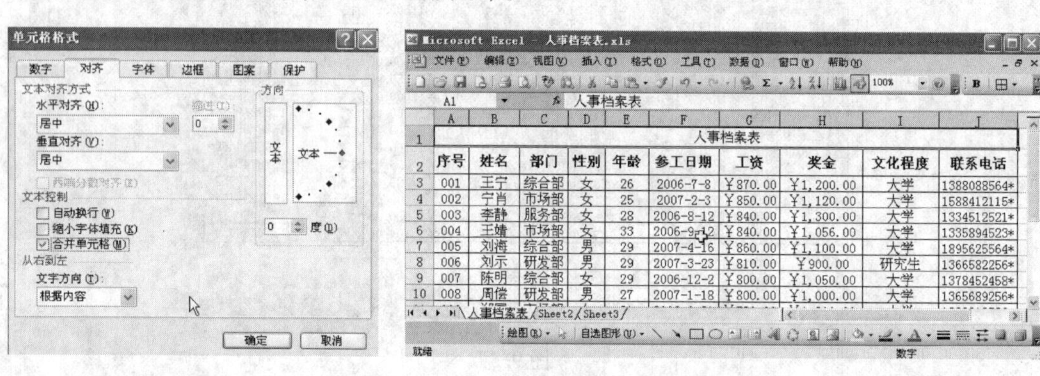

图9.37　　图9.38

小提示：也可以通过单击工具栏中的“合并及居中”按钮，即可将单元格合并，并使内容居中显示。

●设置行高和列宽

如果输入的文本不能符合单元格默认的行高或列宽，就需要通过调整行高或列宽使所有录入的内容全部显示出来。具体操作步骤如下：

①选择需要调整的单元格区域“A2:J18”，然后选择“格式”→“列”→“列宽”菜单项，即会弹出“列宽”对话框，在“列宽”文本框中输入数值“11”（如图9.39所示）。

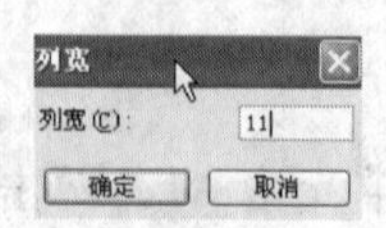

图9.39

②单击确定按钮返回工作表，即可看到调整的效果。

③使用同样的方法选中“A2:J18”，然后选择“格式”→“行”→“行高”菜单项，即会弹出“行高”对话框，在“行高”文本框中输入数值“18”。

④设置完成后单击确定按钮返回工作表，即可看到设置效果（如图9.40所示）。

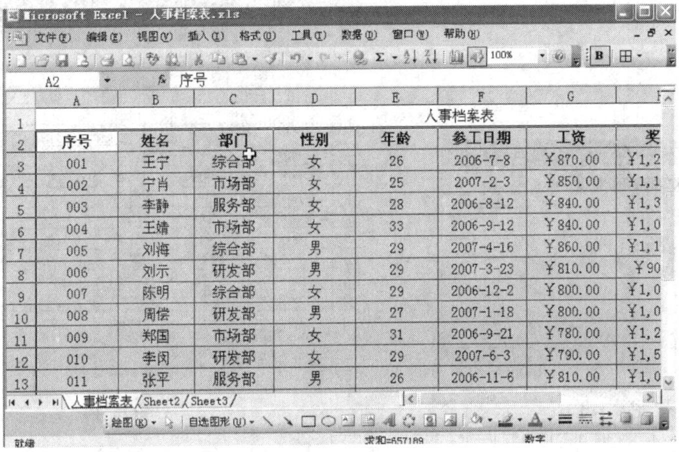

图9.40

（2）使用格式刷

在Excel工作表中也可以使用“格式刷”来快速设置格式。具体操作如下：

①打开需要设置格式的工作表“人事档案表”，选中单元格A2，然后单击工具栏中的“格式刷”按钮（如图9.41所示）。

②切换到“人事档案表”中，当鼠标放到单元区域时，指针变成了“✚🖌”形状，将其移动到单元格A3上，按住鼠标左键不放并拖动至A18，松开鼠标左键，即可看到单元格区域“A3:A18”被刷成与工作表单元格A2相同的格式（如图9.42所示）。

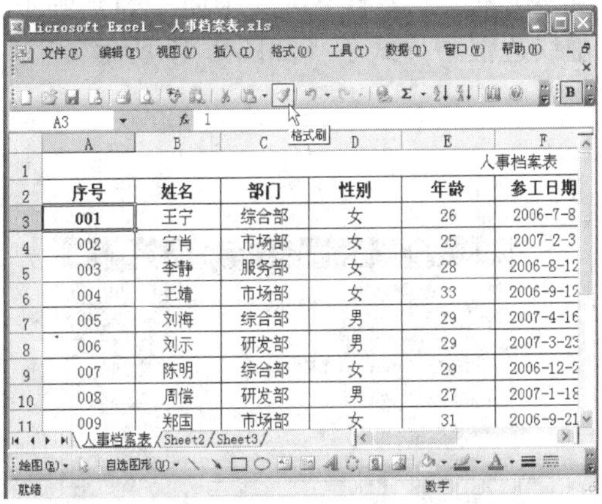

图9.41

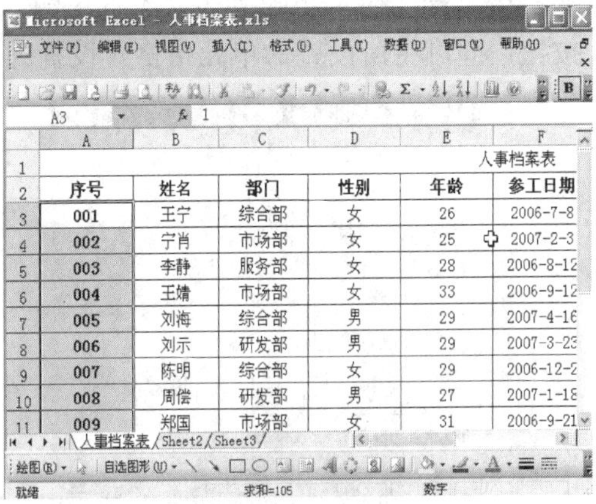

图9.42

（3）使用样式格式化工作表

●使用样式

要快速地设置工作表的样式也有使用样式这种方法。具体操作步骤如下：

①首先选择需要设置的单元格区域“A2:J18”，然后选择“格式”→“样式”菜

单项，即会弹出“样式”对话框（如图 9.43 所示）。

②在“样式名”下拉列表中选择“常规”选项，在“样式包括”组合框中选择“对齐”、“字体”和“保护”复选框，单击确定按钮，返回工作表中即可看到所设置的样式（如图 9.44 所示）。

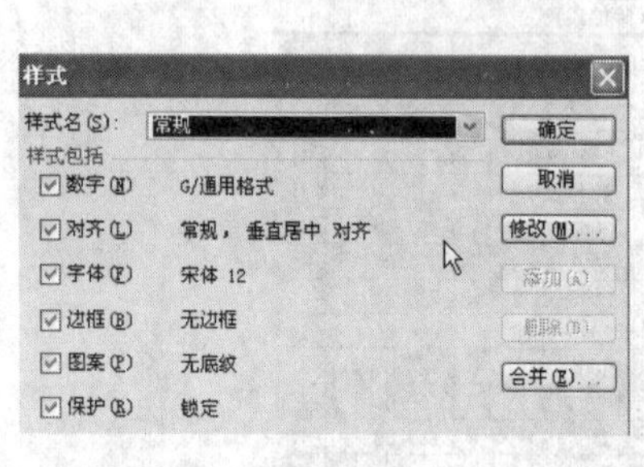

图 9.43

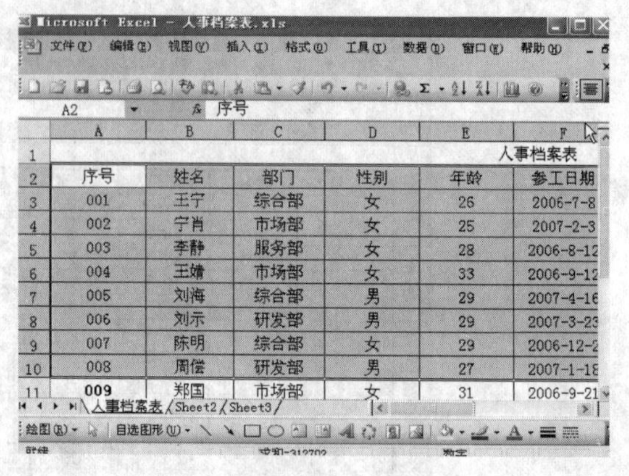

图 9.44

●自定义样式

用户除了套用已有的样式外，还可以自定义创建样式，以方便以后使用。具体的操作步骤如下：

①切换到工作“Sheet2”中，选中整个工作表，然后选择“格式”→“单元格”菜单项，即会弹出“单元格格式”对话框，切换到“边框”选项卡。

②在“线条”组合框中的“样式”列表框中选择“虚线”，在“颜色”列表框中选择“灰色”，然后在“预置”组合框单击“内部”按钮（如图 9.45 所示）。

③单击确定按钮返回工作表。

④格式设置完成后，选择“格式”→“样式”菜单项，即会弹出“样式”对话框。在“样式名”下拉列表文本框中输入“虚线边框”，然后单击“添加”和“确定”按钮，即可将所设置的单元格格式设置为“虚线边框”样式了（如图 9.46 所示）。

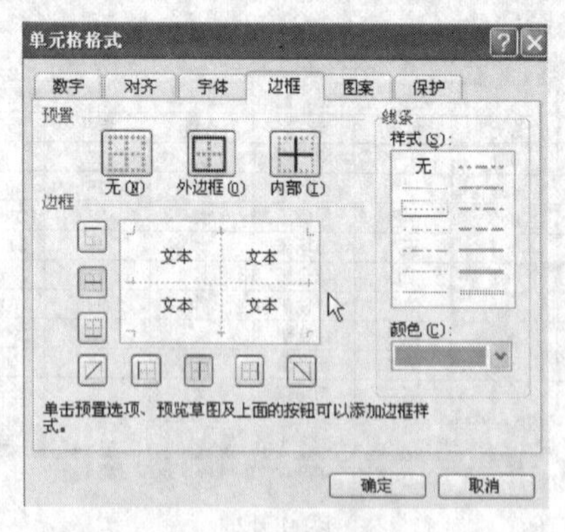

图 9.45

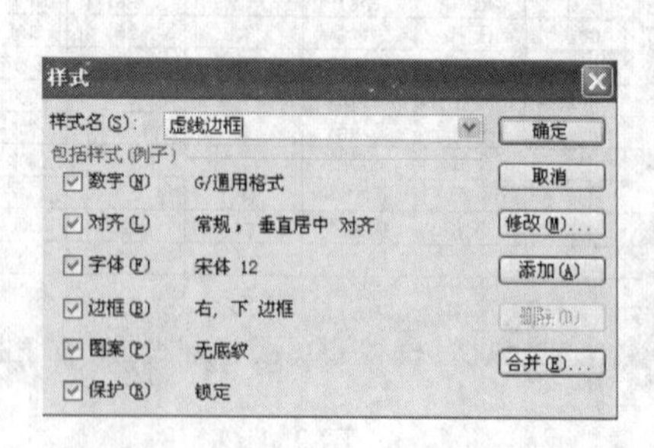

图 9.46

小提示：如果想要删除自定义的样式，可以选择“格式”→“样式”菜单项，在弹出的“样式”对话框的“样式名”下拉列表中选择要删除的样式名，单击确定按钮退出“样式”对话框即可。

(4) 使用条件格式格式化工作表

在 Excel 工作表中，用户为了方便查看数据，可以将数据以不同的格式显示出来，这时就可以通过条件格式这个功能来达到这个效果。具体操作步骤如下：

①首先选择需要设置的单元格区域“E3:E18”，然后选择“格式”→“条件格式”菜单项，随即会弹出“条件格式”对话框，在“条件1”组合框中的第二个下拉列表中选择“介于”选项，分别在第三个和第四个下拉列表中输入“25”和“28”(如图9.47 所示)。

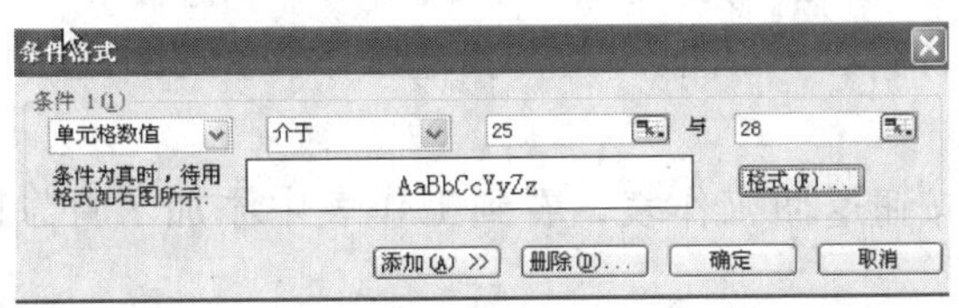

图 9.47

②单击“格式”按钮，弹出“单元格格式”对话框。切换到“图案”选项卡中，然后在“颜色”列表框中选择“红色”(如图 9.48 所示)。

③设置完成后单击确定按钮返回“条件格式”对话框中，然后单击“添加”按钮，弹出“条件2”组合框，用同样的方法设置介于“29”与“31”之间，将数据的颜色设置为“蓝色”(如图 9.49 所示)。

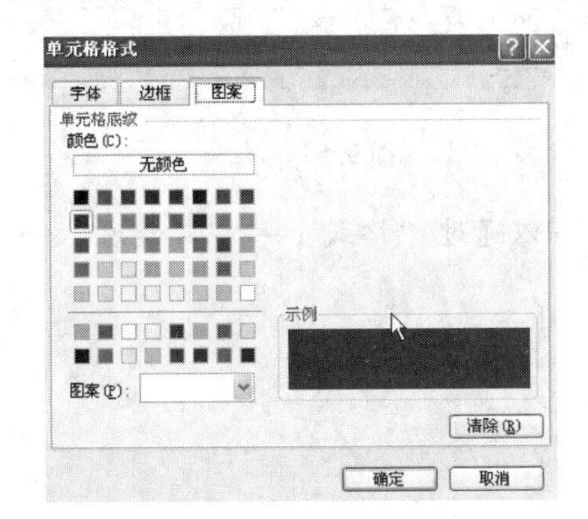

图 9.48

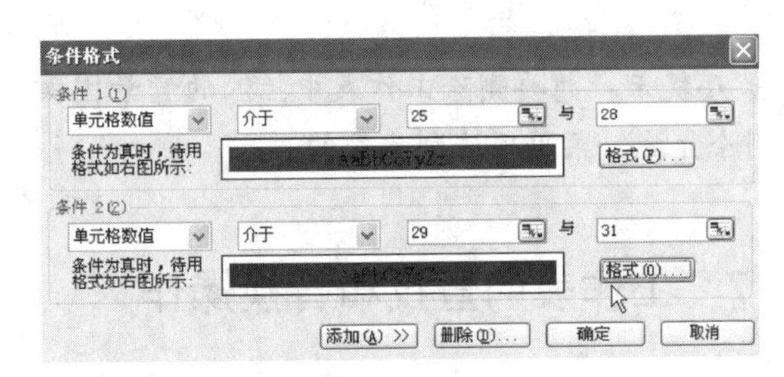

图 9.49

④设置完成后单击确定按钮返回工作表，即可看到所设置的条件格式的效果了。这时，年龄段的区分就很明显了(如图 9.50 所示)。

序号	姓名	部门	性别	年龄	参工日期
001	王宁	综合部	女	[illegible]	2006-7-8
002	宁肖	市场部	女	[illegible]	2007-2-3
003	李静	服务部	女	[illegible]	2006-8-12
004	王婧	市场部	女	33	2006-9-12
005	刘海	综合部	男	[illegible]	2007-4-16
006	刘示	研发部	男	[illegible]	2007-3-23
007	陈明	综合部	女	[illegible]	2006-12-2

图 9.50

9.6 设置工作表背景

为了进一步美化工作表，用户还可以通过对工作表添加背景图片来增强效果。具体操作步骤如下：

①打开需要添加背景的工作表，选择“格式”→“工作表”→“背景”菜单项。

②弹出“工作表背景”对话框，在查找范围下拉列表中选中要插入的背景素材（如图 9.51 所示）。

③单击“确定”按钮返回工作表，看到工作表中添加了背景的效果（如图 9.52 所示）。

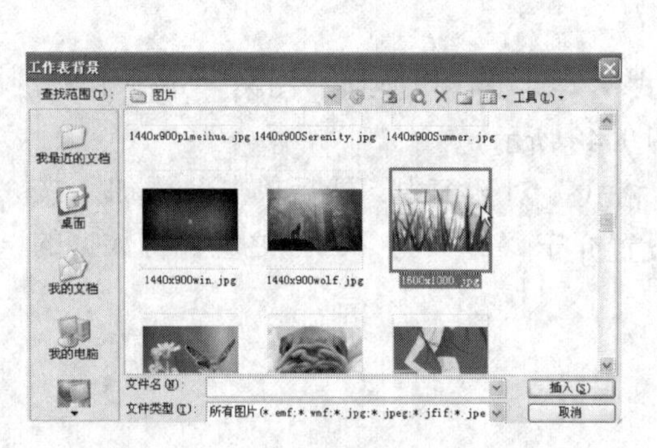

图 9.51

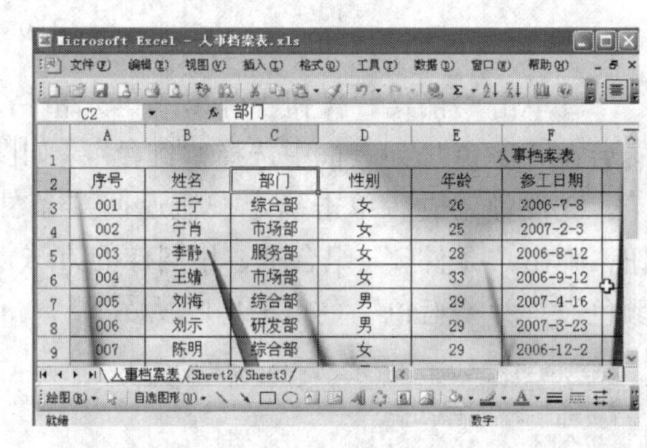

序号	姓名	部门	性别	年龄	参工日期
001	王宁	综合部	女	26	2006-7-8
002	宁肖	市场部	女	25	2007-2-3
003	李静	服务部	女	28	2006-8-12
004	王婧	市场部	女	33	2006-9-12
005	刘海	综合部	男	29	2007-4-16
006	刘示	研发部	男	29	2007-3-23
007	陈明	综合部	女	29	2006-12-2

图 9.52

小提示：想要删除工作表中插入的背景图案，可以通过“格式”→“工作表”→“删除背景”菜单项达到此目的。

9.7 工作表的查找和替换操作

在 Excel 使用过程中，用户为了修改数据会常常用到查找和替换的功能。通过这个功能可以将工作表中相同的信息同时进行替换，大大提高了工作效率。具体操作步骤如下：

(1) 打开“人事档案表”，选择“编辑”→“查找”菜单项，弹出“查找和替换”对话框（如图 9.53 所示）。

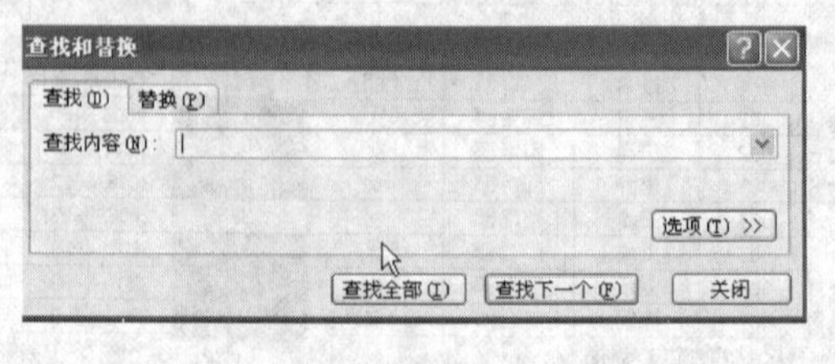

图 9.53

(2) 选择“选项”按钮，弹出供用户选择的查找工具选项，然后在“查找内容”

文本框中输入“840”，在“范围”下拉列表中选择“工作表”选项，在“搜索”下拉列表中选择“按行”选项（如图9.54所示）。

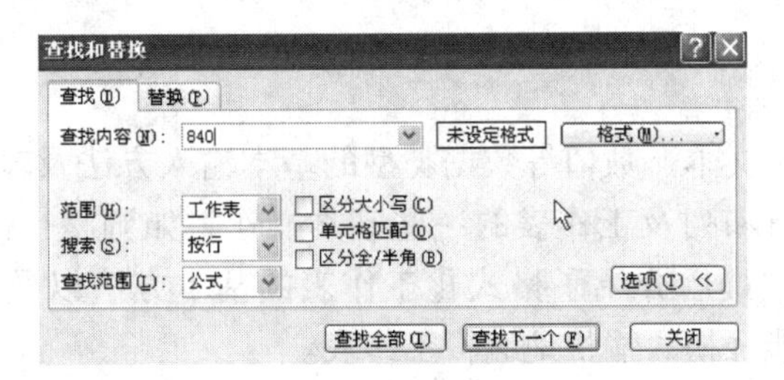

图9.54

（3）单击“查找全部”按钮，在对话框下方会自动弹出查找的结果，并且光标会定位在第一个符合条件的单元格上（如图9.55所示）。

（4）单击“查找下一个”按钮，光标会自动定位到下一个查找的结果上。

（5）切换到“替换”选项卡，在“替换为”文本中输入“860”　（如图9.56所示）。

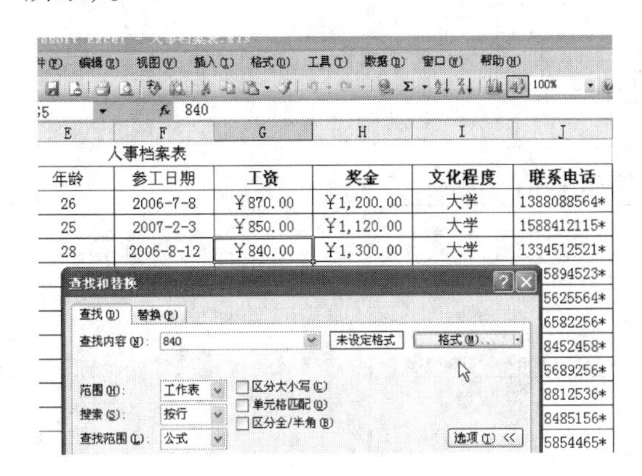

图9.55

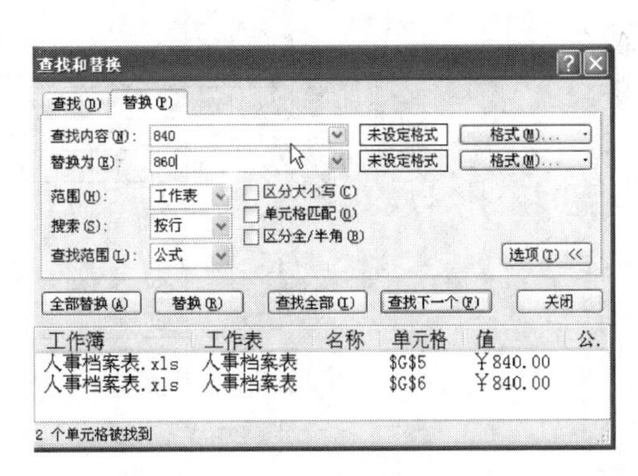

图9.56

（6）用户可以单击“查找下一个”按钮找到符合条件的数据，然后通过单击“替换”按钮进行替换；还可以对所有符合条件的数据进行替换，单击“全部替换”按钮，即会弹出一个小提示对话框（如图9.57所示）。

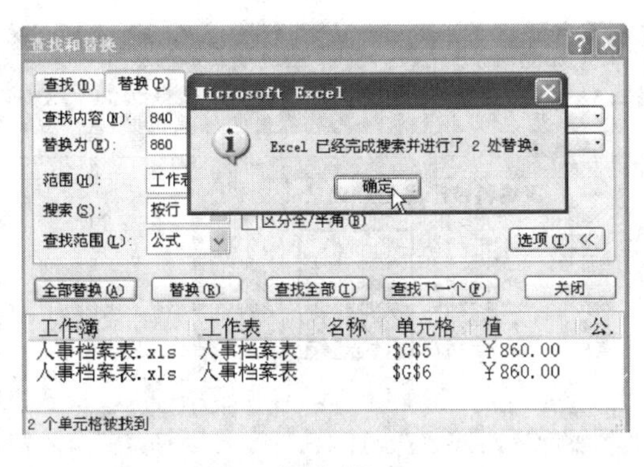

图9.57

（7）单击“确定”按钮，返回工作表，即可看到替换操作的结果。

9.8 重点回顾

本实训首先介绍了文本、数值等数据类型的基本输入方法及输入数据的一些技巧，接着介绍了单元格、行和列及工作表的一些基本操作，如调整行高或列宽的方法、工作表标签的重命名等，最后介绍了格式化工作表的基本方法以及数据的查找和替换。熟悉了这些操作，才能轻松、愉快地编辑工作表。

9.9 补充实训

（1）制作个人简历表（如图 9.58 所示）。

个人简历表

姓名		身份证号		照片
性别		政治面貌		
专业		婚姻状况		
职务		技术职称		
手机		家庭电话		
邮编		家庭地址		
教育状况	学校名称	专业	年 月 至 年 月	资格证书
工作经验	年 月 至 年 月	在何单位	何职务	离职原因
求职意向				

图 9.58

（2）制作产品生产记录表（如图 9.59 所示）。

汉达科技产品生产记录

编号	名称	生产日期	出厂日期	数量	单位	单价	总价
A001	电视机	2004年2月2日	2005年2月2日	10,000	台	￥ 2,000.00	20000000
A002	电冰箱	2004年2月3日	2005年2月3日	9,000	台	￥ 1,800.00	16200000
A003	空调机	2004年2月4日	2005年2月4日	11,000	台	￥ 1,600.00	17600000
A004	洗衣机	2004年2月5日	2005年2月5日	13,000	台	￥ 1,500.00	19500000
A005	消毒柜	2004年2月6日	2005年2月6日	20,000	台	￥ 800.00	16000000
A006	音响	2004年2月7日	2005年2月7日	30,000	台	￥ 600.00	18000000

图 9.59

实训10
工作表的美化——制作客户信息表

10.0　内容导航

公司为了方便业务人员与客户联系，决定对与公司有业务联系的客户进行建档统计。要求客服部制作一个美观大方、重点突出的客户信息表发放到每位业务员手中，以便让查阅者轻松地查找到客户的信息和联系方式，加强业务联系，推进公司的业务发展。为了达到效果，需要在工作表中插入各种对象来美化工作表，在打印前要对工作表页面进行设置等。如何解决这些问题呢？其实通过工作表的编辑和美化操作，这些问题都可以迎刃而解。

● 为了使信息表更加美观，主题更加鲜明，用户可以为信息表表头插入自选图形和艺术字。

● 为了使信息表的背景更加美观，增强工作表的生动性，用户可以为工作表插入背景图片。

● 在工作表中需要特别说明的单元格内容，用户可以通过系统提供的添加批注功能，给表格内容添加注解或者说明。

● 为达到理想的输出效果，打印前要通过页面的相关设置来调整工作表的打印方式、工作表在输出页面的位置布局等。

● 通过对工作表添加页眉和页脚的个性化设置，可以给读者提供一些附加信息，增强可读性。

● 在信息表创建编辑完成后，要对其进行保存。在实际工作中有时为了方便其他部门查看，用户可以通过共享设置来达到此目的。

客户信息表的最终效果图如图10.1所示。

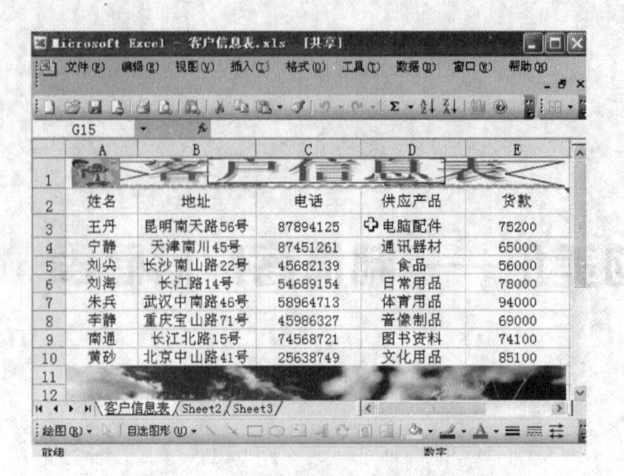

姓名	地址	电话	供应产品	货款
王丹	昆明南天路56号	87894125	电脑配件	75200
宁静	天津南川45号	87451261	通讯器材	65000
刘尖	长沙南山路22号	45682139	食品	56000
刘海	长江路14号	54689154	日常用品	78000
朱兵	武汉中南路46号	58964713	体育用品	94000
李静	重庆宝山路71号	45986327	音像制品	69000
南通	长江北路15号	74568721	图书资料	74100
黄砂	北京中山路41号	25638749	文化用品	85100

图 10.1　客户信息表最终效果图

10.1　工作表的插入操作

在 Excel 表格中也包含有与 Word 类似的插入艺术字、剪贴画和图形图片等操作。打开新建文档，双击工作标签“Sheet1”，将其命名为“客户信息表”，并在工作表中输入相关数据（如图 10.2 所示）。

(1) 插入自选图形

①将工作表的标题“客户信息表”删除，然后选择“插入”→“图片”→“自选图形”菜单项，打开“自选图形”工具栏（如图 10.3 所示）。

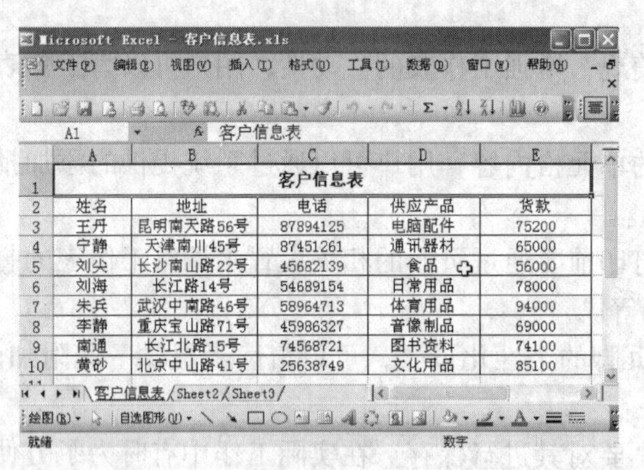

客户信息表				
姓名	地址	电话	供应产品	货款
王丹	昆明南天路56号	87894125	电脑配件	75200
宁静	天津南川45号	87451261	通讯器材	65000
刘尖	长沙南山路22号	45682139	食品	56000
刘海	长江路14号	54689154	日常用品	78000
朱兵	武汉中南路46号	58964713	体育用品	94000
李静	重庆宝山路71号	45986327	音像制品	69000
南通	长江北路15号	74568721	图书资料	74100
黄砂	北京中山路41号	25638749	文化用品	85100

图 10.2

图 10.3

②在“自选图形”工具栏中单击“星与旗帜”按钮，然后在弹出的下拉列表中单击“上凸带形”按钮（如图 10.4 所示）。

③将指针移到单元格 A1 上，待其变成“+”形状时，按住鼠标左键不放，并拖动鼠标至合适的位置松开左键，即可在工作表中添加一个自选图形，用户可以通过拖动自选图形上的控制点来调整其位置和大小（如图 10.5 所示）。

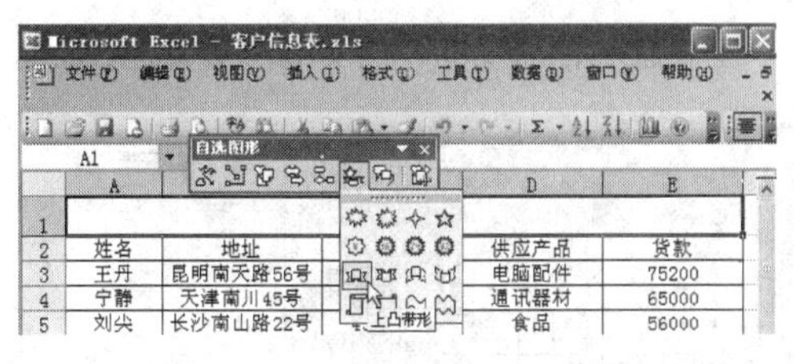

图 10.4

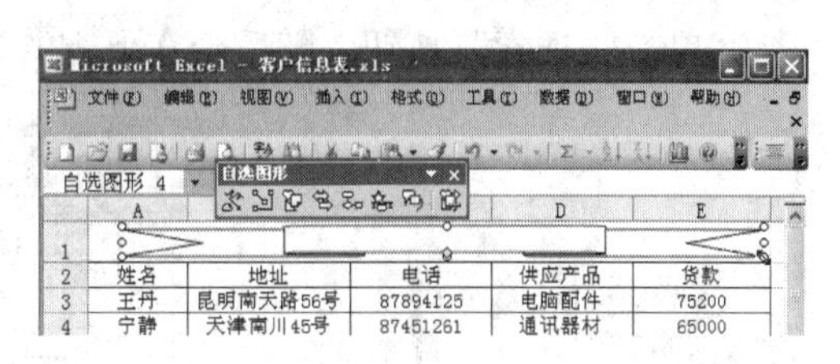

图 10.5

（2）插入艺术字表头

①选择“插入”→“图片”→“艺术字”菜单项，即会弹出“艺术字库”对话框，在“请选择一种艺术字样式”列表框中选择一种合适的艺术字样式（如图 10.6 所示）。

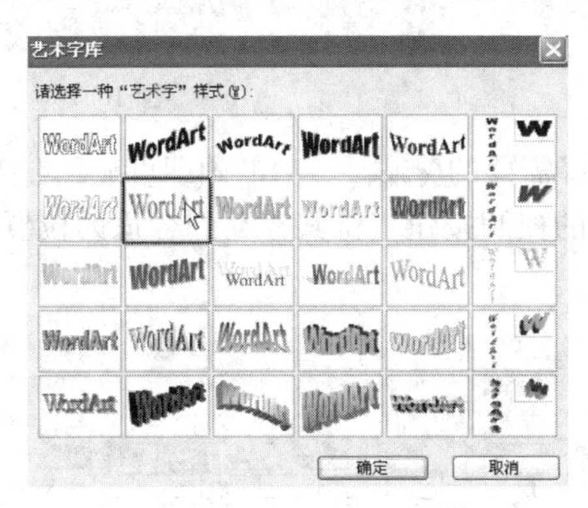

图 10.6

②单击“确定”按钮，即会弹出“编辑‘艺术字’文字”对话框。

③在“字体”下拉列表中选择“华文中宋”选项，在“字号”下拉列表选择“36”选项，在文本框中输入“客户信息表”（如图 10.7 所示）。

④设置完成后单击“确定”按钮返回工作表中，即可见到插入艺术字的效果（如图 10.8 所示）。

⑤用鼠标调整所插入艺术字控制点，使其大小和形状符合要求，并将其移动到前面插入的自选图形上作为表头显示。

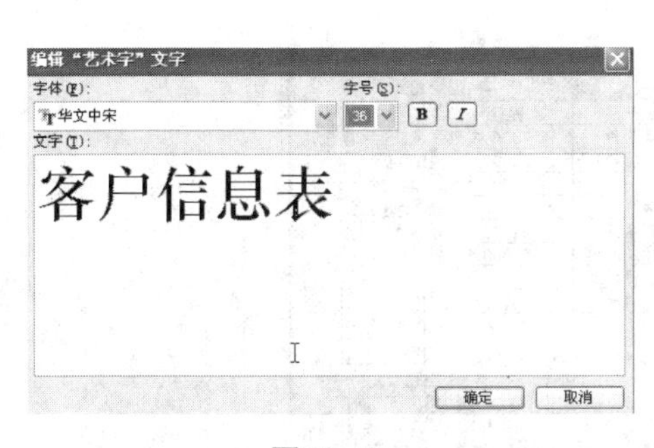

图 10.7

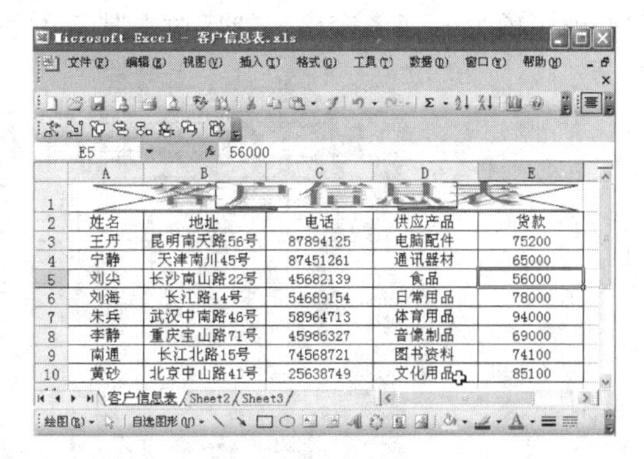

图 10.8

（3）插入剪贴画

①首先选中需要插入的目标单元格 A1，然后选择“插入”→“图片”→“剪贴画”菜单项，即会弹出剪贴画任务窗格（如图 10.9 所示）。

②单击“搜索”按钮，随后会在下方的列表框中显示出搜索结果(如图 10.10 所示)。

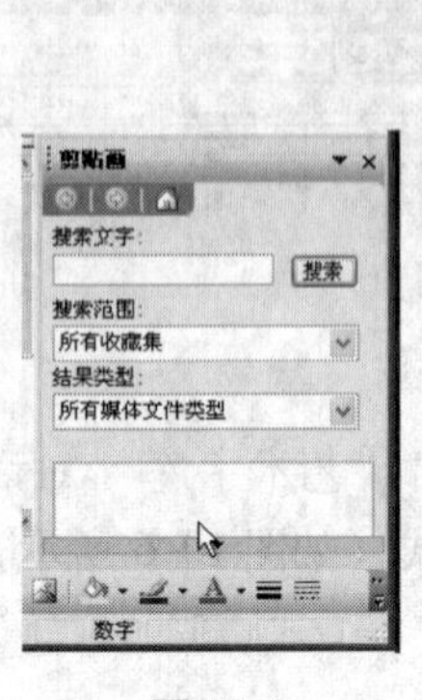

图 10.9

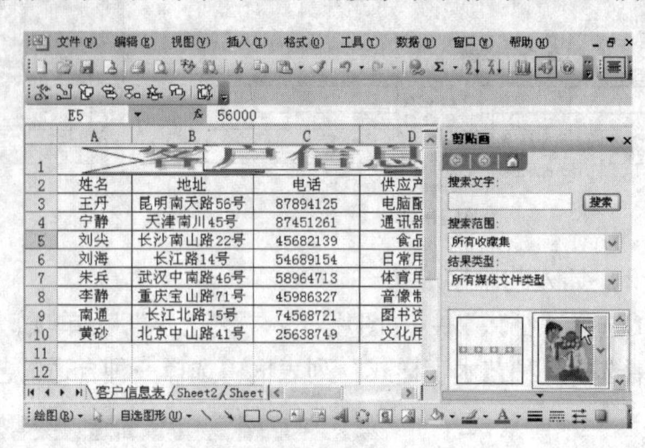

图 10.10

③在显示的结果中选择需要的剪贴画，剪贴画即可显示在工作表中。

④通过调整剪贴画上的控制按钮，将其移动到合适的位置，并调整到合适大小就可以了（如图 10.11 所示）。

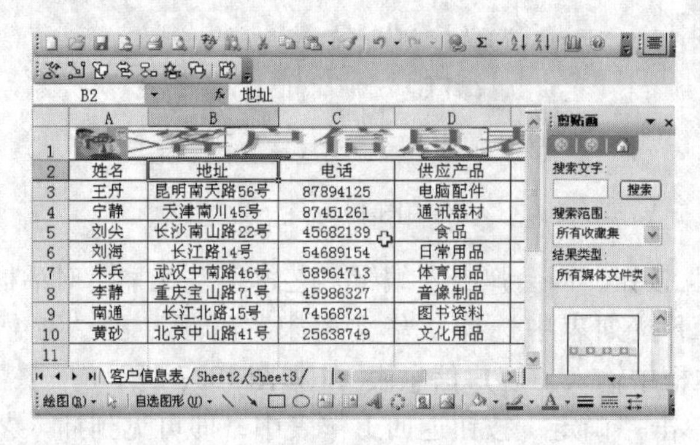

图 10.11

(4) 插入分割线

①首先选择目标单元格 A1，然后选择“插入”→“图片”→“剪贴画”菜单项，即会弹出剪贴画任务窗格，然后单击其下方的“管理剪辑”链接（如图 10.12 所示）。

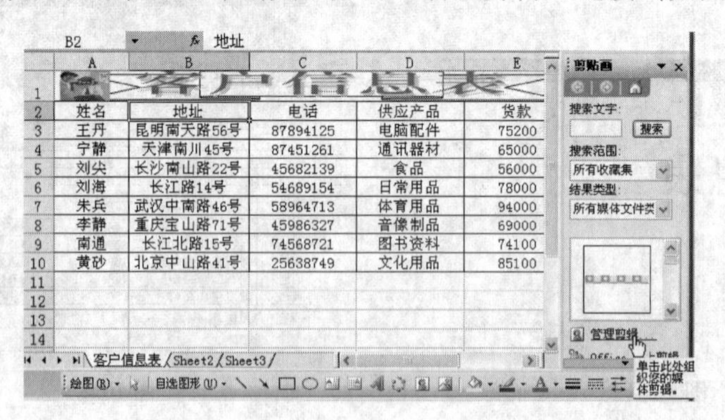

图 10.12

②随后弹出的“分割线 - Microsoft 剪辑管理器”窗口，在“收藏集列表”框中选择“Office 收藏集”→“Web 元素”→“分割线”选项，在右侧的列表框中选择一种

合适的样式（如图 10. 13 所示）。

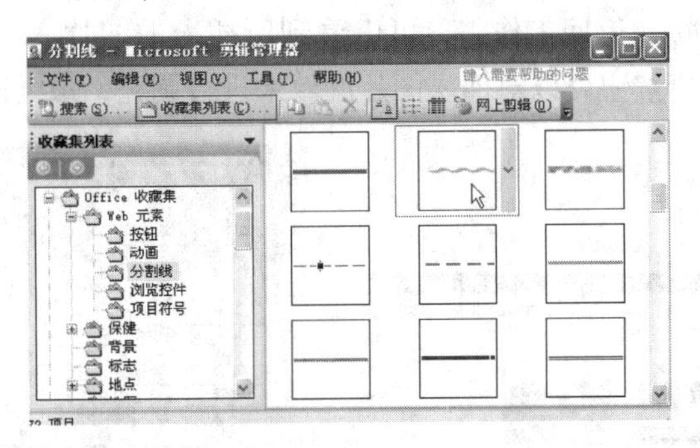

图 10. 13

③在选中的样式上按住鼠标左键不放将其拖至工作表合适的位置后，松开鼠标左键即可。

④双击添加的分割线，在弹出的“设置图片格式”的对话框中，用户可以根据需要对其进行设置。

⑤设置完成后单击“确定”按钮返回工作表中，通过鼠标调节分割线的控制点对其进行最后的调整，并将其移到合适的位置，最终效果如图 10. 14 所示。

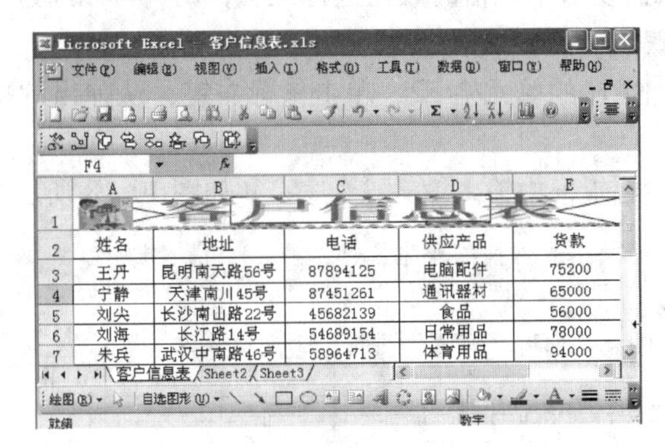

姓名	地址	电话	供应产品	货款
王丹	昆明南天路56号	87894125	电脑配件	75200
宁静	天津南川45号	87451261	通讯器材	65000
刘尖	长沙南山路22号	45682139	食品	56000
刘海	长江路14号	54689154	日常用品	78000
朱兵	武汉中南路46号	58964713	体育用品	94000

图 10. 14

(5) 插入图片

为进一步美化工作表，用户还可以将自己喜欢的图片插入工作表中。具体操作步骤如下：

①选择插入图片的目标单元格 A11，然后选择“插入”→“图片”→“来自文件”菜单项。

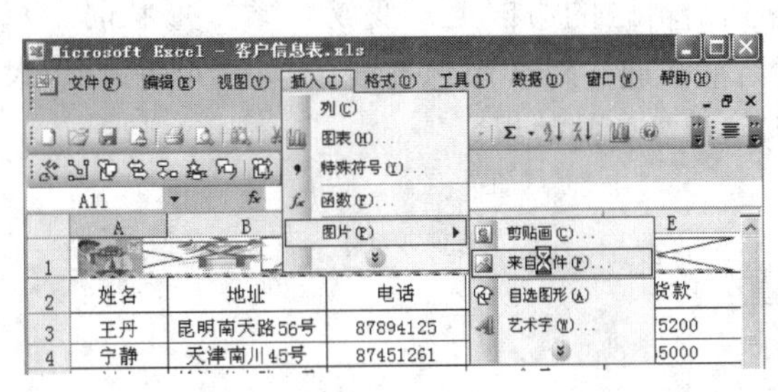

图 10. 15

②弹出“插入图片”对话框，在“查找范围”下拉列表中选择目标文件夹，选中

要插入的图片文件（如图 10.16 所示）。

③单击“确定”按钮返回工作表，可以看到所插入的图片，并显示图片工具栏，通过图片工具栏中的快捷按钮可以对插入图片的效果进行调整，最终效果如图 10.17 所示。

图 10.16

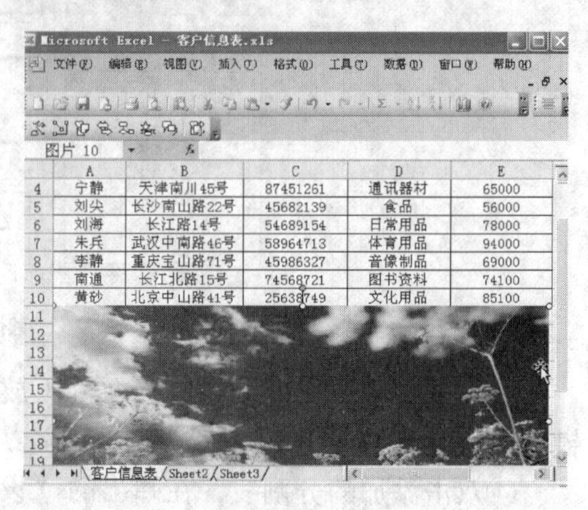

图 10.17

（6）插入批注

在 Excel 中如果需要对单元格的数据进行说明，用户可以通过插入批注这个功能来实现。具体操作步骤如下：

①选择需要添加批注的单元格 E2，单击鼠标右键，从弹出的快捷菜单中选择“插入批注”菜单项。

②在弹出的批注编辑框中输入“现金结算”（如图 10.18 所示）。

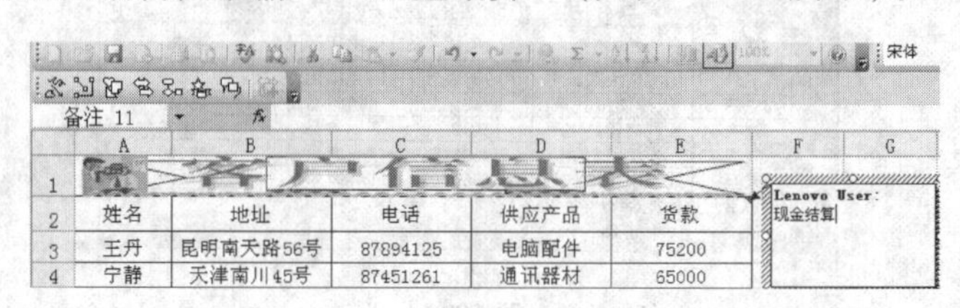

图 10.18

③输入完毕后，单击工作表的其他位置就可退出编辑状态，此时该单元格的右上角会出现一个红色的批注标识符，当鼠标指针移到该单元格上，批注内容就会显示出来。

④选中单元格 E2，单击鼠标右键，从弹出的快捷菜单中选择“编辑批注”菜单项，此时批注呈编辑状态。

⑤将鼠标指针移到编辑区的边框上，变成“✥”形状时，双击鼠标左键，会弹出“设置批注格式”对话框。通过对“颜色与线条”、“对齐”、“大小”等各个选项的设置，可以使批注达到用户需要的效果。

10.2 页面设置

工作表在完成数据的录入和编辑后就可以打印了。在打印输出前，用户可以根据自己的实际需要来设置工作表的打印页面。

(1) 设置打印区域

页面的设置首先是对打印区域的设置，即设置工作表的打印范围。我们以“客户信息表”为例，具体操作如下：

①打开“客户信息表”，选择“文件”→“页面设置”菜单项，即会弹出“页面设置”对话框，切换到“工作表”选项卡（如图 10.19 所示）。

②单击“打印区域”文本框右侧的“折叠”按钮，然后在工作表中选择单元格区域“A2:E10”。

③单击“展开”按钮返回“页面设置”对话框，即可看到“打印区域”文本框中输入了“$A$2:$E$10”。

④用户通过单击“打印预览”按钮，即可预览到打印的效果。

⑤单击“页面设置”对话框中的“确定”按钮返回工作表，可以看到单元格区域“A2:E10”被虚线框起来了，即被设置为打印区域（如图 10.20 所示）。

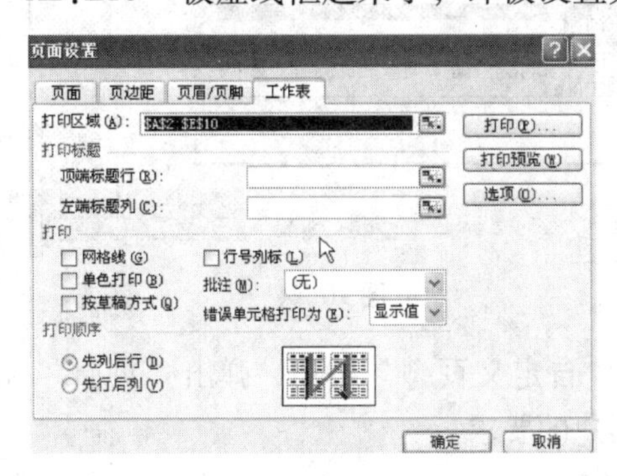

图 10.19

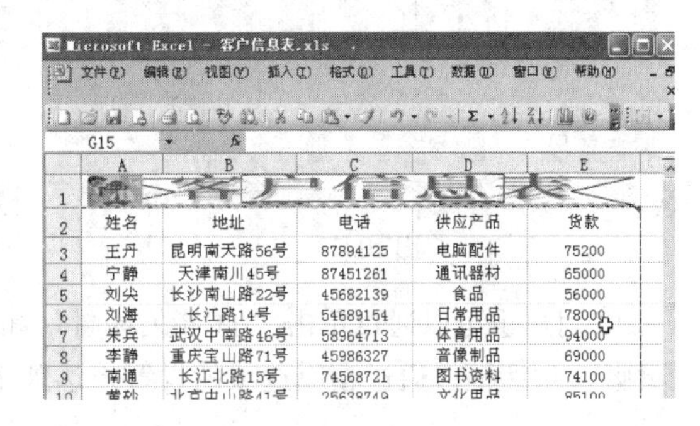

	A	B	C	D	E
2	姓名	地址	电话	供应产品	货款
3	王丹	昆明南天路56号	87894125	电脑配件	75200
4	宁静	天津南川45号	87451261	通讯器材	65000
5	刘尖	长沙南山路22号	45682139	食品	56000
6	刘海	长江路14号	54689154	日常用品	78000
7	朱兵	武汉中南路46号	58964713	体育用品	94000
8	李静	重庆宝山路71号	45986327	音像制品	69000
9	南通	长江北路15号	74568721	图书资料	74100

图 10.20

(2) 设置打印页数

①选择“文件”→“页面设置”菜单项，即会弹出“页面设置”对话框，切换到“页面”选项卡。

②在“方向”组合框中选择“纵向”按钮，然后在“缩放”组合框中选择“缩放比例”100%（如图 10.21 所示）。

③此时单击“打印预览”按钮，即可看到设置打印后的效果（如图 10.22 所示）。

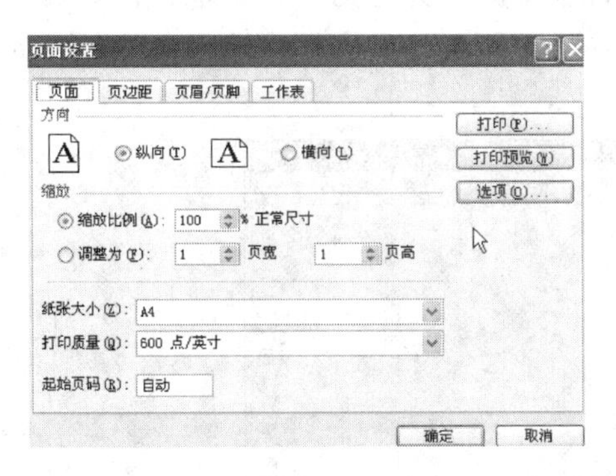

图 10.21

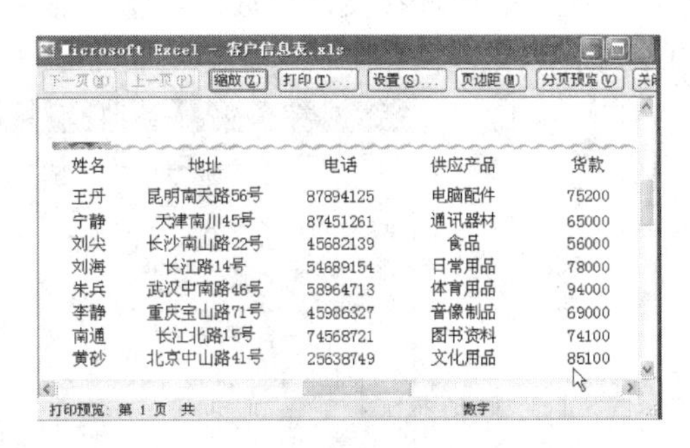

姓名	地址	电话	供应产品	货款
王丹	昆明南天路56号	87894125	电脑配件	75200
宁静	天津南川45号	87451261	通讯器材	65000
刘尖	长沙南山路22号	45682139	食品	56000
刘海	长江路14号	54689154	日常用品	78000
朱兵	武汉中南路46号	58964713	体育用品	94000
李静	重庆宝山路71号	45986327	音像制品	69000
南通	长江北路15号	74568721	图书资料	74100
黄砂	北京中山路41号	25638749	文化用品	85100

图 10.22

(3) 设置居中打印

①选择“文件”→“页面设置”菜单项，即会弹出“页面设置”对话框，切换到

"页边距"选项卡，然后在"居中方式"组合框中选中"水平"和"垂直"两个复选框（如图10.23所示）。

②单击"打印预览"按钮，即可看到设置打印后的效果。

(4) 设置页眉和页脚

①选择"文件"→"页面设置"菜单项，即会弹出"页面设置"对话框，切换到"页眉/页脚"选项卡（如图10.24所示）。

②单击"页眉"和"页脚"选项右侧下拉列表，从中选择需要的样式，即可为文件添加页眉和页脚。

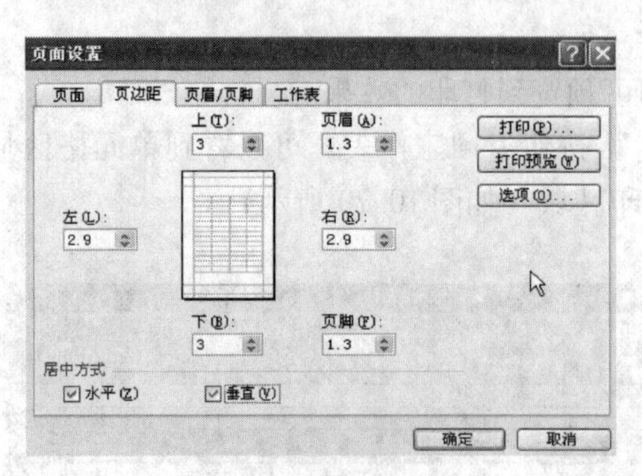

图10.23

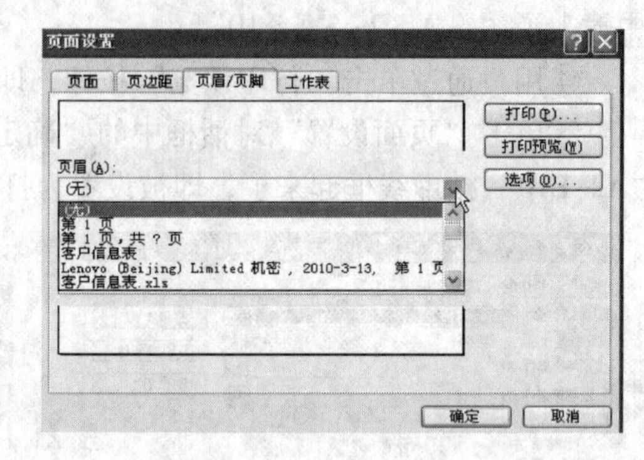

图10.24

③用户也可以通过单击"自定义页眉"和"自定义页脚"按钮，弹出"页眉"和"页脚"对话框，通过相应选项的设置来达到用户的要求。

10.3 保存并共享工作簿

在工作簿创建编辑完成后，首先要对其进行保存。在实际工作中有时还需要其他部门查看，用户可以通过共享设置来达到此目的。

(1) 保存工作簿

①选择"文件"→"另存为"菜单项，即会弹出"另存为"对话框，在"保存位置"下拉列表中选择文件存放的位置，然后在"文件名"文本框中输入文件名（如图10.25所示）。

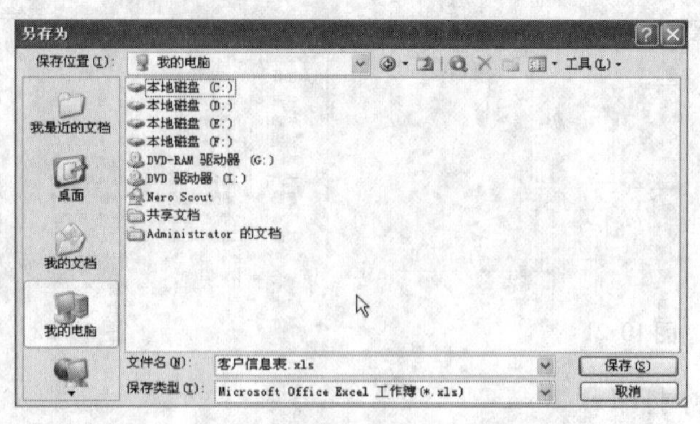

图10.25

②单击“保存”按钮，完成文件的保存。

（2）共享工作簿

①打开“客户信息表”，选择“工具”→“保护”→“保护并共享工作簿”菜单项（如图 10. 26 所示）。

②随后弹出“保护共享工作簿”对话框，选中“以追踪修订方式共享”复选框，然后在“密码”文本框中输入密码（如图 10. 27 所示）。

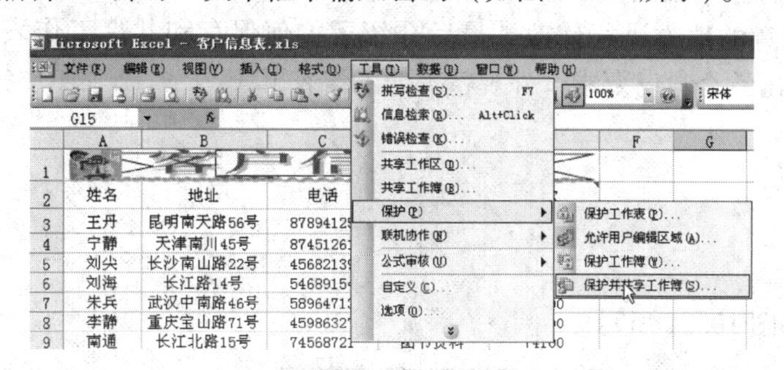

图 10. 26

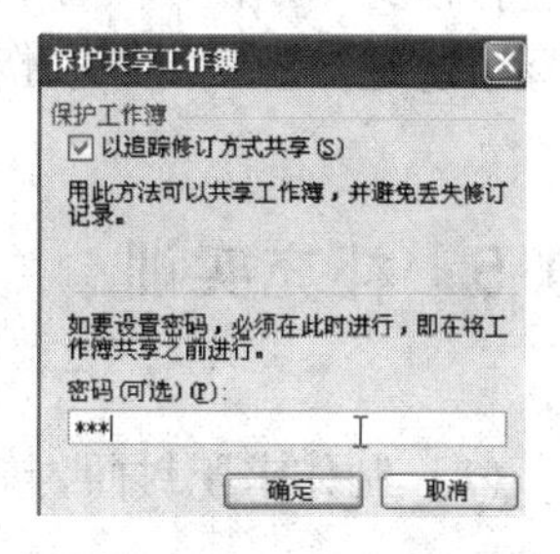

图 10. 27

③单击“确定”按钮，在弹出的“确认密码”对话框中再次输入刚才所设定的密码（如图 10. 28 所示）。

④单击“确定”按钮，系统会弹出“此操作将导致保存文档。是否继续?”对话框（如图 10. 29 所示）。

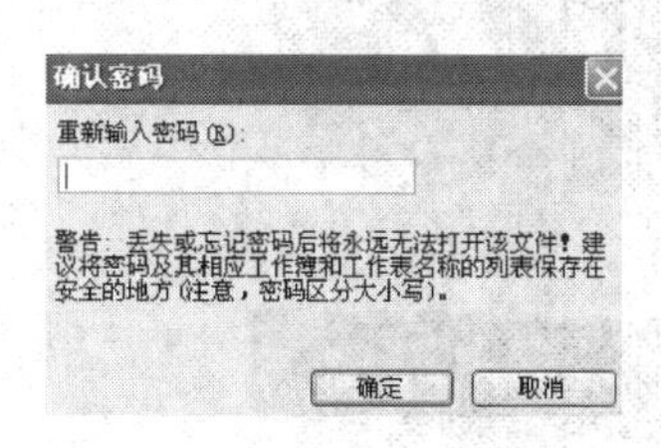

图 10. 28

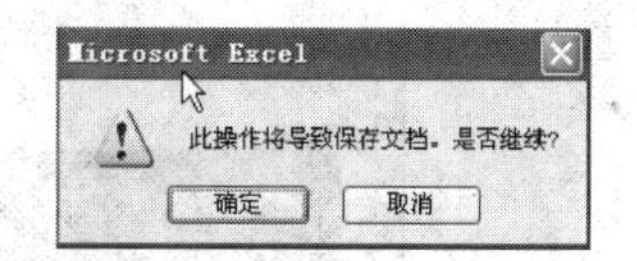

图 10. 29

⑤单击“确定”按钮返回工作表，工作表标题栏上的标题加了“共享”两个字。此时将工作簿另存到电脑的共享文档中就可以了（如图 10. 30 所示）。

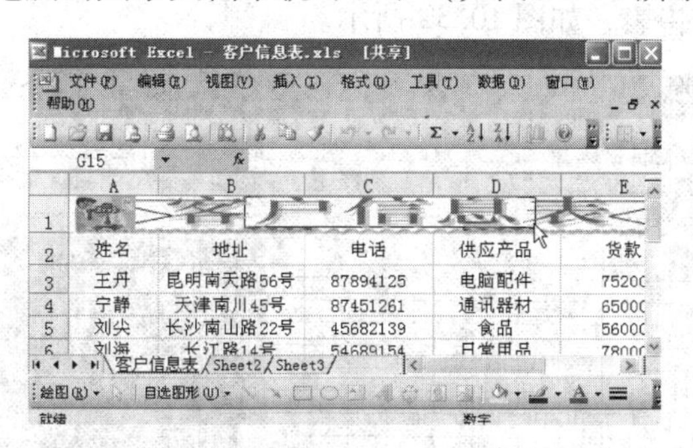

图 10. 30

10.4 重点回顾

本实训主要介绍了工作表的一些美化操作，如插入图形、艺术字，为单元格添加批注等，后面介绍了工作表的打印知识，如页面的设置，插入页眉/页脚，如何在打印前进行预览，以便于对不满意的地方进行修改，最后介绍了如何保存和共享工作表。掌握了这些知识就可以制作出符合自己要求、外观精美的工作表了。

10.5 补充实训

（1）制作求职封面，如图 10.31 所示。

图 10.31

（2）制作产品销售表，如图 10.32 所示。

第一季度产品销售统计表

序号	类型	名称	数量	单价
1	电脑	方正	50	3600
2	电脑	联想	12	4200
3	打印机	爱普生	23	1500
4	音响	山水	15	800
5	显示器	三星	26	1300
6	打印机	佳能	36	2300
7	显示器	联想	21	1200
8	打印机	惠普	16	1500
9	一体机	佳能	24	2640
10	音响	汉诺	23	640

图 10.32

实训 11
使用公式和函数——制作员工工资表

11.0　内容导航

公司要求使用 Excel 2003 编制一张“××公司员工工资表”，要求工资表中记录该公司每个员工的基本信息以及计算各项工资的情况。如何解决这些问题呢？通过对公式和函数的使用和操作，我们会体会到 Excel 2003 为我们提供的快速、准确、高效的数据处理功能。

“××公司员工工资表”的最终效果如图 11.1 所示。

××公司员工工资表

员工编号	姓名	职务	基本工资	职务工资	应发工资	养老保险金	应税所得额	扣税	扣款合计	实发工资
1	李渐	总经理	6,000	2,000	8,000	84	6,916	1,008	1,092	6,908
2	张力	部门经理	4,000	1,000	5,000	56	3,944	467	523	4,477
3	马中安	部门经理	4,000	1,000	5,000	56	3,944	467	523	4,477
4	王辉	业务员	2,000	500	2,500	28	1,472	122	150	2,350
5	白小康	业务员	2,000	500	2,500	28	1,472	122	150	2,350
6	孙春红	业务员	2,000	500	2,500	28	1,472	122	150	2,350
7	康建平	业务员	2,000	500	2,500	28	1,472	122	150	2,350
8	刘超	业务员	2,000	500	2,500	28	1,472	122	150	2,350
9	徐亮	业务员	2,000	500	2,500	28	1,472	122	150	2,350
10	赵杰	业务员	2,000	500	2,500	28	1,472	122	150	2,350

图 11.1　“员工工资表”最终效果图

11.1　认识公式和函数

公式是对数据进行分析与计算的等式。在 Excel 电子表格中可以对公式进行输入、删除、修改、复制和移动等操作。

在 Excel 中输入公式的结构都是相同的，通常为：等号“ = ”后面跟一个或多个运算码。该运算码包括运算符、数值和常量等。运算符包括：算术运算符，如加号“ + ”、减号“ - ”、乘号“ * ”、除号“/”、乘幂“^”、百分号“%”等；比较运算符，如等号“ = ”、大于号“ > ”、小于号“ < ”、大于等于号“ ≥ ”、小于等于号“≤”、不等号“ < > ”等；其他运算符，如冒号（区域选择）“:”、逗号（联合运算）“,”、空格（交叉运算）、文本连接符“&”等。

Excel 中还包含有大量的函数，以方便用户进行一些比较复杂的运算。函数是执行简单或复杂计算的预定公式，其中包括逻辑函数、统计函数、文本函数、信息函数、财务函数、数据库函数、日期与时间函数、数学与三角函数、查找与引用函数和工程函数十大类。另外，Excel 还允许用户使用 VBA 定义自己的函数。

11.2 使用公式和函数

这里以制作“ × ×公司员工工资表”为例来介绍 Excel 中公式和函数的使用。具体操作步骤如下：

(1) 新建员工工资表

①新建一个 Excel 电子表格（工作簿）

打开 Microsoft Office Excel 2003 应用程序，新建一个 Excel 电子表格。

②命名工作表

新建的 Excel 电子表格（工作簿）默认包含三张工作表，分别是“Sheet1”、“Sheet2”、“Sheet3”。将鼠标移动到“Sheet1”工作表标签，单击鼠标右键，在弹出的快捷菜单中执行“重命名”命令（如图 11.2 所示），将 Sheet1 工作表重命名为“员工工资表”。

③设置表格标题

选中 A1:K1 单元格区域，单击“格式”工具栏中的“合并及居中”按钮（），在合并的单元格中输入表格标题“ × ×公司员工工资表”。如图 11.3 所示。

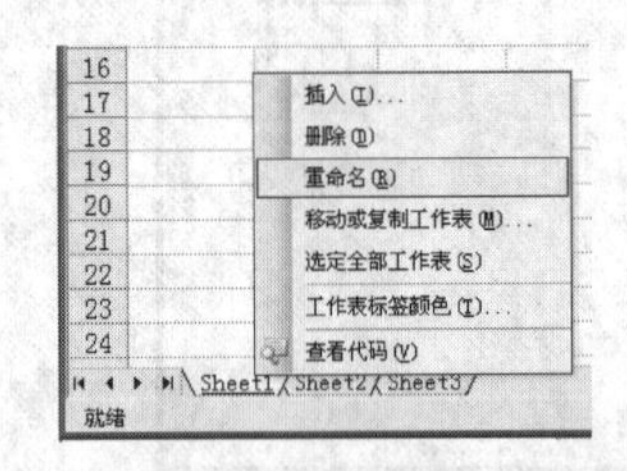

图 11.2 执行工作表“重命名”命令

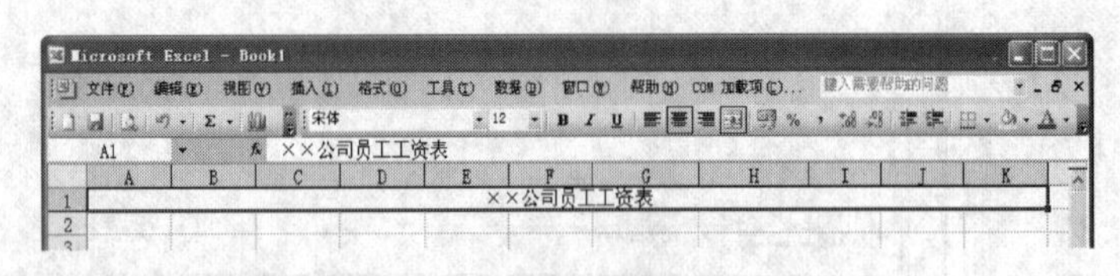

图 11.3 设置工资表标题

④设置列标题

在第二行中，从 A1 单元格开始依次输入列标题，分别为员工编号、姓名、职务、基本工资、职务工资、应发工资、养老保险金、应税所得额、扣税、扣款合计、实发工资（如图 11.4 所示）。

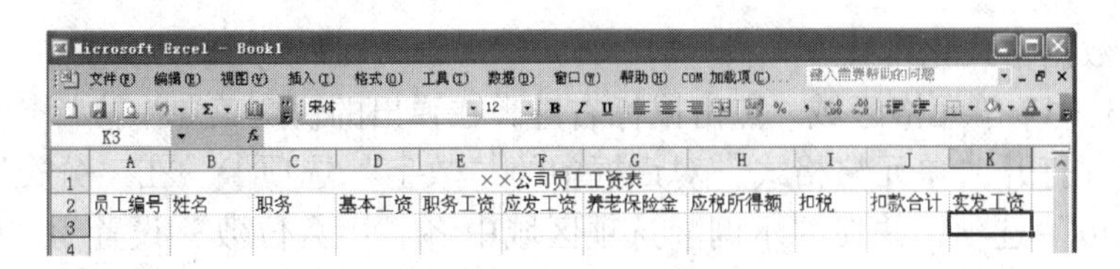

	A	B	C	D	E	F	G	H	I	J	K
1	××公司员工工资表										
2	员工编号	姓名	职务	基本工资	职务工资	应发工资	养老保险金	应税所得额	扣税	扣款合计	实发工资

图 11.4　完成列标题制作

⑤输入员工基本信息

在 A3 单元格中输入第一位员工编号“1”，再使用“自动填充”功能快速生成员工编号。把光标移动至 A4 单元格右下角，光标变为“+”形状。按住鼠标左键向下拖动，在合适的单元格里松开鼠标（有几个员工就拖动几行），随即出现“自动填充选项”智能标记（），用鼠标左键单击“自动填充选项”智能标记下的三角按钮，从其列表中执行“以序列方式填充”命令，完成员工编号的快速生成（如图 11.5 所示）。

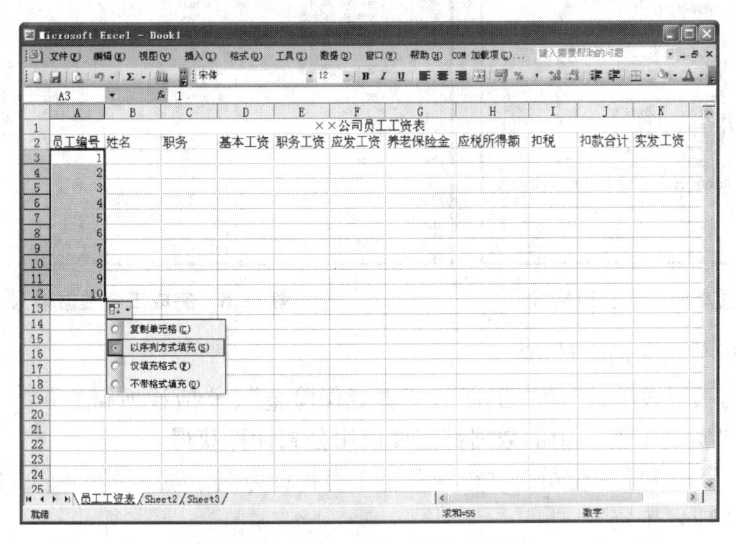

	A	B	C	D	E	F	G	H	I	J	K
1	××公司员工工资表										
2	员工编号	姓名	职务	基本工资	职务工资	应发工资	养老保险金	应税所得额	扣税	扣款合计	实发工资
3	1										
4	2										
5	3										
6	4										
7	5										
8	6										
9	7										
10	8										
11	9										
12	10										

图 11.5　自动填充“员工编号”

填写“姓名”、“职务”列中的内容，完成后效果如图 11.6 所示。

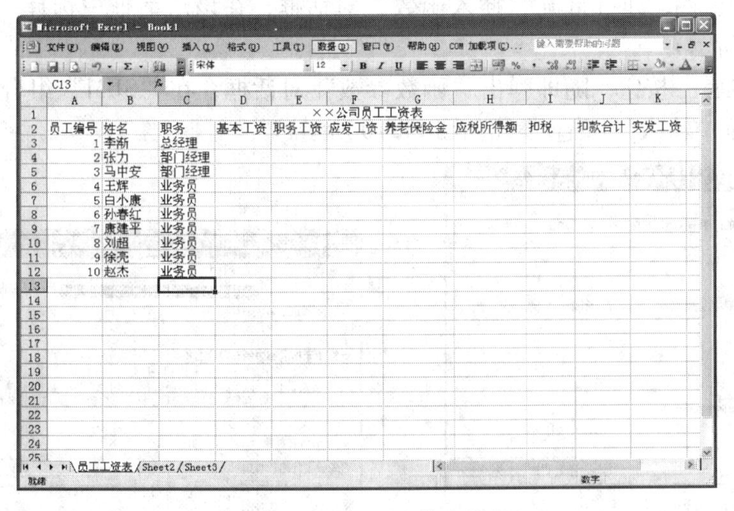

	A	B	C	D	E	F	G	H	I	J	K
1	××公司员工工资表										
2	员工编号	姓名	职务	基本工资	职务工资	应发工资	养老保险金	应税所得额	扣税	扣款合计	实发工资
3	1	李渐	总经理								
4	2	张力	部门经理								
5	3	马中安	部门经理								
6	4	王辉	业务员								
7	5	白小康	业务员								
8	6	孙春红	业务员								
9	7	康建平	业务员								
10	8	刘超	业务员								
11	9	徐亮	业务员								
12	10	赵杰	业务员								

图 11.6　输入员工基本信息

⑥工资数据格式化设置

选中D3:K12单元格区域，点击鼠标右键，在弹出的快捷菜单中执行“设置单元格格式”命令，打开“单元格格式”对话框中的“数字”选项卡。在“分类”下拉列表中选择“货币”选项，并在“示例”选项区域中将“小数位数”设置为“0”，“货币符号”设置为“￥”(如图11.7所示)。

(2) 输入工资数据

完成以上设置后，依次输入“基本工资”和“职务工资”的信息，完成之后的效果如图11.8所示。

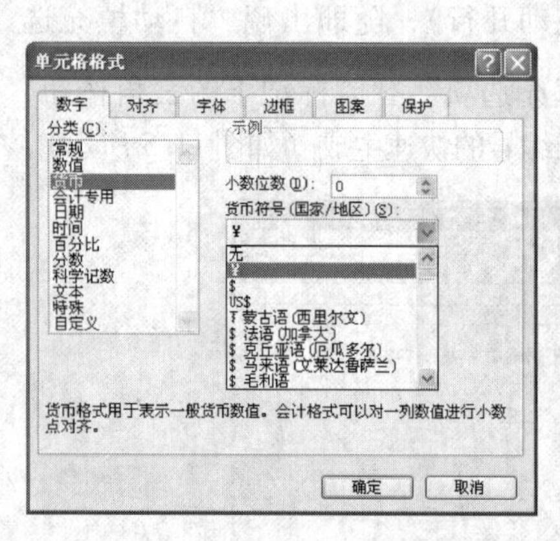

图11.7 设置单元格的货币格式

	A	B	C	D	E	F	G	H	I	J	K
1					××公司员工工资表						
2	员工编号	姓名	职务	基本工资	职务工资	应发工资	养老保险金	应税所得额	扣税	扣款合计	实发工资
3	1	李渐	总经理	6000	2000						
4	2	张力	部门经理	4000	1000						
5	3	马中安	部门经理	4000	1000						
6	4	王辉	业务员	2000	500						
7	5	白小康	业务员	2000	500						
8	6	孙春红	业务员	2000	500						
9	7	康建平	业务员	2000	500						
10	8	刘超	业务员	2000	500						
11	9	徐亮	业务员	2000	500						
12	10	赵杰	业务员	2000	500						

图11.8 完成工资数据输入

(3) 使用公式和函数计算

在本例的工资表中，“应发工资”、“养老保险金”、“应税所得额”、“扣税”、“扣款合计”和“实发工资”中的数据都需要使用公式计算获得。

下面以工资表中第一位员工“李渐”的工资计算为例，逐一说明各公式的计算方法：

①计算“应发工资”

本例中，“应发工资”是“基本工资”和“职务工资”的总和。

选中单元格F3，在菜单栏中选择“插入”→“函数”菜单项，或者直接单击“插入函数”按钮 f_x，即可打开“插入函数”对话框，在该对话框中选择“SUM”选项(如图11.9所示)。

单击[确定]按钮，随即弹出“函数参数”对话框，在“SUM”组合框的“Number1”文本框中输入“D3:E3”(如图11.10所示)。

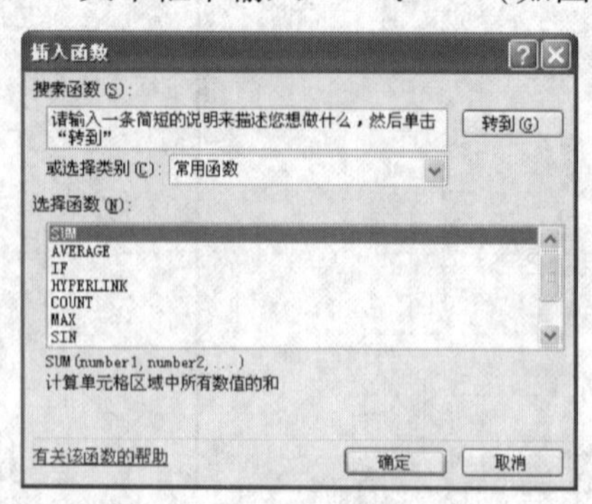

图11.9 “插入函数”对话框

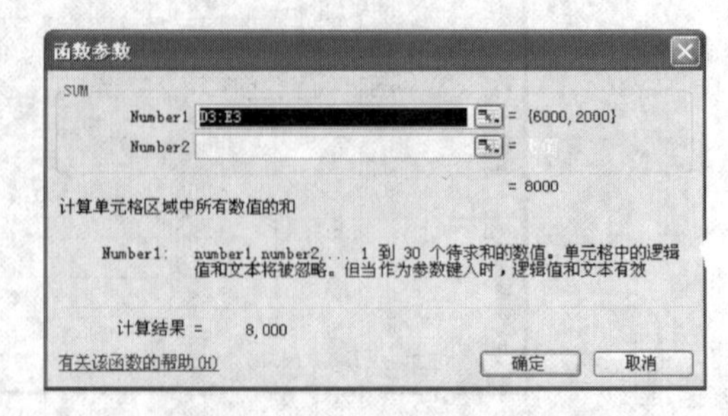

图11.10 “函数参数”对话框

单击[确定]按钮，即可在编辑区看到函数创建的公式，单元格 F3 中会出现计算结果（如图 11.11 所示）。

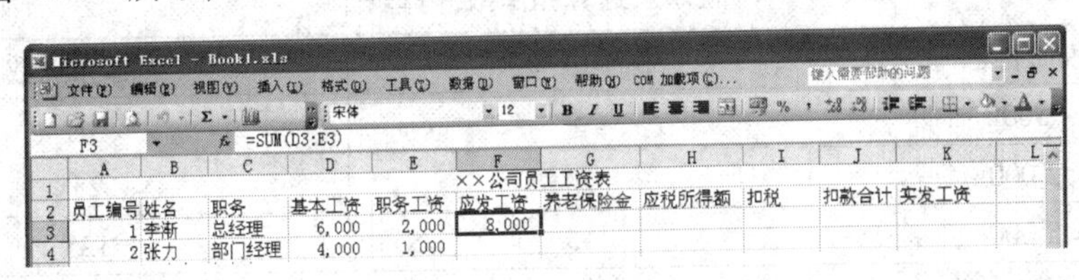

图 11.11　计算“应发工资”

②计算“养老保险金”

本例中，“养老保险金”是按照基本工资的 1.4% 计算的。在单元格 G3 中输入公式“=D3 * 1.4%”，按 Enter 键，Excel 将自动计算出本月需扣除的“养老保险金”（如图 11.12 所示）。

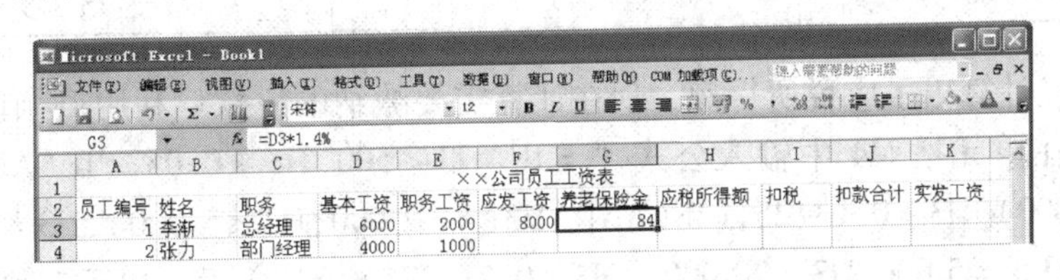

图 11.12　计算“养老保险金”

③计算“应税所得额”

在工资表中，所得税的计算相对复杂，不是所有人都按相同的税率纳税，也不是全部收入都要纳税。“应税所得额”是指需要纳税的那部分收入。

当“应发工资”减去扣款额大于 1 000 元时，“应税所得额”等于每个员工“应发工资”减去扣款额再减去 1 000 元后的值，否则，“应税所得额”等于 0。这里需要用到函数——IF 函数。

IF 函数是用来进行逻辑判断与推理的函数。其语法格式为：

IF（Logical_ test，value_ if_ true，value_ if_ false）

其中参数：

Logical_ test，表示逻辑判断表达式。

value_ if_ true，表示当 Logical_ test 为 TRUE 时的返回值。

value_ if_ false，表示当 Logical_ test 为 FALSE 时的返回值。

在单元格 H3 中输入公式“=IF（F3 - G3 <1 000，0，F3 - G3 - 1 000）”，或者输入公式“=IF（F3 - G3 >1 000，F3 - G3 - 1 000，0）”。计算结果如图 11.13 所示。

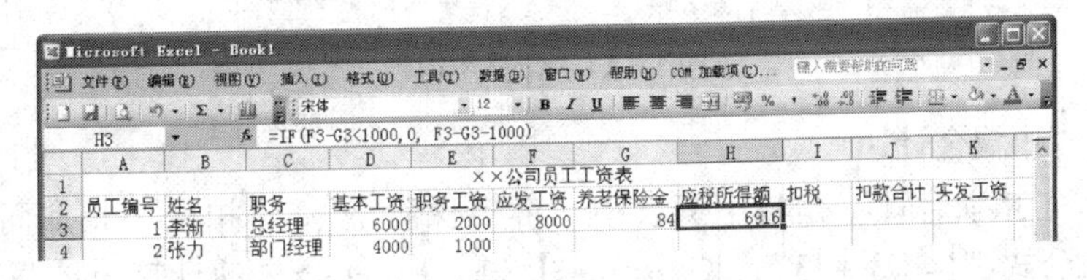

图 11.13　计算“应税所得额”

④计算“扣税”

不同的应税所得额有不同的税率，因此应缴纳的税款也不同。下面是不同应税所得额对应的税率和速算扣除数（见表 11.1）：

表 11.1　　　　　　　　　　　　　　税率及速算扣除数计算表

应税所得额	税率（%）	速算扣除数
<500	5	0
<2 000	10	25
<5 000	15	125
<20 000	20	375
<40 000	25	1 375
<60 000	30	3 375
<80 000	35	6 375
<100 000	40	10 375
≥100 000	45	15 375

前面已经计算出了应税所得额，现在计算需要缴纳的税款。利用 IF 函数的嵌套功能来实现。在单元格 M4 中输入公式“ = IF(H3 <500,H3 * 0.05,(IF(AND(H3 > = 500,H3 <2 000),H3 * 0.1 - 25,(IF(AND(H3 > = 2 000,H3 <5 000),H3 * 0.15 - 125,(IF(AND(H3 > = 5 000,H3 <20 000),H3 * 0.2 - 375)))))))”（由于应税所得额未超过 20 000 元，所以只计算到 5 000 ~ 20 000 元之间）。

该公式的含义是：

“IF（H3 <500，H3 * 0.05”：如果应税所得额低于 500 元，需缴纳税金为“应税所得额 ×5%”；

“(IF(AND(H3 > = 500,H3 <2 000),H3 * 0.1 - 25”：如果应税所得额高于 500 元且低于 2 000 元，需缴纳税金为“应税所得额 ×10% - 25”；

“IF(AND(H3 > = 2 000,H3 <5 000),H3 * 0.15 - 125”：如果应税所得额高于 2 000 元且低于 5 000 元，需缴纳税金为“应税所得额 ×15% - 125”；

“IF(AND(H3 > = 5 000,H3 <20 000),H3 * 0.2 - 375”：如果应税所得额高于 5 000 元且低于 20 000 元，需缴纳税金为“应税所得额 ×20% - 375”。

按此公式计算，Excel 会自动计算出该员工需要缴纳的税金（如图 11.14 所示）。

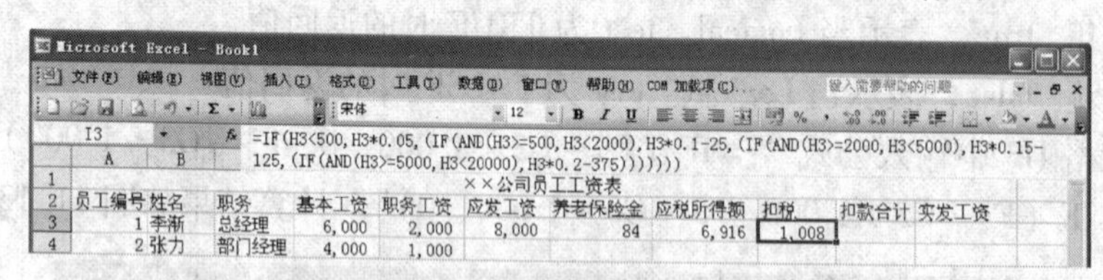

图 11.14　计算所得税

⑤计算“扣款合计”

本例中，“扣款合计”是将工资表中“养老保险金”、“扣税”相加而得。在单元格 J3 中输入公式“ = G3 + I3”，按【Enter】键，Excel 会自动计算出该员工的“扣款合计”金额（如图 11.15 所示）。

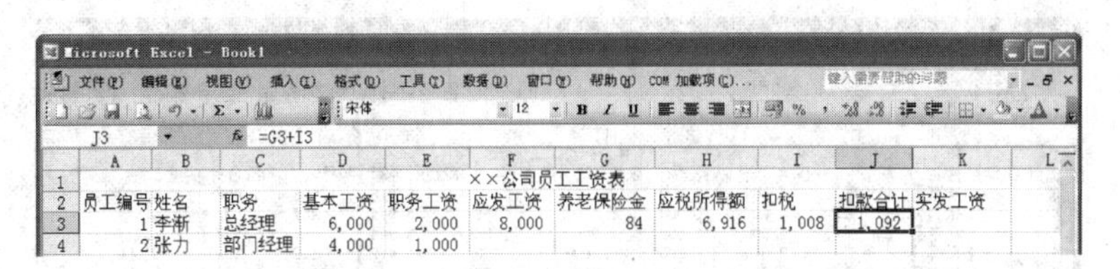

J3　=G3+I3

	A	B	C	D	E	F	G	H	I	J	K
1						××公司员工工资表					
2	员工编号	姓名	职务	基本工资	职务工资	应发工资	养老保险金	应税所得额	扣税	扣款合计	实发工资
3	1	李渐	总经理	6,000	2,000	8,000	84	6,916	1,008	1,092	
4	2	张力	部门经理	4,000	1,000						

图 11.15　计算“扣款合计”

⑥计算“实发工资”

“实发工资”是“应发工资”减去“扣款合计”。在单元格 K3 中输入公式“ = F3 - J3”，按【Enter】键，Excel 会自动计算出该员工的“实发工资”（如图 11.16 所示）。

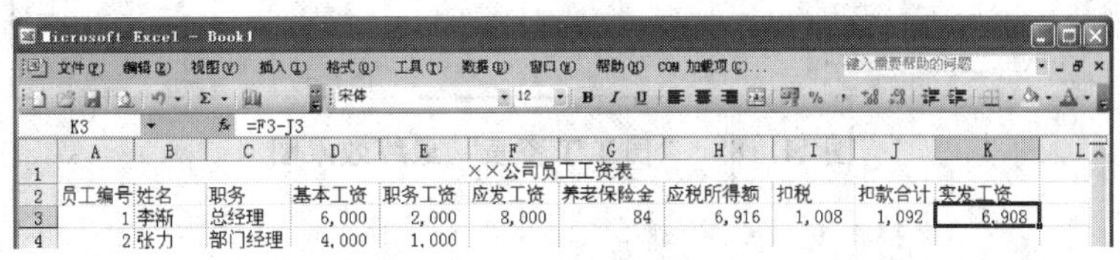

K3　=F3-J3

	A	B	C	D	E	F	G	H	I	J	K
1						××公司员工工资表					
2	员工编号	姓名	职务	基本工资	职务工资	应发工资	养老保险金	应税所得额	扣税	扣款合计	实发工资
3	1	李渐	总经理	6,000	2,000	8,000	84	6,916	1,008	1,092	6,908
4	2	张力	部门经理	4,000	1,000						

图 11.16　计算“实发工资”

⑦完成其他员工的工资计算

这时，第一位员工的工资全部计算完成，其余员工工资的计算可以使用自动填充功能。

选中单元格区域 F3:K3，按住鼠标左键拖动单元格区域右下角的拖动句柄（✚），向下至数据的最后一行，松开鼠标左键完成其他员工“应发工资”、“养老保险金”、“应税所得额”、“扣税”、“扣款合计”和“实发工资”列的公式填充（如图 11.17 所示）。

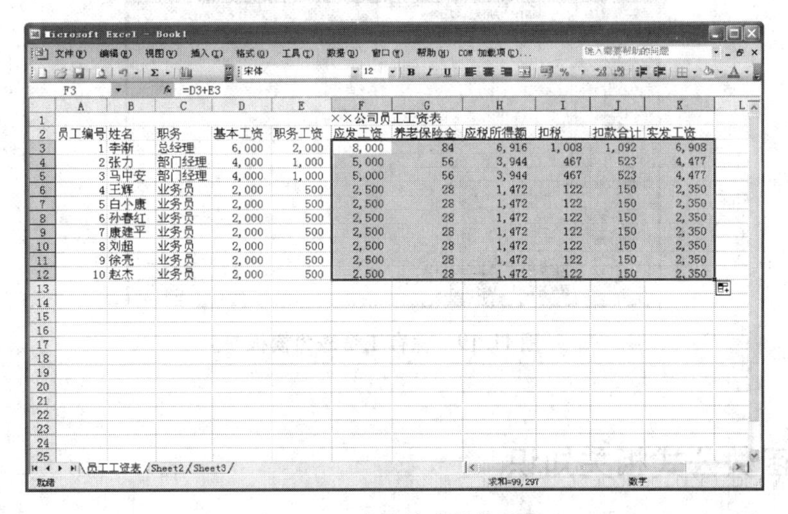

F3　=D3+E3

	A	B	C	D	E	F	G	H	I	J	K
1						××公司员工工资表					
2	员工编号	姓名	职务	基本工资	职务工资	应发工资	养老保险金	应税所得额	扣税	扣款合计	实发工资
3	1	李渐	总经理	6,000	2,000	8,000	84	6,916	1,008	1,092	6,908
4	2	张力	部门经理	4,000	1,000	5,000	56	3,944	467	523	4,477
5	3	马中安	部门经理	4,000	1,000	5,000	56	3,944	467	523	4,477
6	4	王辉	业务员	2,000	500	2,500	28	1,472	122	150	2,350
7	5	白小康	业务员	2,000	500	2,500	28	1,472	122	150	2,350
8	6	孙春红	业务员	2,000	500	2,500	28	1,472	122	150	2,350
9	7	康建平	业务员	2,000	500	2,500	28	1,472	122	150	2,350
10	8	刘超	业务员	2,000	500	2,500	28	1,472	122	150	2,350
11	9	徐亮	业务员	2,000	500	2,500	28	1,472	122	150	2,350
12	10	赵杰	业务员	2,000	500	2,500	28	1,472	122	150	2,350

员工工资表 / Sheet2 / Sheet3

图 11.17　自动填充其他数据

（4）完成员工工资表的编制

至此，完成了员工工资表的编制。最终效果如图 11.18 所示。

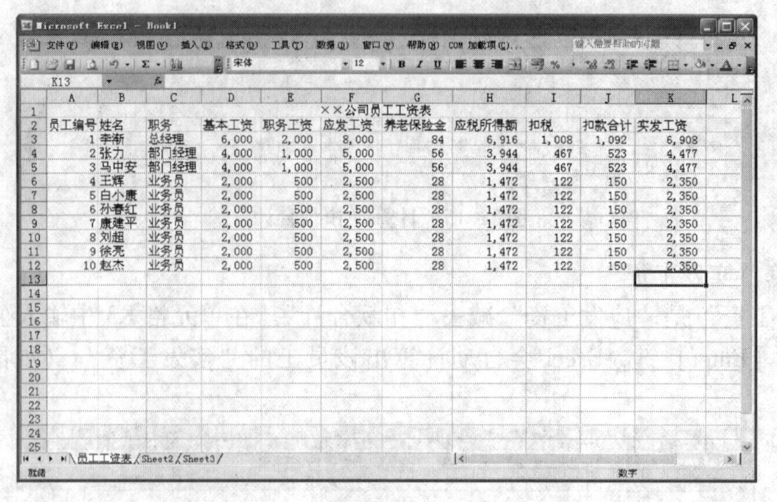

××公司员工工资表

员工编号	姓名	职务	基本工资	职务工资	应发工资	养老保险金	应税所得额	扣税	扣款合计	实发工资
1	李渐	总经理	6,000	2,000	8,000	84	6,916	1,008	1,092	6,908
2	张力	部门经理	4,000	1,000	5,000	56	3,944	467	523	4,477
3	马中安	部门经理	4,000	1,000	5,000	56	3,944	467	523	4,477
4	王辉	业务员	2,000	500	2,500	28	1,472	122	150	2,350
5	白小康	业务员	2,000	500	2,500	28	1,472	122	150	2,350
6	孙春红	业务员	2,000	500	2,500	28	1,472	122	150	2,350
7	康建平	业务员	2,000	500	2,500	28	1,472	122	150	2,350
8	刘超	业务员	2,000	500	2,500	28	1,472	122	150	2,350
9	徐亮	业务员	2,000	500	2,500	28	1,472	122	150	2,350
10	赵杰	业务员	2,000	500	2,500	28	1,472	122	150	2,350

图 11.18 **“员工工资表”最终效果图**

11.3 保存为模板

在菜单栏中选择“文件”→“保存”菜单项，或者直接单击工具栏上的“保存”按钮，即可打开“另存为”对话框，在该对话框的“保存类型”中选择“模板(*.xlt)”，在“文件名”文本框中输入“员工工资表”，单击 保存(S) 按钮，即可将编制的工资表保存为模板（如图 11.19 所示）。

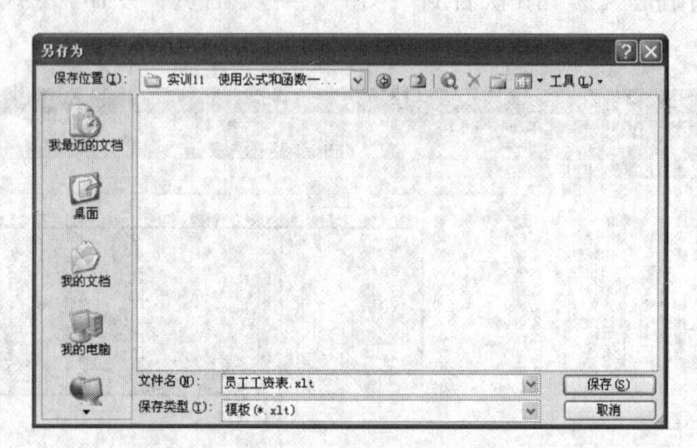

图 11.19 **保存工资表为模板**

11.4 函数公式相关知识

（1）公式中常见的错误值

在使用 Excel 公式或函数的过程中，经常会遇到计算错误的情况。错误的原因不同，则显示的方式也不同。常见的错误值如表 11.2 所示。

表 11.2　　　　　　　　　　Excel 常见错误值一览表

错误值	说明
####	计算结果超出列宽范围，或单元格中包含了无效的日期和时间
#DIV/0!	除数为零，或公式引用了空的单元格
#N/A	函数参数缺省或没有可用的数值
#NAME?	公式中应用的参数不可用
#NUM	计算结果太大或太小，或使用了无效的数值
#NULL!	单元格引用不正确或进行了不正确的区域运算
#REF!	引用无效的单元格
#VALUE!	引用了错误的数值，或参数的类型错误

（2）搜索函数

在 Excel 表格中有许多的函数，用户不可能全部了解各个函数的作用和使用方法，这时，可以使用搜索函数功能来对所需的函数进行快速的寻找和使用。

在这里以搜索常用的求平均值函数为例进行介绍。具体操作步骤如下：

①在“员工工资表”中选中单元格 K13，然后单击“插入函数”按钮，随即弹出“插入函数”对话框（如图 11.20 所示）。

②在“搜索函数”文本框中输入“均值”，然后单击 转到(G) 按钮，接着会在“选择函数”列表框中列出所有有关“均值”的函数（如图 11.21 所示）。

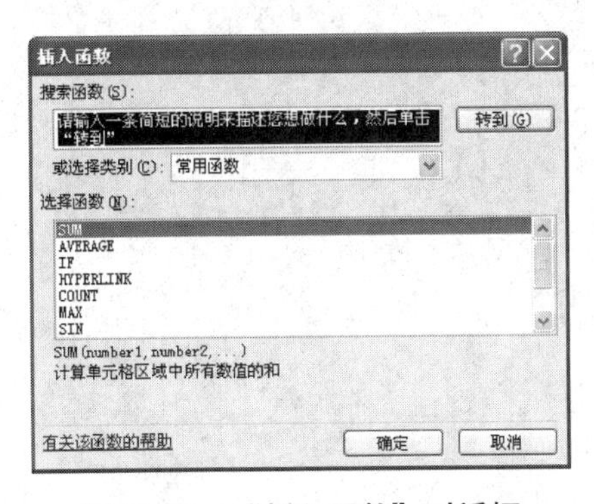

图 11.20　“插入函数”对话框

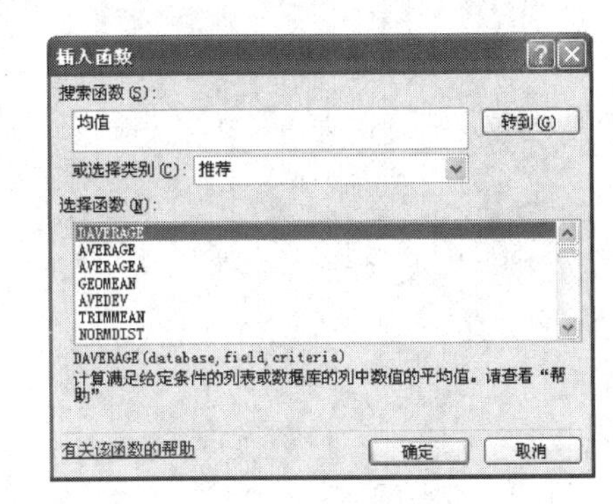

图 11.21　“搜索函数”对话框

③在“选择函数”列表框中任意选择一个函数选项，相应地在文本框下方会显示其语法和使用。用户可以根据提示选择相应的函数，根据提示的语法进行函数的编辑操作。

11.5　重点回顾

- 公式和函数的使用：输入和编辑公式。
- 利用函数创建公式。
- IF 函数的应用。

11.6 补充实训

制作一张“××班级计算机课程学生成绩表”，要求成绩表中记录该班级每个学生的基本信息以及该课程成绩的情况。列标题项目如表 11.3 所示。

表 11.3　××班级计算机课程学生成绩表

学号	姓名	平时成绩	上机成绩	期末成绩	汇总成绩	等级评价

说明：

（1）汇总成绩 = 平时成绩 ×10% + 上机成绩 ×20% + 期末成绩 ×70%。

（2）“等级评价”分为“不合格”、“合格”、“优秀”三个档次。其中，“汇总成绩”59 分以下（含 59 分）为“不合格”，“汇总成绩”60 ~ 79 分为“合格”，“汇总成绩”80 分以上（含 80 分）为“优秀”。

实训 12
使用图表——创建市场调查图表

12.0　内容导航

将工作表中的数据用图形表示出来，可以更加直观地显示其效果，用户对工作表的分析也更加容易。本实训以制作市场调查表为例，介绍 Excel 表格中的图表制作、修改、美化等操作。

“××公司产品市场调查图”的最终效果如图 12.1 所示。

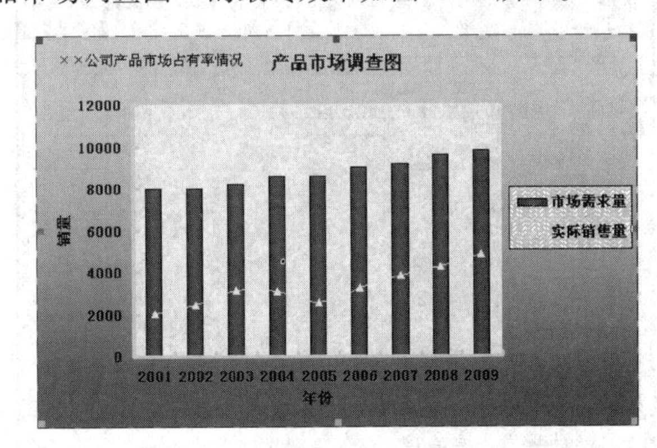

图 12.1　“市场调查图”最终效果图

12.1　创建市场调查表

（1）新建市场调查表

打开 Microsoft Office Excel 2003 应用程序，新建一个工作簿“产品市场调查表”，将鼠标移动到“Sheet1”工作表标签，单击鼠标右键，在弹出的快捷菜单中执行“重命名”命令（如图 12.2 所示），将 Sheet1 工作表重命名为“产品市场调查表”。

然后在该工作表中建立“××公司产品市场调查表”，并输入相关信息和数据（如图 12.3 所示）。

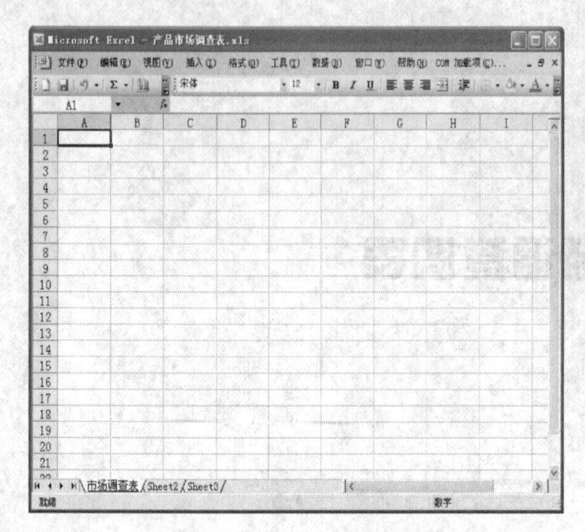

图 12.2　为工作表命名

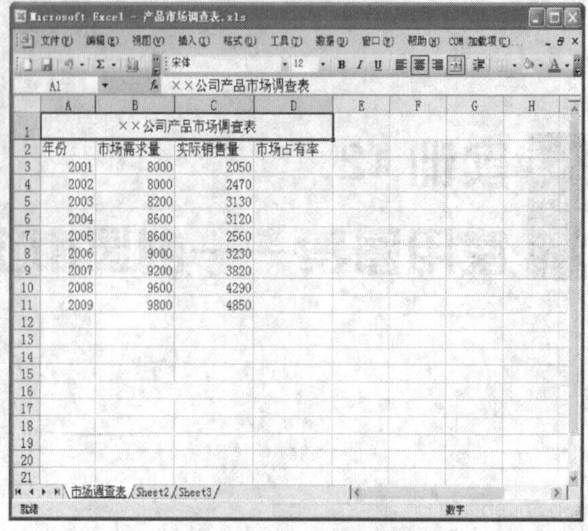

图 12.3　输入相关调查表数据

（2）计算市场占有率

这里使用简单公式计算“市场占有率”。具体步骤如下：

①选中单元格 D3，在公式编辑区域中输入“ = C3/B3”，按下【Enter】键，即可看到计算结果（如图 12.4 所示）。

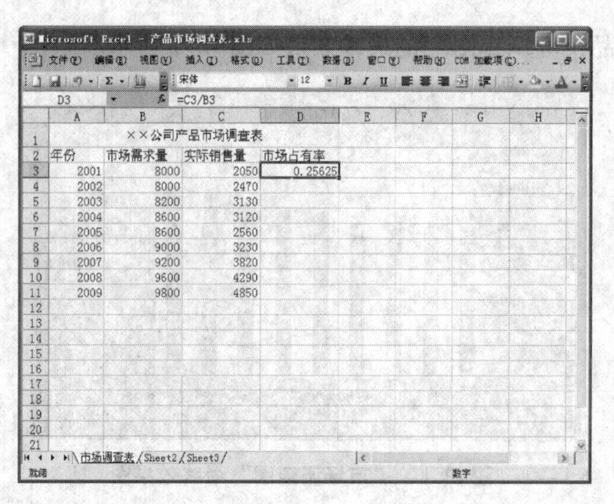

图 12.4　计算“市场占有率”

②选中单元格 D3，然后选择菜单栏中的“格式”→“单元格”菜单项，即可打开“单元格格式”对话框，在“数字”选项卡下，在“分类”列表框中选择“百分比”选项，“小数位数”微调框中输入“2”（如图 12.5 所示）。

③设置完成后单击【确定】按钮，即可看到单元格 D3 中的数据以百分比方式显示（如图 12.6 所示）。

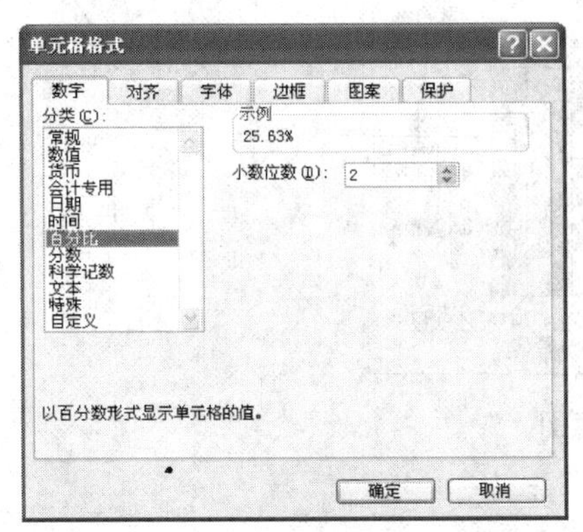

图 12.5　“单元格格式”对话框

图 12.6　数据以百分比显示

④然后利用单元格的自动填充功能，将其他年份的市场占有率计算出来（如图 12.7 所示）。

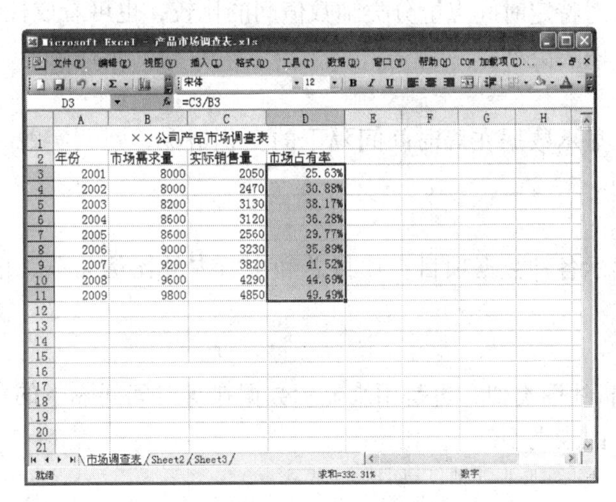

××公司产品市场调查表

年份	市场需求量	实际销售量	市场占有率
2001	8000	2050	25.63%
2002	8000	2470	30.88%
2003	8200	3130	38.17%
2004	8600	3120	36.28%
2005	8600	2560	29.77%
2006	9000	3230	35.89%
2007	9200	3820	41.52%
2008	9600	4290	44.69%
2009	9800	4850	49.49%

图 12.7　使用“自动填充功能”计算

12.2　创建图表

将工作表中的数据用图形的方式表示出来，可以更加直观地显示其效果，用户对工作表的分析也更加容易。

（1）认识图表

图表主要包括绘图区、图表区、数值系列、网格线、图例区、图表标题、分类轴名称、分类轴、数值轴名称和数值轴 10 个组成部分（如图 12.8 所示）。

（2）常用图表类型

选择菜单栏中的“插入”→“图表”菜单项，弹出“图表向导 -4 步骤之 1 - 图表类型”对话框，在“标准类型”选项卡中可以看到常用的图表类型（如图 12.9 所示）。

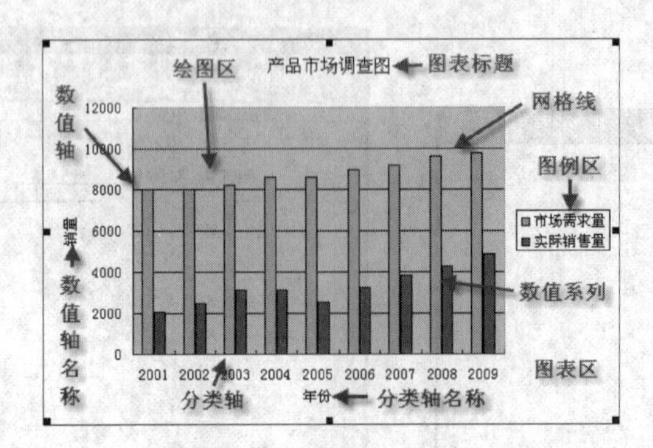

图 12.8 图表示意图

①柱形图

柱形图是用来显示数据在一段时间内的变化或几组数据间的对比的图形。它包括 7 种子图表类型。

②条形图

条形图是用来对特定时间点上分类轴数值间的比较，也可看成柱形图旋转 90°的结果。它包括 6 种子图表类型。

③折线图

折线图是用来显示数据在等时间间隔下的变化情况，强调实践性和变动率。它包括 7 种子图表类型。

④饼图

饼图是用来显示各种数据项目在项目总和中所占的比例关系。它包括 6 种子图表类型。

⑤XY 散点图

XY 散点图与折线图类似，也是用来显示数据在等时间间隔下的变化情况及变化趋势。它包括 5 种子图表类型。

⑥面积图

面积图也是用来显示数据的变化量，它强调的是数据随时间的变化幅度，还可以从图中直观地看出数据整体与部分的关系。它包括 6 种子图表类型。

⑦圆环图

圆环图类似于饼图，也是用来显示各种数据项目在项目总和中所占的比例关系。它包括两种子图表类型。

⑧雷达图

雷达图用于显示数据系列相对于中心点各个数据类别间的变化，每个数据类别都有各自的坐标轴。它包括 3 种子图表类型。

⑨曲面图

曲面图是通过不同的平面来显示数据的变化和趋势，其中同一种颜色图案代表源数据中同一取值范围内的区域。它包括 4 种子图表类型。

⑩气泡图

气泡图是一种特殊的散点图，气泡的面积代表数值的大小。它包括两种子图表类型。

⑪股价图

股价图主要用于描绘股票的行情走势。它包括 4 种子图表类型。

⑫圆柱图

圆柱图类似于三维柱形图。它包括 7 种子图表类型。

⑬圆锥图

圆锥图与圆柱图基本相同，只是形状不同而已。它包括 7 种子图表类型。

⑭棱锥图

棱锥图与圆柱图基本相同，只是形状不同而已。它包括 7 种子图表类型。

(3) 使用图表向导创建图表

下面通过创建一个柱形图来介绍图表的应用。创建图表的具体步骤如下：

①选中单元格区域“B2:C11”，然后选择菜单栏中的“插入”→“图表”菜单项，弹出“图表向导 - 4 步骤之 1 - 图表类型”对话框，在“标准类型”选项卡中选中“柱形图”选项，此时在“子图表类型”列表框中会出现多种柱形图样式（如图 12.9 所示）。

②在子图表类型列表框中选择“簇状柱形图”，单击 按下不放可查看示例(V) 按钮，可看到相应的图表效果（如图 12.10 所示）。

图 12.9　图表向导 - 4 步骤之 1 - 图表类型

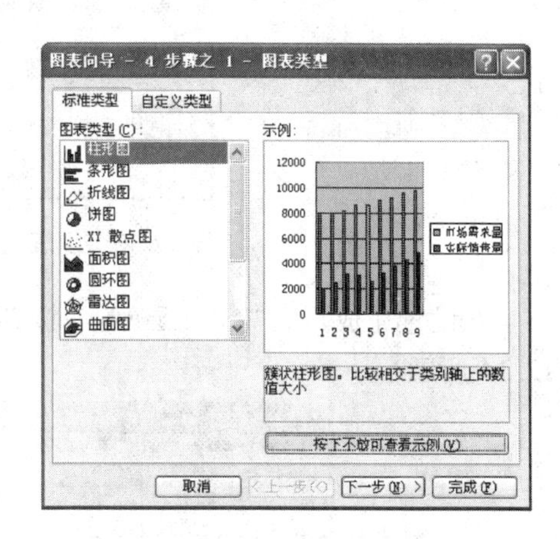

图 12.10　查看图表示例

③单击 下一步(N) > 按钮，弹出“图表向导 - 4 步骤之 2 - 图表源数据”对话框，保持默认设置不变（如图 12.11 所示）。

④单击 下一步(N) > 按钮，弹出“图表向导 - 4 步骤之 3 - 图表选项”对话框，切换到“标题”选项卡，在“图表标题”文本框中输入“产品市场调查图”，在“分类（X）轴”文本框中输入“年份”，在“数值（Y）轴”文本框中输入“销量”，同时在右边预览窗格中会显示出图表效果（如图 12.12 所示）。

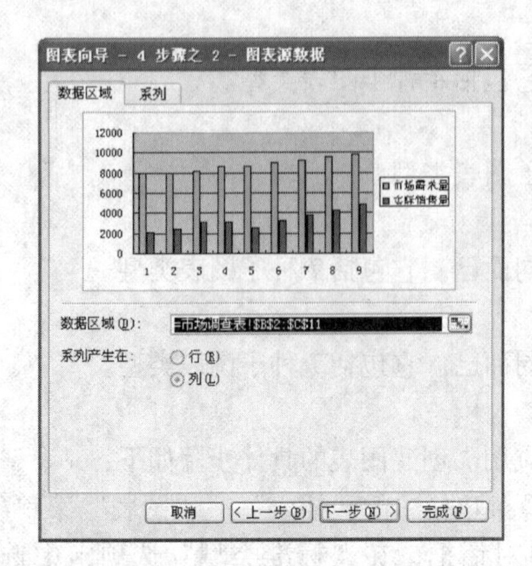

图 12.11　图表向导 -4 步骤之 2 - 图表源数据

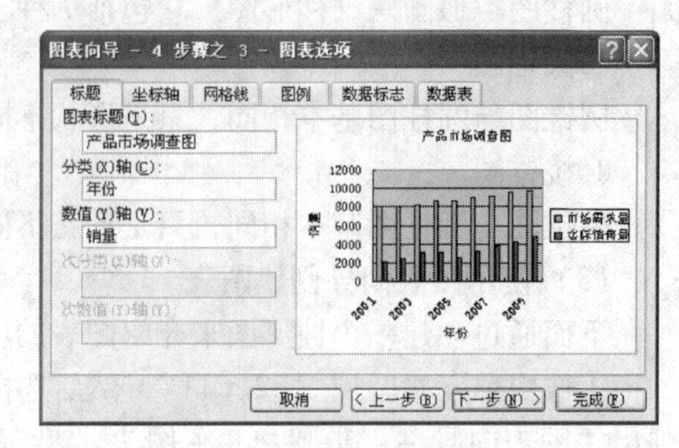

图 12.12　图表向导 -4 步骤之 3 - 图表选项

⑤单击[下一步(N) >]按钮，弹出“图表向导 -4 步骤之 4 - 图表位置”对话框，保持默认设置即可（如图 12.13 所示）。

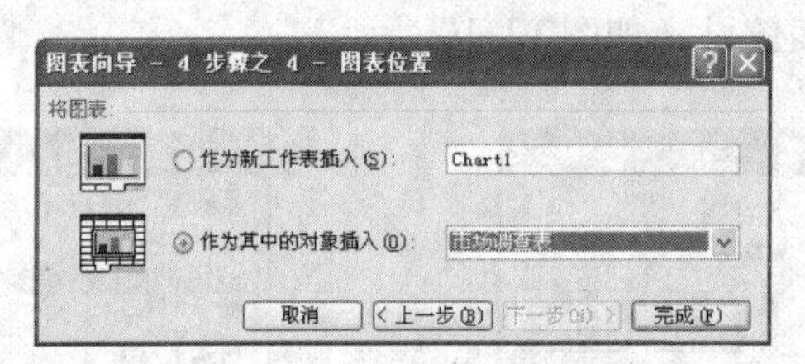

图 12.13　图表向导 -4 步骤之 4 - 图表位置

⑥设置完成后，单击[完成(F)]按钮返回工作表，即可看到所创建的图表（如图 12.14 所示）。

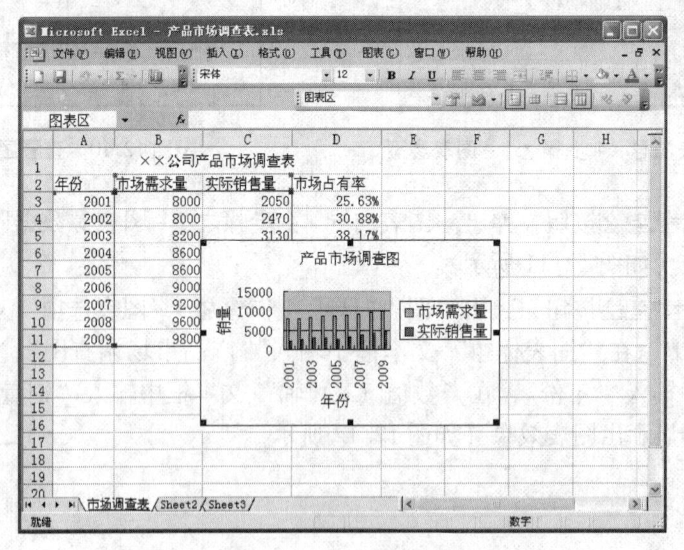

图 12.14　创建基本图表

（4）使用“图表”工具栏创建图表

用户可以使用“图表”工具栏快速创建简单图表。具体操作步骤如下：

①选中单元格区域“A2:C11”，然后选择“视图”→“工具栏”→“图表”菜单项，弹出“图表”工具栏（如图 12.15 所示）。

②单击“图表”工具栏上的“图表类型”按钮，在弹出的下拉菜单中单击“柱形图”按钮（如图 12.16 所示）。

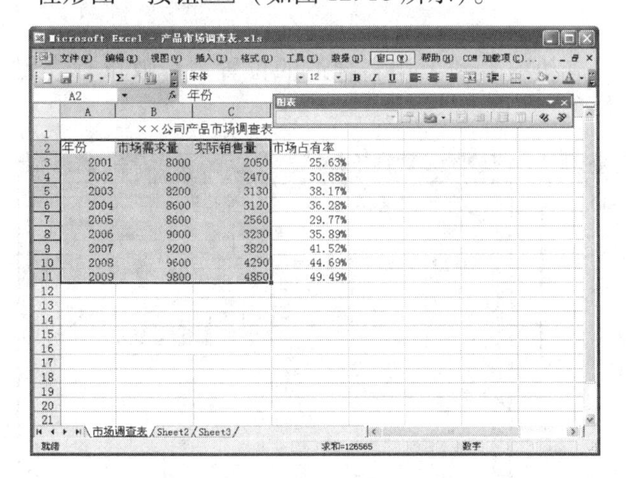

图 12.15　**打开“图表”工具栏**

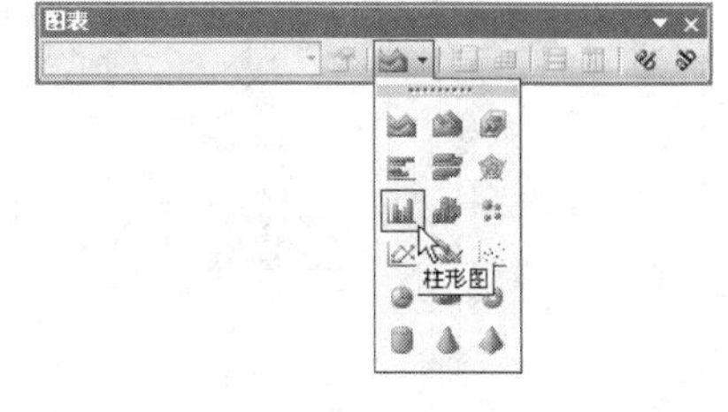

图 12.16　**工具栏“图表类型”选项**

③随即会弹出一个柱形图，同时“图表”工具栏中的各个按钮自动成为可使用状态，用户可使用这些按钮对所创建的图表进行美化（如图 12.17 所示）。

（5）使用快捷键创建图表

用户可以使用快捷键快速创建一个新的图表。

具体操作方法是：选中单元格区域“A2:C11”，按下“F11”功能键，在工作簿中会自动创建一个名为“Chart1”的图表（如图 12.18 所示）。

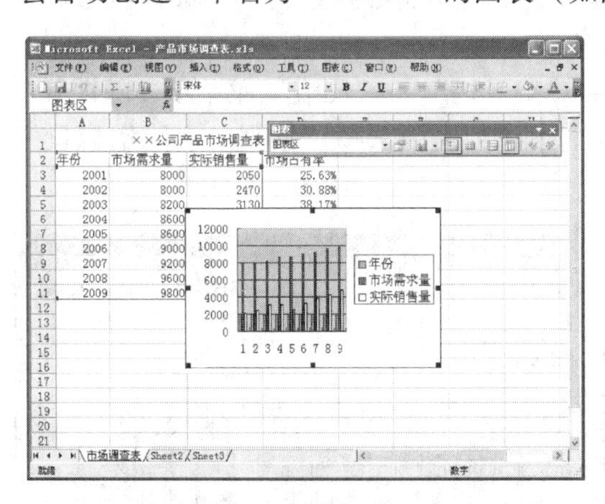

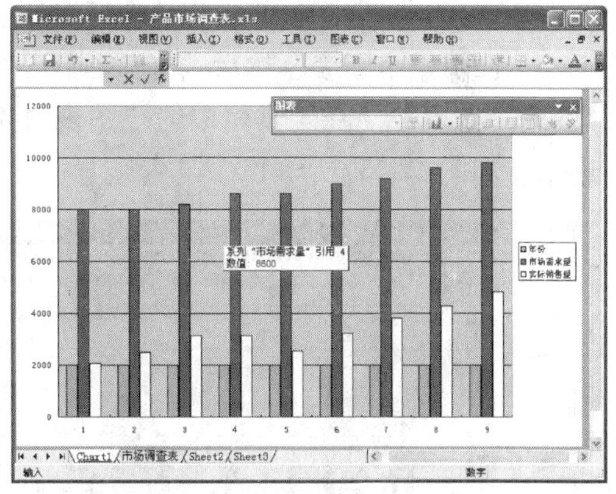

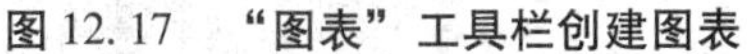

图 12.17　**“图表”工具栏创建图表**

图 12.18　**快捷键创建图表**

12.3　编辑图表

创建图表后，为使图表中的内容更加明确具体，用户还可对图表进行编辑操作。

（1）调整图表的大小及其位置

在创建的图表中可以看到，图表中的内容并不能全部显示，因此需要对其大小进行调整。具体操作步骤如下：

①单击空白区域选中整个图表，选中的图表周围会出现8个控制点（如图12.19所示）。

②将鼠标指针移至图表空白处，拖动图表到工作表合适的位置后释放鼠标左键（如图12.20所示）。

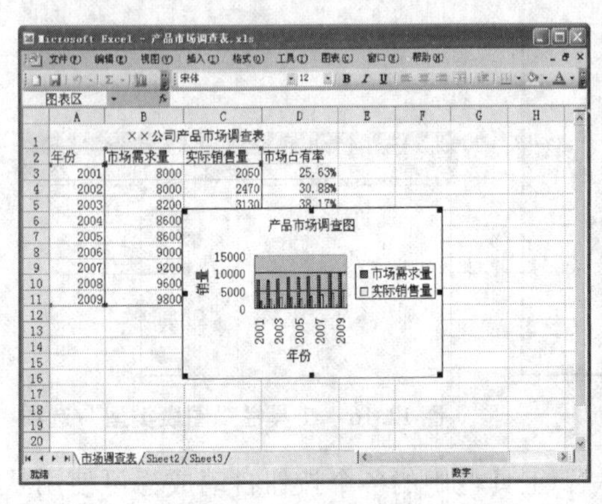

图12.19　选中图表

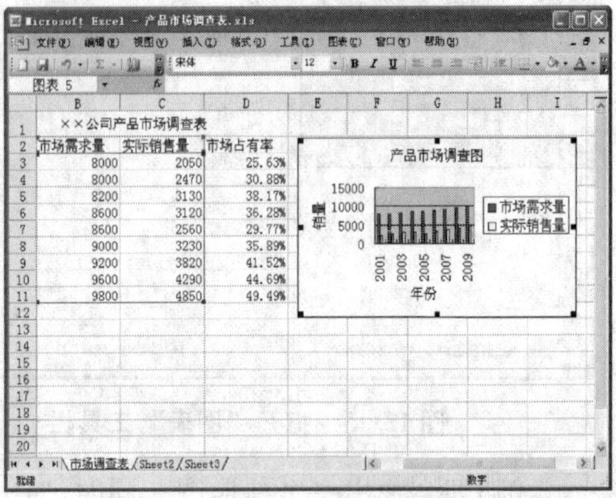

图12.20　移动图表

③将鼠标指针移至图表控制点上调节各个控制点，以调整整个图表大小使图表中的内容全部显示出来，同时相应地对图表中的文字大小进行调整（如图12.21所示）。

（2）更改数据系列

在图表中编辑更改数据系列，是非常重要的。这里将数据系列“实际销售量”的图表类型改为折线图，具体操作步骤如下：

①选中整个图表，然后选择“视图”→“工具栏”→“图表”菜单项，随即弹出“图表”工具栏。在工具栏中的“图表对象”下拉列表中选择“系列‘实际销售量’”选项（如图12.22所示）。

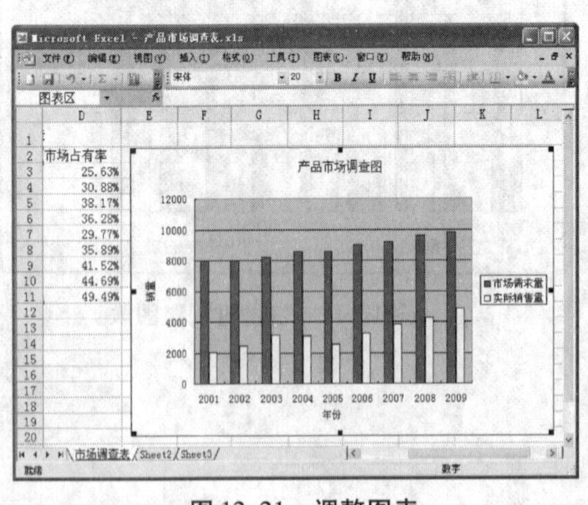

图12.21　调整图表

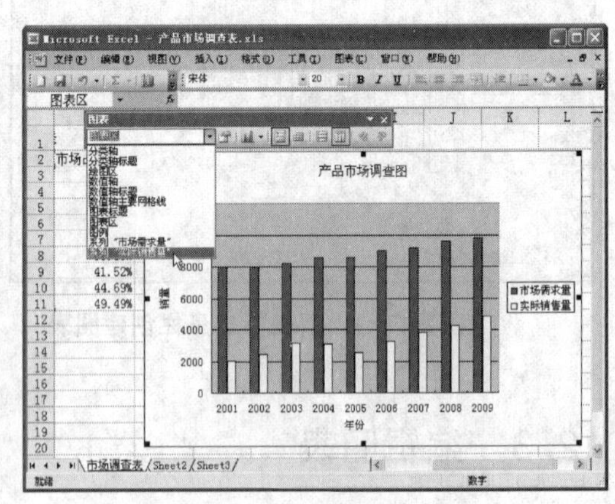

图12.22　选择图表对象

②此时在系列“实际销售量”的柱条中间会有明显的标记（如图12.23所示）。

③单击“图表”→“图表类型”菜单项，弹出“图表类型”对话框，在“标准类

型”选项卡中选择“折线图”选项，在相应的“子图表类型”列表框中选择“数据点折线图”选项（如图 12.24 所示）。

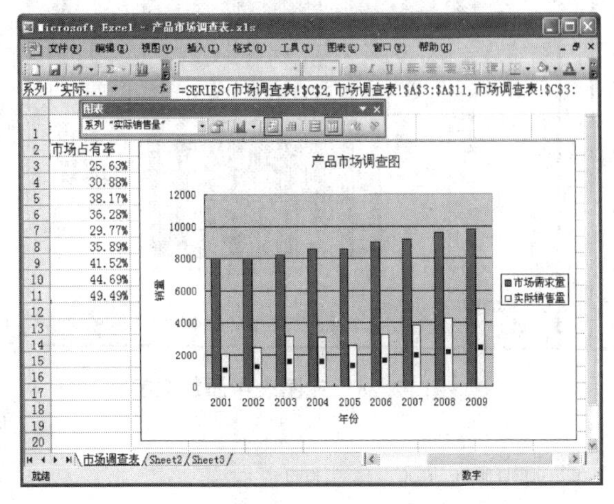

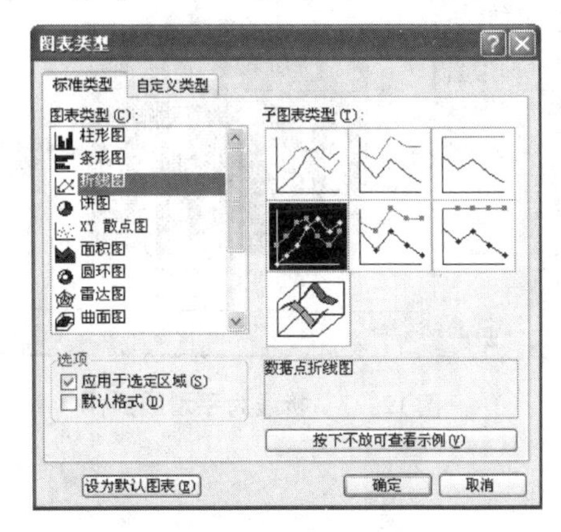

图 12.23　标记图表对象　　　　图 12.24　选择“数据点折线图”

④设置完成后，单击 确定 按钮返回工作表，即可看到系列“实际销售量”的图表类型显示为折线图，如图 12.25 所示。

⑤双击系列“实际销售量”的折线图，会弹出“数据系列格式”对话框，切换到“图案”选项卡，在“线形”组合框中选中“平滑线”复选框，如图 12.26 所示。

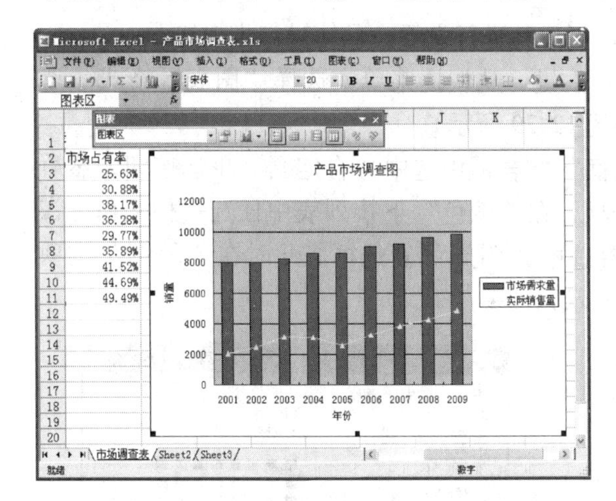

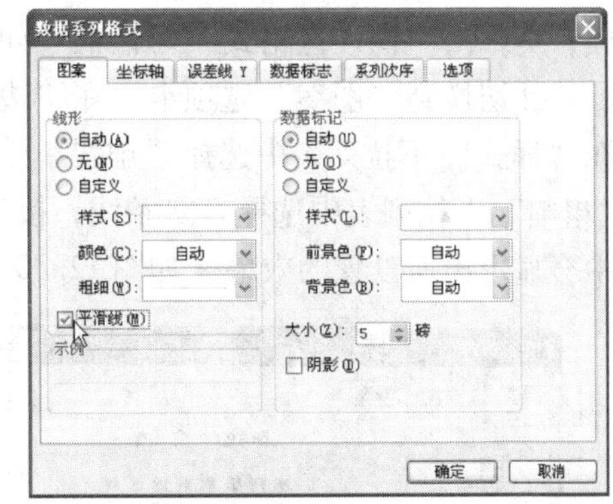

图 12.25　“实际销售量”显示为折线图　　　　图 12.26　设置“平滑线”

⑥设置完成后，单击 确定 按钮返回工作表，设置的折线变为平滑线显示（如图 12.27 所示）。

（3）在图表中添加文字

在图表中用户可以添加一些说明性的文字。具体操作步骤如下：

在“绘图”工具栏中单击“文本框”按钮，然后在图表区内按住鼠标左键并拖动，即可添加一个文本框。在文本框中输入“××公司产品市场占有率情况”（如图 12.28 所示）。

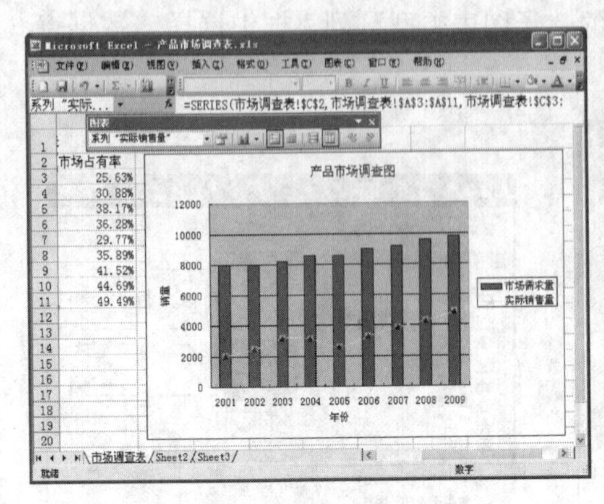

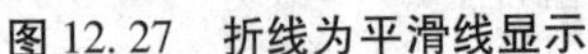

图 12.27　折线为平滑线显示

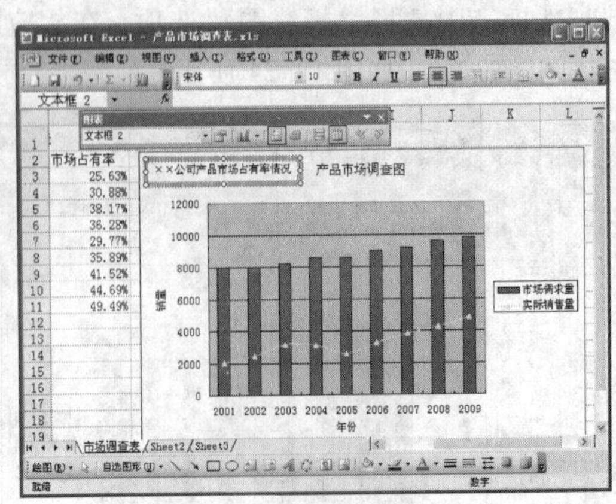

图 12.28　在图表中添加文字

12.4　美化图表

在对图表进行编辑之后，为使图表更加美观，用户还可对其进行设置，包括图表的图案、文字字体颜色以及数据系列的显示等操作。

(1) 图表区的设置

系统默认的图表区颜色为白色，用户可对其进行设置。具体操作步骤如下：

①打开源文件，在图表区上单击鼠标右键，从快捷菜单中选择“图表区格式”选项，会弹出“图表区格式”对话框（如图 12.29 所示）。

②切换到“图案”选项卡，在“边框”组合框中选中“自定义”单选按钮，然后在“样式”下拉列表中选择“虚线”选项，在“颜色”下拉列表中任选一种颜色，在“粗细”下拉列表中选择第二条线，接着选中“阴影”复选框。此时在“示例”选项中会显示出所设置的效果（如图 12.30 所示）。

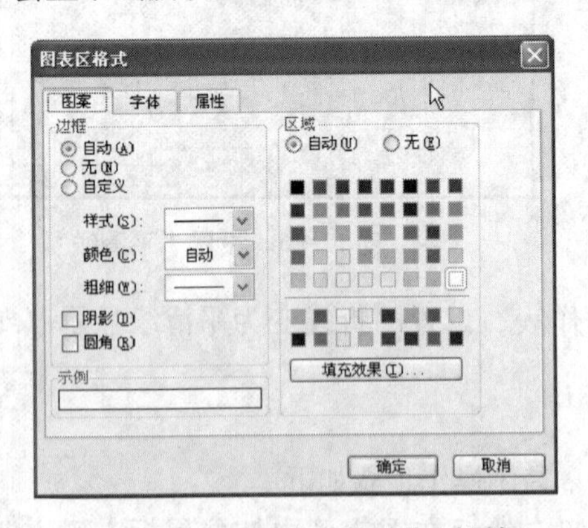

图 12.29　“图表区格式”对话框

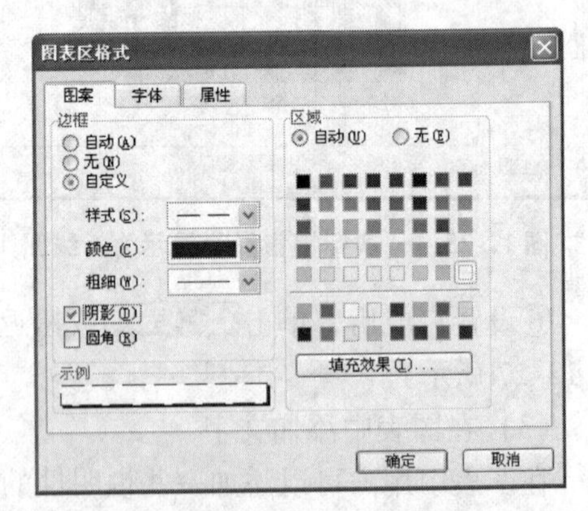

图 12.30　设置图表区边框

③在“区域”组合框中选中“自动”单选按钮，在颜色列表中选择一种合适的颜色，然后单击[填充效果(I)...]按钮，会弹出“填充效果”对话框。切换到“渐变”选项卡，在“颜色”组合框中选中“单色”单选按钮，然后在“底纹样式”组合框中选

中“水平”单选按钮（如图12.31所示）。

④设置完成后，单击确定按钮返回“图表区格式”对话框中，在“示例”选项中可预览所设置的样式（如图12.32所示）。

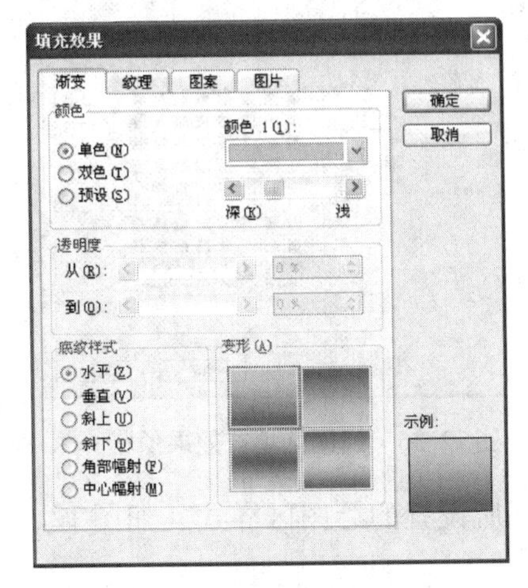

图12.31　设置图表区填充效果

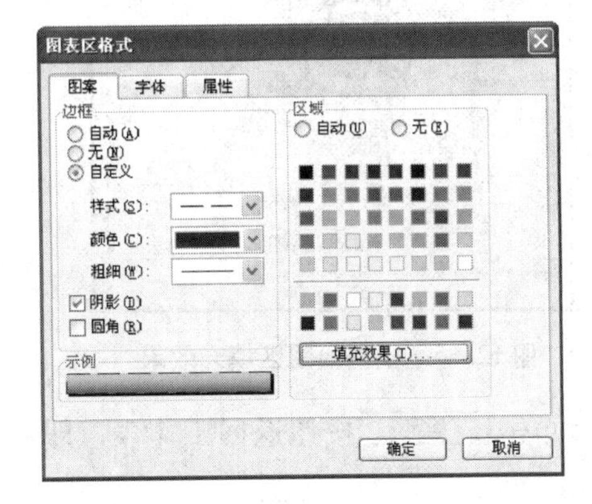

图12.32　图表区填充效果预览

⑤单击确定按钮返回工作表，即可看到所设置的图表区样式（如图12.33所示）。

（2）绘图区的设置

与图表区类似，绘图区也可进行设置。具体操作步骤如下：

①在绘图区上单击鼠标右键，在快捷菜单中选择“绘图区格式”菜单项，会弹出“绘图区格式”对话框，在“边框”组合框中选中“无”单选按钮。此时在“示例”选项中可看到所设置的边框效果（如图12.34所示）。

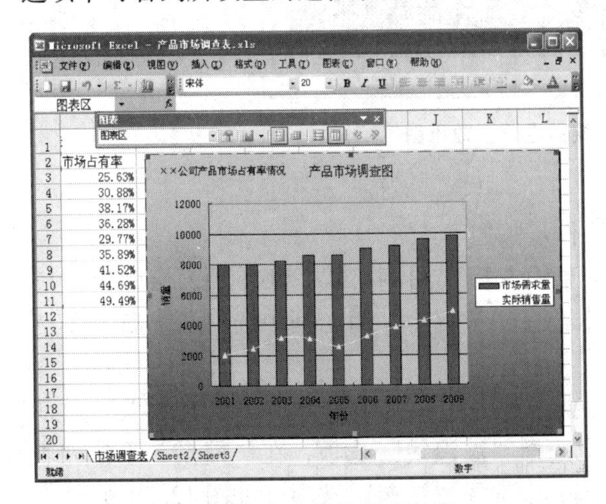

图12.33　图表区设置效果图

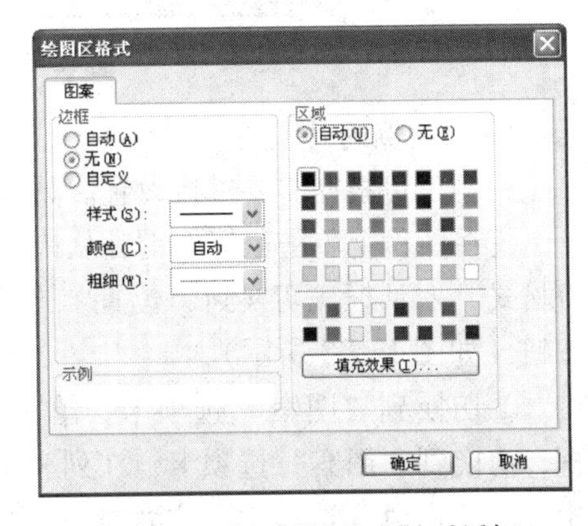

图12.34　“绘图区格式”对话框

②在“区域”组合框中选中“自动”单选按钮，然后单击填充效果(I)...按钮，会弹出“填充效果”对话框，切换到“纹理”选项卡（如图12.35所示）。

③在“纹理”列表框中选择“蓝色面巾纸”选项，单击确定按钮，返回“绘图区格式”对话框，可看到所设置的效果（如图12.36所示）。

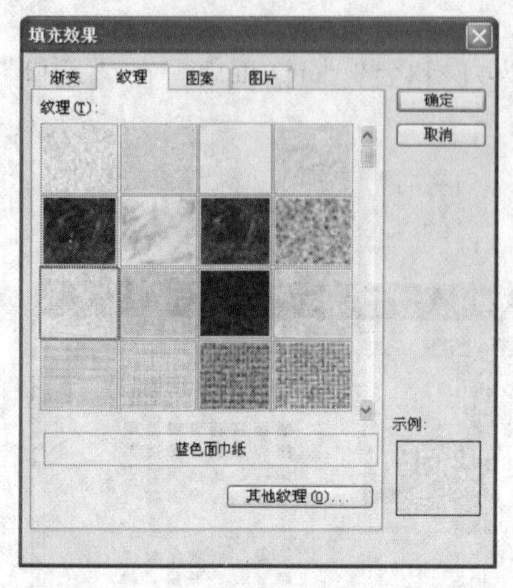

图 12.35　设置绘图区填充效果

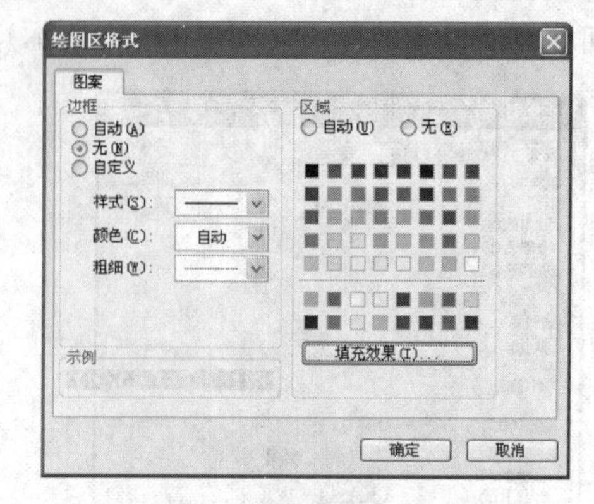

图 12.36　绘图区填充效果预览

④单击 确定 按钮返回工作表，即可看到所设置的绘图区样式（如图 12.37 所示）。

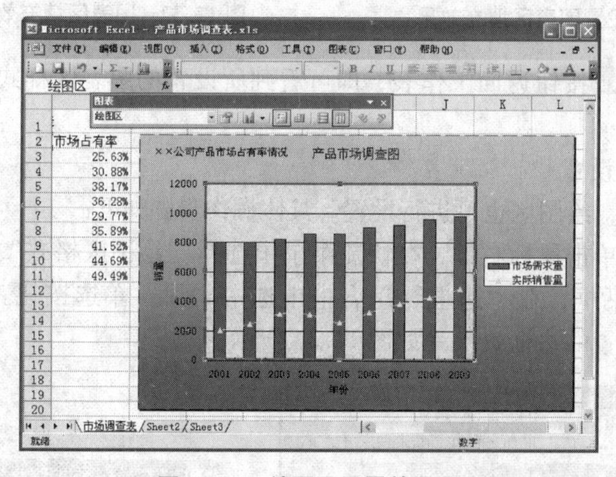

图 12.37　绘图区设置效果图

（3）图例的设置

图例也可根据需要进行设置。具体操作步骤如下：

①在图例上单击鼠标右键，从快捷菜单中选择“图例格式”菜单项，会弹出“图例格式”对话框，切换到“位置”选项卡，在“放置于”组合框中选中“靠右”单选按钮（如图 12.38 所示）。

②切换到“图案”选项卡，单击 填充效果(I)... 按钮，弹出“填充效果”对话框，切换到“图案”选项卡，在列表框中选择“波浪线”选项，在“前景”下拉列表中选择“白色”选项，在“背景”下拉列表中选择“淡蓝”选项（如图 12.39 所示）。

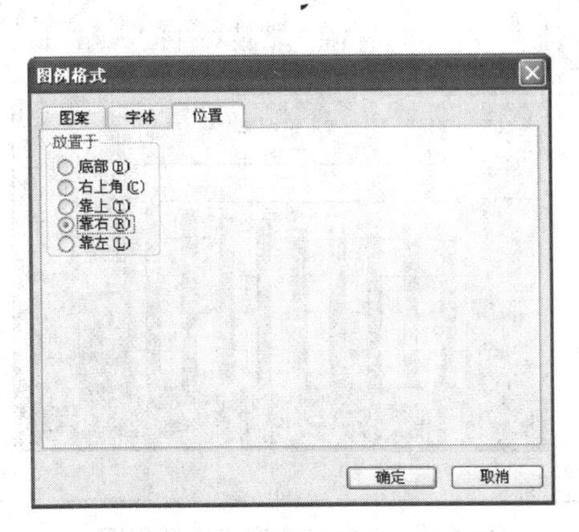

图12.38 “图例格式”对话框

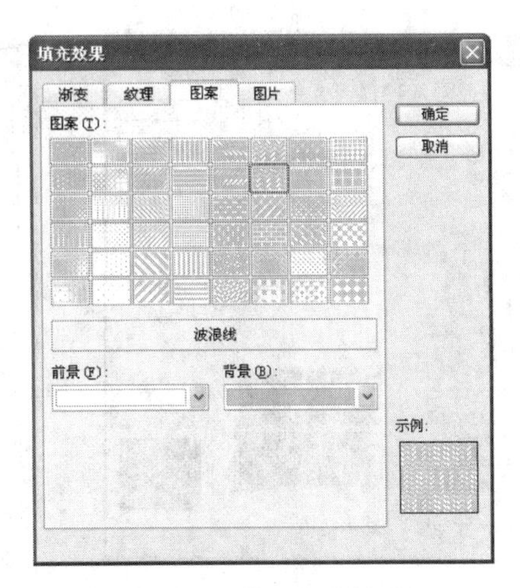

图12.39 设置图例填充效果

③单击[确定]按钮返回“图例格式”对话框，在“示例”选项中可预览到所设置的效果，再单击[确定]按钮返回工作表（如图12.40所示）。

（4）数据系列的设置

用户还可以设置数据系列的显示方式。具体操作步骤如下：

①在图表中选中数据系列“市场需求量”，单击鼠标右键，从快捷菜单中选择“数据系列格式”菜单项，会弹出“数据系列格式”对话框（如图12.41所示）。

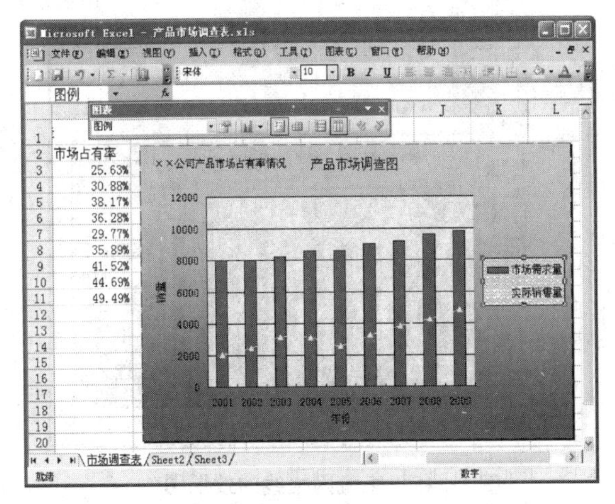

图12.40 图例设置效果图

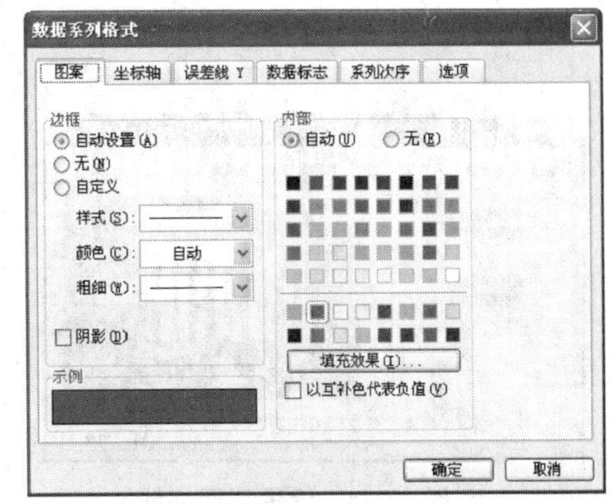

图12.41 “数据系列格式”对话框

②保持“边框”组合框中的设置不变，在“内部”组合框颜色列表中选择“红色”，再单击[填充效果(I)...]按钮，会弹出“填充效果”对话框。切换到“渐变”选项卡，在“颜色”组合框中选中“单色”单选按钮，然后在“底纹样式”组合框中选中“垂直”单选按钮，在“变形”列表框中选中右下的图案（如图12.42所示）。

③设置完成后，单击[确定]按钮返回“数据系列格式”对话框，可预览所设置的效果，再单击[确定]按钮返回工作表，可看到所设置的数据系列样式（如图12.43所示）。

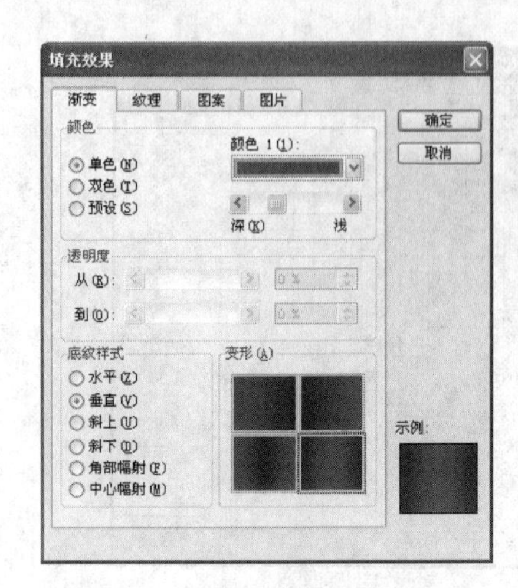

图 12.42　设置数据系列填充效果

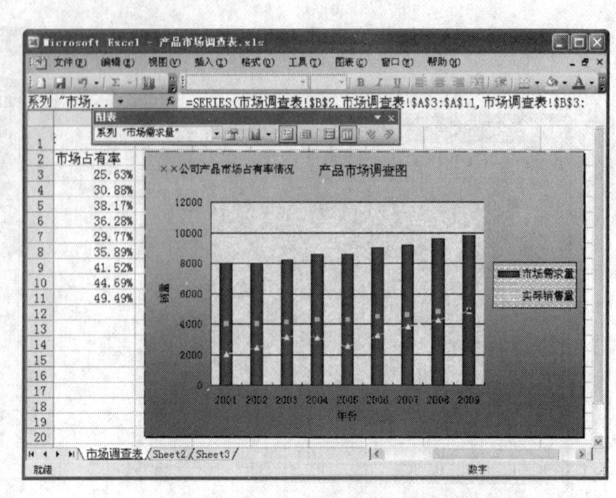

图 12.43　数据系列设置效果图

（5）网格线的隐藏与显示

隐藏网格线的具体步骤如下：

①在图表的空白区域单击鼠标右键，从快捷菜单中选择“图表选项”菜单项，会弹出“图表选项”对话框，切换到“网格线”选项卡，在“数值（Y）轴”组合框中撤销“主要网格线”复选框（如图 12.44 所示）。

②设置完成后，单击 确定 按钮返回工作表，即可看到网格线已被隐藏（如图 12.45 所示）。

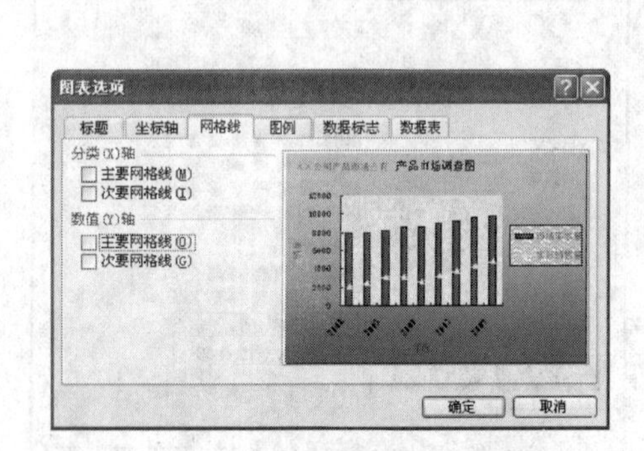

图 12.44　设置“网格线”

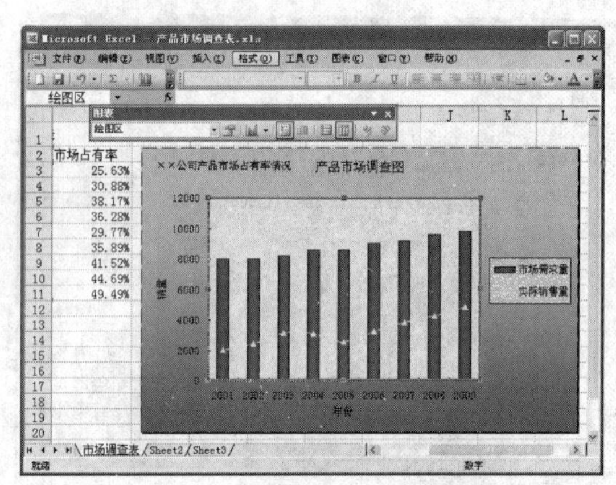

图 12.45　隐藏网格线的效果图

（6）坐标轴的设置

坐标轴设置的具体步骤如下：

①在图表中双击 X 坐标轴，会弹出“坐标轴格式”对话框，在“坐标轴”组合框中选中“自定义”单选按钮，在“样式”下拉列表中选择“实线”选项，在“颜色”下拉列表中选择“金色”选项，在“粗细”下拉列表中选择第三条实线，其他设置保持不变（如图 12.46 所示）。

②设置完成后，单击 确定 按钮，即可看到对坐标轴所设置的效果（如图 12.47 所示）。

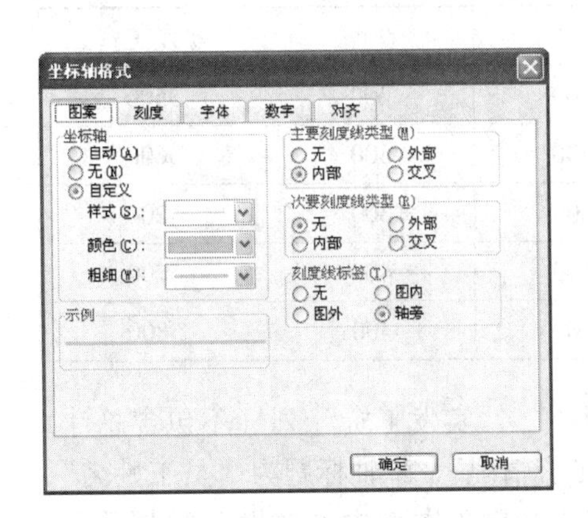

图 12.46　“坐标轴格式”对话框

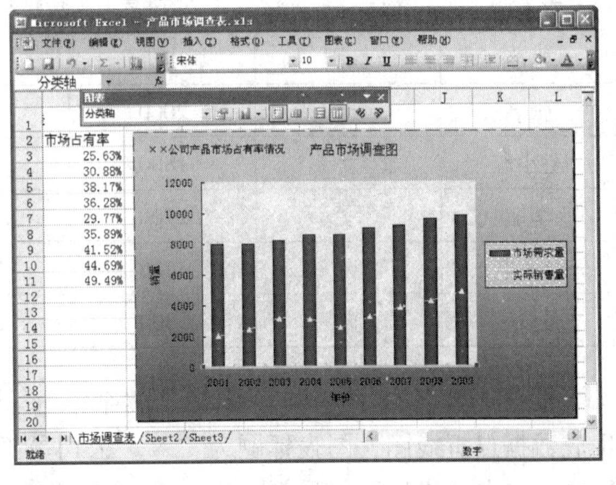

图 12.47　X 坐标轴设置效果图

③使用同样的方法对 Y 坐标轴进行设置，设置的效果如图 12.48 所示。

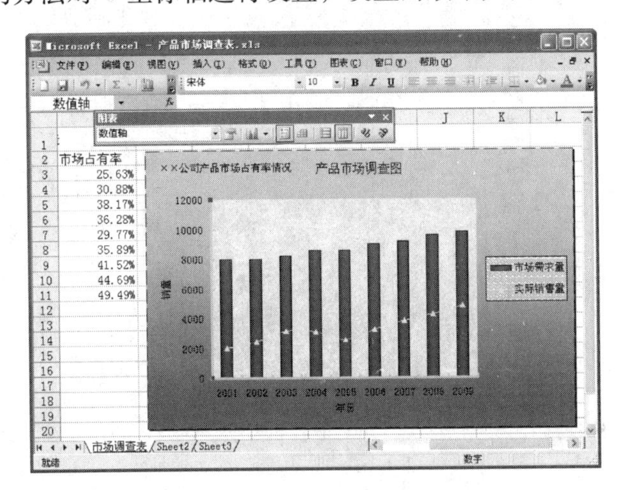

图 12.48　Y 坐标轴设置效果图

12.5　重点回顾

- 创建图表，对图表进行编辑：调整图表大小及其位置。
- 更改数据系列。
- 美化图表：图表区的设置、绘图区的设置、图例的设置、数据系列的设置。

12.6　补充实训

根据表 12.1 提供的“××公司员工工资情况工作表”，制作“××公司员工工资数据折线图。

表 12.1　　　　　　　　　　　　**公司员工工资情况工作表**　　　　　　　　　　　　单位：元

姓名	性别	基本工资	奖金	津贴	实发工资
张名	男	2000	1200	300	3500
王小红	女	1800	1500	300	3600
李丽	女	2100	1800	300	4200
吴小飞	男	3200	2100	400	5700
赵华	男	3300	2100	400	5800

根据“姓名”、“基本工资”、“奖金”、“津贴”、“实发工资”列（不包含总计）生成数据点折线图，图表标题为“××公司员工工资情况”，X 轴标题为“员工姓名”，Y 轴标题为“人民币（元）”，嵌入到当前工作表中；删除图表中“津贴”数据系列；将图表标题字体设置为蓝色、黑体、12 磅，将图例位置改为“靠上”。

实训 13
排序与分类汇总——制作销售数据分类汇总表

13.0　内容导航

大量数据被收集起来之后，接下来的问题就是如何对这些数据进行整理。首先，当数据量比较大时，输入和修改数据也会变得相对困难，需要用一些比较特别的方式来处理。对数据排序和分类处理是比较常见的整理方式，也是最为基础的数据分析方法。本实训以一组销售数据为例，学习在 Excel 中如何使用数据处理功能。在数据处理中，经常会出现这样一些问题：

● 表格行列较多时，通常的数据输入方法在行、列之间切换不太便利，可以采用记录单输入方式。

● 数据量较大时，人工查找数据很困难，可以使用查找与替换功能。

● 工作表较大时，在屏幕上观察不便，可以应用工作表的隐藏、行列的隐藏，留下需要关注的数据。

● 在使用工作表时，不同部分的数据需要参照，可以使用窗格的拆分和冻结。

● 数据整理是数据分析的基础，排序是最为简单常用的数据整理方法。

● 利用筛选功能，可以按用户指定的条件，留下用户感兴趣的数据。

● 对相同的数据进行分组统计是常用的一种数据统计分析方法，分类汇总功能可以解决此类数据分析的大部分问题。

13.1　利用记录单输入数据

记录单是 Excel 中提供的一种数据输入和简单定位的方式。一般情况下，我们在工作表中输入数据时，都是在工作区直接输入，但如果遇到较大的表格，行、列比较多，按普通的方式输入则会有些不便。比如第一列和最后一列的距离太远，一行输入完成后，切换回下一行比较费时，且易看错位，采用记录单录入则可能会快一些。

使用记录单前，我们需要按一般的方式创建一个普通的数据表，只是要求在工作表的顶端输入列标签（如图 13.1 所示）。在 G4 单元中输入公式“=E4 * F4”。

小提示：此处不要使用单元格合并功能，否则在调用记录单时会出现错误。另外不要超过 32 个列标记。

选中数据区域的任意一个单元格，选择“数据”→“记录单”命令，此时会弹出如图 13.2 所示的记录单。这里包含了表单中的所有列标记，看起来有些类似于 Visual Foxpro 中的记录。

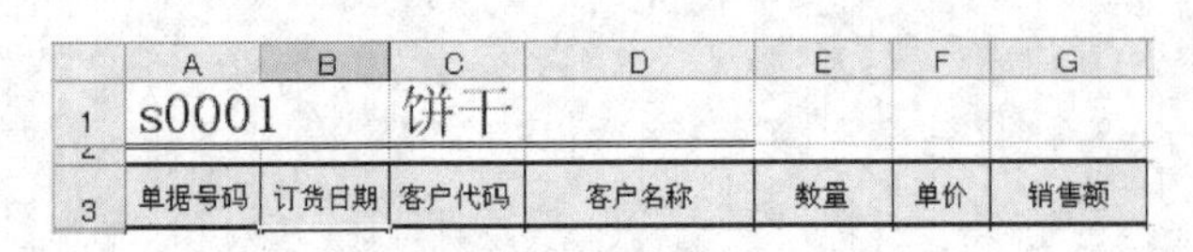

图 13.1

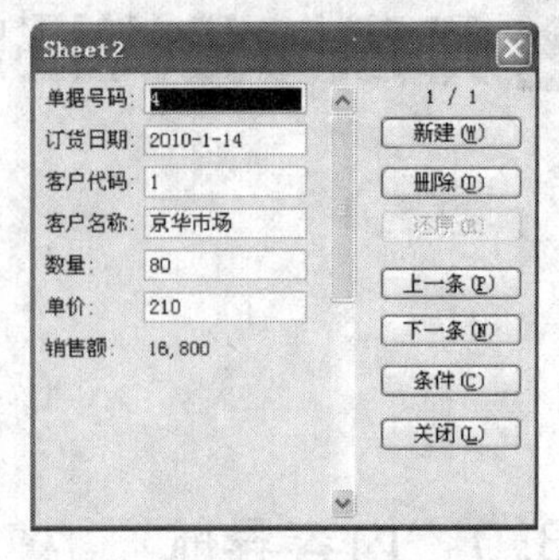

图 13.2

记录单的主要操作方法如下：

浏览：单击“上一条”或“下一条”按钮可以显示数据清单中的上一条或下一条记录。

添加新记录：新记录会添加到数据清单的末尾，单击“新建”按钮，然后在数据列名后的空白文本框中输入新记录中各列对应的数据，输入完毕后按下回车键，或者再次单击“新建”按钮即可。

小提示：在记录单中不可以输入公式，如果表格需要计算公式，可以在工作表中直接输入，记录单在添加新记录时会自动复制上一行的公式。

查找已有记录：如果需要查询某条记录，可以点击记录单中的“条件”按钮，然后会弹出一个空白的记录单窗口，在这里选择任意一个或多个列标记输入查询条件，然后单击“表单”按钮，符合条件的记录会显示在记录单中。

13.2 查找和替换

查找和替换对话框可以在工作表上查找文本和数字，并可以将查找到的单元的值更改为指定值。

例如，查找销售额为“330 000”的单元格，可按如下步骤操作：

(1) 选定需要搜索的单元格区域，即 G 列。区域中的单元格可以相邻或不相邻。如果要搜索整个工作表，请单击任一单元格。

(2) 选择菜单“编辑”→“查找”。

(3) 在“查找内容”框中，输入要搜索的文本或数字，或从“查找内容”下拉框中选择最近的某个搜索（如图 13.3 所示）。

图 13.3

如果在公式或批注中查找，或是改变查找的范围，可以单击“选项”，进行更为高级的查找设置。例如，要查找表格中的公式“IF（E4 = "" ,"" ,E4 * F4）”，则可按图 13.4 所示的选项进行设置后，执行查找。

如果要替换查找到的结果，则按前述方法设置查找的内容后，点击“替换”页（如图 13.5 所示），在“替换为”框中输入新值。

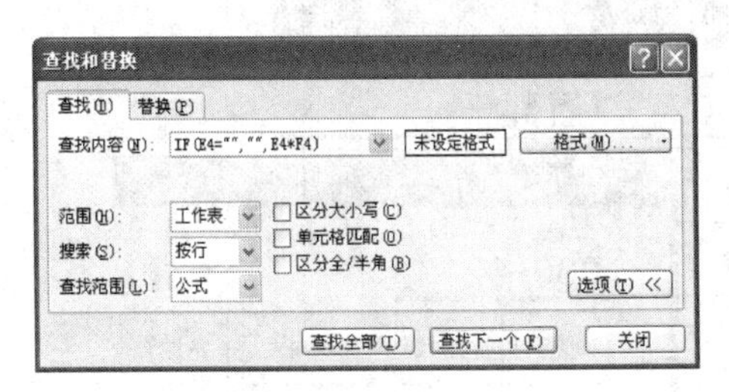

图 13.4

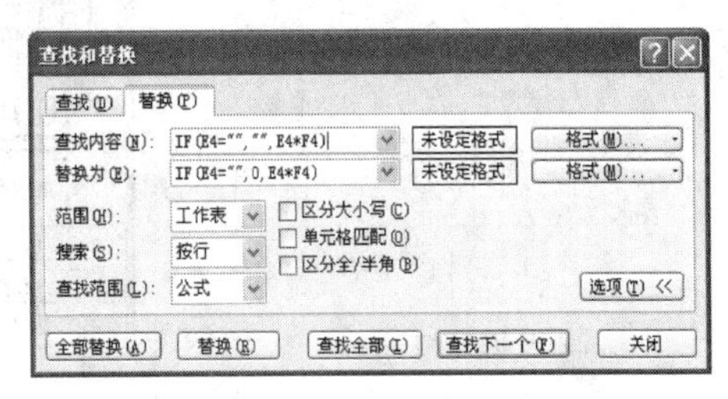

图 13.5

小提示：查找时，可以使用通配符。可以搜索特定格式的内容，单击“格式”，在“查找格式”对话框中设置所需的格式。

13.3　显示或隐藏工作簿或工作表

（1）显示或隐藏工作表

选定需要隐藏的工作表，选择“格式”→“工作表”→“隐藏”命令，选定的工作表即被隐藏。要将隐藏的工作表重新显示出来，在“格式”菜单上，指向“工作表”，再单击“取消隐藏”。在“取消隐藏工作表”列表框中，双击需要显示的被隐藏工作表的名称。

（2）显示或隐藏工作簿

切换到要隐藏的工作簿，选择“窗口”→“隐藏”命令，可以将当前工作簿隐藏起来。要将隐藏的工作簿重新显示出来，在“窗口”菜单上，单击“取消隐藏”命令，则工作簿窗口会显示出来。

小提示：如果“取消隐藏”命令无效，则说明工作簿中没有隐藏的工作表。如果“重命名”和“隐藏”命令均无效，则说明当前工作簿正处于防止更改结构的保护状态。需要撤销保护工作簿之后，才能确定是否有工作表被隐藏。取消保护工作簿可能需要输入密码。

13.4 拆分和冻结窗口

表格行列数较多，在使用时可能出现需要同时观察的数据不能够一起显示在屏幕上，首尾不能兼顾的情况。此时，我们可以通过拆分或冻结窗格的方法，查看工作表的两个部分。

（1）拆分窗格

在垂直滚动条的顶端或水平滚动条的右端，指向拆分框（如图 13.6 所示）。

当鼠标变为拆分指针÷后，将拆分框向下或向左拖至所需的位置。

表格垂直和水平拆分后的效果（如图 13.7 所示）。

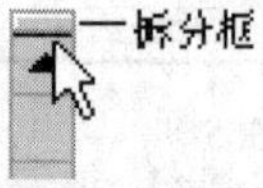

拆分框

图 13.6

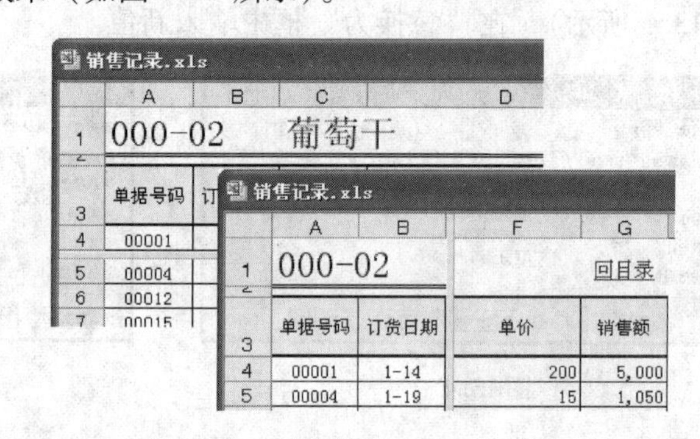

图 13.7

拆分后的工作表变成了两个彼此相对独立的操作空间，我们可以分别调整其显示区域来保持同一屏上的可见的数据。垂直拆分的窗格，两窗格的行滚动保持同步；水平拆分的窗格，两窗格的列滚动保持同步。在任意窗格中对数据的修改都是等效的。

如果要消除窗格的拆分状态，只需将拆分框拖动至工作表的边沿，则工作表恢复至单一的窗格。

（2）冻结窗格

同样，在操作大数据量表格的时候，我们可能期望表格中的某一部分能够一直可见，不随行列的滚动而变化。例如，在使用具有大量行的工作表时，我们往往期望表头能够一直可见。此时，我们可以使用冻结窗格功能，将这部分行冻结起来。若要冻结窗格，请执行下列操作之一：

①选定冻结位置。

顶部冻结窗格：选择待冻结处的下一行。

左侧冻结窗格：选择待拆分处的右边一列。

同时生成顶部和左侧冻结窗格：单击待拆分处右下方的单元格。

②在“窗口”菜单上，单击“冻结窗格”。

本实例数据表中，如果想要将表头和单据号码列冻结，则先选择 B4 单元，然后执行“窗口”→“冻结窗格”。取消冻结窗格时，直接执行“窗口”→“取消冻结窗格”

冻结后的窗格如图 13.8 所示。

	A	B	C	D
1	000-02	葡萄干		
2				
3	单据号码	订货日期	客户代码	客户名称
4	00001	1-14	00001	玲珑市场
5	00004	1-19	00002	好邻居超市
6	00012	2-1	00001	玲珑市场
7	00015	2-10	00003	黄旗超市
8	00016	2-11	00005	宝尔玛百货公司
9				
10				
11				
12				
13				

目录 / 带鱼 / 葡萄干 / 客户一览表

图 13.8

13.5　数据排序

数据排序是对数据加以分析的常用手段。在 Excel 中，可以以单列或多列的数据为排序依据。排序后，工作表数据位置会发生实际改变。

（1）确定排序区域

用户可以执行菜单“排序”命令，或单击“升序排序”或“降序排序”。在此之前，如果工作表中没有选取的区域，则排序的范围是整个工作表。工作表上存在选定的区域，则将出现“排序警告”对话框（如图 13.9 所示），用户可以有两种不同的选择，以确定排序的范围。以本实例工作表为例，排序前选中“数量”列数据。

如果在“排序警告”对话框中选择“以当前选定区域排序”，则排序引起的数据变动将仅限于选定的区域，工作表中其他数据不变。

如果选择“扩展选定区域”，则排序范围将扩展至选定区域所影响到的行。

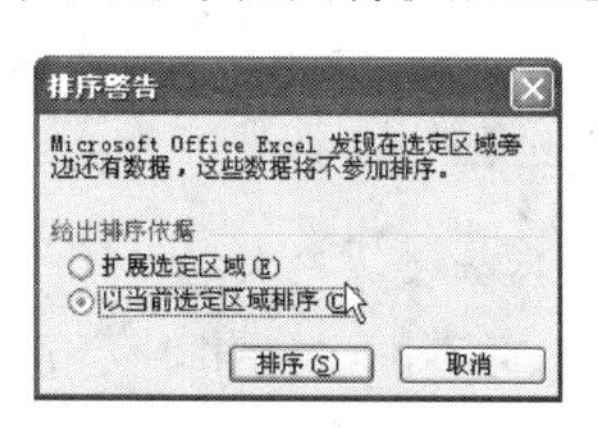

图 13.9

本例我们按数量进行排序，先选中 E4:E8 区域（见图 13.10），然后排序。图 13.11（a）为“以当前选定区域排序”的结果，图 13.11（b）为“扩展选定区域”的结果。

	A	B	C	E	F	G
1	000-02	葡萄干				回目录
3	单据号码	订货日期	客户代码	数量	单价	销售额
4	00001	1-14	00001	230	198	45,540
5	00004	1-19	00001	80	210	16,800
6	00012	2-1	00002	70	200	46,000
7	00015	2-10	00003	250	205	51,250
8	00016	2-11	00005	6600	199	1,313,400

图 13.10

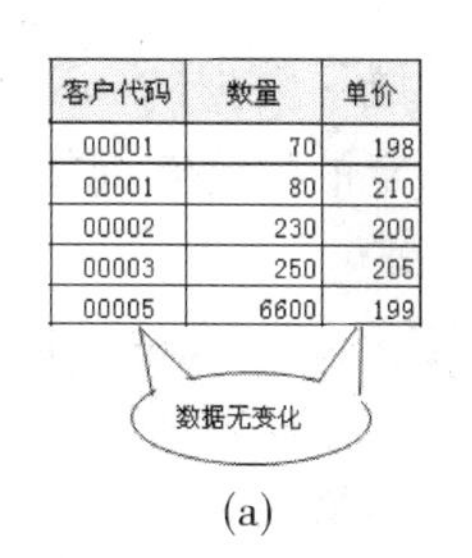

客户代码	数量	单价
00001	70	198
00001	80	210
00002	230	200
00003	250	205
00005	6600	199

(a)

客户代码	数量	单价
00002	70	200
00001	80	210
00001	230	198
00003	250	205
00005	6600	199

数据同步变化

(b)

图 13.11

(2) 设定排序条件

比较常见的情况是，按照某一列或某几列的数据值对工作表排序，这些列即是排序条件。当需要以多个列作为排序条件时，则排序条件必然有主次之分，即首先按第一条件排序，在第一条件的值相同的情况下，按次要条件排序，如有需要，还可以按第三条件排序。各个条件均可以指定按升序或按降序。

以下我们对销售数据进行分析，要求将客户代码按升序排列，同一客户的购买数量按降序排列。

①选择 A3：G8 区域，该区域为参与排序的数据区域。

②选择“数据”→“排序”，出现排序对话框，该对话框用于设置排序条件，按图 13. 12 上的选项设置后，即可确定排序。

提示：在选定的区域中，如果存在标题行，则应当选取“有标题行”，排序后，标题行不会发生变化；反之，如果选择了“无标题行”则区域中的首行也将和其他行进行比较排序，并发生变动。

(3) 设定排序序列

一般情况下，我们对数据进行排序时，按照数字的大小或是字符的字典顺序，中文按拼音排序。此时，只需要保持排序选项的默认值即可。

如果需要按较为特殊的序列进行排序，则点击“排序”对话框中的“选项”按钮，在弹出的“排序选项”对话框中设置（如图 13. 13 所示）。

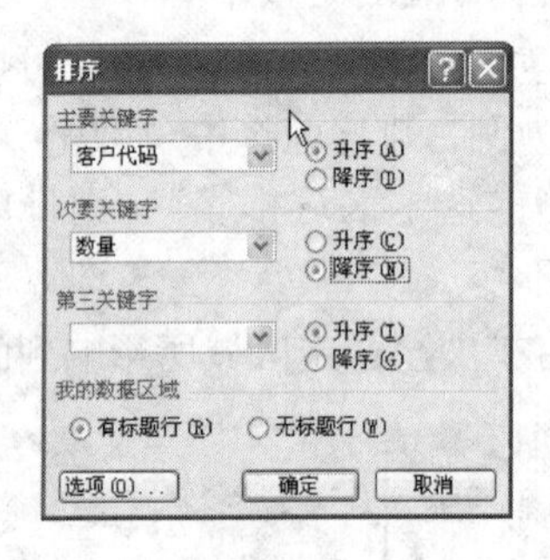

图 13. 12

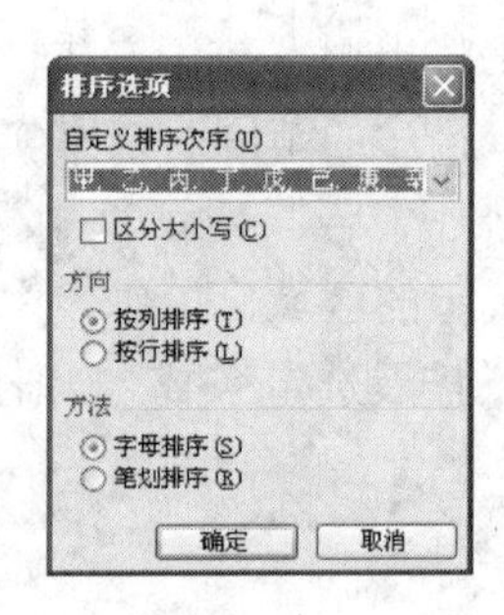

图 13. 13

比如，可以选择对中文字符按照笔画顺序排序，还可以选择一些自定义的排序序列，比如星期、月份或者甲、乙、丙、丁等。

13. 6 筛选

筛选是查找和处理区域中数据的一种快捷方法。用户通过筛选操作，可以仅仅显示满足条件（条件：所指定的限制查询或筛选的结果集中包含哪些记录的条件）的行，而其他的行暂时被隐藏起来。

Excel 提供了两种筛选区域的命令，用户可以在某一列或者某几列指定筛选条件。

(1) 自动筛选

自动筛选是一种简便的筛选方法，在筛选条件比较简单的时候，用户可以采用自动筛选。下面我们在销售表上将客户代码为 0001 的销售记录筛选出来。其步骤如下：

①选中客户代码的数据区域 C3:C8。

②选择“数据”→“筛选”→“自动筛选”，此时，自动筛选箭头显示于筛选区域中列标签的右侧。

③单击自动筛选箭头，从弹出的下拉列表中选中 0001（如图 13. 14）。操作完成后，工作表上只显示客户代码为 0001 的行。

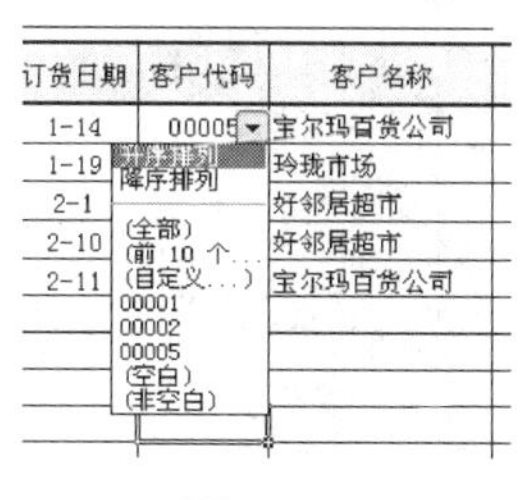

图 13. 14

提示：可以同时对多个列设置筛选条件。操作时，只需要在执行筛选命令前选中的区域中包含多个列即可。有多个条件时，只有同时满足这些条件的行才能够显示。

当然，数据被筛选消失后，并没有被删除，随着筛选条件的改变，要恢复显示被筛选的数据行有两种方法。一种是在自动筛选下拉列表中，选择“全部”，则在该列上的筛选条件被取消，数据被恢复出来；另一种方式是，将菜单“数据”→“筛选”→“自动筛选”前的标记钩去掉，则工作表上的所有自动筛选条件都将取消，各列自动筛选箭头也将全部消失。

（2）自定义筛选

如果上面的筛选方式还不能够满足要求，则可以考虑使用自定义筛选。比如，现需筛选出数量大于等于 70 并且小于 100 的行，在简单的自动筛选中无法实现，我们在区域 E3:E8 上设置自动筛选，方法同前，然后执行以下操作：

①在自动筛选下拉列表中选取“自定义”，出现“自定义自动筛选方式”对话框。

②在“自定义自动筛选方式”对话框中设置筛选条件，在第一个条件中选择关系符“大于或等于”，在右侧框中输入 70。

③在第二个条件中选择关系符“小于”，在右侧框中输入 100。

④选中“与”连接两个筛选条件（如图 13. 15 所示），按“确定”。

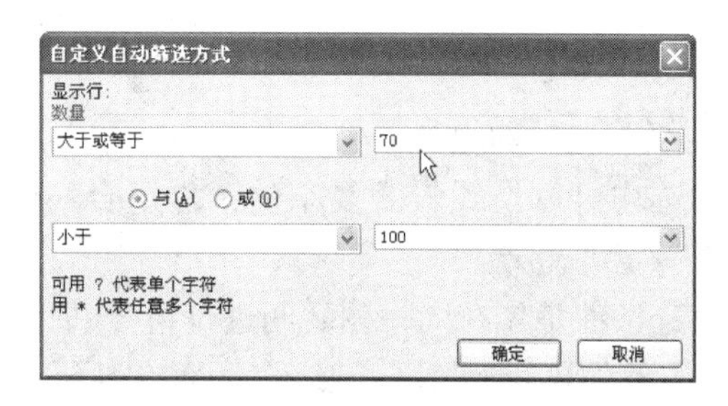

图 13. 15

（3）高级筛选

如果用户在使用筛选时需要将筛选条件保存下来，可以使用高级筛选功能。当然，高级筛选功能也能够表达比较复杂的筛选条件。

在应用高级筛选功能时，工作表上的内容有两个部分，一部分是等待被筛选的数据，另一部分则是条件（如图 13. 16 所示）。

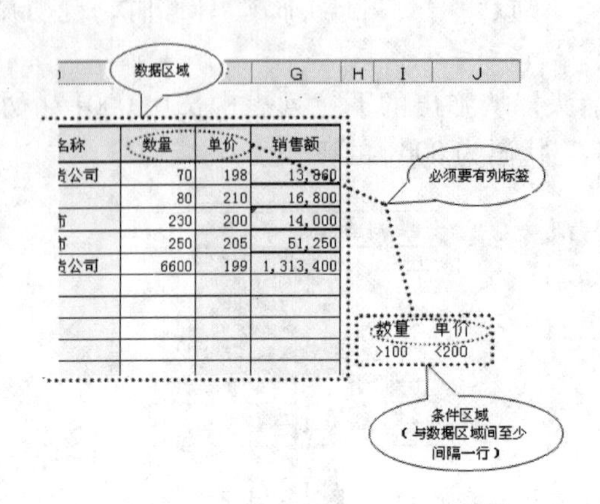

图 13. 16

下面，我们练习用高级筛选从销售表中筛选出数量大于 100 并且单价小于 200 的行。

①按图 13. 16 所示整理好数据，并在适当的位置输入条件区域的数值。

②执行菜单“数据”→“筛选”→“高级筛选”，出现“高级筛选”对话框（如图 13. 17 所示）。

③在高级筛选对话框的“列表区域”中输入数据区域的范围，在“条件区域”中输入条件区域的范围。

④设置完毕，按“确认”按钮。

执行后的结果如图 13. 18 所示。

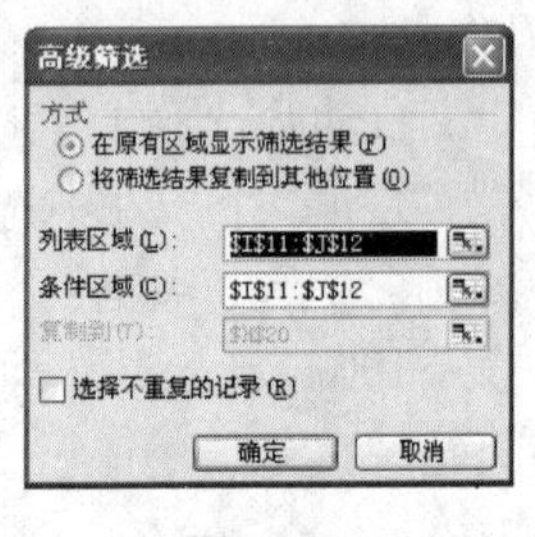

图 13. 17

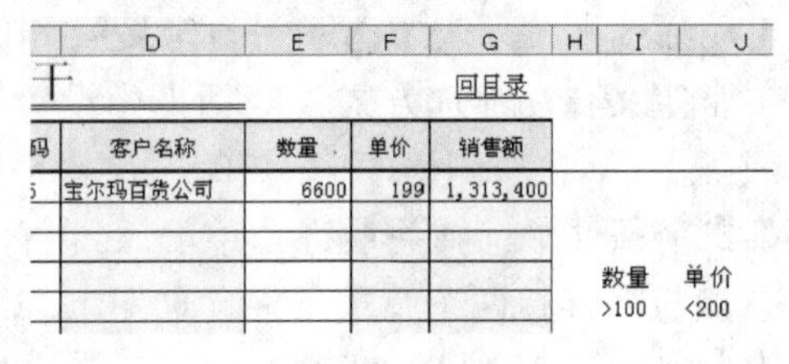

图 13. 18

(4) 自定义筛选和高级筛选中的组合条件

自定义筛选和高级筛选均可以设置较为复杂的条件组合，但这两种设置筛选条件方式在逻辑组合上存在着一定的差异。

在自定义筛选中，筛选条件是先在同一列之间进行组合（可以是“与”，也可以是“或”），然后不同列之间的条件再进行“与”组合。而在高级筛选中，条件区域中的条件是先按行进行“与”组合，然后不同的行之间与进行“或”组合。下面举例加以说明：

如图 13. 19 所示，在工作表上设置自动筛选，并在单价和数量列上分别设置自定义筛选条件。

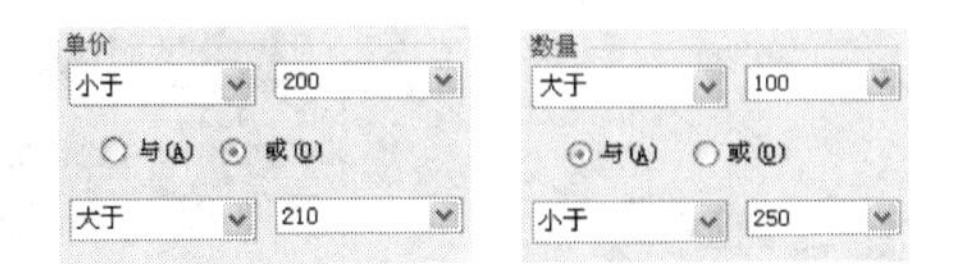

图 13.19

则此条件下对工作表数据的筛选等价于下面的表达式：

（单价 <200 或者 单价 >210）并且（数量 >100 并且 数量 <250）

如果应用高级筛选，并将高级筛选的条件区域作如图 13.20 设置，则此条件下对工作表数据的筛选等价于下面的表达式：

（单价 <200 或者 数量 >100）并且（单价 >210 并且 数量 <200）

显然，这两种设置方式所产生的筛选结果是不同的，要在高级筛选中设置“（单价 <200 或者 单价 >210）并且（数量 >100 并且 数量 <250）”的筛选条件，可以用下面的方式表达（如图 13.21 所示）：

单价	数量
<200	>100
>210	<250

图 13.20

单价	数量	数量
<200	>100	<250
>210	>100	<250

图 13.21

因此，在涉及多个条件时，一定要注意条件的逻辑组合关系，否则将不能得到正确的筛选结果。高级筛选与自定义筛选除了能够将筛选条件保存下来之外，其条件表达能力也更为强大。

13.7　数据分类汇总

在数据处理中，常常需要将数据按某种标准分成若干组，然后对各组进行统计计算。比如，在销售表中，我们要想得到每一天的销售额，就需要按销售日期分组，然后计算每组的销售总额。在 Excel 中，这一类的工作我们可以使用数据分类汇总功能来实现。

（1）简单分类汇总

①创建分类汇总

以下我们练习将销售表中的数据按“订购日期”分组，汇总各日的销售总额。其步骤如下：

● 汇总前必须对作为分类标准的数据排序，选择订货日期数据 B4:B12，单击按钮，在弹出的“排序警告”对话框中点选“扩展选定区域”，确定。排序后的数据如图 13.22 所示。

● 执行分类排序，选中任意一个有数据的单元格，执行菜单“数据”→“分类汇总”，弹出“分类汇总”对话框。

● 设置“分类汇总”对话框。在“分类字段”中选择“订货日期”，“汇总方式”选择“求和”，“选定汇总项”勾选“销售额”（如图 13.23 所示）。

3	单据号码	订货日期	客户代码
4	00004	1-14	00001
5	00001	1-14	00005
6	00005	1-20	00004
7	00006	1-22	00006
8	00012	2-1	00002
9	00013	2-1	00005
10	00015	2-1	00002
11	00016	2-11	00005
12	00017	2-11	00006

图 13.22

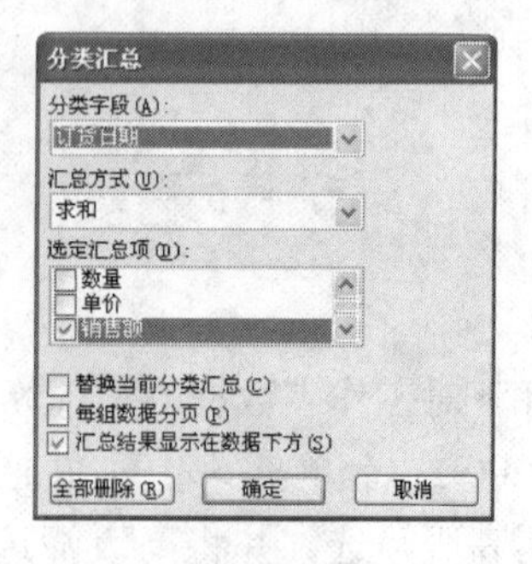

图 13.23

● 设置完毕，单击“确定”，返回工作表，效果如图 13.24 所示。

	A	B	C	E	F	G
3	单据号码	订货日期	客户代码	数量	单价	销售额
4	00004	1-14	00001	80	210	16,800
5	00001	1-14	00005	70	198	13,860
6		1-14 汇总				30,660
7	00005	1-20	00004	30	200	6,000
8		1-20 汇总				6,000
9	00006	1-22	00006	50	205	10,250
10		1-22 汇总				10,250
11	00012	2-1	00002	230	200	46,000
12	00013	2-1	00005	100	205	20,500
13	00015	2-1	00002	250	205	51,250
14		2-1 汇总				117,750
15	00016	2-11	00005	6600	199	1,313,400
16	00017	2-11	00006	300	205	61,500
17		2-11 汇总				1,374,900
18		总计				1,539,560

图 13.24

提示：在整理分类汇总的基础数据时，汇总的数据区域的各列都需要有列标签，此列标签就是“分类字段”。分类字段在每一次分类汇总中只能有一个选择。还可以是行多级分类，这方面的知识我们将在下一节中讲述。

②分类汇总的替代和清除

在工作表中已经存在分类汇总的情况下，用一个新的汇总替代已有的汇总时，只需要直接在新的“分类汇总”对话框中设置有关汇总选项，然后勾选“替换当前分类汇总”。执行后，新的汇总将会替代已有的汇总。

由于汇总的分组标准的变化，往往需要重新排序才能得到正确的汇总结果，而进行重新排序时，系统会先将已有的汇总消除，然后进行排序。

要清除汇总状态，需要激活“分类汇总”对话框，点击“全部删除”，此操作并不会使工作表的数据被删除，而是删除分类汇总的分级显示和汇总行。

（2）分级显示

分类汇总后的工作表在左侧有一系列的分级显示按钮，显示为+时，表示该级别下的明细项被折叠，单击+，则折叠的数据被展开，该按钮同时变为-，再单击该按钮，则数据被再次折叠。如图 13.25，1 月 22 日的数据被折叠。

分级按钮的顶端还有一行分级显示符号 1 2 3，表示此时数据可以有三个显示级别——所有数据的汇总（第一级）、第一次分类汇总（第二级）、第一次的分类下的明细数据（第三级）。单击其中一个按钮，表示数据显示到该级别为止，比如单击 2，显示数据如图 13.26 所示，显示包括了第一、二级的数据。

7	00005	1-20	00004	30	200	6,000
8		1-20 汇总				6,000
10		1-22 汇总				10,250
11	00012	2-1	00002	230	200	46,000
12	00013	2-1	00005	100	205	20,500

图 13.25

	A	B	C	E	F	G
3	单据号码	订货日期	客户代码	数量	单价	销售额
6		1-14 汇总				30,660
8		1-20 汇总				6,000
10		1-22 汇总				10,250
14		2-1 汇总				117,750
17		2-11 汇总				1,374,900
18		总计				1,539,560

图 13.26

提示：在 Excel 中，分级显示是一个单独的功能。也就是说，并不是只有通过分类汇总的操作才能够有分级显示的效果，事实上，只要在相关行之间加入了统计函数，就可以采用分级显示。

执行菜单“数据”→“组及分级显示”→“清除分级显示”，可以清除分级显示状态。

(3) 多级分类汇总

在分析数据时，当对数据进行一个层级的分类不能满足需求时，可以对已经分类汇总的数据进行再次分类汇总。例如，我们在得到每日销售总额后，还希望统计每日各个客户的购货金额，则可用两次分类汇总来实现。其步骤如下：

①排序处理。由于需要两次分类汇总，所以在进行排序时，需要有两个排序关键字，第一次汇总以“订购日期”作为主要关键字，第二次汇总实际上是在第一次汇总基础之上，所以应当将“客户代码”作为次关键字。在“排序”对话框中作如图 13.27 所示的设置。

②分类排序后，执行第一次分类汇总，方法与简单分类汇总中的操作完全一样。

③第一次分类汇总后，再次执行菜单“数据”→“分类汇总”，弹出“分类汇总”对话框（如图 13.28 所示）。此时，“分类字段”选“客户代码”，其他不变，但应特别注意的是，一定要去掉“替换当前分类汇总”前复选框中的钩，否则此次分类汇总将替代上一步的分类汇总结果。

图 13.27

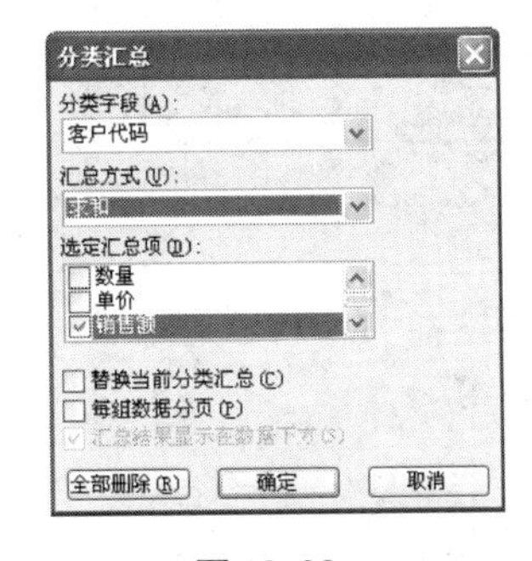

图 13.28

④单击“确定”，完成本次分类汇总，部分数据如图 13.29 所示。

我们可以观察到，在 1 月 22 日的数据集中，数据再次被分为 00002、00005 两组，并分别进行了汇总。

如果在操作中出现如图 13.30 中的现象（在 1 月 22 日的数据中，出现了两个 00002 的汇总），其原因就是没有对客户代码数据正确地排序。

13			00006 汇总			10,250
14		1-22 汇总				10,250
15	00012	2-1	00002	230	200	46,000
16	00015	2-1	00002	250	205	51,250
17			00002 汇总			97,250
18	00013	2-1	00005	100	205	20,500
19			00005 汇总			20,500
20		2-1 汇总				117,750
21	00016	2-11	00005	6600	199	1,313,400
22			00005 汇总			1,313,400
23	00017	2-11	00006	300	205	61,500
24			00006 汇总			61,500

图 13.29

12	00006	1-22	00006	50	205	10,250
13			00006 汇总			10,250
14		1-22 汇总				10,250
15	00015	2-1	00002	250	205	51,250
16			00002 汇总			51,250
17	00013	2-1	00005	100	205	20,500
18			00005 汇总			20,500
19	00012	2-1	00002	230	200	46,000
20			00002 汇总			46,000
21		2-1 汇总				117,750

图 13.30

如果用户需要，还可以在此基础之上进行第三次分类汇总，当然前提还是作为分类标准的列，在分类汇总之前应当正确排序。

（4）多种汇总方式

前面讲到的多次分类汇总的方法不仅可以用于多级分类，也可用于统计汇总时，同一分级中有多种汇总方式的情况。

如果我们在进行汇总统计时，需要对销售额、数量两列求和，我们可以在“分类汇总”对话框中，“汇总方式”选“求和”，同时勾选“汇总项”列表中的“销售额”、“数量”，可以在一次汇总中完成该操作。但如果我们要统计销售额和平均单价，则一次汇总无法完成，因为“分类汇总”对话框中“汇总方式”只能有一种。解决问题的方法是，在第一次汇总时统计汇总销售额，第二次汇总时，在“分类汇总”对话框中作如图 13.31 的设置。确定后，汇总的数据如图 13.32 所示。

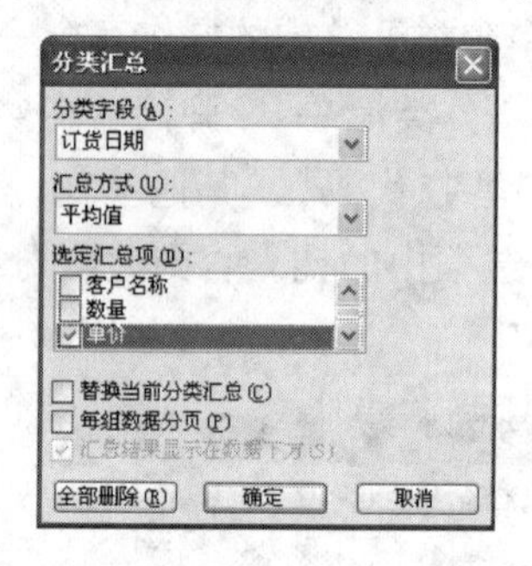

图 13.31

11	00006	1-22	00006	50	205	10,250
12	1-22 平均值				205	
13		1-22 汇总				10,250
14	00015	2-1	00002	250	205	51,250
15	00013	2-1	00005	100	205	20,500
16	00012	2-1	00002	230	200	46,000
17	2-1 平均值				203	
18		2-1 汇总				117,750
19	00016	2-11	00005	6600	199	1,313,400
20	00017	2-11	00006	300	205	61,500
21	2-11 平均值				202	
22		2-11 汇总				1,374,900

图 13.32

同样要注意，在设置“分类汇总”对话框时，一定要去掉“替换当前分类汇总”前复选框中的钩。

13.8 合并计算

合并计算能够将多个不同区域的数据合并到一个区域中，这些被合并的数据可以是在同一个工作表上，也可以是在不同的工作表上，甚至是在不同的工作簿上。因此，这种方法常常用于合并报表的制作。

（1）按位置进行合并计算

下面有一个简单的例子，公司的销售数据被分别统计在两张工作表上（如图 13.33

所示），现在需要将两张表的数据合并到工作表 Sheet3 上，形成全公司的销售数据。该组数据的一个特征是：需要被合并的数据在区域中的相对位置是一致的。在合并数据操作中，有一种方式是，对所有位置相同（区域中的相对位置）的数据进行运算，因此可以采用此方法来完成这个任务。具体的操作步骤如下：

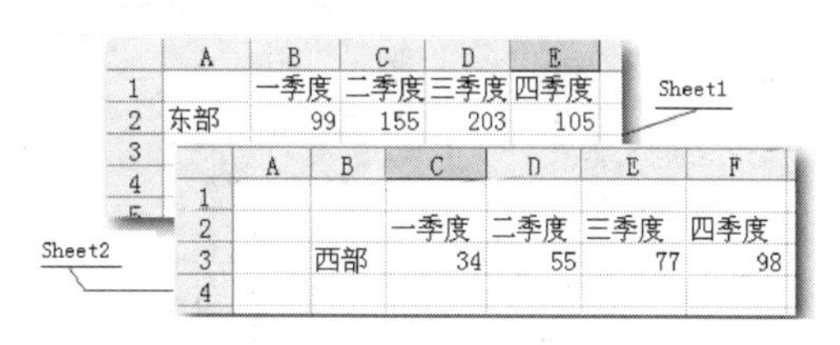

图 13.33

①在工作表 sheet3，输入相关的文字。在 D3:G3 区域输入“一季度”到“四季度”。

②选中 Sheet3 工作表上的 D4 单元格，执行菜单“数据”→“合并计算”，弹出“合并计算”对话框。

③在“合并计算”对话框中，输入引用位置 Sheet1！＄C＄3:＄F＄3，然后按“添加”按钮。

④继续在“引用位置”中输入 Sheet2！＄B＄2:＄E＄2，然后按“添加”按钮，“函数”项选择“求和”，合并对话框设置后如图 13.34 所示。

⑤按“确定”，合并计算的结果将出现在 Sheet3 上（如图 13.35 所示）。灰色背景的数值为合并计算的结果，其他文字为手工输入。

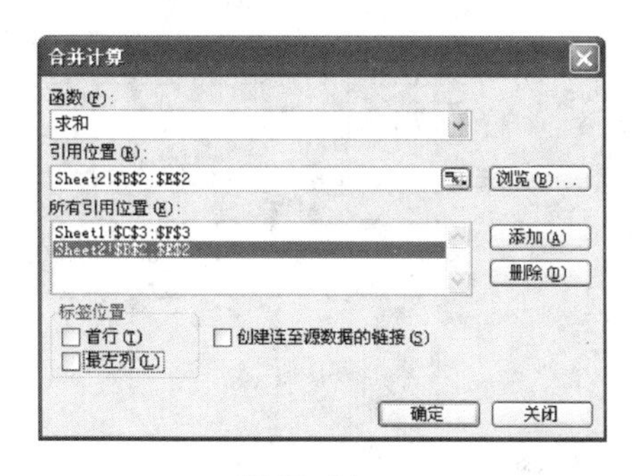

图 13.34

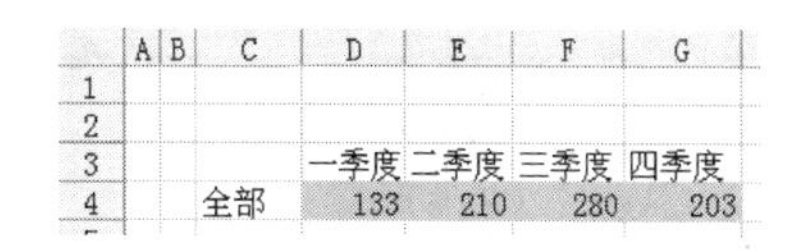

图 13.35

（2）按分类进行合并计算

如果需要合并的数据在位置上并不具有一致性，比如图 13.36 中的两组数据，由于“东部”和“西部”的数据在两个表中的列位置交换，所以要进行合并计算，使用按位置的方式是不可行的，必须按分类进行合并计算。

所谓按分类进行合并计算要求在被合并区域的首行或首列必须有标题，合并时，Excel 不按位置来收集数据，而是按列标签或行标签的异同来区分数据。具体操作如下：

	A	B	C	D
1	2009年			
2			东部	西部
3		一季度	99	34
4		二季度	155	55
5		三季度	203	77
6		四季度	105	98

	A	B			
1					
2		2008年			
3				西部	东部
4			一季度	120	22
5			二季度	45	49
6			三季度	23	80
7			四季度	53	73

图 13.36

①在工作表 sheet6 输入相关的文字。在 A1 单元输入“2008—2009 年”。

②选中 Sheet6 工作表上的 B3 单元格，执行菜单“数据”→“合并计算”，弹出“合并计算”对话框（如图 13.37 所示）。

③在“合并计算”对话框中，输入引用位置 Sheet4！$C$3：$E$7，然后按“添加”按钮。

④继续在“引用位置”中输入 Sheet5！$B$2：$D$6，然后按“添加”按钮，“函数”项选择“求和”，勾选标签位置组的“首行”和“最左列”的复选框（如图 13.37 所示）。

⑤按“确定”，合并计算的结果将出现在 Sheet6（如图 13.38）。灰色背景的数值为合并计算的结果，其他文字为手工输入。

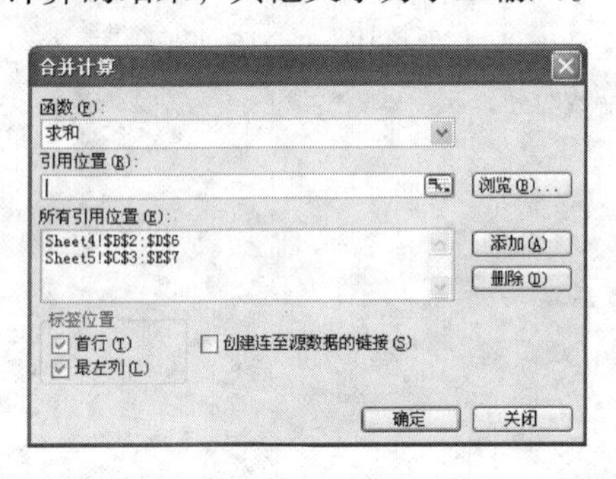

图 13.37

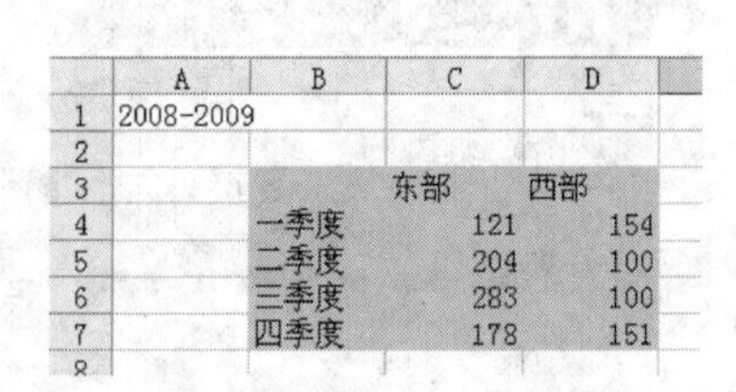

	A	B	C	D
1	2008-2009			
2				
3			东部	西部
4		一季度	121	154
5		二季度	204	100
6		三季度	283	100
7		四季度	178	151

图 13.38

由结果可以看到，“东部”和“西部”的数据被正确地合并计算了。

13.9 重点回顾

● 记录单是一种类似窗体表单的数据输入方式，主要用于表格数据较大、行列较多时。记录单上也有比较方便的查找定位功能。

● 菜单中的查找与替换功能主要是对数据中的文本和数字进行查找，可以使用通配符，适合于查找条件比较简单时使用。

● 工作簿、工作表隐藏，行列隐藏等功能用于数据比较繁杂时，留下用户关注的数据，突出重点。

● 窗格的拆分和冻结功能能够将工作表从逻辑上分为不同的部分，便于用户在使用一部分数据的时候，同时能够观察到数据表的其他部分。

● 排序是最为简单常用的数据整理方法，可以按多个字段进行排序，也可以自定义排序序列。

● 筛选有多种方式，自动方式最为简单直接，自定义和高级筛选可以满足比较复杂的筛选条件，高级筛选还能够将筛选条件在工作表上保存下来。使用时，需要注意正确地组合多个条件。

● 进行数据分类汇总时，必须先对数据排序，可以多级分类，可以按多种方式汇总结果，分类数据一般和多级显示相结合。

● 合并计算可以将工作簿中不同区域数值合并计算到一个区域，合并时可以把相同位置的数据合并，也可以按行列标签来区别合并数据。

13.10　补充实训

制作考生报考登记表，表中要求有考生准考证号、姓名、身份证号、学历、所学专业、报考职位等数据项。请统计各报考职位中男女考生的人数。

实训 14
数据假设与规划——制作偿还贷款方案分析表和项目方案表

14.0 内容导航

在数据分析中，我们常常需要建立一些模型。模型中的一些因素发生变化，将导致不同的结果。在建立业务模型后，我们往往需要进行一些假设分析，预测在不同状况下的问题的结果，规划不同的方案，以选择最优方案。

- 当影响结果的关键因素较少，只有两个以下时，可以应用模拟运算表。
- 如果影响结果的因素比较多，每一组因素形成了一个方案，可以采用方案分析工具进行分析比较。
- 如果期望某个方案能够得到预定的结果，一些关键的因素应该如何确定其值，这类问题则可以使用规划求解工具。

14.1 模拟运算表

在 Excel 中，这些模型就是一些公式，各种因素就是公式中的参数。模拟运算表可以看做一类比较特殊的公式，特殊是在于它可以同时计算出参数若干不同取值而得到的不同结果，并且将它们同时显示出来，因而便于查看、比较和分析。根据分析计算公式中的可变参数的个数，模拟运算表又分为单变量模拟运算表和双变量模拟运算表。

（1）单变量模拟运算表

单变量模拟运算表主要用来分析当其他因素不变时，一个参数的变化对目标值的影响。例如，在其他条件不变的情况下，计算税率对利润的影响，利率变化对贷款偿还额的影响等。

在此，我们以计算贷款的分期偿还额为例来学习单变量模拟运算表的应用。假设某公司要贷款 2 000 万元，年限为 5 年，目前的年利率为 5%，分季度偿还，我们来分析当利率发生一定变化时，对每个季度还款的影响。

首先我们需要了解一个财务函数——PMT（），PMT 函数用于计算贷款的每期付款额，这个计算基于固定利率及等额分期付款方式。具体的语法是：

PMT(rate,nper,pv,fv,type)

其中，Rate 为每期的贷款利率，Nper 为还款期数，Pv 为贷款总额，Fv 和 Type 可以省略。详细的介绍可以参考函数手册。

单变量模拟运算表的建立步骤如下：

①建立如图 14.1 所示的工作表,在 D3单元格中输入公式：“ =PMT(C3/4,B3 *4,A3)”。

②由于是按季度还款，所以每个还款周期的利率为年利率/4，还款期数为年数 *4。在此条件下，需每月偿还 113.64 元（如图 14.2 所示）。

③设定可能的变化利率，将这一系列利率放置在同一列中。本例放置在 C4:C10 中，利用自动填充功能，将利率设定为 4.0 ~6.0 之间。

④选中一个区域，用于放置模拟表。本例中选择的区域为 C2:D9。

D3　=PMT(C3/4,B3*4,A3)

	A	B	C	D
1		每季度还款分析		单位（万元）
2	贷款额	贷款年限	利率	每季还款额
3	2000	5	5.00%	￥-113.64

图 14.1

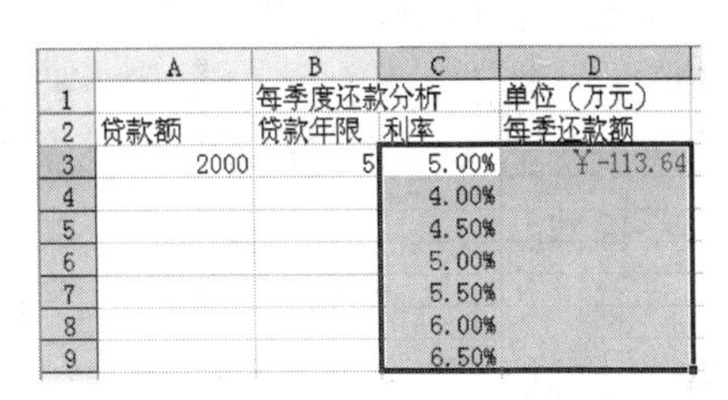

	A	B	C	D
1		每季度还款分析		单位（万元）
2	贷款额	贷款年限	利率	每季还款额
3	2000	5	5.00%	￥-113.64
4			4.00%	
5			4.50%	
6			5.00%	
7			5.50%	
8			6.00%	
9			6.50%	

图 14.2

⑤选取模拟表存放区域时必须满足一定的要求，即区域必须是连续的，第一列用于存放可变量清单，第一行存放计算公式；否则，将不能进行模拟运算，或者是运算结果错误（如图 14.3 所示）。

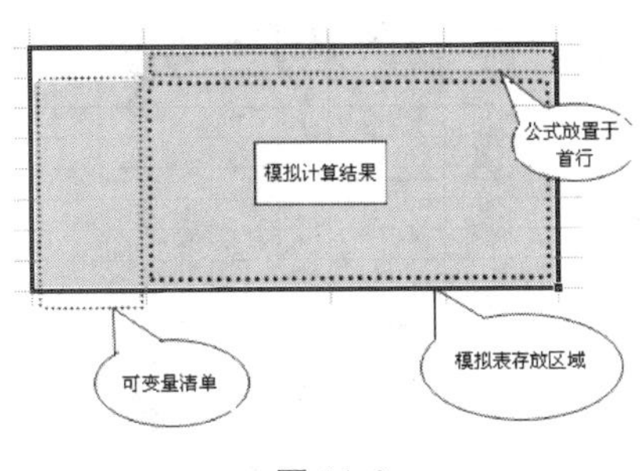

图 14.3

小提示：单变量模拟中，可变量的放置可以是排列在一列中，称为列变量模拟运算表，还可以设置为行变量模拟运算表，也就是可变量排列在一行中，公式排列在第一列，设置方法与此类似。不论列方向还是行方向，均可以设置多个模拟运算公式。

⑥进行模拟运算，执行菜单“数据”→“模拟运算表”，弹出“模拟运算表”对话框，在“输入引用列的单元格”输入框中输入单元格 $C$3（如图 14.4 所示），确定后，将产生模拟运算结果（如图 14.5 所示）。

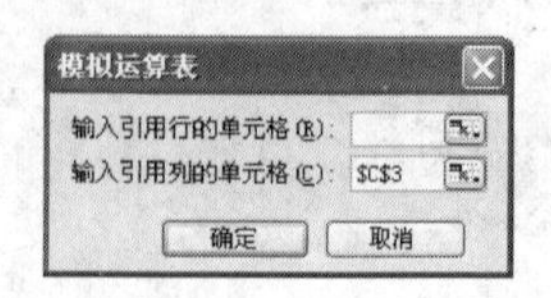

图 14.4

	A	B	C	D
1		每季度还款分析		单位（万元）
2	贷款额	贷款年限	利率	每季还款额
3	2000	5	5.00%	￥-113.64
4			4.00%	-110.8306298
5			4.50%	-112.2306212
6			5.00%	-113.6407793
7			5.50%	-115.0610734
8			6.00%	-116.4914717
9			6.50%	-117.9319416

图 14.5

在“模拟运算表”对话框中，输入单元格的意义是：C3 单元格的值将被列变量（C4:C9）所替代，而公式“ = PMT(C3/4,B3 * 4,A3)”必然引用了 C3 单元，因此该公式运算的结果实际上随列变量而变化。这一系列的值被显示在 D4:D9 区域。

注意，这时单元格区域 D3:D9 中的公式为“{ = 表(,C3)}”，表示其是一个以 C3 为列变量的模拟运算表。当改变列变量时，模拟运算表的数据会自动重新计算。

（2）双变量模拟运算表

我们再来考虑贷款偿还问题。在进行商品房交易时，需要对按揭贷款负担进行估算，结合购买的企业和个人的财务状况选择最优方案。在利率确定的情况下，一般会考虑两个因素：贷款的年限和额度，以此来计算每月需要偿还的金额。这里就涉及了两个可变量，对于这类问题，我们可以采用双变量模拟运算表来进行测算。

双变量模拟运算表的操作步骤与单变量模拟运算表类似，主要需注意的是，在设置模拟运算表存放区域的时候，要按如图 14.6 所示的布局安排。

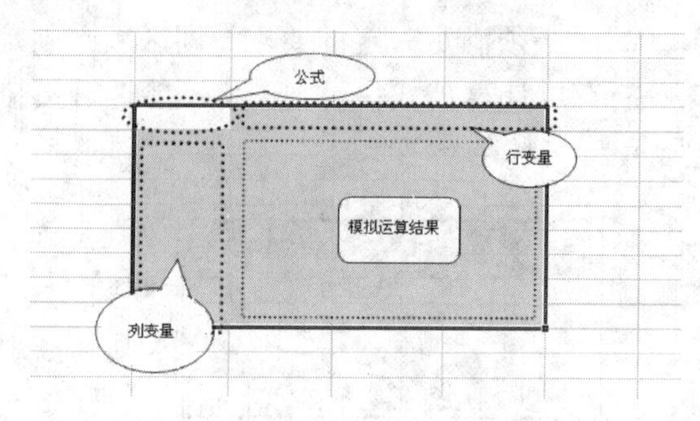

图 14.6

下面我们来看问题：现有一企业要购买写字楼，楼价 2 500 万元，该企业准备申请银行按揭，利率 4.2%，现在需就不同的贷款额和贷款期对每月还贷额的影响进行分析。建立双变量模拟运算表的步骤如下：

①建立如图 14.7 所示的工作表，在 D3 单元格中输入公式：“ = PMT(C3/12,B3 * 12,2500 - A3)”。

②此步骤与建立单变量模拟表基本一样，得出结果，首付 1 000 万，5 年按揭，月供为 27.76 万元。

③设置模拟表存放区域 D3:I9，并在该区域首列输入可能的首付金额值，在该区域首行输入可能的按揭年限。该区域左上角单元已经存在计算公式（如图 14.8 所示）。

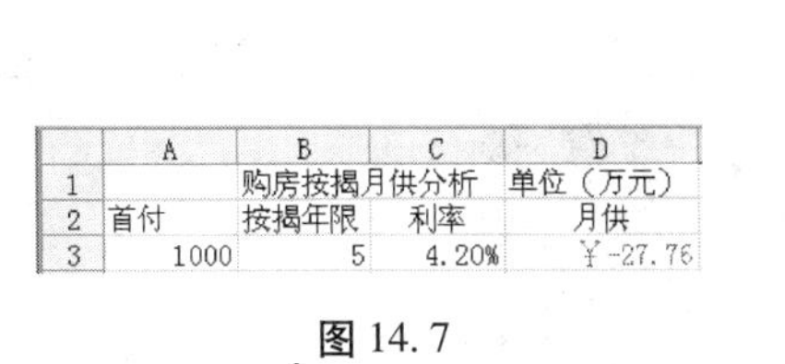

	A	B	C	D
1		购房按揭月供分析		单位（万元）
2	首付	按揭年限	利率	月供
3	1000	5	4.20%	￥-27.76

图 14.7

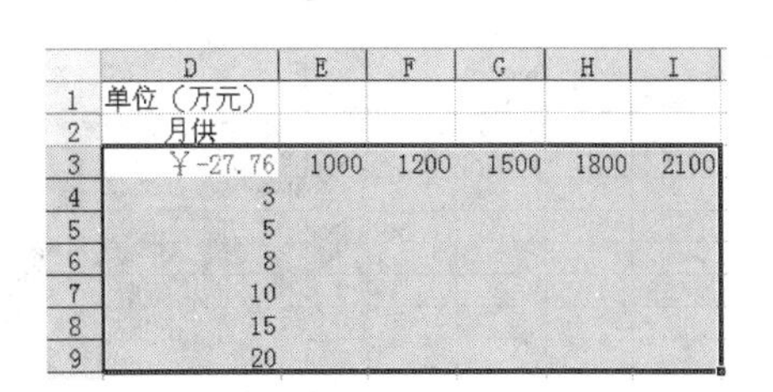

	D	E	F	G	H	I
1	单位（万元）					
2	月供					
3	￥-27.76	1000	1200	1500	1800	2100
4	3					
5	5					
6	8					
7	10					
8	15					
9	20					

图 14.8

④进行模拟运算，执行菜单“数据”→“模拟运算表”，弹出“模拟运算表”对话框，在“输入引用行的单元格”输入框中输入单元格 $A$3，在“输入引用列的单元格”框中输入单元格 $B$3（如图 14.9 所示）。

⑤在该对话框中，分别指定了行变量和列变量所要替代的单元，确定后，将产生模拟运算结果（如图 14.10 所示）。

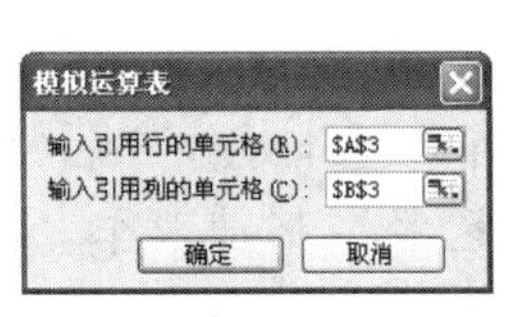

图 14.9

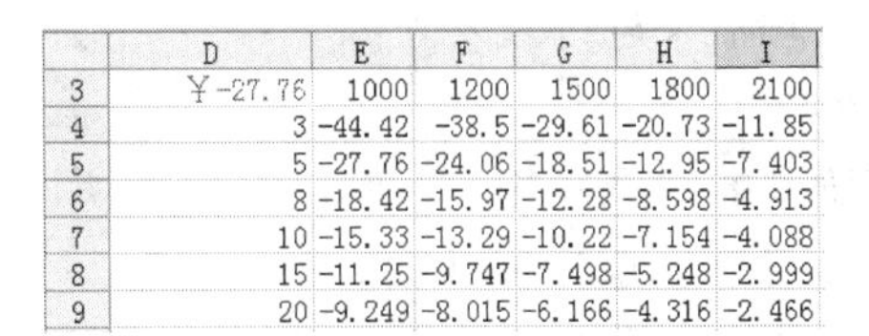

	D	E	F	G	H	I
3	￥-27.76	1000	1200	1500	1800	2100
4	3	-44.42	-38.5	-29.61	-20.73	-11.85
5	5	-27.76	-24.06	-18.51	-12.95	-7.403
6	8	-18.42	-15.97	-12.28	-8.598	-4.913
7	10	-15.33	-13.29	-10.22	-7.154	-4.088
8	15	-11.25	-9.747	-7.498	-5.248	-2.999
9	20	-9.249	-8.015	-6.166	-4.316	-2.466

图 14.10

其中，E4:I9 单元格区域的计算公式为“{ = 表(BA4,B3)}”，表示其是一个以 A3 为行变量、B3 为列变量的模拟运算表。

在模拟运算表的基础上，还可以进一步进行数据分析。既可以改变相关变量，分析其对模拟运算表计算结果的影响；也可以改变计算公式，方便地得到其他意义的模拟运算表。

14.2　方案分析

在模拟运算表中，公式的可变参数最多只能有两个，因此主要用来考察一个或两个可变因素。对于一些更复杂的问题，常常需要考察更多的因素。比如，上例中如果要再加上对不同利率的考察，此时，模拟运算表就难以解决了。

在 Excel 中，对有两个以上的可变因素的问题，可以用方案管理器来解决，可以假设选择的不同方式。对于每一种假设称之为一个方案，每一种方案都包含若干可变的因素。根据多个方案的对比分析，可以考察不同方案的优劣，从中选择最合适的方案。

例如，图 14.11 是某公司的一个软件开发项目的盈利预测，表中的数据是独立开发该软件项目的各项费用，其中包括了各项指标的计算公式。除了独立开发这种模式外，还可以有完全外包和合作开发两种方式。

合作开发需要较少的人员（高级人员 2 人，一般人员 4 人），开发周期较短（10 个月），设备投入 8 万元，外购开发 110 万元，合作单位分一成的利润。

外包方式需要最少的人员（高级人员 1 人，一般人员 2 人），开发周期（8 个月），设备投入 8 万元，外购开发 110 万元。

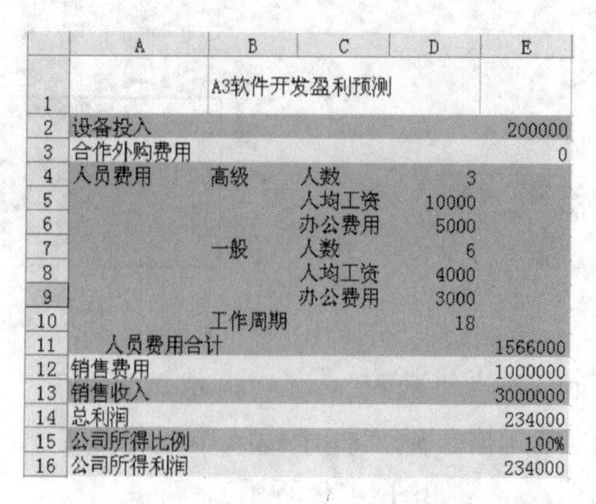

	A	B	C	D	E
1		A3软件开发盈利预测			
2	设备投入				200000
3	合作外购费用				0
4	人员费用	高级	人数	3	
5			人均工资	10000	
6			办公费用	5000	
7		一般	人数	6	
8			人均工资	4000	
9			办公费用	3000	
10		工作周期		18	
11	人员费用合计				1566000
12	销售费用				1000000
13	销售收入				3000000
14	总利润				234000
15	公司所得比例				100%
16	公司所得利润				234000

图 14.11

在这三种方案中，由于存在设备投入、人员配备、外购软件多种差异，因此我们采用方案管理器来进行假设分析。

（1）创建方案

方案管理的对象是各种不同的方案，所以在基础工作表基本建立之后，接下来要完成的工作就是建立各种方案。由于各种数据计算公式已经在基础工作表中建立了，各种方案的核心实际上就是确定可能发生变动的数据，并赋予不同的取值。我们按如下步骤来建立方案：

①为各个可能发生数据变动的单元格命名。

②执行菜单“插入”→“名称”→“定义”，弹出“定义名称”对话框。

③在“定义名称”对话框顶端的输入框中输入“设备投入”，单击“添加”按钮，此时“设备投入”将出现在中间的下拉列表中（如图 14.12 所示）。

④选中该项后，在“引用位置”中输入单元格 E2，则 E2 单元格被命名为“设备投入”。

⑤重复以上步骤，分别将 E3、D4、D7、D10、E15、E16 命名为“外购开发费用”、“高级人员”、“一般人员”、“工作周期”、“公司所得比例”、“公司所得利润”。

⑥设置完毕，关闭该对话框。

小提示：这一步骤并非必需的，因为我们知道工作表中的所有单元格都有列标志和行标志，如果单元格没有名称，完全可以使用这些标志来引用单元格。但是，为了使创建的方案在设置变量的时候能够直观、明确地知其含义，所以我们建议给这些单元格命名，使其名称有实际意义，编辑方案的时候更方便，将来进行方案总结时也便于阅读。给单元格命名的方法有很多，这是其中一种。

⑦执行菜单“工具”→“方案”，弹出“方案管理器”对话框（如图 14.13 所示）。

⑧按“添加”按钮，出现“添加方案”对话框。

⑨在“方案名”中输入“外包”，在“可变单元格”中输入“E2，E3，D4，D7，D10”，此处由于包含多个单元格，所以在单元格之间注意用逗号间隔（如图 14.14 所示）。当然，也可以用鼠标点选的方式。此步骤的目的是设定在“外包”这种方案中，涉及哪些数据可能发生变化。输入完毕，按“确认”按钮，弹出“方案变量值”对话框（如图 14.15 所示）。

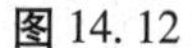

图 14.12

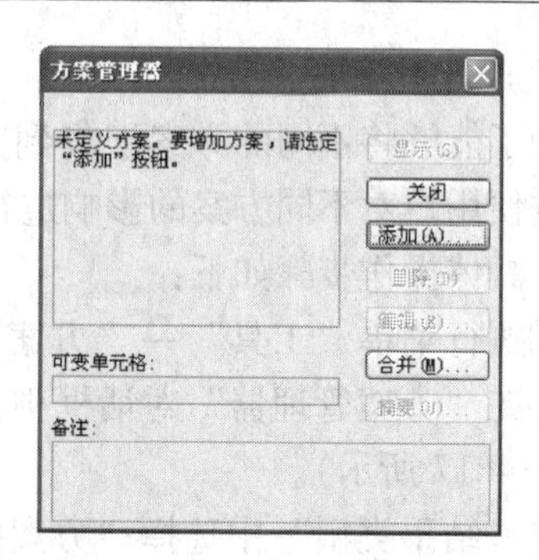

图 14.13

在“方案变量值”对话框中设置相关数据，输入完毕后，按“确认”按钮，回到“方案管理器”对话框。

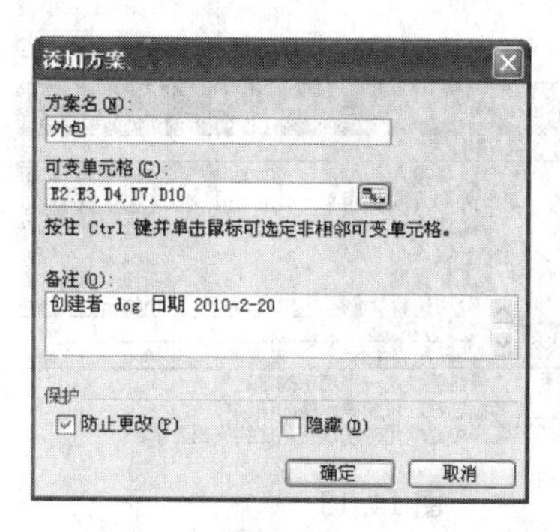

图 14.14

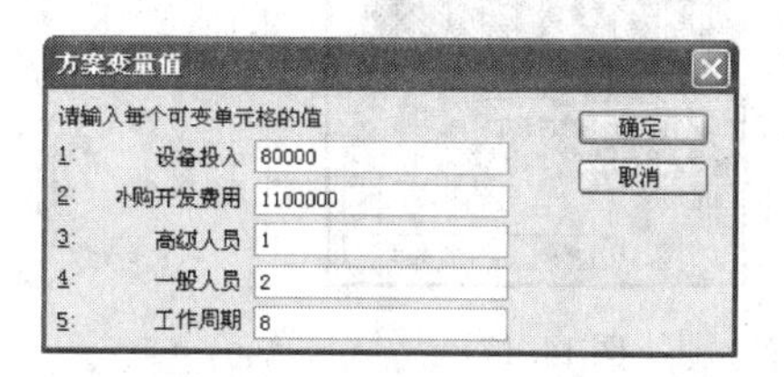

图 14.15

重复上面步骤，添加“合作开发”方案。注意。该方案中可变单元格还包含了 E15，即“公司所得比例”，该值为 90%。

（2）方案的维护

方案添加完成后，所有的方案将出现在方案管理器的列表中。

在方案管理器中，可以继续添加新的方案，也可以查看、编辑、删除已有的方案。

要查看外包方案，在“方案”列表中，选定“外包”，单击“查看”按钮，此时，工作区的数据将被外包方案中的对应数据替代。

要修改外包方案，同样在“方案”列表中，选定“外包”，单击“编辑”按钮（如图 14.16 所示），此后，可以对方案的名称以及方案所包含的可变单元格、单元格的数值进行修改。

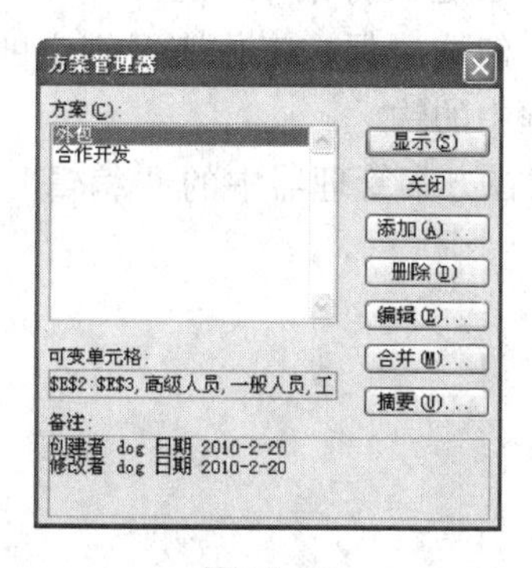

图 14.16

(3) 方案摘要

为了能够将不同的方案汇集到同一个数据表中，并将方案的关键数据同时呈现出来，方便用户对不同方案的影响进行比较分析，Excel 方案工具可以生成对多个方案的摘要。具体操作步骤如下：

①执行菜单“工具”→“方案”，弹出“方案管理器”对话框。

②在“方案管理器”对话框中，单击“摘要”按钮，将弹出“方案摘要”对话框（如图 14.17 所示）。

在“结果类型”中选择“方案摘要”，在“结果单元格”中指定“公司所得利润”所在的单元格 E16。

③设置完毕，按“确定”按钮，Excel 会生成一个新的摘要工作表（如图 14.18 所示）。

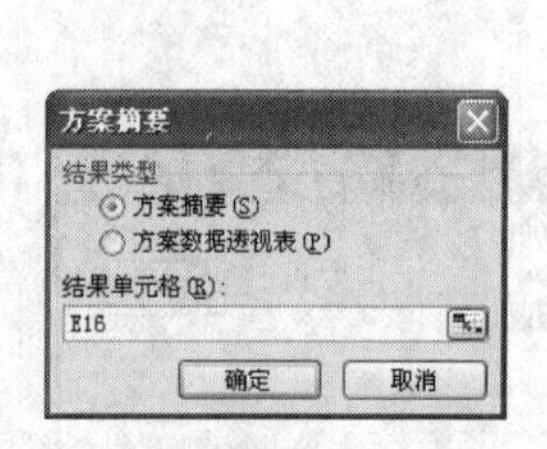

图 14.17

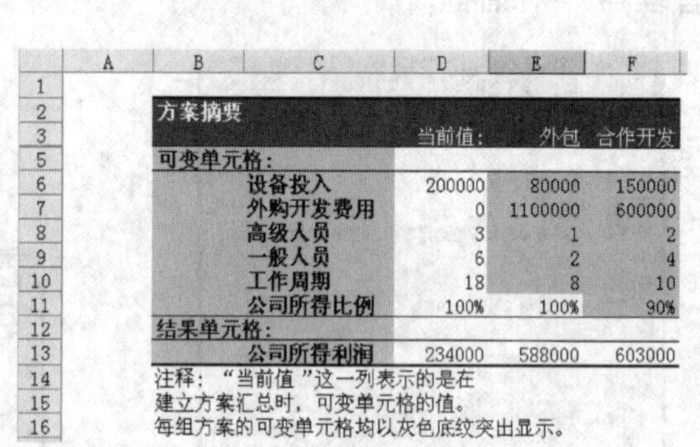

方案摘要	当前值:	外包	合作开发
可变单元格:			
设备投入	200000	80000	150000
外购开发费用	0	1100000	600000
高级人员	3	1	2
一般人员	6	2	4
工作周期	18	8	10
公司所得比例	100%	100%	90%
结果单元格:			
公司所得利润	234000	588000	603000

注释：“当前值”这一列表示的是在
建立方案汇总时，可变单元格的值。
每组方案的可变单元格均以灰色底纹突出显示。

图 14.18

在方案摘要中，“当前值”列显示的是在建立方案汇总时可变单元格原来的数值。每组方案的可变单元格均以灰色底纹突出显示。根据各方案的数据计算出的结果值也同时显示在摘要中。比较三个方案的结果单元格“公司所得利润”的数值，可以看出合作开发项目可以获得最大利润，外包方式次之。

(4) 保护对方案的更改

要实现对方案的保护，避免方案被修改，必须执行以下操作（以保护外包方案为例）：

①设置外包方案禁止被修改。具体方法是，执行菜单“工具”→“方案”，激活方案管理器，编辑外包方案，在该方案的编辑对话框上勾选“防止更改”选项，并确定。

②对工作表实施保护，方法是执行菜单“工具”→“保护”→“保护工作表”，在“保护工作表”对话框上，勾选“保护工作表及锁定的单元格内容”复选框，并确保已去掉“编辑方案”复选框中的钩。

此操作成功后，外包方案在方案管理器中的“编辑”和“删除”按钮将变灰不能执行。

14.3　规划求解

下面主要通过决策中的最优配置问题，介绍 Excel 的规划求解工具的应用。

(1) 规划求解的准备

①建立模型

规划是管理和生产或经营中的重要问题之一，也是比较常见的问题。通常由于在规划阶段有诸多不确定因素，所以可能采取的最优方案不容易直接得到。例如，企业在生产经营中，产能、产量、销量之间如何平衡才能取得最大利润。公共管理部门如何配置资源才能获得民众最大的满意度等问题。虽然规划比较复杂，种类繁多，但一般要考虑以下几方面的问题：

- 规划要达到的目标。每一个规划都有一个明确的目标，如利润最大或成本最小。
- 问题的约束条件。在规划中，总是存在着一些相互制约的条件，正是由于有这些相互制约的条件，才使得规划具有相当的复杂性。
- 规划得出的关键结论。这是规划的成果。

我们要在 Excel 中解决规划问题，首先要做的工作就是从以上三个方面考虑，对我们想要解决的问题建立数学模型。

我们将规划要达到的目标值归纳为一个函数，这个函数直接或间接与一些关键的未知数相关，这些未知数称为决策变量。我们通过规划求解，就可得到这些未知数，一旦确定了决策变量的值就形成了一个具体的规划方案。当然，我们还要归纳出问题的约束条件，这些条件通常是一些与决策变量或是其他的外部条件有关的不等式或等式。

现在我们来考虑一个规划问题：

有一个客运企业，以每年 250 万元的价格取得某车站 A 市和 B 市之间的运营权。现计划投资 300 万元以内购买客车若干辆投入营运。

客车有两种，一种豪华客车。一种普通客车，豪华客车车价为 40 万元，准载乘客 42 人，旅客票价为 50 元，单程运营成本为 1 200 元。普通客车车价为 30 万元，准载乘客 45 人，旅客票价为 40 元，单程运营成本 1 050 元。每辆车每天可以在两市之间完成两个往返（4 车次）的客运任务。

旅客需求方面，每日旅客需求规模为 1 600 人次，其中 4 成乘客愿意乘坐豪华车，公司控制运能不超过需求的 10%，有关部门要求承运能力必须达到旅客总需求的 80%，总车次不超过 30。

另外，所购车辆 3 年折旧 60%，每年其他各项费用 150 万元。

现在需要规划决策，豪华客车和普通客车在数量上如何配置才能够取得最大利润。

了解问题的目标和条件之后，我们来将其模型化：

目标函数：利润 = 收入 - 费用

总收入 =（豪华车年收入 + 普通车年收入）×3 年

豪华车收入 = 日班次 × 准载人数 × 上座率 × 票价 × 年工作日 - 单程成本

普通车收入 = 日班次 × 准载人数 × 上座率 × 票价 × 年工作日 - 单程成本

成本 =（营运权费用 + 其他费用）×3 年 + 车辆折旧费用

有关的约束条件为：

车辆投入费用≤300 万元

豪华车运能 <1 200 ×0.4 ×1.1

总运能 >1 200 ×0.8 并且 总运能 <1 200 ×1.1

总车次≤30

②加载规划求解工具

分析模型后，我们得到解决这个问题的途径。在默认情况下，Excel 预先不加载规划求解工具（如果在“工具”中没有“规划求解”菜单项，则表示规划求解未被加载），所以应首先加载规划求解工具。具体方法如下：

● 执行菜单“工具”→“加载宏”命令，这时将出现“加载宏”对话框（如图 14.19 所示）。

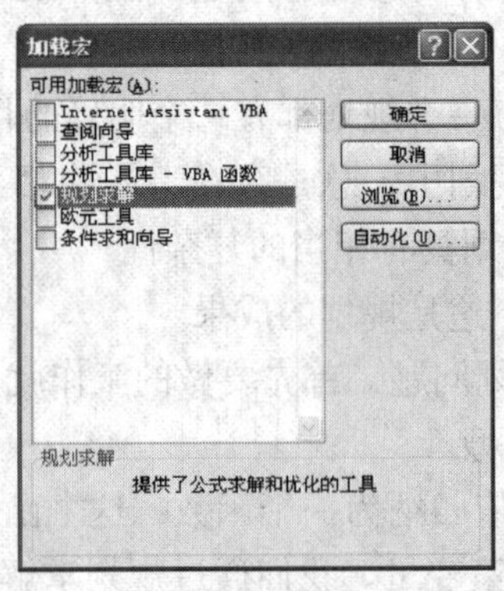

图 14.19

● 在“加载宏”对话框中，勾选“可用加载宏”列表框中“规划求解”的复选框，单击“确定”。

系统将开始安装加载，安装完毕，“工具”菜单中将出现规划求解命令。当需要进行规划求解操作时，直接执行该命令即可。

小提示：如果不再需要进行规划求解操作时，可以通过“加载宏”命令，去掉“可用加载宏”列表中“规划求解”复选框中的钩。这样将会把“规划求解”从工具菜单中移去。

③建立工作表

在规划求解之前，根据上一步所得到的模型，我们先将有关数据输入到工作表中（如图 14.20 所示）。

	A	B	C	D	E
1		客车配置规划分析			
2	最大投资	3000000			
3					
4		豪华客车	普通客车	总计	
5	数量	4	4	8	
6	单价	400000	300000		
7	购车价	1600000	1200000	2800000	
8	准载人数	42	45		
9	票价（每人）	50	40		
10	单程运营成本（每车）	1200	1150		
11	上座率	0.8	0.85		
12					
13	日总班次	16	16	32	
14	日最大载客能力	672	720	1392	
15	日需求人次	480		1200	
16	愿意乘坐豪华车比例	0.4			
17					
18	日收入	7680	6080		
19	年收入	2688000	2128000		
20					
21	3年利润			12766800	

图 14.20

其中灰色底纹的单元为公式：

购车价 = 单价 × 数量，B7 输入公式“ = B5 * B6”，C7 输入公式“ = C5 * C6”；

每车每日执行 4 个车次，B13 输入公式“B5 * 4”，C13 输入公式“C5 * 4”，D13 输入公式“ = B13 + C13”；

日最大载客能力 = 准载乘客 × 车次数，B14 输入公式“B13 * B8”，C14 输入公式“ = C13 * C8”，D14 输入公式“ = B14 + C14”；

豪华车需求人次 = 总需求人次 × 愿意乘坐豪华车比例，B15 输入公式“ = D15 * B16”；

每车日收入 = （准载人数 × 上座率 × 票价 - 单程成本），B18 输入公式“ = （B8 * B11 * B9 - B10） * B13”，C18 输入公式“ = （C8 * C11 * C9 - C10） * C13”；

每年按平均 350 个运营日，B19 输入公式“ = B18 * 350”，C19 输入公式“ = C18 * 350”；

收入减去每年费用和车辆折旧，D21 输入公式“ = (B19 + C19 - 400) * 3 - D7 * 0. 6”；

从图 14. 20 可以看到，当豪华车和普通车各投入 4 辆时，3 年的利润为 12 766 800 元。我们还可以看到，豪华车的经营利润要高于普通车。但是，如果我们单纯增加豪华车数量，却可能大大超出旅客对豪华车的需求，所以并不能真正达到规划的目标。

（2）规划求解

现在我们利用 Excel 的规划求解工具来找到最佳方案。具体操作步骤如下：

①执行菜单“工具”→“规划求解”命令，弹出“规划求解参数”对话框（如图 14. 21 所示）。

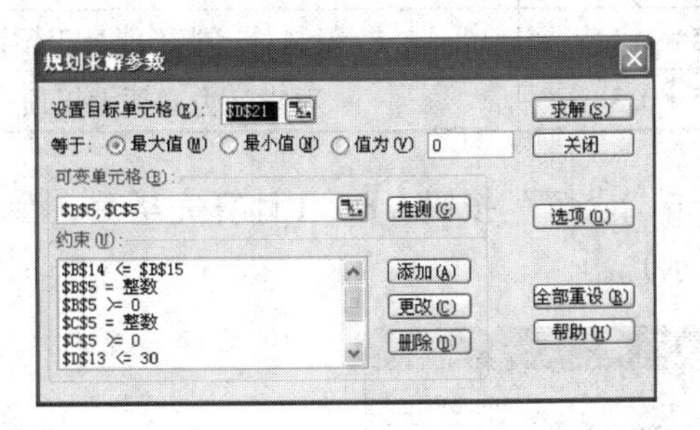

图 14. 21

②设置目标函数。指定“设置目标单元格”为单元格 $ D $ 21，并选定“最大值”单选钮。此项设置的意义是，明确规划方案中要达到的目标值。在本规划方案中，我们的目标是获取最大的利润，所以设定的单元格是 D21，并力图使该值最大。

③指定可变单元格为决策变量所在的单元格区域 $ B $ 5：$ C $ 5。这两个单元格就是两种客车的数量，规划求解要解决的问题就是得到这两个可变动的值的最佳值。

④设置约束条件。单击“添加”按钮，这时将出现“添加约束”对话框（如图 14. 22 所示）。

“添加约束”对话框中有三个输入域，左边的“单元格引用位置”用于指定被约束的单元；中间的输入域用于制定约束符号，其中 int 用于限制约束单元格为整数；右侧的“约束值”制定约束值，可以是单元格引用，也可以是常数和简单的公式，其中不能包含多个单元格。

先设定一个约束，要约束购车费用（D7）小于等于特定值（保存在 B2），按图 14. 23 所示输入。输入完成后按“添加”按钮，准备添加新的约束条件。

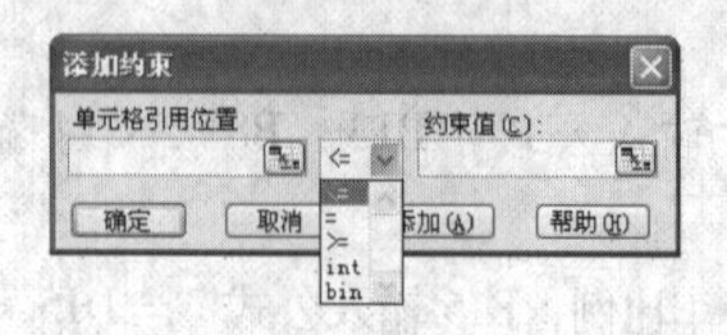

图 14. 22

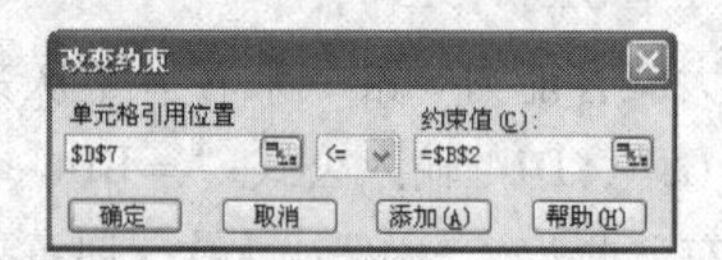

图 14. 23

⑤按照上述步骤将表 14. 1 的约束条件全部输入其中。添加完毕后，单击“确定”按钮。

回到“规划求解参数”对话框（如图 14. 24 所示）。

表 14. 1

约束条件	说明
$ B $ 5 = 整数	要求车辆数为正整数
$ C $ 5 = 整数	
$ B $ 5 > = 0	
$ C $ 5 > = 0	
$ D $ 7 < = $ B $ 2	购车的总投入不超过 300 万元
$ D $ 13 < = 30	总班次不大于 30
$ B $ 14 < = $ B $ 15	限制豪华车的运能
$ D $ 14 < = $ D $ 15 * 1. 1	限制总运能不能高于预计需求的 110%
$ D $ 14 > = $ D $ 15 * 0. 8	要求运力必须大于预计需求的 80%

⑥检查无误后，单击“求解”按钮。Excel 计算完毕后，会出现“规划求解结果”对话框（如图 14. 25 所示）。

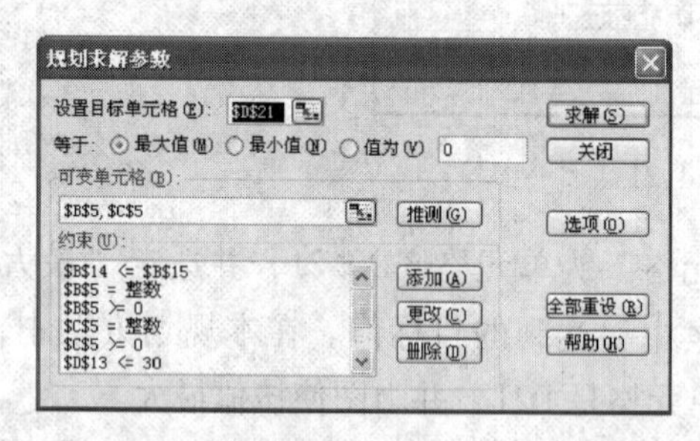

图 14. 24

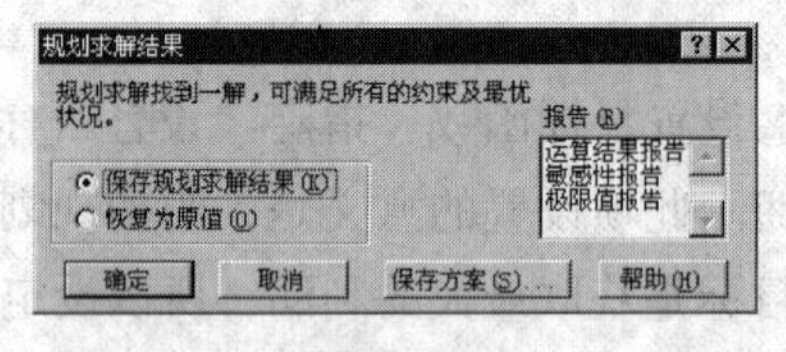

图 14. 25

⑦处理求解结果

在“规划求解结果”对话框中，出现“规划求解找到一解，可满足所有的约束及最优状况”提示，表明求解成功。此时，工作表中各个单元格上的数据已经被求解的结果所替代（见图 14. 26 所示）。

	A	B	C	D	E
1		客车配置规划分析			
2	最大投资	3000000			
3					
4		豪华客车	普通客车	总计	
5	数量	2	5	7	
6	单价	400000	300000		
7	购车价	800000	1500000	2300000	
8	准载人数	42	45		
9	票价（每人）	50	40		
10	单程运营成本（每车）	1200	1150		
11	上座率	0.8	0.85		
12					
13	日总班次	8	20	28	
14	日最大载客能力	336	900	1236	
15	日需求人次	480		1200	
16	愿意乘坐豪华车比例	0.4			
17					
18	日收入	3840	7600		
19	年收入	1344000	2660000		
20					
21	3年利润			10630800	

图 14.26

之后，我们可以进行以下操作：

● 恢复工作表的原值。单击“取消”按钮，“规划求解结果”对话框将关闭，工作表将恢复原值。如果不想关闭“规划求解结果”对话框，可以点击单选按钮“恢复为原值”。

● 保存规划求解结果。点击“保存规划求解结果”单选按钮，并单击“确定”按钮即可。

● 将求解结果保存为方案。单击“保存方案”按钮，可以将本次求解的结果保存为一个方案，求解单元成为方案中的可变单元，在方案管理器中使用。

● 生成规划求解报告。在对话框右侧的“报告”列表框中，选择一种或几种报告种类，将生成有关报告。如图 14.27 是 Excel 生成的运算结果报告。

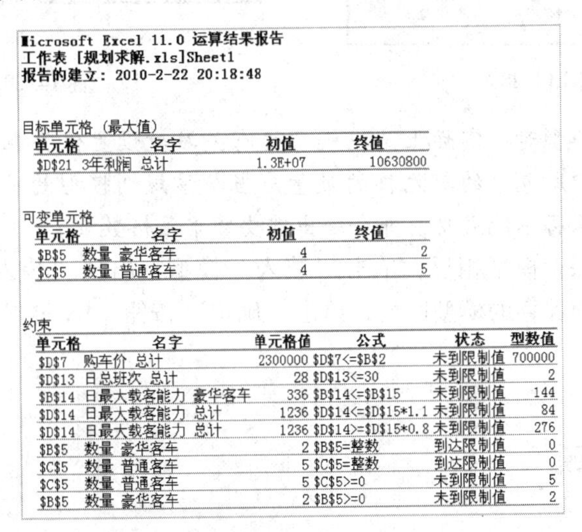

Microsoft Excel 11.0 运算结果报告
工作表 [规划求解.xls]Sheet1
报告的建立：2010-2-22 20:18:48

目标单元格（最大值）

单元格	名字	初值	终值
$D$21	3年利润 总计	1.3E+07	10630800

可变单元格

单元格	名字	初值	终值
$B$5	数量 豪华客车	4	2
$C$5	数量 普通客车	4	5

约束

单元格	名字	单元格值	公式	状态	型数值
$D$7	购车价 总计	2300000	$D$7<=$B$2	未到限制值	700000
$D$13	日总班次 总计	28	$D$13<=30	未到限制值	2
$B$14	日最大载客能力 豪华客车	336	$B$14<=$B$15	未到限制值	144
$D$14	日最大载客能力 总计	1236	$D$14<=$D$15*1.1	未到限制值	84
$D$14	日最大载客能力 总计	1236	$D$14>=$D$15*0.8	未到限制值	276
$B$5	数量 豪华客车	2	$B$5=整数	到达限制值	0
$C$5	数量 普通客车	5	$C$5=整数	到达限制值	0
$C$5	数量 普通客车	5	$C$5>=0	未到限制值	5
$B$5	数量 豪华客车	2	$B$5>=0	未到限制值	2

图 14.27

通过查看规划求解工具生成的各种报告，可以进一步分析规划求解结果，从报告中目标单元格和可变单元格的初值和终值可以清楚地看出最佳方案与原方案的差异。通过约束单元格的状态可以进一步了解规划求解的细节，并根据需要修改或重新设置规划求解参数。比如在上面的报告中我们发现，总班次的限制成为盈利增长的瓶颈，其次是乘客需求。如果这两方面能够得到改善，则可以重新设置参数，并重新求解。

（3）修改规划求解选项

规划求解并不是每次都能够成功，有时在约束条件限制下可能无解。比如在本例中，如果我们既要将车次控制得较低，又要求总的运能较大，则可能出现无解。

另外，有的问题的计算量较大，特别是一些非线性的规划求解，需要的计算时间较长。如果规定的计算时间太短，也会出现规划求解失败的现象。这时可以通过修改规划求解选项来进行尝试。其操作步骤是：

执行菜单“工具”→“规划求解”，弹出“规划求解参数”对话框，单击选项按钮。这时将弹出“规划求解选项”对话框（如图 14.28 所示）。

根据需要重新设置最长运算时间、迭代次数、精度和允许误差等选项，然后单击“确定”，再重新求解。

如果规划求解的模型有多个，需要切换分析，可以使用“装入模型”和“保存模型”功能。具体方法如下：

保存模型：单击“保存模型”，弹出“保存模型”对话框，在对话框中选择保存模型的区域，单击“确定”按钮如图 14.29（a）所示。模型保存成功后，会出现如图 14.29（b）所示的结果。

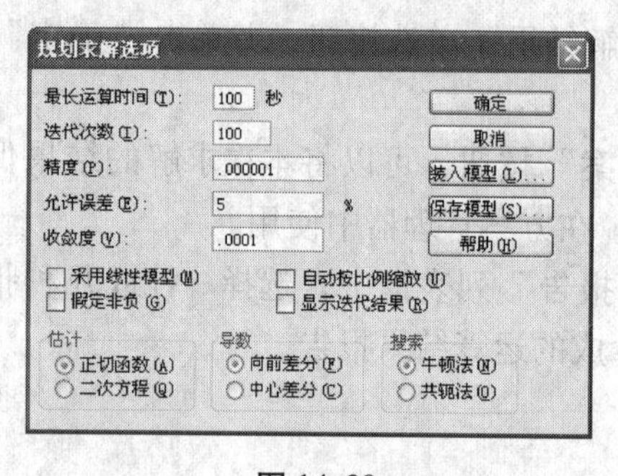

图 14.28

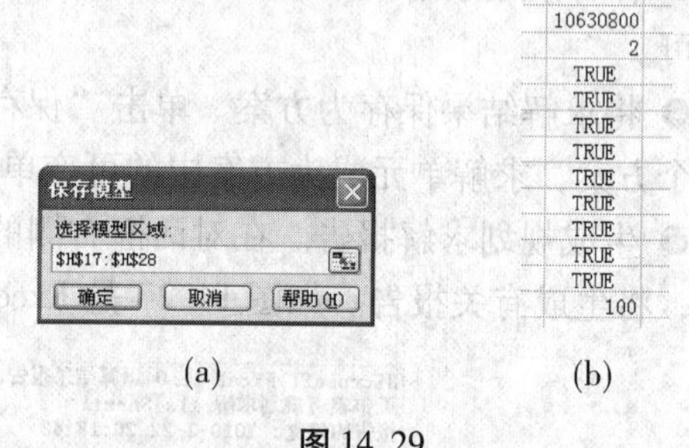

(a) (b)

图 14.29

小提示：保存模型时，实际上是把模型的有关参数设置保存在工作表的指定区域中，因此，该区域中所包含的单元格的数量应当与该规划模型的参数数量相匹配。如果单元格不足时，保存不能成功，并会给出需要的单元格数量。

装入模型：与保存模型相反，单击“装入”模型，出现“装入模型”对话框后，在工作表上选定之前保存的模型区域，单击“确定”按钮，Excel 则用导入的模型替代当前模型。

14.4 重点回顾

- 当影响结果的关键因素只有一个时，可以应用单变量模拟运算表。
- 当影响结果的关键因素有两个时，可以应用双变量模拟运算表。使用模拟运算表时，要特别注意变量和计算公式的放置位置。
- 方案分析可以产生方案摘要等报表。用报表可以比较不同方案，容易发现影响方案的关键值。
- 方案可以被保护起来，避免被不当修改。

● 规划求解用于问题模型比较复杂，并且有确定目标时，以求得合适的关键值。

● 规划求解要注意目标函数和约束条件的正确设置，否则，可能因为结果不能收敛或其他原因而求解失败。

● 规划求解的模型可以保存在工作表上，也能把保存的合法模型装载到规划求解中，这样可以方便地在多个模型中进行比较。

14.5　补充实训

（1）某公司需要接入互联网，经调查，公司共有员工30人，每人日均访问流量约为120M。现有三种方案需作比较。

方案一：包月不限量使用，2 000元每月。

方案二：按流量计价为2元/G。

方案三：1 000元包1 000G，超出流量按3元/G收费。

比较分析以上方案。

（2）一家工艺品厂，有四位技工（甲、乙、丙、丁）生产三种工艺品（玉龙、玉虎和玉牛），每月最多可以销售80件玉龙、50件玉虎、50件玉牛。甲能制作玉虎和玉牛，乙能制作玉虎、玉龙，丙能制作玉牛，丁能制作玉虎。生产出的每件产品，玉龙的利润为1000元，玉虎的利润为700元，玉牛的利润为600元。

表14.2显示了制造每件产品每个技术员需要花费的时间（小时）。每名技工每月最大工作时间为160小时。如何最大化每月的利润?

表14.2

产品	甲	乙	丙	丁
玉龙	2	2.5	/	/
玉虎	/	3	/	3.5
玉牛	3	/	4	/

实训 15
数据透视表——制作销售数据透视分析表

15.0 内容导航

要对明细数据进行全面分析时，我们需要从多个角度来观察数据，数据透视表是最佳工具。它有机地结合了分类汇总和合并计算的优点，可以方便地调整分类汇总的依据。

● 在销售报表上，客户和订购时间是不同的列，我们要想统计不同的客户在各个时间段的销售数据，最直观的表格形式是：客户为行，订购时间段为列，行列交叉单元为汇总值。由此形成的报表改变了原始数据表的行列位置，形成了对数据的透视。解决这类问题可以用到数据透视表。

● 在分析数据时，可能会改变数据的组合，需要了解数据透视表中字段的增删和位置调整。

● 汇总产生的结果可能会有多个层次，需要掌握如何隐显明细数据或是隐显汇总值，以突出重点。

● 按某种标准分类后，希望只显示其中部分类别，也可由用户来任意挑选字段。

● 常用的汇总计算一般是求和，但也有可能使用其他的汇总方式，需要掌握数据透视表中改变数据的方法。

● 有时需要比表格更为直观的表现形式，数据透视表可以满足这种需要。

15.1 数据透视表

(1) 创建数据透视表

我们首先来看一个简单的数据透视分析任务，有一个工作表如图 15.1 所示。

	A	B	C	D	E	F	G
1	订单ID	客户ID	客户名	雇员ID	订单金额	订购日期	到货日期
2	10248	85	山泰企业	苟运	￥647.60	2007-7-4	2007-8-1
3	10249	79	东帝望	杨迟	￥232.20	2007-7-5	2007-8-16
4	10250	34	实翼	刘志安	￥1,316.60	2007-7-8	2007-8-5
5	10251	84	千固	曾强	￥826.80	2007-7-8	2007-8-5
6	10252	76	福星制衣厂股份有限公司	刘志安	￥1,026.00	2007-7-9	2007-8-6
7	10253	34	实翼	曾强	￥1,163.40	2007-7-10	2007-7-2
8	10254	14	浩天旅行社	苟运	￥459.60	2007-7-11	2007-
9	10255	68	永大企业	张怀果	￥2,966.60	2007-7-12	
10	10256	88	凯诚国际顾问公司	曾强	￥279.40	2007-7-15	
11	10257	35	远东开发	刘志安	￥1,638.20	2007	
12	10258	20	正人资源	吴江	￥2,810.20	200	
13	1025			刘志安	￥65.00		

图 15.1

现在我们需要统计每个客户的所有订单的总金额，这是一个比较简单的数据汇总问题，可以用实训 13 中的数据汇总方法来解决。这里我们采用数据透视表来统计。

数据透视表的创建一般可以借助 Excel 提供的数据透视表和数据透视图向导。该向导可以帮助我们完成建立数据透视表的大部分工作。

操作步骤如下：

①打开要建立数据透视图的工作表，执行菜单“数据”→“数据透视表和图表报告”，弹出“数据透视表和数据透视图向导——3 步骤之 1”对话框（如图 15.2 所示）。

②在上一步骤弹出的对话框中，设置数据源类型和报表类型。这里指定默认选项，即数据源类型为“Microsoft Office Excel 数据列表或数据库”，报表类型为“数据透视表”。单击“下一步”按钮，弹出“数据透视表和数据透视图向导——3 步骤之 2”对话框（如图 15.3 所示）。

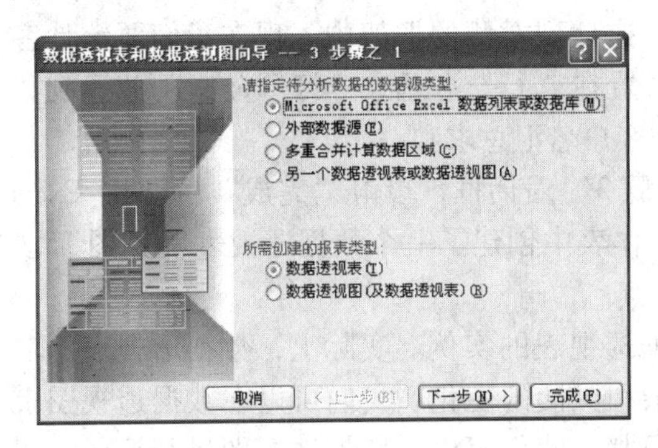

图 15.2

图 15.3

③在“步骤之 2”对话框中，选定数据源区域。在该对话框中，Excel 会试图自动判定数据源所在区域。如果判定不是我们需要的，可以自行选择区域。选定后，单击“下一步”，弹出“数据透视表和数据透视图向导——3 步骤之 3”对话框（如图 15.4 所示）。

④在“步骤之 3”对话框中，指定数据透视表显示的位置。可以在数据源所在的工作表上建立数据透视图，也可以重新建立一张工作表。这里选定“新建工作表”，单击“布局”按钮，出现“布局”对话框（如图 15.5 所示）。

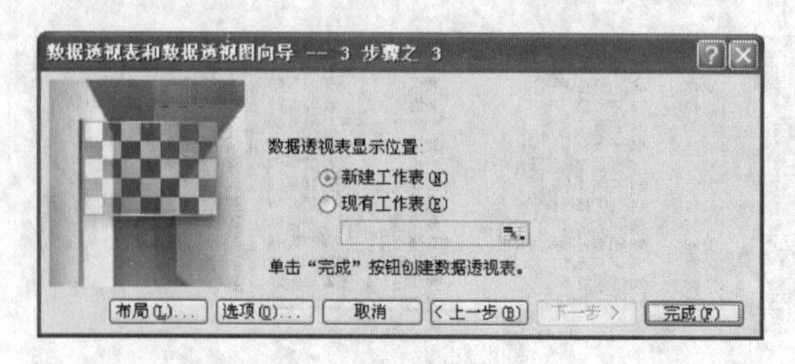

图 15.4

图 15.5

⑤在“布局”对话框的左侧显示的是数据透视表的框架示意，右侧则是原始数据表的所有列标签的名称。右侧的列标签可以拖动到左侧的框架中。现在我们要统计客户的订单金额，所以，我们将“客户名”放置在“行”位置，“订单金额”放置到数据金额，这样布局的意义是，将订单金额按客户名汇总求和。

⑥设置完毕，单击“确定”，回到“步骤 3”对话框，单击“完成”。此时，Excel 在工作簿中创建了一个新的工作表，在该工作表中创建了一个数据透视表（如图 15.6 所示）。

上面，我们看到了创建一个简单的数据透视表的实例。实际上，数据透视表的功能比较强大，在实际应用中往往会有更复杂和灵活的变化。我们可以在数据透视图上激活“数据透视图”工具栏，通过这个工具栏，我们可以对数据透视图进行调整，以满足我们分析问题的需要。

激活“数据透视图”工具栏的方法是，执行菜单“视图”→“工具栏”，勾选“数据透视表”，此时“数据透视表”工具栏将会出现（如图 15.7 所示）。当选中数据透视表上的单元格时，工具栏上的工具按钮才会处于可用状态，否则，将呈灰色不可选状态。

	A	B
1		
2		
3	求和项:订单金额	
4	客户名	汇总
5	艾德高科技	18276.2
6	霸力建设	1749.8
7	百达电子	8977
8	保信人寿	13476.2
9	池春建设	12716.4
10	春永建设	388
11	赐芳股份	2165.6
12	大东补习班	4383.6
13	大钰贸易	
14	德化食品	
15	顶上系统	

图 15.6

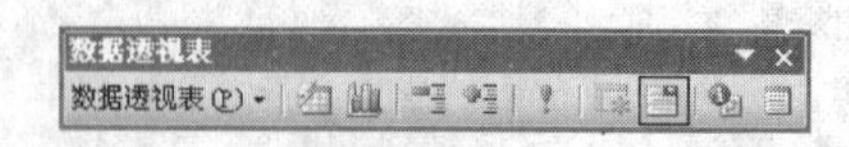

图 15.7

（2）添加/删除字段

用向导辅助形成数据透视表后，数据透视表并不是固定不变的，相反，我们可以根据需要在这个数据透视表的基础之上，通过增删字段或是调整子字段的行列位置，得到不同的分析角度。

下面我们需要进一步统计各个销售人员所负责的客户销售金额的汇总。

显然在这里存在两个交叉的分类汇总，在行上，我们保持“客户名”字段不作变动，在列上，把销售人员添加到其中。操作方法是：

①激活数据透视表“工具栏”，单击工具栏上的▤按钮，出现“数据透视表字段列表”对话框。

②将字段“销售人员”拖到列区域（如图15.8所示）。

经过调整，数据透视表上的布局及数据如图15.9所示。我们在这个数据透视图上，从列的角度可以很清楚地看到每一个销售人员负责的客户销售状况；从行的角度，我们可以看到每一个客户的交易是由哪些销售人员完成的。

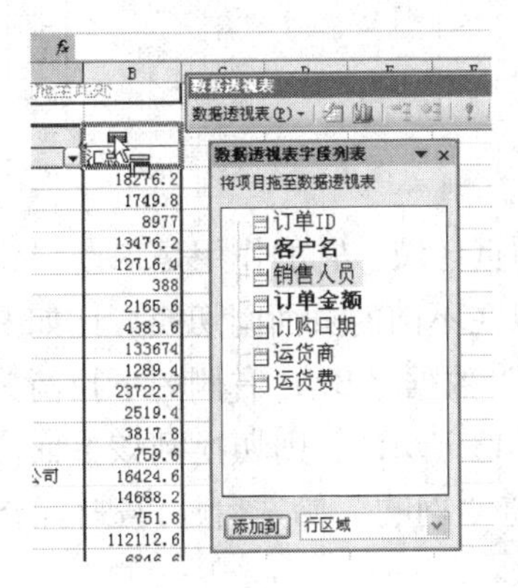

图15.8

	A	B	C	D	E	F	G	H
1								
2								
3	求和项:订单金额	销售人员						
4	客户名	陈江文	苟运	柯利	刘志安	文洁	吴江	杨迟
5	艾德高科技	697.2	8634.2	1552.6		84	3193	54
6	霸力建设	1050.2			396.2			30
7	百达电子	683.8		1742.2	6551			
8	保信人寿	868	558.2		1343.2	3445.6	1996.4	
9	池春建设	5863.8	392.8	1421	267.6	553	9	2
10	春永建设					238.4	149.6	
11	赐芳股份	58.2	176					18
12	大东补习班				1227.8		1275.4	6
13	大钰贸易	22280.2	5542.8	32410.8	14767.2	7421.4	2[illegible]902.6	1711
14	德化食品	659.8			478.4		151.2	
15	顶上系统	5440.2		7915	625.8	504.4		245
16	东帝望	1244.4			555.8			52

图15.9

按照此方法，我们继续将订货渠道加到列区域，这时可得到如图15.10的数据。

	A	B	C	D	E	F	G
1							
2							
3	求和项:订单金	销售人员	订货渠道				
4		陈江文			陈江文 汇总	苟运	
5	客户名	电话订购	会展	网购		电话订购	会展
6	艾德高科技	697.2			697.2	2865.6	
7	霸力建设	1050.2			1050.2		
8	百达电子	683.8			683.8		
9	保信人寿		396	472	868	558.2	
10	池春建设	4998.6	865.2		5863.8	392.8	
11	春永建设						
12	赐芳股份	58.2			58.2		176
13	大东补习班						
14	大钰贸易		20204.6	2075.6	22280.2	4004.8	1048.2
15	德化食品	659.8			659.8		
16	顶上系统	1930	1061	2449.2	5440.2		

图15.10

可以看到，在列上汇总了两个不同的字段，它们有主次之分，可以看到各销售人员通过不同的订货渠道完成的销售金额。

以上对数据透视表的调整，我们主要是添加了一些字段到数据透视表中。如果要去掉数据透视表上显示的字段，只需将该字段拖回“数据透视表字段列表”，或是用右键点击数据透视表上的字段，在弹出的快捷菜单中选“隐藏”。

(3) 调整字段位置

在数据透视图中，字段可以被放置的位置包括页区域、列区域、行区域和数据区域。将字段放置在不同的区域，则数据会呈现出不同的状态。大体上来说，页区域的字段相当于级别最高的汇总，而行列相当于同级别的交叉汇总，数据区域则是进行汇总计算的数据。

在行和列中存在多个字段时，其前后顺序也会产生不同的数据。比如，图 15.10 中将“订货渠道”拖动到“销售人员”前，得到如图 15.11 的数据（为了尽量观察全貌，隐藏了部分列）。我们可以看到，调整了列区域中的字段顺序后，分类汇总的主次关系发生了变化，即位置靠左的字段为分类的主要字段，靠右的次之。

将“订货渠道”拖动到页区域，得到数据透视图（如图 15.12）。

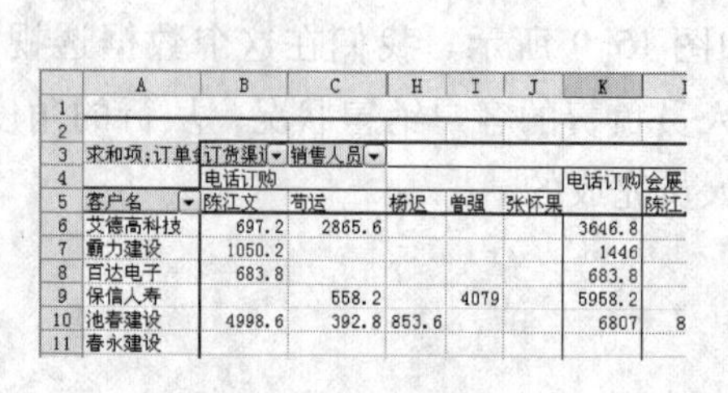

	A	B	C	H	I	J	K	L
1								
2								
3	求和项:订单金	订货渠道	销售人员					
4		电话订购					电话订购	会展
5	客户名	陈江文	苟运	杨迟	曾强	张怀果		陈江
6	艾德高科技	697.2	2865.6				3646.8	
7	霸力建设	1050.2					1446	
8	百达电子	683.8					683.8	
9	保信人寿		558.2		4079		5958.2	
10	池春建设	4998.6	392.8	853.6			6807	8
11	春永建设							

图 15.11

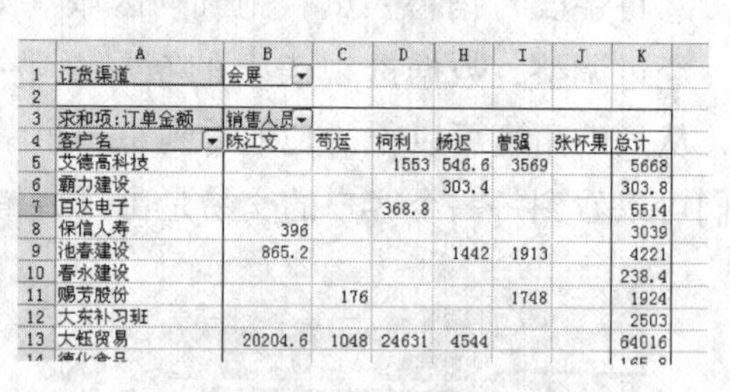

	A	B	C	D	H	I	J	K
1	订货渠道	会展						
2								
3	求和项:订单金额	销售人员						
4	客户名	陈江文	苟运	柯利	杨迟	曾强	张怀果	总计
5	艾德高科技			1553	546.6	3569		5668
6	霸力建设				303.4			303.8
7	百达电子			368.8				5514
8	保信人寿	396						3039
9	池春建设	865.2			1442	1913		4221
10	春永建设							238.4
11	赐芳股份		176			1748		1924
12	大东补习班							2503
13	大钰贸易	20204.6	1048	24631	4544			64016

图 15.12

在这种布局中，“订货渠道”字段居于左上角的页区域，它的作用是，按“订货渠道”的不同，将数据分为若干个“页面”，用户可以在不同的页面间切换。比如要切换到“网购”页面，具体操作方法是单击“订货渠道”数据（B1）右侧的下拉箭头，弹出页面选择框，点击选择框中的“网购”（如图 15.13 所示），则切换到该页面。实际上，此时显示的数据，相当于将全体数据的订购渠道“网购”筛选后，再进行的汇总。

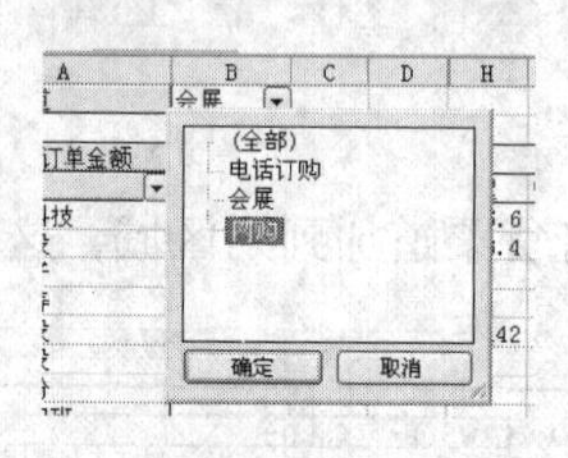

图 15.13

(4) 调整分析周期

在 Excel 中，对日期型日期字段进行分类汇总时，默认状态下按日区分数据，也就是说，日期相同的数据会被划分到一组。如果日期数据精确到小时或分秒，在分类汇总时，都将忽略不计。这样划分，相当于统计的周期是天。

我们看下面的例子，统计每一天各个销售人员的销售金额。按前面的方法，只需要建立一个订购时间和销售人员的交叉报表就可以得到该结果。在上例的基础上，调整的具体步骤是：

①激活数据透视表“工具栏”，点击工具栏上的▦按钮，出现“数据透视表字段列表”对话框。

②将原处于页区域的“订货渠道”拖回“数据透视表字段列表”。

③将原来在行区域的“客户名”拖回“数据透视表字段列表”，将字段“订购日期”从“数据透视表字段列表”中拖到行区域（如图 15.14 所示）。

现在我们希望得到按年度统计的各销售人员的销售金额，可以在此透视表的基础上改变分析周期来得到。具体的方法是：

①右击“订购日期”列中的任一单元格，在弹出的快捷菜单执行“组及分级显示”→“分组”，弹出“分组”对话框。

②在“分组”对话框中的“步长”下拉列表中，选“年”（如图 15.15 所示）。

求和项:订单	销售人员									
订购日期	陈江文	苟运	柯利	刘志安	文洁	吴江	杨迟	曾强	张怀果	总计
2007-7-4		648								648
2007-7-5							232			232
2007-7-8				1317				827		2143
2007-7-9				1026						1026
2007-7-10								1163		1163
2007-7-11		460								460
2007-7-12									2967	2967
2007-7-15								279		279
2007-7-16				1638						1638
2007-7-17						2810				2810

图 15.14

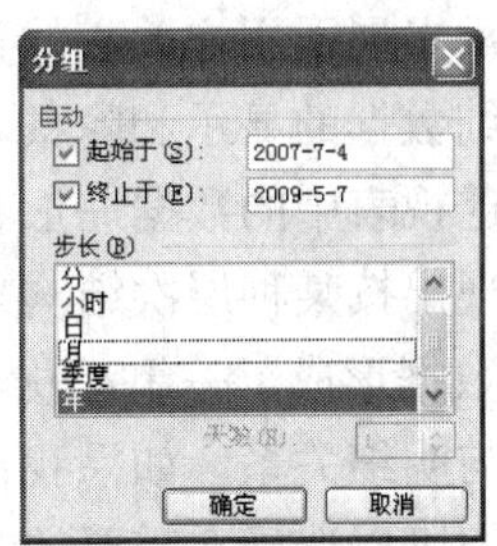

图 15.15

按“确定”后，数据透视表如图 15.16 所示。

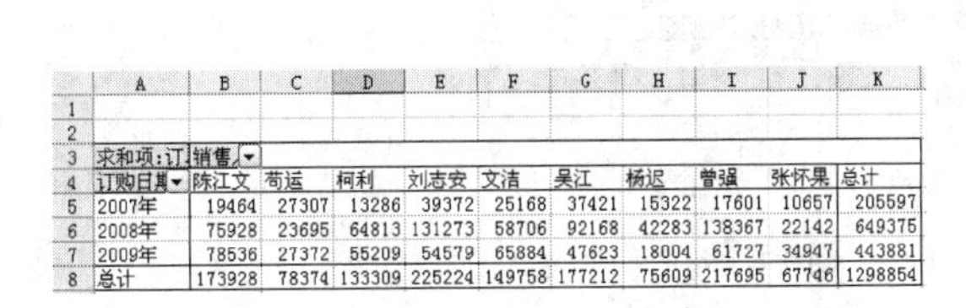

求和项:订	销售人									
订购日期	陈江文	苟运	柯利	刘志安	文洁	吴江	杨迟	曾强	张怀果	总计
2007年	19464	27307	13286	39372	25168	37421	15322	17601	10657	205597
2008年	75928	23695	64813	131273	58706	92168	42283	138367	22142	649375
2009年	78536	27372	55209	54579	65884	47623	18004	61727	34947	443881
总计	173928	78374	133309	225224	149758	177212	75609	217695	67746	1298854

图 15.16

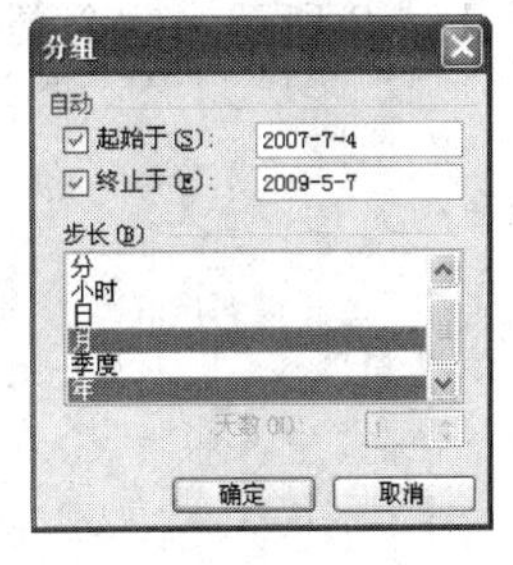

图 15.17

③在调整周期时，我们根据情况选择年、季、月等，也可以同时选多个汇总周期（如图 15.17 所示）。在此打开“分组”对话框，在“步长”下拉列表中选取“月”，同时保持“年”项，得到的数据透视表如图 15.18 所示。此时，在“数据透视表字段列表”对话框中会自动增加了一个“年”字段，便于用户在需要将该字段放置到其他区域时使用。

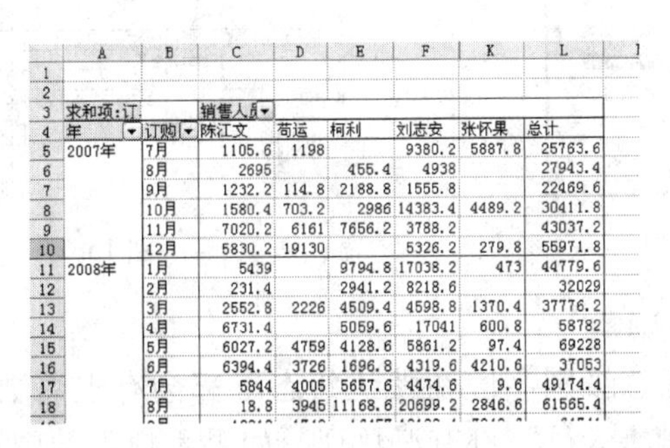

求和项:订		销售人员					
年	订购	陈江文	苟运	柯利	刘志安	张怀果	总计
2007年	7月	1105.6	1198		9380.2	5887.8	25763.6
	8月	2695		455.4	4938		27943.4
	9月	1232.2	114.8	2188.8	1555.8		22469.6
	10月	1580.4	703.2	2986	14383.4	4489.2	30411.8
	11月	7020.2	6161	7656.2	3788.2		43037.2
	12月	5830.2	19130		5326.2	279.8	55971.8
2008年	1月	5439		9794.8	17038.2	473	44779.6
	2月	231.4		2941.2	8218.6		32029
	3月	2552.8	2226	4509.4	4598.8	1370.4	37776.2
	4月	6731.4		5059.6	17041	600.8	58782
	5月	6027.2	4759	4128.6	5861.2	97.4	69228
	6月	6394.4	3726	1696.8	4319.6	4210.6	37053
	7月	5844	4005	5657.6	4474.6	9.6	49174.4
	8月	18.8	3945	11168.6	20699.2	2846.6	61565.4

图 15.18

要去掉分组，右击被调整周期的数据单元格，在弹出的快捷菜单中执行“组及分级显示”→“取消分组”，数据透视表将回到没有调整周期前的状态。

小提示：在本例中，注意区分两种按日汇总的方式。一种是在“分组”对话框中的“步长”下拉列表中，选“日”形成的数据透视图，一种是没有任何周期调整的数据透视图。这两种方式都是以“日”为分析周期，但实际意义完全不同。前一种的汇总依据是忽略年份的差别（比如2007年2月1日和2008年2月1日，会被汇总为一组数据），而后一种则是要区分年份的。

（5）显示和隐藏数据

为了重点展示用户关心的数据，数据透视图中可以调整数据的显示和隐藏状态。

①明细数据的显示和隐藏

数据透视表中的数据一般都是由多项数据汇总得来的，所以，在数据透视表上一般也会呈现出按某种层次结构来组织数据的状态。如图15.11中，“订货渠道”和“销售人员”数据形成了一组汇总与明细关系，图15.18中的“年”和“订购日期”也是一组汇总与明细关系。如果我们需要，可以设计具有层次更多的汇总与明细的数据透视图，我们可以选择在需要的时候显示和隐藏明细数据。

双击汇总级别的数据单元格，则可将该数据项下的明细数据显示或隐藏起来。比如在图15.11的基础上，双击“电话订购”单元格，则其下的明细数据将被隐藏，结果如图15.19所示。这个操作等效于单击“数据透视表”工具栏上的 按钮。

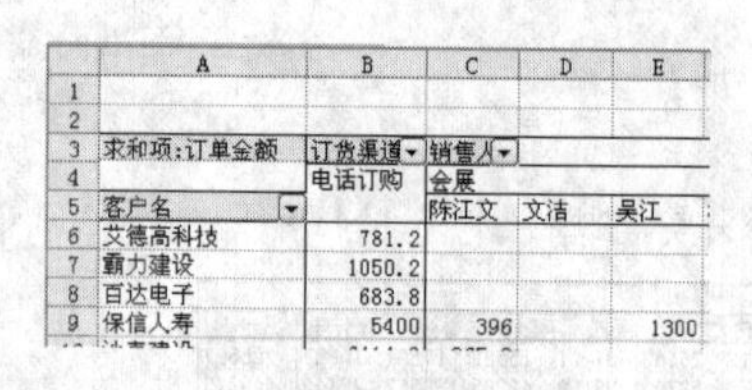

图15.19

如果在某个销售人员的单元格（明细级别的数据）上双击，由于在当前的表上没有更为明细的数据，Excel将弹出一个“显示明细数据”对话框，在该对话框中我们可以为该字段选择一个明细数据（如图15.20所示），得到的数据透视表如图15.21所示。

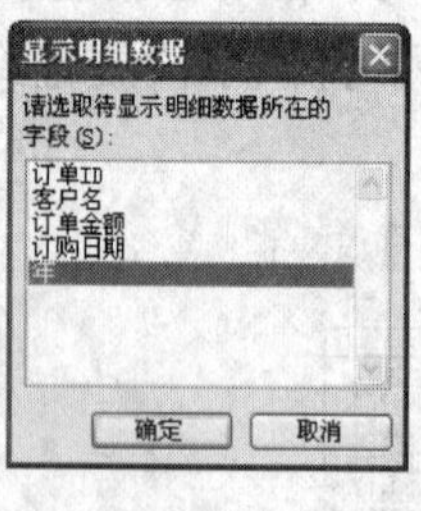

图15.20

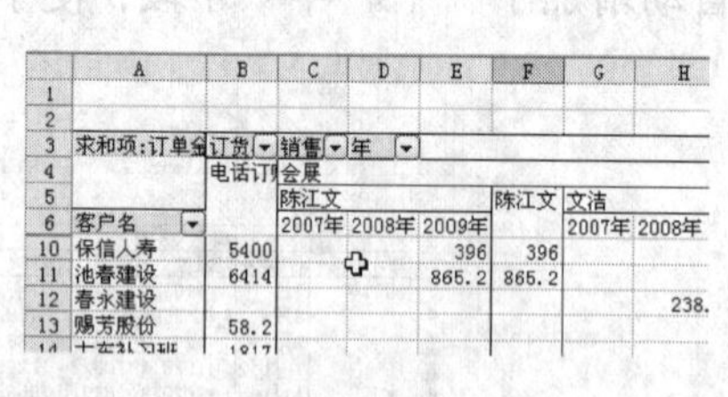

图15.21

②汇总数据显示或隐藏

数据透视表中的汇总级别字段在默认状态下都会有汇总数据列。如图15.21中，各“订货渠道”和“销售人员”都有汇总列，如果用户不希望这些汇总值列出，通过“字段设置”功能做相应的更改。如要将图15.21中的销售人员的汇总金额数据消除，具体的操作步骤是：

● 选定 B3 单元格。

● 单击“数据透视表”工具栏的“数据透视表”按钮，在弹出的下拉框中选“字段设置”命令。这时将出现相应字段的“数据透视表字段”对话框（如图 15.22 所示）。

● 选定“分类汇总”选项中的“无”，单击“确定”。隐藏了分类汇总数据的数据透视表如图 15.23 所示。

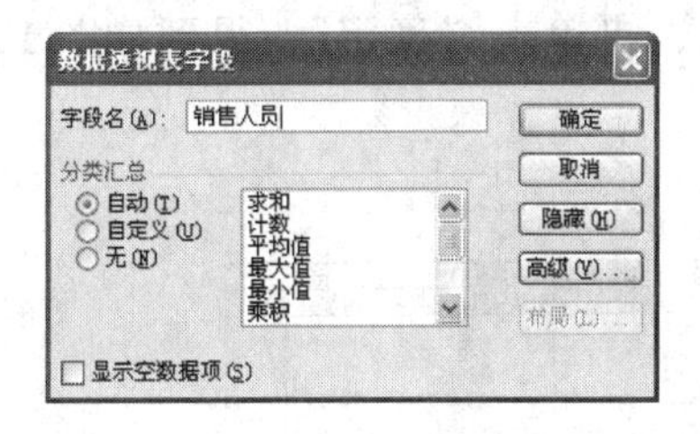

图 15.22

图 15.23

在默认情况下，整个数据透视表的最右一列是总计列，最后一行是总计行。如果要去掉总计行列，可以用以下方法：

● 执行“数据透视图”工具栏中“数据透视表”→“表选项”命令，弹出“数据透视表选项”对话框。

● 在对话框中，清除“列总计”、“行总计”复选框中的钩。按“确定”后，行总计和列总计将消失。

③显示或隐藏部分分类

数据透视表可以看做是对原始数据的多种层次分类的交叉汇总表，用户按某种序列建立数据透视表后，还可以方便地确定是全部还是部分显示这些数据。我们可以看到，被放置到行区域、列区域和页区域的字段上都有一个下拉箭头，就是用来选择需要显示的分类的。比如，现在需要只显示销售人员“陈江文”和“吴江”的数据，可以单击字段“销售人员”的下拉箭头（如图 15.24 所示），清除其他人员的选项，然后单击“确定”按钮。

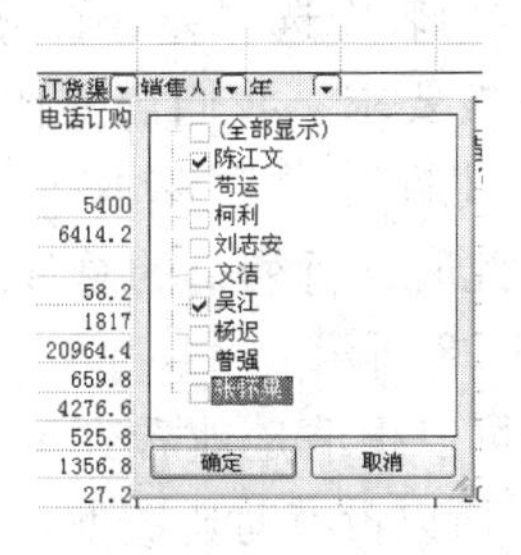

图 15.24

（6）改变数据

在前面我们看到，数据透视表中行列交点上的数据是一些汇总统计值。在默认情况下，如果原始数据是数值型字段，那么计算函数是求和；如果是非数值型字段，计算函数则是计数。但这并非一成不变，实际应用中可以根据需要选择其他统计函数，进行多种计算。

①改变数据汇总方式

Excel 2000 为数据透视表提供的计算函数有计数、平均值、最大值、最小值以及乘积等。例如，在上述数据透视表中，需要统计各客户通过不同订货渠道得到的订单笔数，可以使用计数函数，而非默认的求和。其具体操作步骤如下：

● 按上文介绍的添加/删除字段的方法，列区域中只留下“订购渠道”字段。

● 双击“订单金额”，弹出“数据透视表字段”对话框（如图 15. 25 所示）。

● 在“汇总方式”列表框中选“计数”选项，再单击“确定”，得到如图 15. 26 的结果。

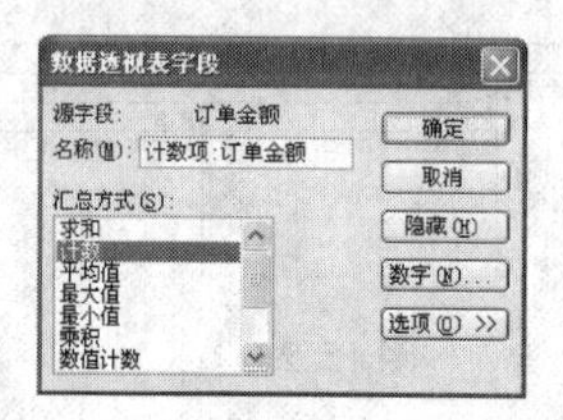

图 15. 25

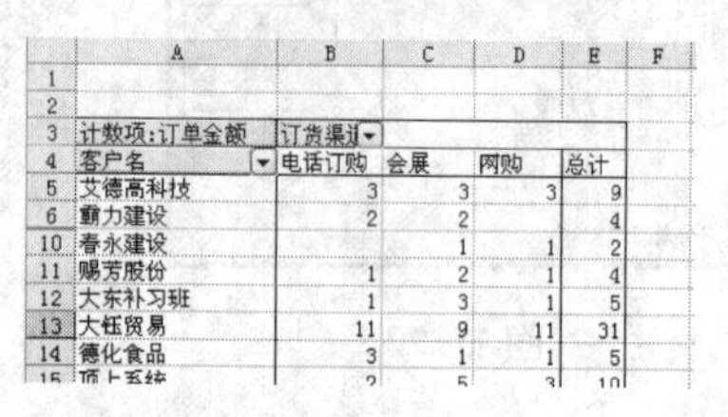

	A	B	C	D	E	F
1						
2						
3	计数项:订单金额	订货渠道				
4	客户名	电话订购	会展	网购	总计	
5	艾德高科技	3	3	3	9	
6	蓟力建设	2	2		4	
10	春永建设		1	1	2	
11	赐芳股份	1	2	1	4	
12	大东补习班	1	3	1	5	
13	大钰贸易	11	9	11	31	
14	德化食品	3	1	1	5	
15	顶上系统	2	5	3	10	

图 15. 26

②设置数据显示方式

在数据透视图中，原始数据经过汇总后形成了数据区域的数据，实际上这个结果还可以被进一步加工计算，以不同方式显示。

比如，我们需要统计每个销售人员每年的销售金额增长的百分比。表面上看，这个百分比需要统计出年度的销售金额后再利用公式计算才能得到。但在数据透视图中，解决这个问题并不复杂。因为在设置数据字段时，除了能够选择不同的汇总方式之外，还能够对得到的结果进行进一步加工。比如，计算数据值之间的差异、数据值在同一行列中占的比例等等。具体的操作步骤是：

● 建立数据透视表，行区域放置“销售人员”，列区域放置“订购日期”，数据区域放置“订单金额”。

● 按前面介绍的方法，调整“订购日期”的分析周期为“年”。

● 双击“订单金额”，弹出“数据透视表字段”对话框（如图 15. 27 所示）。

● 在“数据显示方式”下拉列表中选“差异百分比”，由于要显示数据之间的差异，所以需要确定比较的基准。按要求，我们需要比较的是当年与上一年度的差异，所以在“基本字段”中选“订购日期”，在“基本项”中选“上一个”。

● 设置完毕，按“确定”。此时，行列上的总计结果没有实际意义，可以用前面的方法去掉，得到的数据如图 15. 28 所示。

在这个数据透视表上，我们可以很清楚地看到每个销售人员逐年的业绩增减百分比。由于 2007 年是最早的年份，所以没有对比数据，因此为空。

③更新数据

数据透视表中的数据都是汇总计算的结果，如果数据源的数据发生了变化，可以通过“更新数据”命令，使数据透视表上的汇总结果与原始数据保持一致。其具体操作如下：

● 在原始数据工作表上修改有关数据。

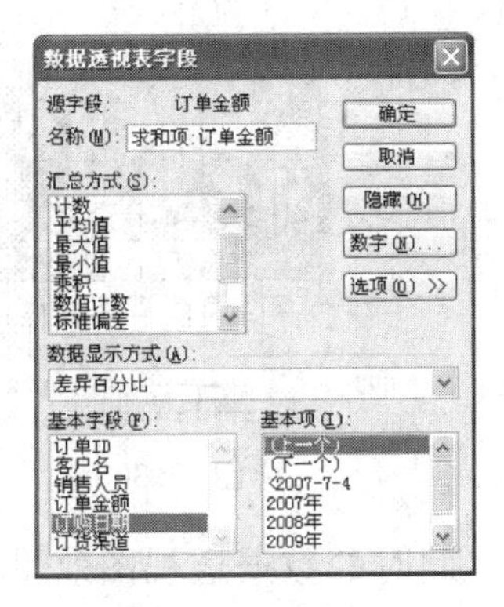

图 15.27

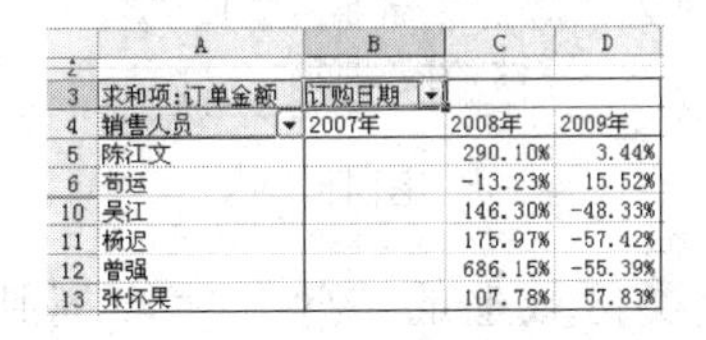

	A	B	C	D
3	求和项:订单金额	订购日期		
4	销售人员	2007年	2008年	2009年
5	陈江文		290.10%	3.44%
6	苟运		-13.23%	15.52%
10	吴江		146.30%	-48.33%
11	杨迟		175.97%	-57.42%
12	曾强		686.15%	-55.39%
13	张怀果		107.78%	57.83%

图 15.28

● 切换到数据透视表，单击数据透视表工具栏的“数据透视表”→“更新数据”命令。这时，数据透视表中的数据将根据修改的源数据自动更新。

15.2　数据透视图

使用数据透视表可以准确计算和分析数据，数据透视图则是一种更加可视化、形象化的数据表示方式。它以数据透视表的分析结果为基础，以直观的图表方式展现数据。

（1）创建数据透视图

有两种方式创建数据透视图。

一种方式是在基础数据工作表上，利用数据透视表和数据透视图向导来辅助生成。激活如图 15.2 所示的对话框后，选择报表类型为“数据透视图”。其后的步骤与建立数据透视表类似。数据透视图的框架如图 15.29 所示。

另一种方法是，在现有数据透视表的基础上创建数据透视图。在“数据透视表”工具栏上有“图表向导”按钮，单击该按钮也可建立数据透视图。其布局基本与数据透视表一致。

现在我们建立一个数据透视图，用于分析各时间段的订购渠道的数据变化情况。

①我们用第一种方式，在基础表上利用向导，产生一个图表页（如图 15.29 所示）。

②激活数据透视表“工具栏”，点工具栏上的按钮，出现“数据透视表字段列表”对话框。

③将对话框中的“订购日期”字段拖到“分类字段”区域，将“订货渠道”放置到“序列字段”区域，将“订单金额”放置到“数据项”区域。

此时，由于订购日期的数据较多，因此在分类轴上可能显示比较混乱。

④右击“订购日期”，在快捷菜单上执行“组及显示明细数据”→“分组”，弹出“分组”对话框。

⑤在“分组”对话框中的“步长”下拉列表中，选“年”、“月”。此时，图表的局部如图 15.30 所示。

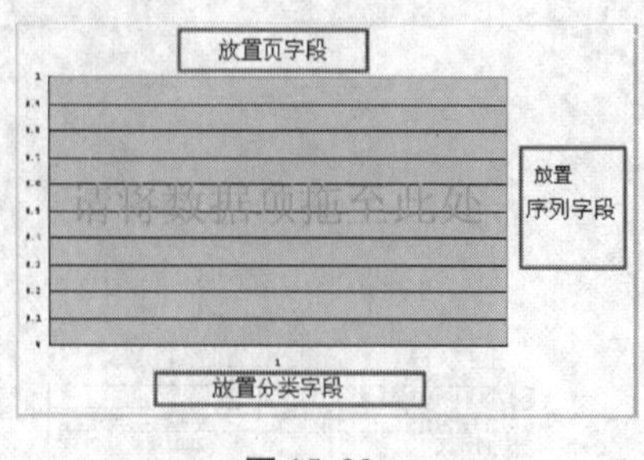

图 15. 29

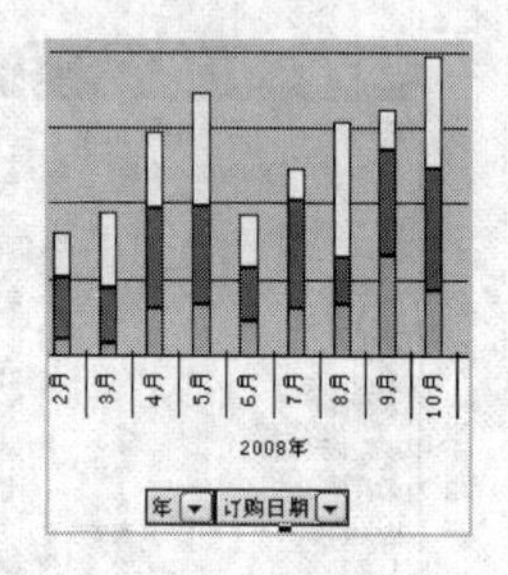

图 15. 30

⑥将分类区域上的“年”字段拖到页区域。此时的数据透视图效果如图 15. 31 所示。

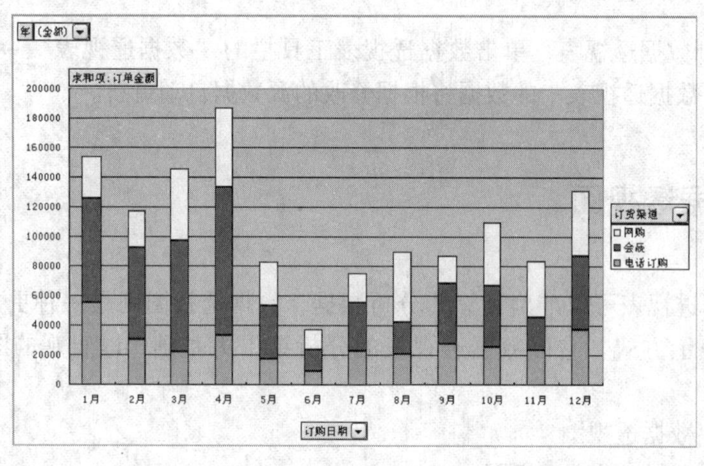

图 15. 31

(2) 调整数据透视图

创建数据透视图以后，对各种数据项的调整方式和在数据透视表中基本一致。主要有这样一些调整：

- 添加/删除字段。
- 调整字段的位置。
- 调整分析周期。
- 显示和隐藏明细数据。
- 显示和隐藏部分分类。
- 改变数据的统计函数和显示方式。

这些调整方式都能够在数据透视表中找到对应的操作。其他有关图表格式设置的方法参见本教材的其他章节。

(3) 趋势线分析

在数据透视图中添加趋势线，使用者能够比较直观地观察到变化趋势，还可以在理论上进行预测。这样可以使图形化的数据更为有用。例如，我们需要根据 2009 年的销售数据，预测下一年初的销售量。其具体操作步骤如下：

①在图 15. 31 的基础上，将图标类型变更为簇状柱形图。方法是：右击图标区域，在快捷菜单上执行“图表类项”，出现“图表类型”对话框（如图 15. 32 所示）。在

“图表类型”中选“柱形图”，在右侧的“子图表类型”中选“簇状柱形图”，然后按“确定”。

小提示：在数据透视图中，有的图表类型并不支持趋势线分析，比如图 15.31 的堆积柱状图，所以，在这里需要对图表类型作适当的修改。

②右击“电话订购”数据系列中的任意一个数据柱，在弹出的快捷菜单中执行“添加趋势线”命令（如图 15.33 所示），弹出“趋势线格式”对话框。

③在“趋势线格式”对话框上，选择一种分析方式，如“多项式”。

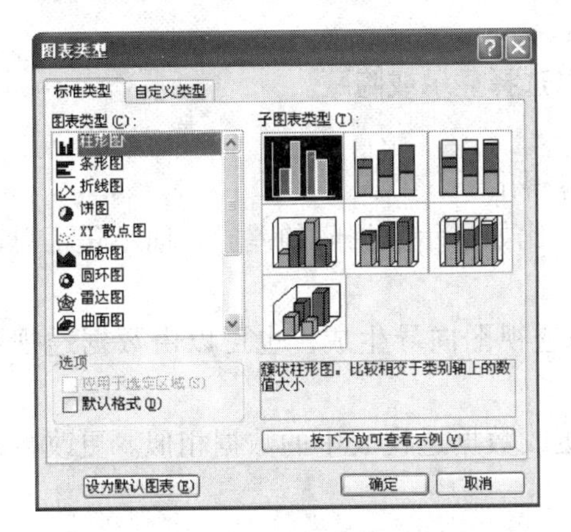

图 15.32

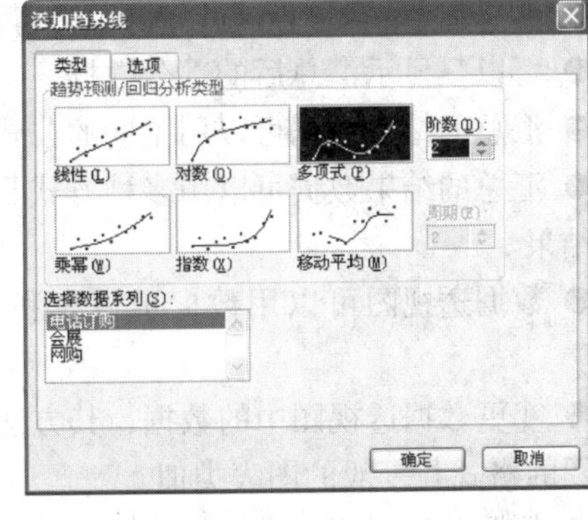

图 15.33

④切换到“趋势线格式”的“选项”页面，在“趋势预测”组中，设置“前推”周期为 2。

⑤设置完毕，按“确定”，将产生带趋势线的数据透视图。

⑥添加了外推周期为 1 的趋势线的数据透视图如图 15.34 所示。

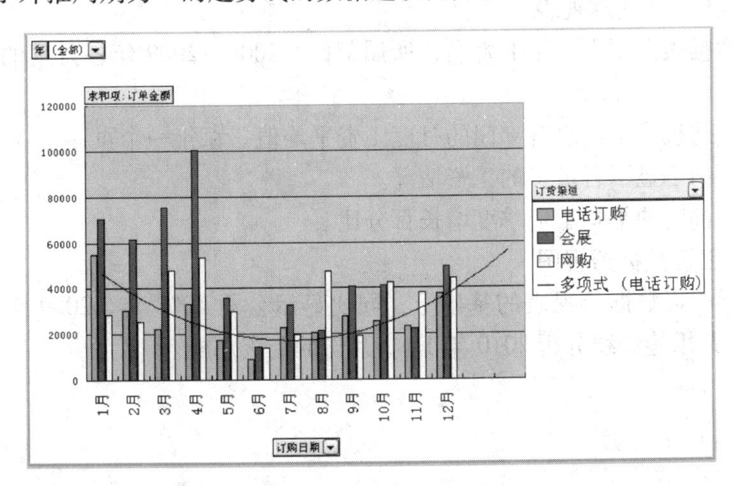

图 15.34

从图中我们可以看到根据现有的数据，对次年 1、2 月份的电话订购方式销售额的理论上的预测值。

15.3 重点回顾

● 利用数据透视表和数据透视图向导，完成数据透视表的初步建立。

● 在数据表的不同区域中放置不同的字段，可以改变透视表的分析角度。

● 同一区域（行、列、数据）中可以放置多个字段，形成多层次的分类汇总。改变字段的次序，即可改变汇总层次的主次关系。

● 汇总的各级明细数据以及汇总值都可以选择显示或隐藏。

● 可以只显示汇总后的部分数据。

● 汇总的结果数据可以用不同的公式计算得出。

● 汇总的结果数据可以用多种方式显示，比如显示数据间的差异，而不是汇总的直接结果。

● 数据透视图可以用数据透视表和数据透视图向导生成，也可以由数据透视图生成。

● 变更数据透视图中的数据，其方法与更改数据透视表中的数据相似。更改数据透视图的格式与一般的图表类似。

● 数据透视图可以进行趋势分析。

15.4 补充实训

（1）制作工资数据透视表

● 基础数据表上要有员工的姓名、所属部门、2008—2009 年各月度的工资及各月度的奖金。

● 在数据透视表上汇总各部门的月度工资平均值。每年一个页面。

● 在各部门下显示各员工的工资情况。

● 汇总各部门的平均工资季度增长百分比。

（2）制作工资数据透视图

● 在上面工资数据透视表的基础上，同比显示公司 2008 年、2009 年两年各月度的工资总额，并用趋势线分析 2010 年 1、2 月份的工资总额。

实训 16
Word 与 Excel 的合作——公司人事管理

16.0　内容导航

合理高效地进行人事管理对于企业发展来说是十分重要的。公司人事部门是进行人力资源管理的职能部门，主要负责招聘、选拔、配置、培训和考核企业所需的各类人才，制定并实施各项薪酬福利政策及员工职业生涯规划，以满足企业可持续发展对人力资源的需求。

在新员工的招聘过程中需要用到各种各样的文档及统计表格，Word/Excel 可以为企业人事管理部门提供方便快捷的文档和表格制作方法。

员工是企业运作的根本。只有员工的工作态度是积极的，企业才能创造出良好的业绩。在公司的日常人事管理中，考勤是一项十分重要的内容。人事部门可以制作一些表格来记录员工的出勤、请假、加班等情况。

在企业运营的过程中，员工出差是不可避免的。员工出差就会产生费用，这就需要人事部门进行出差管理，制定差旅费管理规定，设计表单记录差旅费用的使用情况。

由于经营安排或者员工个人的原因，在企业中经常会出现人员变动的情况。加强和规范企业人员变动的管理，对企业的正常运营具有重要的作用。

16.1　设计员工招聘流程图

企业招聘新员工时有固定的流程，只有明确这些流程才能顺利地进行招聘工作。招聘流程需要各个相关部门都清楚了解，以保证招聘工作能顺利进行。为此，需要使用 Word 的自选图形功能来设计“招聘流程图”。

（1）建立流程图

①创建一个空白文档，选择“文件”→“保存”菜单项，将文件保存为“招聘流程图”。在文档的首行输入“招聘流程图”，在“格式”工具栏中“字体”下拉列表中选择“黑体”，在“字号”下拉列表中选择“三号”，然后单击“居中”按钮（如图 16.1 所示）。

②选择“插入”→“图片”→“自选图形”菜单项，单击随即弹出的“自选图形”工具栏中的“流程图”按钮，在弹出的下拉列表中选择“流程图：可选过程”按钮（如图16.2所示）。

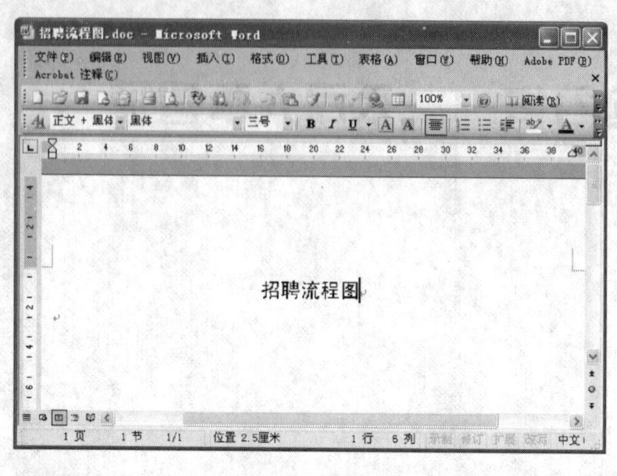

图16.1

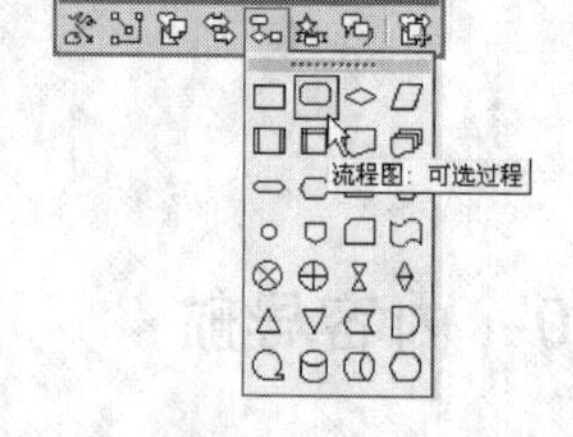

图16.2

③文档中会出现“在此处创建图形”的绘图画布区域，并会弹出“绘图画布”工具栏。此时鼠标变成“+”形状，将其放在绘图画布区域的左上方，单击鼠标即可创建一个“可选过程”图形（如图16.3所示）。

④创建后的图形处于选中状态，将鼠标放置在图形上并单击右键，在弹出的快捷菜单中选择“添加文字”菜单项（如图16.4所示）。

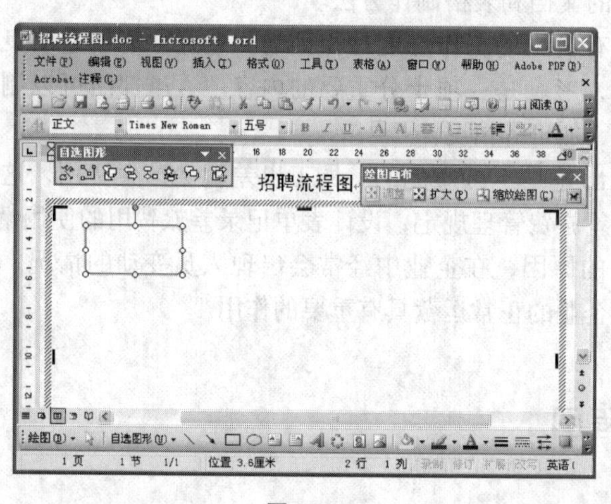

图16.3

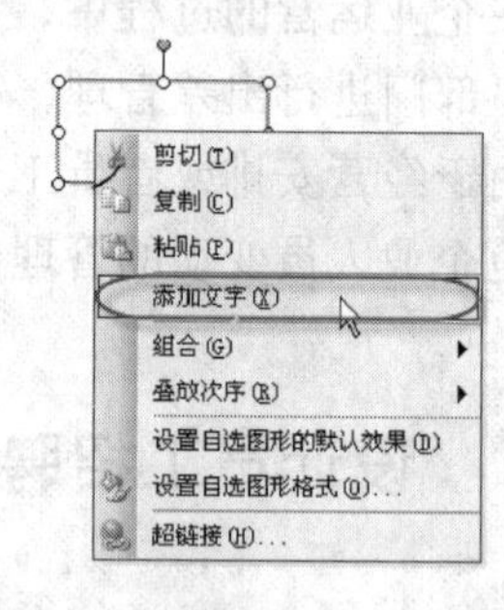

图16.4

⑤此时图形则变成文本框的形式，直接输入文本即可。在文本输入状态下单击鼠标右键，在弹出式菜单中选择“文字方向”菜单项，在随即弹出的“文字方向 - 文本框”对话框中单击“方向”组合中竖排文字，再单击“确定”按钮（如图16.5所示）。然后根据实际情况调整文本框大小，单击图形外的其他区域即可结束文本框输入。

⑥单击“自选图形”工具栏中的“箭头总汇”按钮，从弹出的级联菜单中选择“右箭头”按钮（如图16.6所示）。

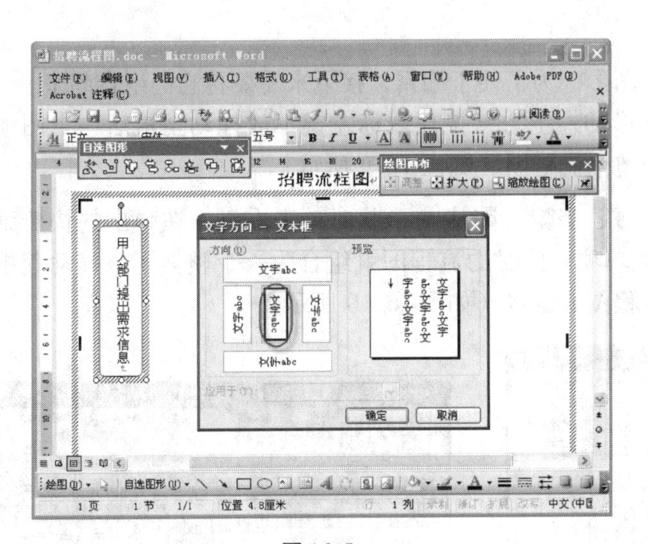

图 16.5

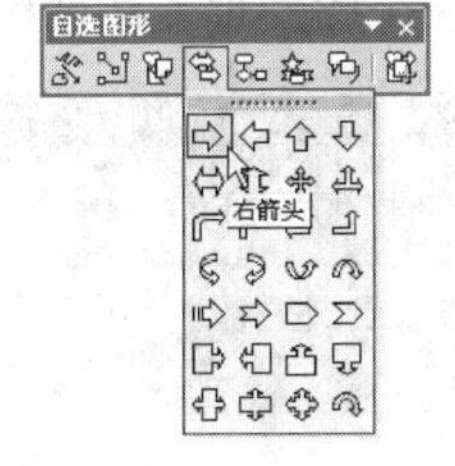

图 16.6

⑦此时鼠标变成“+”形状，将其移动到“可选过程”图形的右方，然后单击即可插入一个右箭头图形（如图 16.7 所示）。

小提示：若要移动插入的图形，请先选中该图形，鼠标变成✥形状，按住鼠标左键不放，拖动鼠标后放开即可。在被选中图形的四周有 8 个控制点，将鼠标移动到这些点上，鼠标变成双箭头形状时，按住鼠标左键拖动，即可改变图形的大小。

⑧按照上面的方法，继续绘制出招聘流程图的其他部分，并适当调整位置和大小。招聘流程图的最终效果如图 16.8 所示。

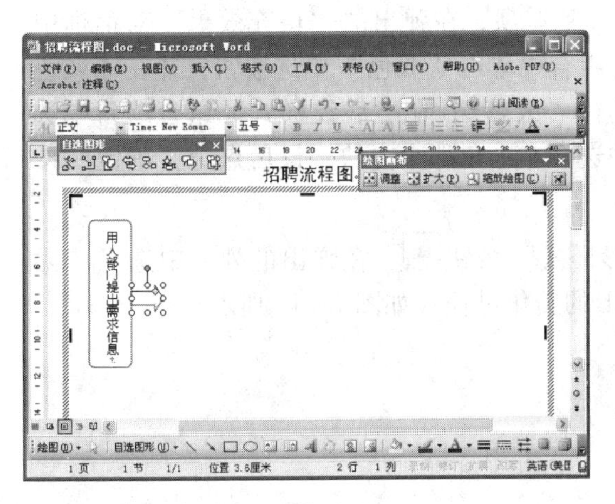

图 16.7

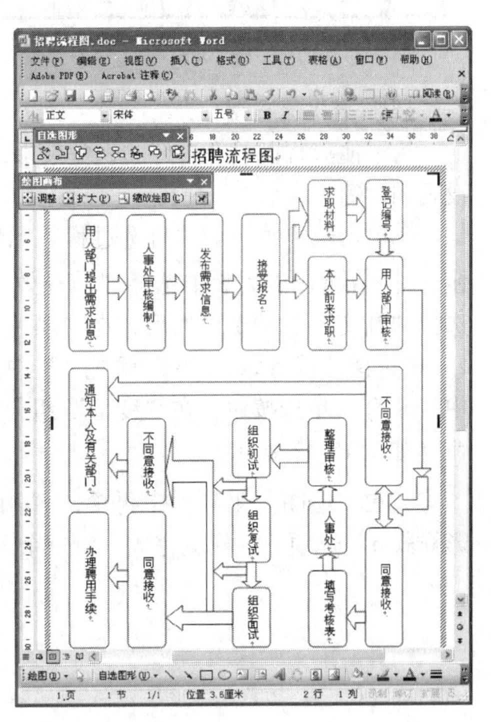

图 16.8

（2）组合流程图

插入的流程图都是独立的图形，为了便于编辑，接下来需要将它们组合起来。

①将鼠标移动到第一个图形的左上方，按住鼠标左键不放拖动至最后一个图形的下方，然后释放鼠标即可选中整个流程图（如图 16. 9 所示）。

②将鼠标移动到选中的区域，当鼠标变成形状时单击右键，在弹出的快捷菜单中选择“组合”→“组合”菜单项。此时的流程图就组合为一个整体了，拖动其中的任何一个图形都能改变整个流程图的位置（如图 16. 10 所示）。

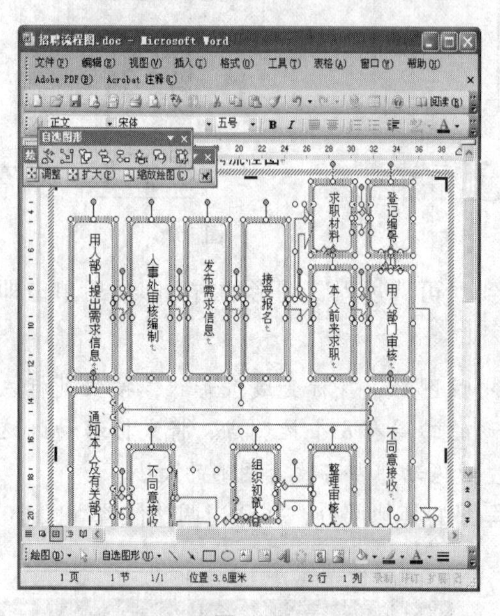

图 16. 9

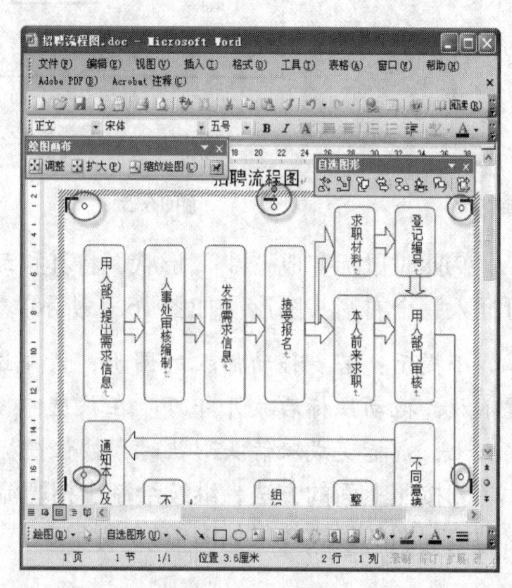

图 16. 10

（3）美化流程图

为了使流程图具有更好的视觉效果，可以对流程图的样式进行设置，如填充颜色、设置阴影等。

①单击选中第一个“可选过程”图形，在“绘图”工具栏中单击“填充颜色”按钮，在弹出的列表中选择“填充效果”菜单项，在弹出的“填充效果”对话框中选择“渐变”选项卡。然后，在“颜色”组合中单击“双色”单选按钮，并在“颜色 1”中选择“浅青绿”、在“颜色 2”中选择“天蓝”；在“底纹样式”组合项目中选中“垂直”单选按钮；在“变形”组合中选择左上角那个方块；最后点击“确定”按钮（如图 16. 11 所示）。

②在“绘图”工具栏中再单击“阴影样式”按钮，在弹出的列表中选择“阴影样式 6”选项。这样就完成了对一个图形的美化过程（如图 16. 12 所示）。

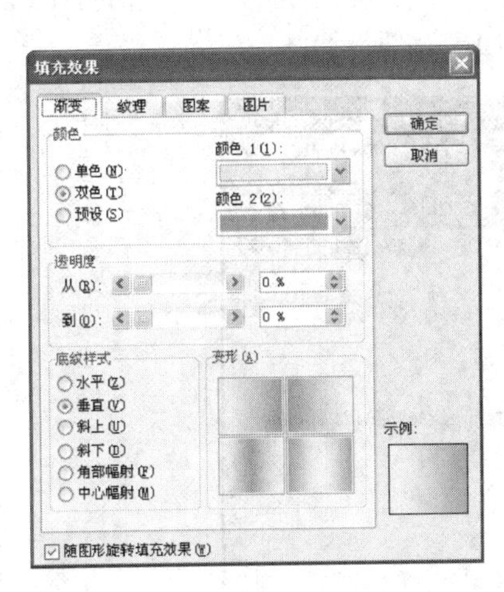

图 16. 11

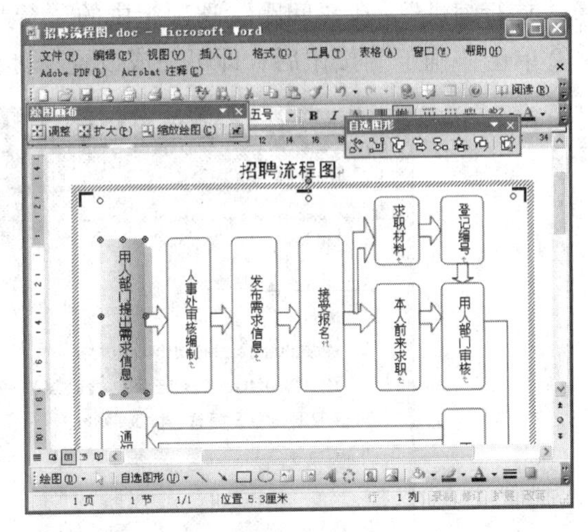

图 16. 12

③用同样的方法设置流程图中的其他图形。最终效果如图 16. 13 所示。

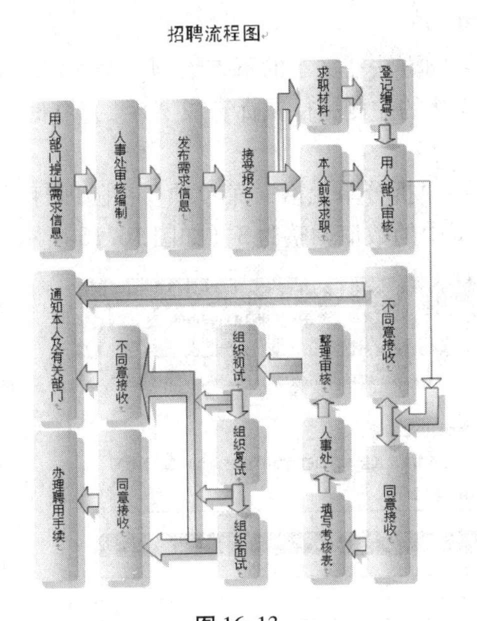

图 16. 13

16. 2　制作面试通知单

人事部门在对应聘者的材料进行筛选后，接下来需要对基本符合要求的应聘者发出面试通知，通过面试来进一步筛选合适的人员。

(1) 输入文本内容

①新建一个 Word 文档，将其保存为“面试通知单”。在文档中输入通知单的文本内容并选中正文，然后选择“格式”→“段落”菜单项，在随即打开的“段落”对话框中切换到“缩进和间距”选项卡，在“缩进”选项组中的“特殊格式”下拉列表中

选择“首行缩进”，在“间距”选项组中的“行距”下拉列表中选择“1.5 倍行距”。

②单击“确定”按钮后，即可完成设置（如图 16.14 所示）。

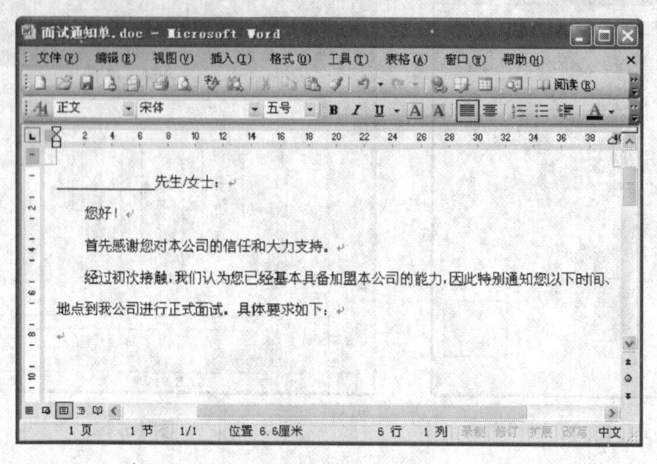

图 16.14

(2) 插入并设置表格

①使用自由绘制表格的方法在文本的下方绘制一个 5×2 的基本表格，然后移动鼠标到如图 16.15 所示单元格的左侧，待鼠标变成“➚”形状时，单击鼠标左键选中该单元格。

②选择“表格式”→“拆分单元格”菜单项，在随即打开的“拆分单元格”对话框中，将“列数”微调框中的数值调整为 3（如图 16.16 所示）。

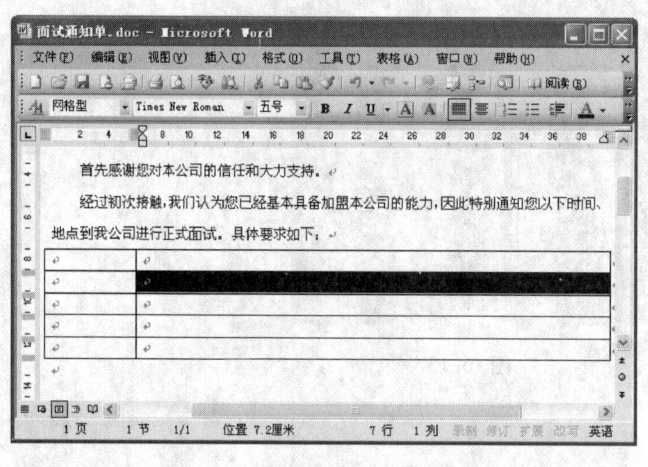

图 16.15

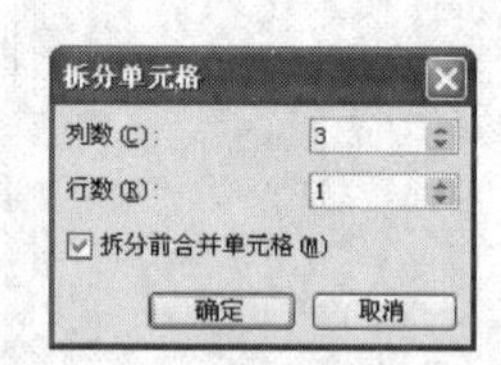

图 16.16

③单击“确定”按钮，即可拆分该单元格。

(3) 设置表格内容

①绘制完表格后，输入相关内容，然后将鼠标移动到第一列单元格的上方，待鼠标变成“⬇”形状时单击左键即可选中整列单元格（如图 16.17 所示）。

②单击“表格”工具栏中的“靠上两端对齐”按钮，在弹出的列表中单击“中部居中”按钮（如图 16.18 所示）。

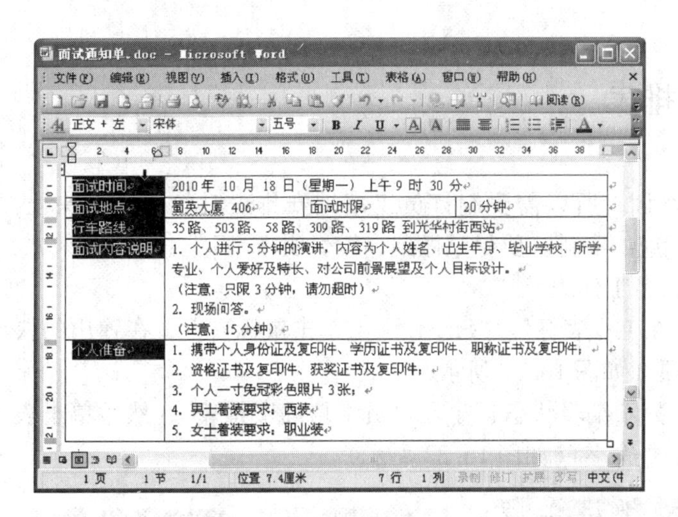

图 16.17

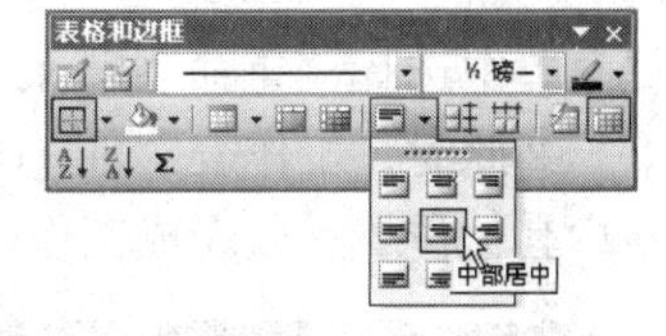

图 16.18

③按照前面的方法设置“面试时限”单元格的格式。

（4）设置落款

①在表格的下方输入落款和日期等内容。

②将光标放置在“单位名称”的前面，长按【Tab】键移动落款的位置，移动到合适的位置后松开按键即可，按下【BackSpace】键可以回移落款的位置。此时落款位置处会出现“ ”图形，将鼠标移动到图形上就会变成“自动更正选项”按钮 ，单击该按钮，弹出如图 16.19 所示的下拉列表，可以用来对修改进行更正。

③按照同样的方法调整日期的位置，这样“面试通知单”就制作完成了（如图 16.20 所示）。

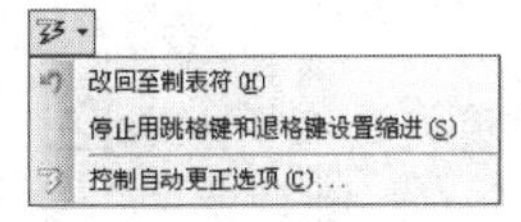

图 16.19

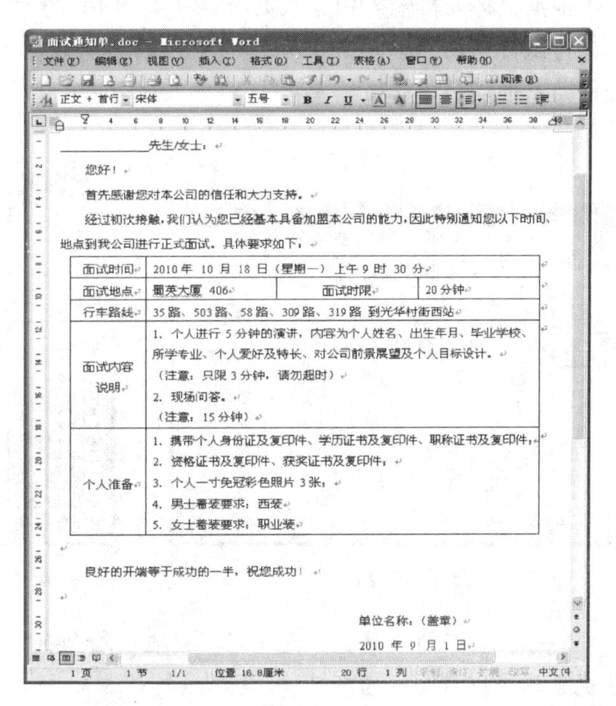

图 16.20

16.3 设计员工培训安排表

新员工就职之前要先接受培训，所以需要制订员工培训安排表对包括培训课程、时间、日期、地点等事项做出相应的安排，要尽量做到详细、明晰。

（1）创建空白工作簿并重命名工作表

①新建一个 Excel 工作簿，在工作表标签“Sheet1”上单击鼠标右键，在弹出的快捷菜单中选择“重命名”菜单项（如图 16.21 所示）。

②此时，工作表“Sheet1”处于编辑状态，输入“员工培训安排表”，然后单击表格中其他位置，以完成工作表的重命名（如图 16.22 所示）。

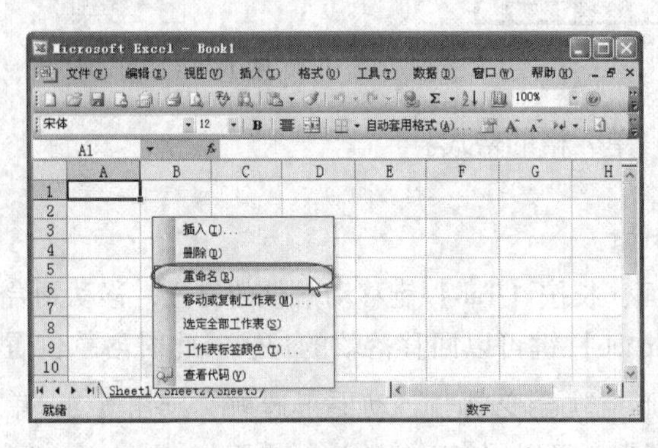

图 16.21

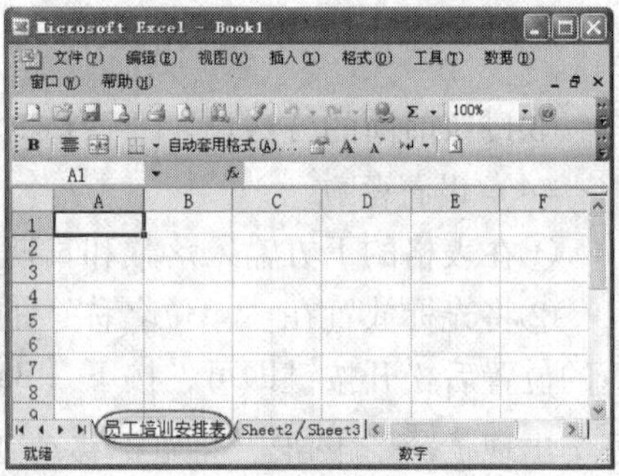

图 16.22

（2）输入表格基本内容

①根据具体安排输入相关数据内容（如图 16.23 所示）。

②将鼠标移动到单元格“A3”右下角的黑点处，鼠标会变成“+”形状，按下鼠标左键向下拖动至单元格“A14”，将单元格“A4”到“A14”自动填充（如图 16.24 所示）。

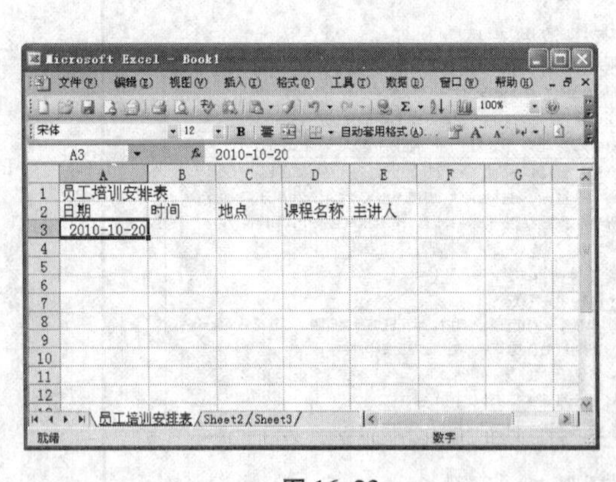

图 16.23

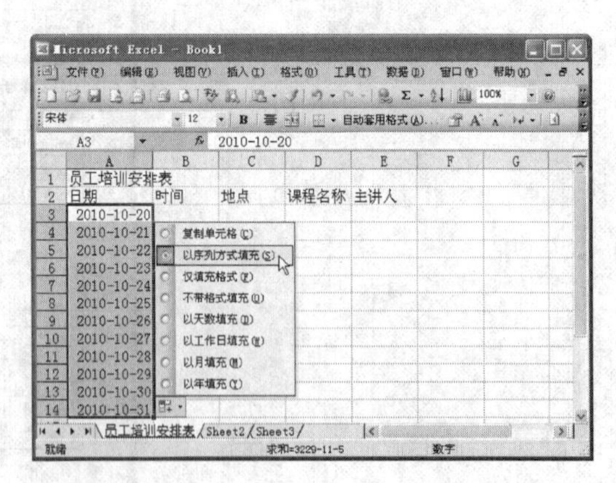

图 16.24

小提示：如果自动填充方式不对，则点击旁边的“自动填充选项”按钮，并在弹出的菜单中选择相应的项目。

③将鼠标移动到工作表区域时，鼠标会变成“✚”形状，将其放置在单元格 B3 中，向下拖动至单元格 B14 后放开鼠标，此时单元格区域“B3：B14”则变成灰色，并处于选中状态（如图 16. 25 所示）。

④选择“格式”→“单元格”菜单项，在弹出的“单元格格式”对话框中切换到“数字”选项卡，在“分类”列表框中选择“时间”选项，在“类型”列表框中选择“1：30PM”选项，然后点击“确定”按钮（如图 16. 26 所示）。

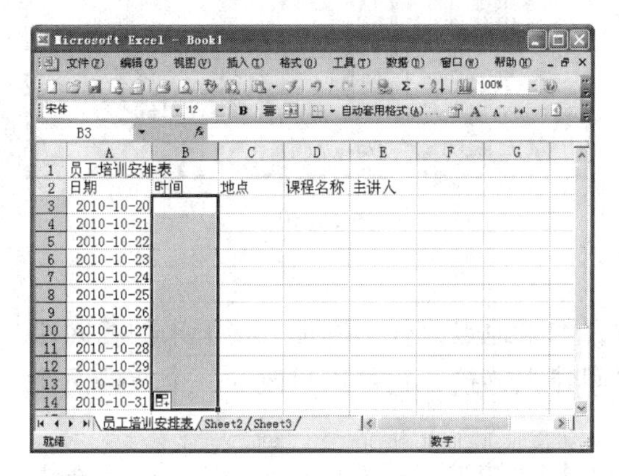

图 16. 25

图 16. 26

⑤在单元格“B3”中输入“9：30”，然后按下回车键，在单元格“B3”中就会显示“9：30AM”；在单元格“B4”中输入“14：30”，然后按下回车键，在单元格“B4”中就会显示“2：30PM”（如图 16. 27 所示）。之后选中“B3：B4”单元格。

⑥将鼠标移动到单元格“B4”右下角的黑点处，鼠标会变成“✚”形状，按下鼠标右键向下拖动至单元格“B14”并放开鼠标，在弹出式菜单中选择“复制单元格”，将单元格“B3：B4”复制到单元格“B5：B14”（如图 16. 28 所示）。

图 16. 27

图 16. 28

（3）使用表格的自动完成功能

①在单元格“C3：C5”输入相应的培训地点。

②在单元格“C6”中输入“学术”，然后按下回车键，系统会自动地输入数据的剩余字符（如图 16. 29 所示）。

③按照同样的方法使用自动输入功能输入表格中的其他数据（如图 16. 30 所示）。

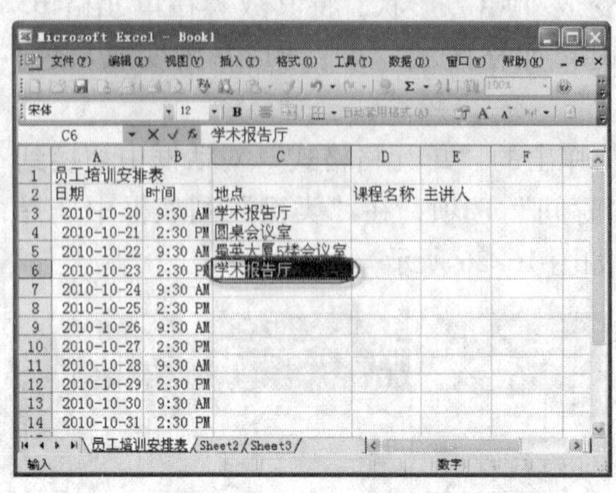

图 16.29

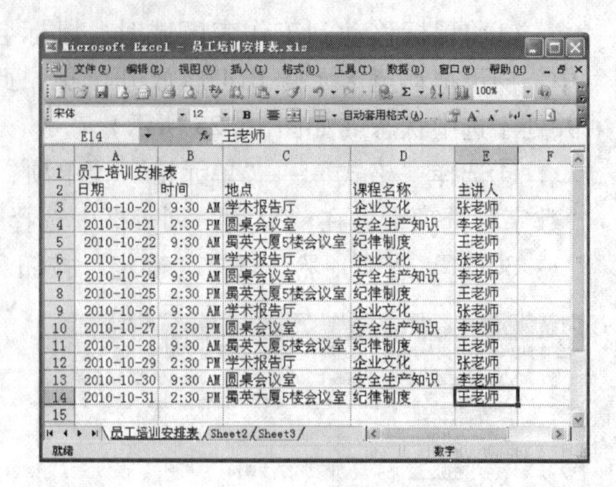

图 16.30

(4) 建立单元格链接

日程表中相同课程的地点安排是一样的，如果地点改变了，那么接下来的相同课程的地点也要发生改变。此时，在单元格之间建立链接，就可以只改变一个数据而使相关单元格的数据也随之发生改变。

①选中单元格“C5”，按下【Ctrl】+【C】快捷键，再选中单元格“C8”，选择“编辑”→“粘贴”菜单项，此时在“C8”单元格的右下角会出现“粘贴选项”按钮，点击该按钮，在弹出的下拉列表中选择“链接单元格”选项（如图 16.31 所示）。

②选中具有同样内容的“C11”、“C14”单元格进行上述操作。这样，如果改变单元格“C5”中的数据，那么“C8”、“C11”和“C14”单元格中的数据也会随之发生改变（如图 16.32 所示）。

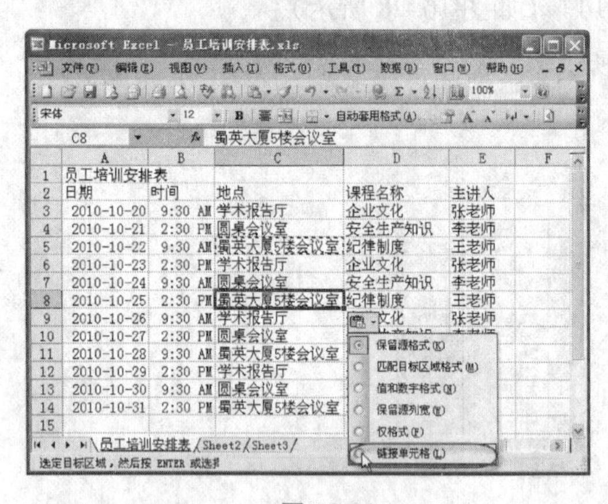

图 16.31

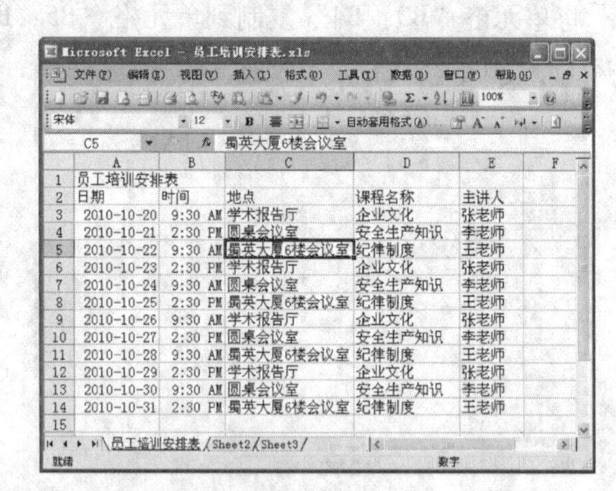

图 16.32

(5) 美化工作表

①选中单元格区域“A1：E1”，单击“格式”工具栏中的“合并及居中”按钮将单元格区域合并，并居中显示文字。从“字体”下拉列表中选择“华文行楷”选项，在“字号”下拉列表中选择“20”选项（如图 16.33 所示）。

②选中“A1：E14”单元格区域，选择“格式”→“单元格”菜单项，在弹出的“单元格格式”对话框中，切换到“边框”选项卡。在“样式”列表框中选择一种合

适的线条样式，单击“外边框”按钮，然后再从“线条”列表框中选择一种合适的线条样式，单击“内部”按钮（如图 16.34 所示）。

图 16.33

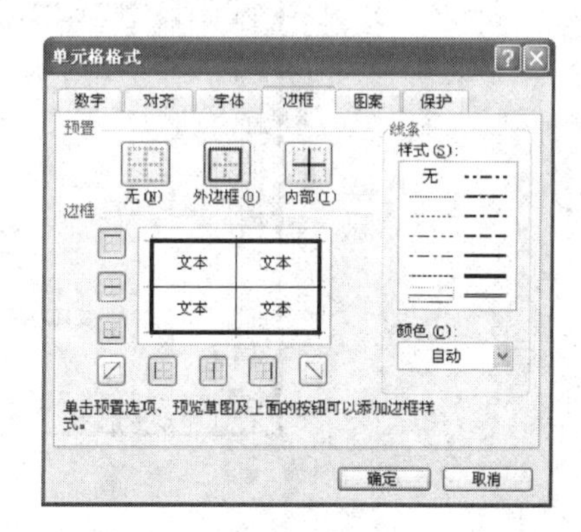

图 16.34

③切换到“图案”选项卡，在“颜色”列表框中选择合适的颜色，最后点击“确定”按钮。

④选择“工具”→“选项”菜单项，在弹出的“选项”对话框中，切换到“视图”选项卡，在“窗口选项”组中取消“网格线”复选框（如图 16.35 所示）。

⑤单击“确定”按钮后，即完成了对工作表的美化（如图 16.36 所示）。

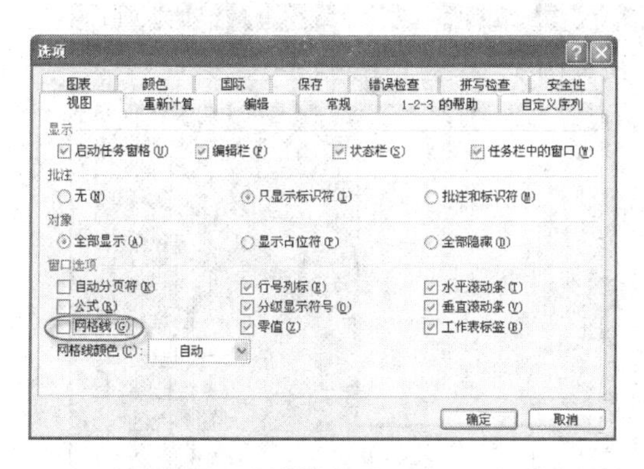

图 16.35

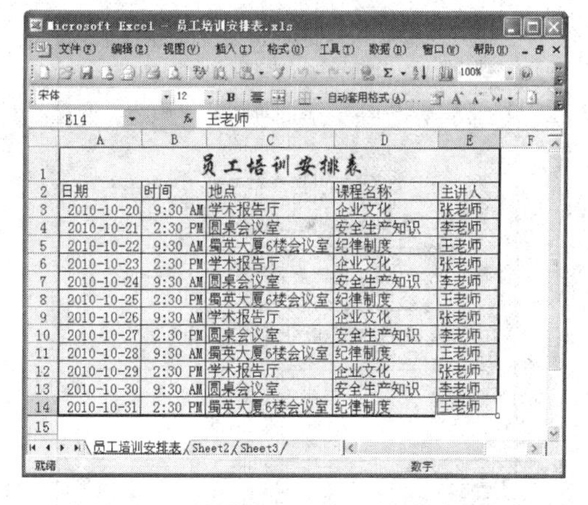

图 16.36

16.4　拟订劳动合同

劳动合同是劳动者与用人单位确立劳动关系、明确双方权利和义务的书面合同，也是维护劳动者和用人单位合法权益的法律保障。新录用员工在试用期满并考核合格后，公司就需要与其签订劳动合同。

（1）制作劳动合同封面

①新建一个 Word 文档，输入封面内容，并设置好封面内容的格式，然后单击“保

存”按钮，将其保存为“劳动合同”。劳动合同封面的最终效果如图 16. 37 所示。

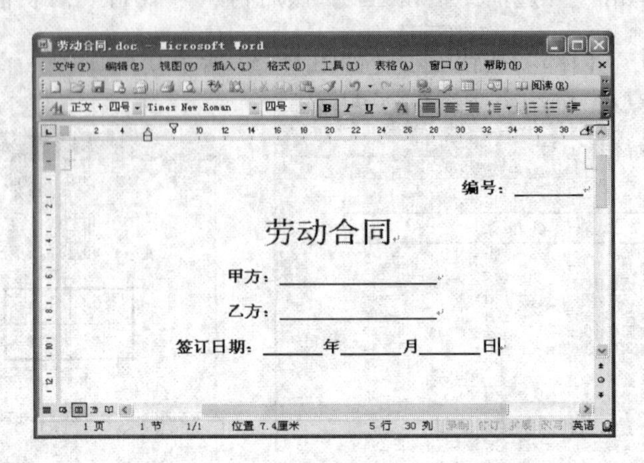

图 16. 37

②为了使封面内容能够均匀地分布在页面上，看上去美观大方，需要对段落格式进行设置。选中文字“劳动合同”，选择“格式”→“段落”菜单项，在打开的“段落”对话框中，切换到“缩进和间距”选项卡，然后在“间距”组合框的“段前”微调框中输入“8 行”，在“段后”微调框中输入“10 行”（如图 16. 38 所示）。

③单击“确定”按钮返回文档，然后单击“打印预览”按钮，即可查看此时的间距效果（如图 16. 39 所示）。

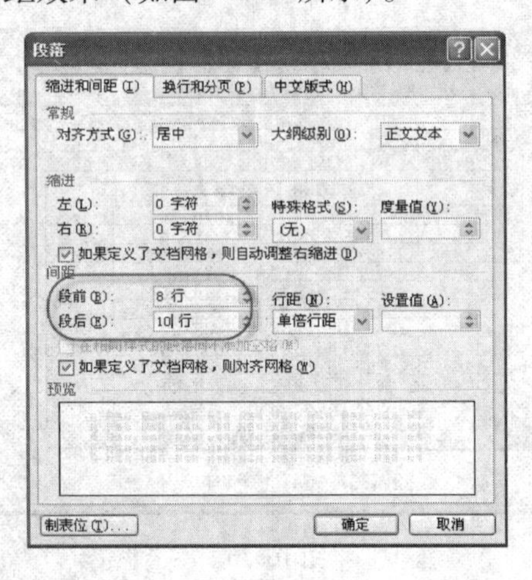

图 16. 38

图 16. 39

（2）应用段落自动套用格式

①选择“工具”→“自动更正选项”菜单项，在随即打开的“自动更正”对话框中，切换到“键入时自动套用格式”选项卡，从中选中需要自动套用格式的复选框（如图 16. 40 所示）。

②单击“确定”按钮返回文档，这样在后面输入文本内容时就可以自动地使用此功能。然后，在文档中输入并选中“一、劳动合同期限”，然后在“格式”工具栏的“字体”列表中设置“仿宋_ GB2312”，在“字号”列表中设置“三号”，并点击“编号”按钮（如图 16. 41 所示）。

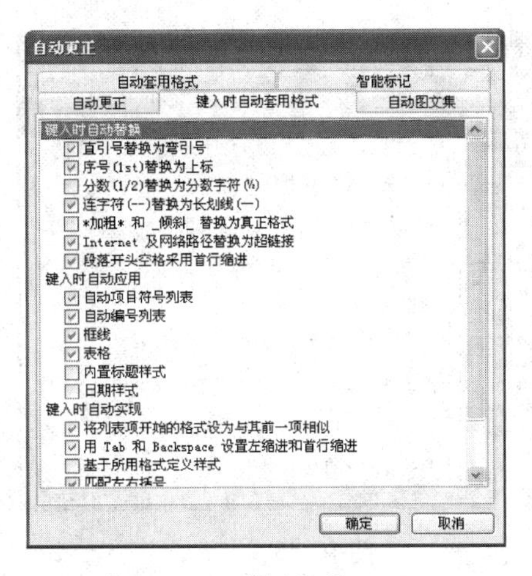

图16.40

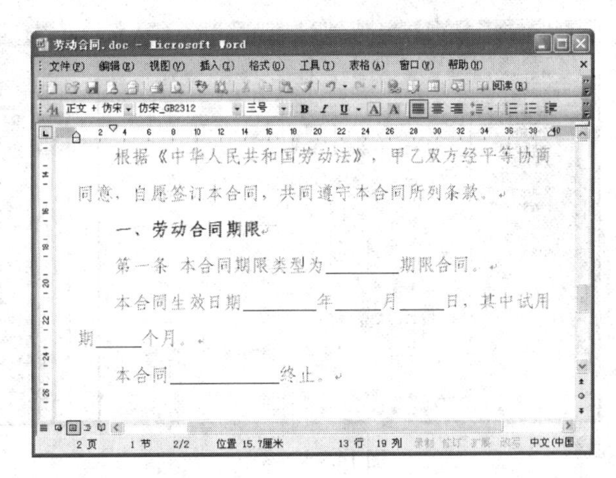

图16.41

③另起一行输入“工作内容”，将鼠标移动到“一、劳动合同期限”的位置上，单击“常用”工具栏中的“格式刷”按钮，此时鼠标变成“♗I”形状，然后将其移动到“容”字后面。

④按住鼠标左键拖动至“工”字的前面，文字就能变成“二、工作内容”，并且格式与“一、劳动合同期限”相同（如图16.42所示）。

⑤按照上述方法输入合同的全部内容（如图16.43所示）。

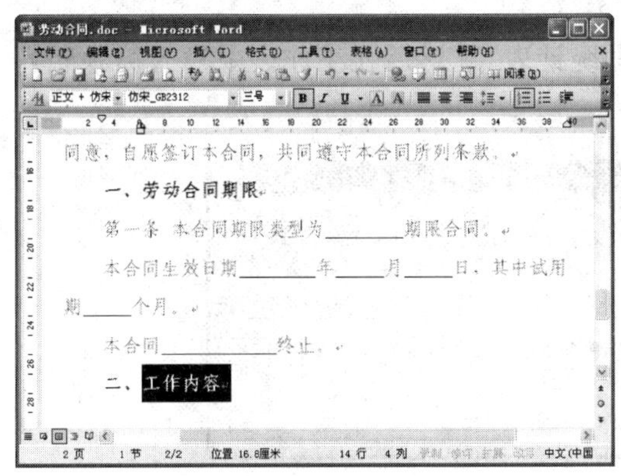

图16.42

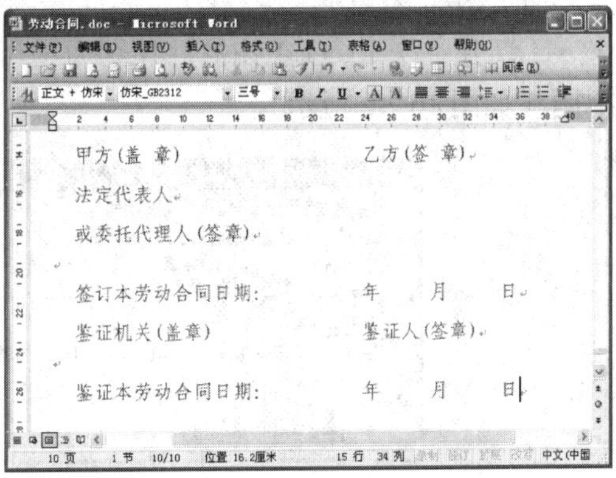

图16.43

（3）使用文档结构图浏览和编辑文档

①选择“视图”→“文档结构图”菜单项，或单击“常用”工具栏中的“文档结构图”按钮，随即会打开文档结构图。这时文档窗口被拆分为左右两个窗口，左窗口显示文档结构图，右窗口显示文档内容（如图16.44所示）。

小提示：在文档结构图中单击任意一个标题，Word就会跳转到文档内容中相应标题的位置，并将其显示在文档窗口的顶部，同时，在文档结构图中会突出显示该标题。

②如果文档内容的级别很多，还可以选择要显示的级别。在文档结构图中单击鼠标右键，然后在弹出的快捷菜单中选择一个显示标题的级别，即可快速地显示所需浏览的级别的内容（如图16.45所示）。

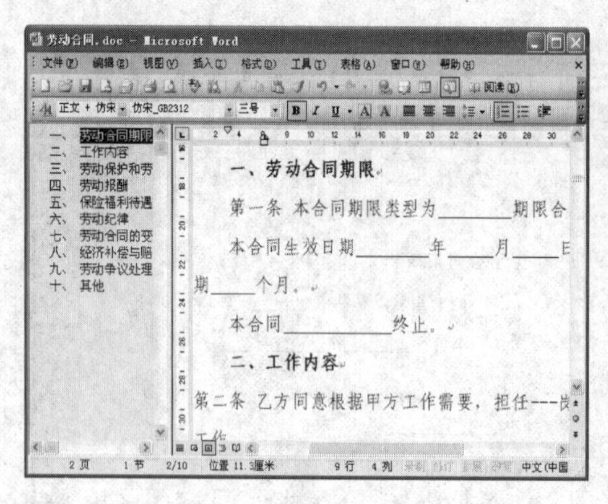

图 16.44

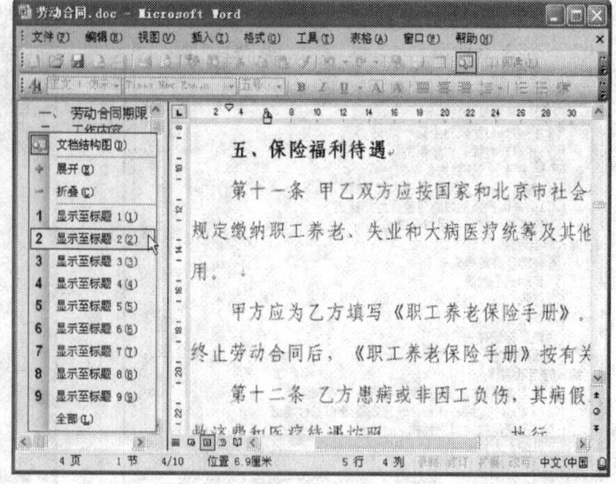

图 16.45

16.5　设计考勤统计表

员工是企业运作的根本，只有员工的工作态度积极了，企业才能创造良好的业绩。在公司的日常人事管理中，考勤是一项十分重要的内容。人事部门可以制作一些表格来记录员工的出勤、请假、加班等情况。

（1）建立表格

①新建一个 Excel 工作簿并保存为“考勤统计表”，然后在工作表中输入标题和列标题（如图 16.46 所示）。

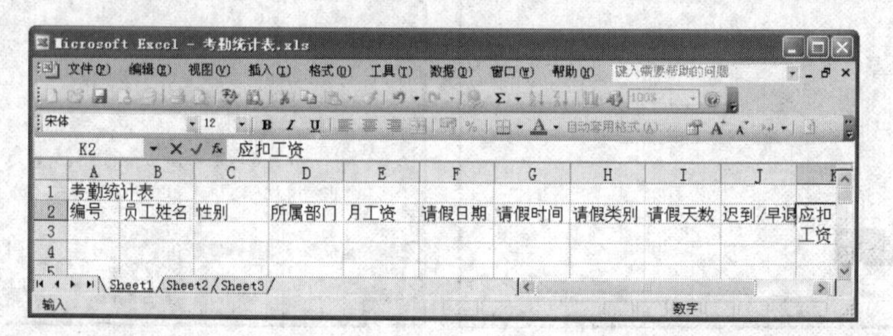

图 16.46

②按住“Ctrl”键同时选中 E、K 两列，选择“格式”→“单元格”菜单项，在打开的“单元格格式”对话框中，切换到“数字”选项卡中，在“分类”列表框中选择“货币”选项，在右侧的“示例”选项组中的“负数”列表框中选择“（￥1，234）”选项，并将“小数位数”微调框设置为“0”，然后单击“确定”按钮（如图 16.47 所示）。这样，当在这两列中输入数据时就会自动显示为货币格式。

③设置表格的边框、底纹、字体以及对齐方式等（如图 16.48 所示）。

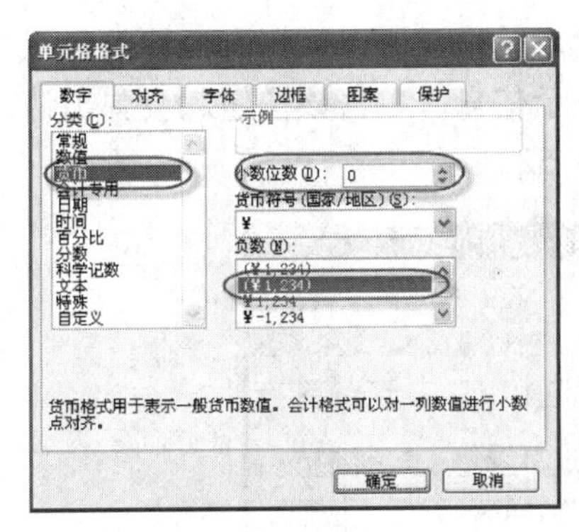

图16.47

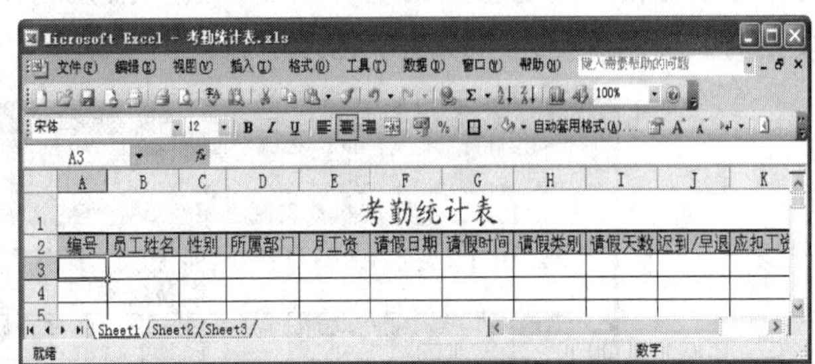

图16.48

（2）设置数据的有效性

①选中H列单元格，选择“数据”→“有效性”菜单项，在随即打开的“数据有效性”对话框中，切换到“设置”选项卡，在“允许”下拉列表中选择“序列”选项，在“来源”文本框中输入“病假，事假，婚假，产假，丧假，公共假期”（如图16.49所示）。

小提示：在输入“病假，事假，婚假，产假，丧假，公共假期”时，其中的“，”要在英文状态下输入，否则不能分行显示。

②切换到“输入信息”选项卡，在“输入信息”文本框中输入“请输入请假类别”（如图16.50所示）。

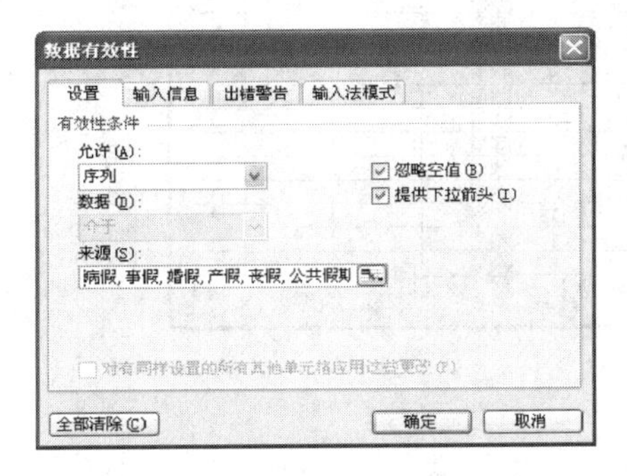

图16.49

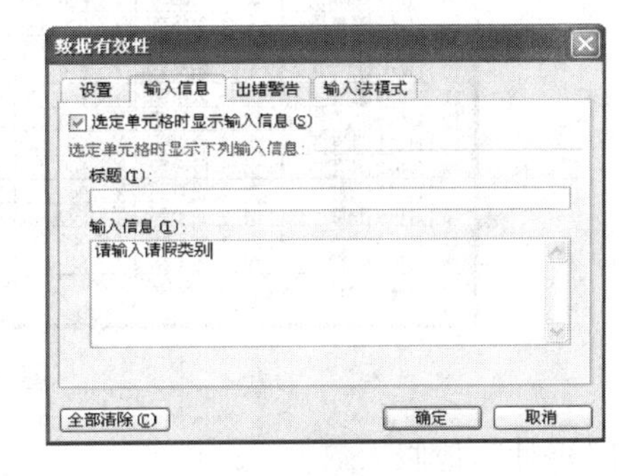

图16.50

③切换到“出错警告”选项卡，在“样式”下拉列表中选择“警告”选项，在“标题”文本框中输入“输入错误”，然后在“错误信息”文本框中输入“单击下拉箭头进行选择”（如图16.51所示）。

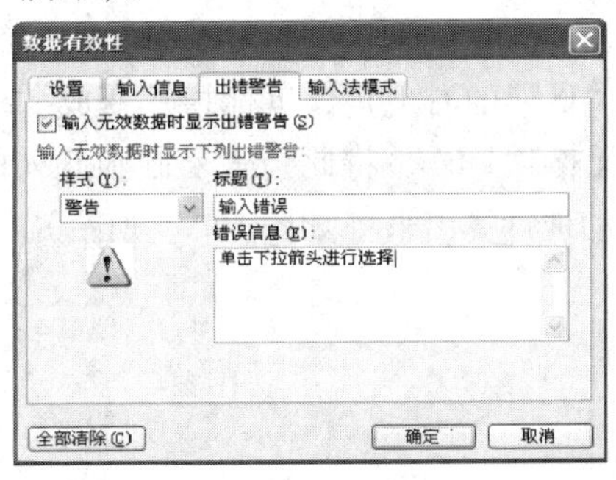

图16.51

④设置完成后单击“确定”按钮返回工作表，然后单击设置了数据有效性的单元格，在单元格的附近就会出现一个下拉箭头按钮和提示信息。单击该按钮就会弹出请假类别下拉列表框，可以从中选择请假类别（如图 16.52 所示）。

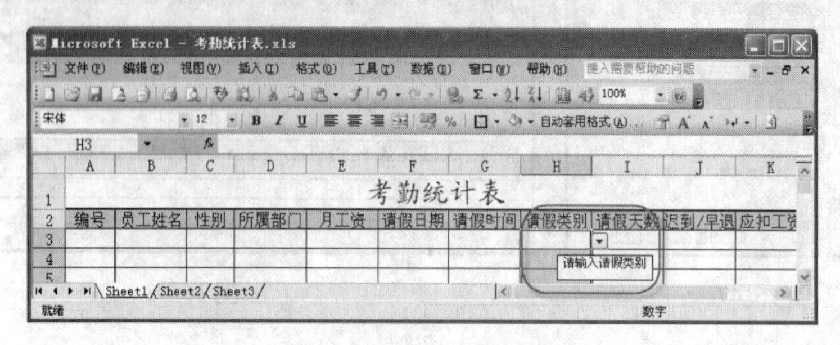

图 16.52

⑤在工作表中输入员工的各项信息及详细的出勤情况（如图 16.53 所示）。

考勤统计表

编号	员工姓名	性别	所属部门	月工资	请假日期	请假时间	请假类别	请假天数	迟到/早退	应扣工
11001	谢晖	女	会计部	￥3,500	2010-10-8	9	事假			
11002	赖竹	女	市场部	￥3,000	2010-10-8		事假			
11003	李艳	女	会计部	￥3,500	2010-10-9	32	病假			
11004	李家海	男	市场部	￥3,000	2010-10-9	5	事假			
11005	李明明	男	人事部	￥3,500	2010-10-9	7	事假			
11006	高虹桥	男	市场部	￥3,000	2010-10-10	2	事假			
11007	蹇慧梅	女	市场部	￥3,000	2010-10-10		事假			
11008	赖雪霞	女	市场部	￥2,500	2010-10-11	4	病假			
11009	唐玲	女	人事部	￥3,500	2010-10-11	6	病假			
11010	毛丹	女	会计部	￥3,500	2010-10-11	8	事假			
11011	苟雪蓉	女	企划部	￥3,000	2010-10-11		事假			
11012	龚艺	女	行政部	￥3,500	2010-10-12	15	事假			
11013	王静	女	企划部	￥3,000	2010-10-12	12	病假			
11014	杨静	女	企划部	￥2,500	2010-10-12	112	产假			
11015	李运勤	女	企划部	￥3,000	2010-10-13	1	病假			
11016	吴德巧	女	行政部	￥3,500	2010-10-13	5	事假			

图 16.53

（3）计算请假天数

员工请假单位为“小时”，每请假 1 小时算请假 0.1 天，请假时间等于或超过 8 小时算请假一天。如果迟到半小时以内，算请事假 0.1 天，迟到半小时以上，算请事假半天。

①选中单元格“I3”，然后输入公式“=J3*0.1+INT（G3/8）+MOD（G3，8）*0.1”，按回车键结束输入，此时在单元格 I3 中显示的计算结果为“1.1”。

②移动鼠标至单元格“I3”的右下角，鼠标指针变成“+”形状，然后按住鼠标左键不放，向下拖动至单元格“I36”，将此公式复制到此列的其他单元格中，其他员工的“请假天数”就会自动地计算出来（如图 16.54 所示）。

I29　=J29*0.1+INT(G29/8)+MOD(G29,8)*0.1

考勤统计表

编号	员工姓名	性别	所属部门	月工资	请假日期	请假时间	请假类别	请假天数	迟到/早退	应扣工
11001	谢晖	女	会计部	￥3,500	2010-10-8	9	事假	1.1		
11002	赖竹	女	市场部	￥3,000	2010-10-8		事假	0.1	1	
11003	李艳	女	会计部	￥3,500	2010-10-9	32	病假	4		
11004	李家海	男	市场部	￥3,000	2010-10-9	5	事假	0.5		
11005	李明明	男	人事部	￥3,500	2010-10-9	7	事假	0.7		
11006	高虹桥	男	市场部	￥3,000	2010-10-10	2	事假	0.2		
11007	蹇慧梅	女	市场部	￥3,000	2010-10-10		事假	0.1	1	
11008	赖雪霞	女	市场部	￥2,500	2010-10-11	4	病假	0.4		
11009	唐玲	女	人事部	￥3,500	2010-10-11	6	病假	0.6		
11010	毛丹	女	会计部	￥3,500	2010-10-11	8	事假	1		
11011	苟雪蓉	女	企划部	￥3,000	2010-10-11		事假	0.3	3	
11012	龚艺	女	行政部	￥3,500	2010-10-12	15	事假	1.7		
11013	王静	女	企划部	￥3,000	2010-10-12	12	病假	1.4		
11014	杨静	女	企划部	￥2,500	2010-10-12	112	产假	14		
11015	李运勤	女	企划部	￥3,000	2010-10-13	1	病假	0.1		
11016	吴德巧	女	行政部	￥3,500	2010-10-13	5	事假	0.5		

图 16. 54

（4）计算应扣工资

公司有如下请假规定：

事假：事假期间公司不支付工资。

病假：在出具相关证明的前提下，公司支付病假期间全额工资的 85% 。

婚假：期限 3 天，婚假期间公司支付全额工资。

产假：期限 90 天，产假期间公司支付全额工资。

丧假：公司支付全额工资。

公共假期：公司支付全额工资。

①选中单元格“K3”，然后输入公式“ = IF(H3 =“病假”, E3/30 * I3 * 0. 15, IF (H3 =“事假”, E3/30 * I3 , 0))”，按下回车键结束输入，此时在单元格 K3 中显示的计算结果为“￥128”（如图 16. 55 所示）。

K3　=IF(H3="病假",E3/30*I3*0.15,IF(H3="事假",E3/30*I3,0))

考勤统计表

员工姓名	性别	所属部门	月工资	请假日期	请假时间	请假类别	请假天数	迟到/早退	应扣工资
谢晖	女	会计部	￥3,500	2010-10-8	9	事假	1.1		￥128
赖竹	女	市场部	￥3,000	2010-10-8		事假	0.1	1	
李艳	女	会计部	￥3,500	2010-10-9	32	病假	4		
李家海	男	市场部	￥3,000	2010-10-9	5	事假	0.5		
李明明	男	人事部	￥3,500	2010-10-9	7	事假	0.7		
高虹桥	男	市场部	￥3,000	2010-10-10	2	事假	0.2		
蹇慧梅	女	市场部	￥3,000	2010-10-10		事假	0.1	1	
赖雪霞	女	市场部	￥2,500	2010-10-11	4	病假	0.4		
唐玲	女	人事部	￥3,500	2010-10-11	6	病假	0.6		
毛丹	女	会计部	￥3,500	2010-10-11	8	事假	1		
苟雪蓉	女	企划部	￥3,000	2010-10-11		事假	0.3	3	
龚艺	女	行政部	￥3,500	2010-10-12	15	事假	1.7		
王静	女	企划部	￥3,000	2010-10-12	12	病假	1.4		
杨静	女	企划部	￥2,500	2010-10-12	112	产假	14		
李运勤	女	企划部	￥3,000	2010-10-13	1	病假	0.1		
吴德巧	女	行政部	￥3,500	2010-10-13	5	事假	0.5		

图 16. 55

②利用拖动鼠标的方法将此公式复制到此列的其他单元格中，即可计算出其他单元格中的结果（如图 16. 56 所示）。

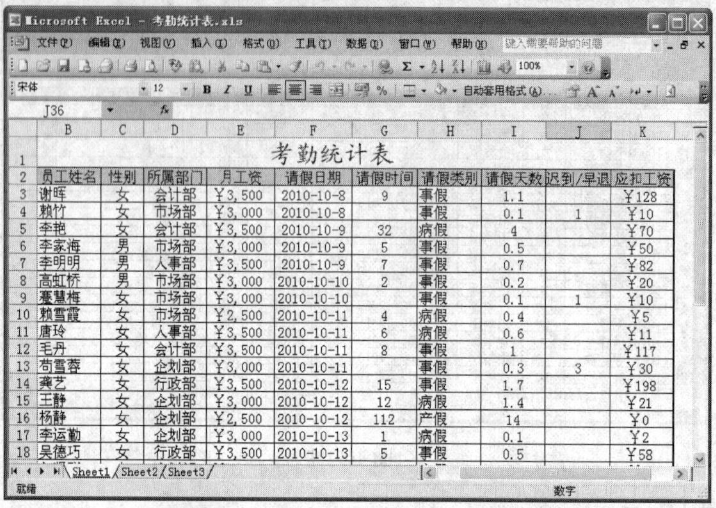

考勤统计表

员工姓名	性别	所属部门	月工资	请假日期	请假时间	请假类别	请假天数	迟到/早退	应扣工资
谢晖	女	会计部	￥3,500	2010-10-8	9	事假	1.1		￥128
赖竹	女	市场部	￥3,000	2010-10-8		事假	0.1	1	￥10
李艳	女	会计部	￥3,500	2010-10-9	32	病假	4		￥70
李家海	男	市场部	￥3,000	2010-10-9	5	事假	0.5		￥50
李明明	男	人事部	￥3,500	2010-10-9	7	事假	0.7		￥82
高虹桥	男	市场部	￥3,000	2010-10-10	2	事假	0.2		￥20
蹇慧梅	女	市场部	￥3,000	2010-10-10		事假	0.1	1	￥10
赖雪霞	女	市场部	￥2,500	2010-10-11	4	病假	0.4		￥5
唐玲	女	人事部	￥3,500	2010-10-11	6	病假	0.6		￥11
毛丹	女	会计部	￥3,500	2010-10-11	8	事假	1		￥117
苟雪蓉	女	企划部	￥3,000	2010-10-11		事假	0.3	3	￥30
龚艺	女	行政部	￥3,500	2010-10-12	15	事假	1.7		￥198
王静	女	企划部	￥3,000	2010-10-12	12	病假	1.4		￥21
杨静	女	企划部	￥2,500	2010-10-12	112	产假	14		￥0
李运勤	女	企划部	￥3,000	2010-10-13	1	病假	0.1		￥2
吴德巧	女	行政部	￥3,500	2010-10-13	5	事假	0.5		￥58

图 16. 56

16. 6 制作员工加班统计表

员工在加班之前一般要由部门主管根据企业加班管理规定填报加班申请单，经企业领导批准后才能加班。员工加班后要填写加班统计表，经部门主管签字报人力资源部审核后送交财务部，由财务部给员工发放加班费。因此，企业需要制作“员工加班统计表”，统计员工的加班时间，以规范员工加班上报的手续。

（1）新建表格并设置基本信息

①新建一个 Excel 工作簿并保存为“员工加班统计表”，然后在工作表中输入标题“员工加班统计表”，并对其进行格式设置。

②选中单元格区域“A2：H2”，选择“格式”→“单元格”菜单项，在随即弹出的“单元格格式”对话框中，切换到“对齐”选项卡，然后在“水平对齐”下拉列表中选择“靠左（缩进）”选项，在“文本控制”选项组中选中“合并单元格”复选框（如图 16. 57 所示）。

③单击“确定”按钮，完成设置，然后在单元格中输入“员工编号”、“姓名”、“部门”、“月份”，利用空格键设置每两个项目之间的间距，并将字体设置为“华文隶书”，字号设置为“14”（如图 16. 58 所示）。

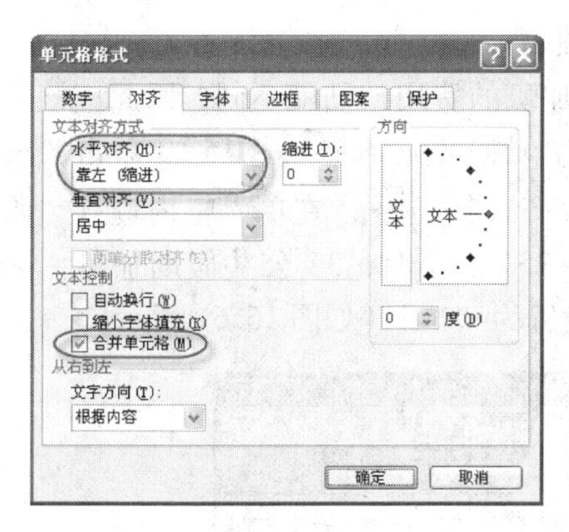

图 16.57

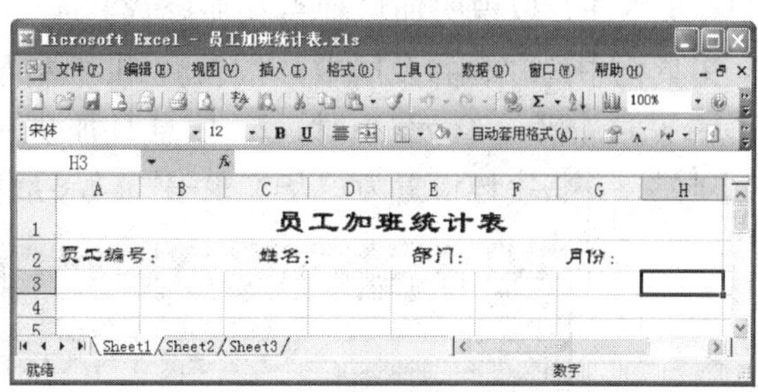

图 16.58

④单击“绘图”工具栏中的“自选图形”按钮[自选图形(U)▾]，在弹出的列表中选择“线条”选项，然后在“线条”列表中选择“直线”选项，此时鼠标变成“+”形状，将鼠标放置在“员工编号”的后面，按住“Shift”键的同时按住鼠标左键向右拖动鼠标至合适的位置，即可在“员工编号”的后面绘制一条线段，然后利用同样的方法绘制其他三项的线段（如图 16.59 所示）。

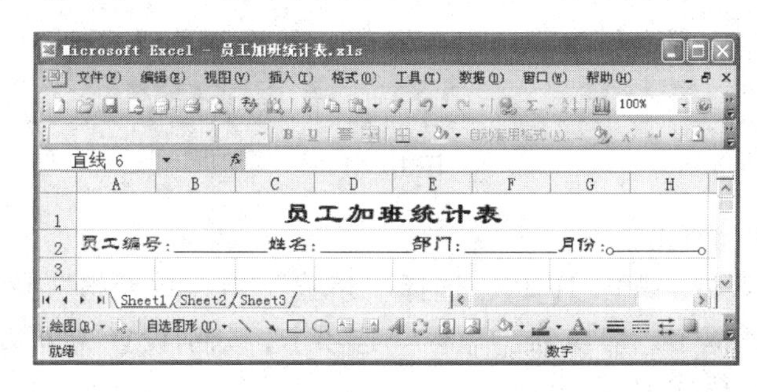

图 16.59

小提示：利用“绘图”工具栏中的“直线”按钮╲，也可以绘制线段。

⑤在工作表中输入“员工加班统计表”的列项目，并将字体设置为“华文隶书”，字号设置为“14”（如图 16.60 所示）。

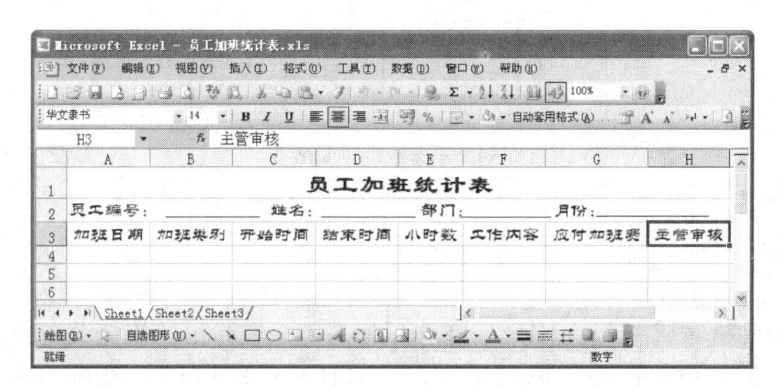

图 16.60

⑥选中单元格区域“A13：H13”，单击“格式”工具栏中的“合并及居中”按钮，和“左对齐”按钮，在单元格中输入“主管”、“批准人”、“审核人”，然后按

照同样的方法设置此单元格区域的格式并绘制线段。

⑦添加附注。一般来说，加班的种类不同，加班的费用补贴就不同，因此应该在表中添加附注，以说明加班种类及加班费。选中单元格区域“A15：H15”，单击“格式”工具栏中的“合并及居中”按钮和“左对齐”按钮，在单元格内输入“附注：1. 平时加班 - 20 元/小时；2. 休息日加班 - 25 元/小时；3. 公共假期加班 - 40 元/小时”，并将字体设置为“华文隶书”，字号设置为“14”（如图 16.61 所示）。

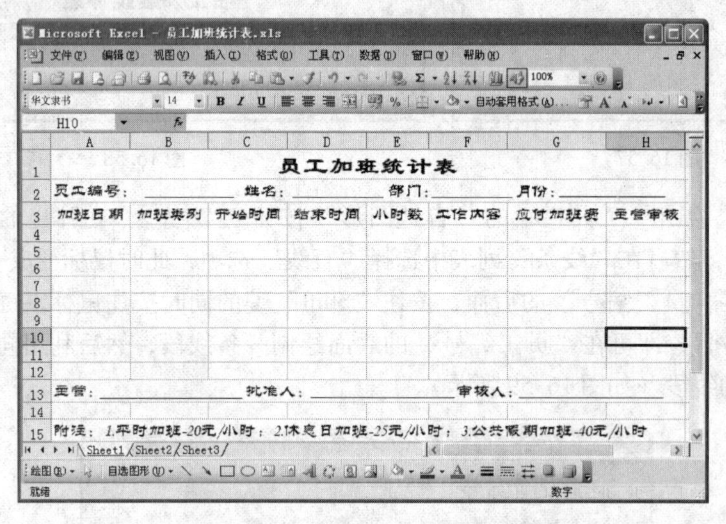

图 16.61

(2) 美化表格

①选中单元格区域“A3：H12”，选择“格式”→“单元格”菜单项，在打开的“单元格格式”对话框中，切换到“边框”选项卡，分别设置“外边框”和“内部”的线条样式（如图 16.62 所示）。

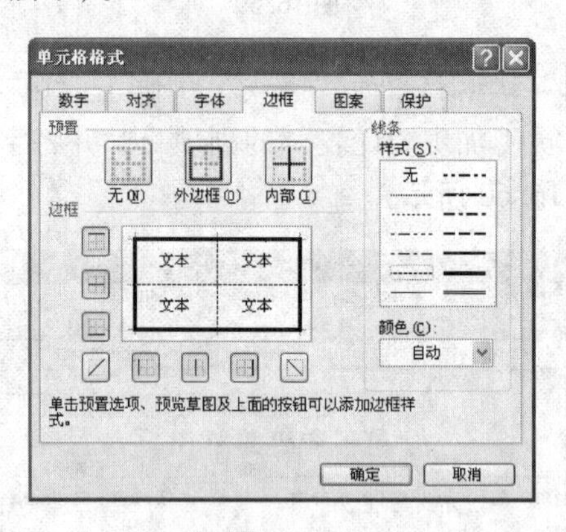

图 16.62

②选中单元格区域“A1：H15”，单击鼠标右键，在弹出的快捷菜单中选择“设置单元格格式”菜单项，打开“单元格格式”对话框，切换到“图案”选项卡中，在“颜色”列表框中选择“浅青绿”选项。单击“确定”按钮后，即可为选中的单元格区域添加上背景色（如图 16.63 所示）。

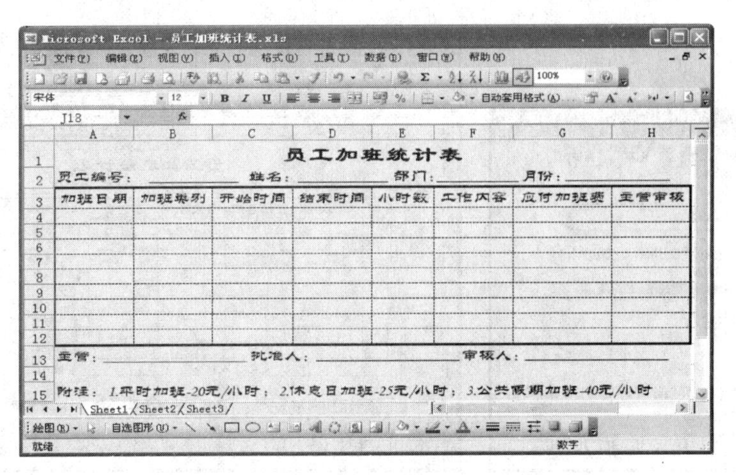

图 16. 63

③去除工作表的网格线。选择“工具”→“选项”菜单项，在打开的“选项”对话框中，切换到“视图”选项卡，在“窗口选项”选项组中去掉“网格线”复选框中的钩，单击“确定”按钮后，即完成了对工作表的美化（如图 16. 64 所示）。

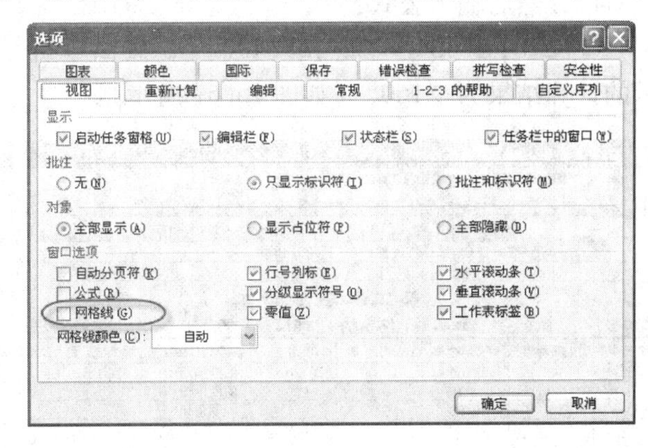

图 16. 64

（3）计算加班费

①根据员工的实际加班情况输入加班信息。

②选中单元格区域“E4：E12”，选择“格式”→“单元格”菜单项，在打开的“单元格格式”对话框中，切换到“数字”选项卡，在“分类”列表框中选择“数值”，在“小数位数”微调框中设置“1”（如图 16. 65 所示）。

③选中单元格“E4”，然后输入公式：

“=(HOUR(D4)+MINUTE(D4)/60)-(HOUR(C4)+MINUTE(C4)/60)”，按回车键结束输入，此时在“E4”单元格中显示的计算结果为“4. 0”（如图 16. 66 所示）。

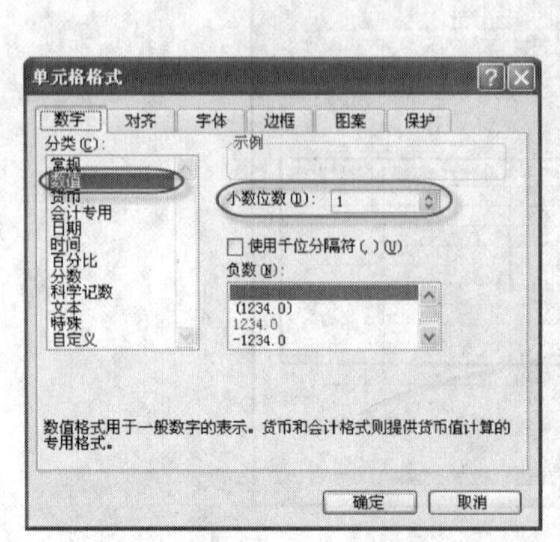

图 16.65

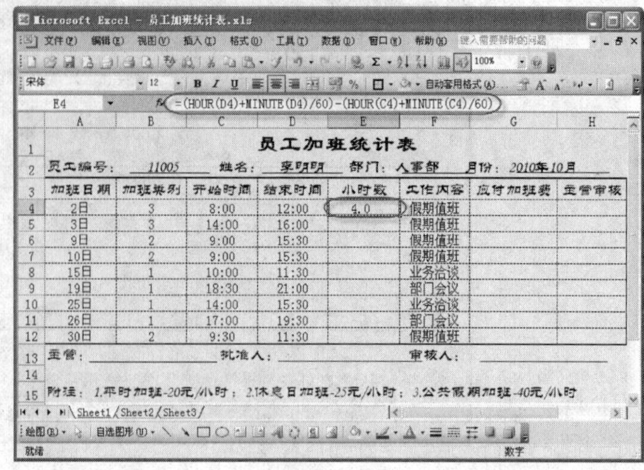

员工加班统计表

员工编号：11005　姓名：李明明　部门：人事部　月份：2010年10月

加班日期	加班类别	开始时间	结束时间	小时数	工作内容	应付加班费	主管审核
2日	3	8:00	12:00	4.0	假期值班		
3日	3	14:00	16:00		假期值班		
9日	2	9:00	15:30		假期值班		
10日	2	9:00	15:30		假期值班		
15日	1	10:00	11:30		业务洽谈		
19日	1	18:30	21:00		部门会议		
25日	1	14:00	15:30		业务洽谈		
26日	1	17:00	19:30		部门会议		
30日	2	9:30	11:30		假期值班		

主管：　批准人：　审核人：

附注：1.平时加班-20元/小时；2.休息日加班-25元/小时；3.公共假期加班-40元/小时

图 16.66

④利用 Excel 的自动填充功能将单元格“E4”的公式填充到该列其他单元格中，即可计算出每天加班的小时数。

⑤选中单元格“G4”，然后输入公式：

“ = E4 * IF(B4 = "1",20,IF(B4 = "2",25,40))”，按回车键结束输入，此时在“G4”单元格中显示的计算结果为“160”（如图 16.67 所示）。

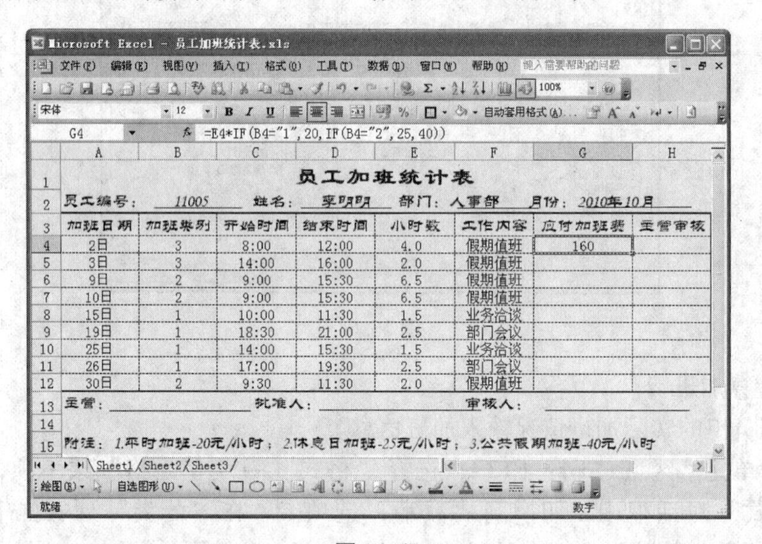

员工加班统计表

员工编号：11005　姓名：李明明　部门：人事部　月份：2010年10月

加班日期	加班类别	开始时间	结束时间	小时数	工作内容	应付加班费	主管审核
2日	3	8:00	12:00	4.0	假期值班	160	
3日	3	14:00	16:00	2.0	假期值班		
9日	2	9:00	15:30	6.5	假期值班		
10日	2	9:00	15:30	6.5	假期值班		
15日	1	10:00	11:30	1.5	业务洽谈		
19日	1	18:30	21:00	2.5	部门会议		
25日	1	14:00	15:30	1.5	业务洽谈		
26日	1	17:00	19:30	2.5	部门会议		
30日	2	9:30	11:30	2.0	假期值班		

主管：　批准人：　审核人：

附注：1.平时加班-20元/小时；2.休息日加班-25元/小时；3.公共假期加班-40元/小时

图 16.67

⑥将单元格区域“G4：G12”的数据格式设置为货币格式，然后利用 Excel 的自动填充功能将单元格“G4”的公式填充到该列其他单元格中，即可计算出每天加班的加班费（如图 16.68 所示）。

员工加班统计表

员工编号：11005　姓名：李明明　部门：人事部　月份：2010年10月

加班日期	加班类别	开始时间	结束时间	小时数	工作内容	应付加班费	主管审核
2日	3	8:00	12:00	4.0	假期值班	￥160.00	
3日	3	14:00	16:00	2.0	假期值班	￥80.00	
9日	2	9:00	11:30	2.5	假期值班	￥100.00	
10日	2	9:00	11:30	2.5	假期值班	￥100.00	
15日	1	10:00	11:30	1.5	业务洽谈	￥60.00	
19日	1	18:30	21:00	2.5	部门会议	￥100.00	
25日	1	14:00	15:30	1.5	业务洽谈	￥60.00	
26日	1	17:00	19:30	2.5	部门会议	￥100.00	
30日	2	9:30	11:30	2.0	假期值班	￥80.00	

主管：　批准人：　审核人：

附注：1.平时加班-20元/小时；2.休息日加班-25元/小时；3.公共假期加班-40元/小时

图16.68

16.7　制定差旅费管理办法

差旅费是指企业因业务或其他的公共事项而委派员工出差所花的费用。企业一般会制定差旅费管理办法，对差旅费的数额和用途作出相关规定。

（1）表格自动套用格式

①新建Word文档，并将其保存为“差旅费管理办法”，然后输入文本内容并设置文本格式。最终效果如图16.69所示。

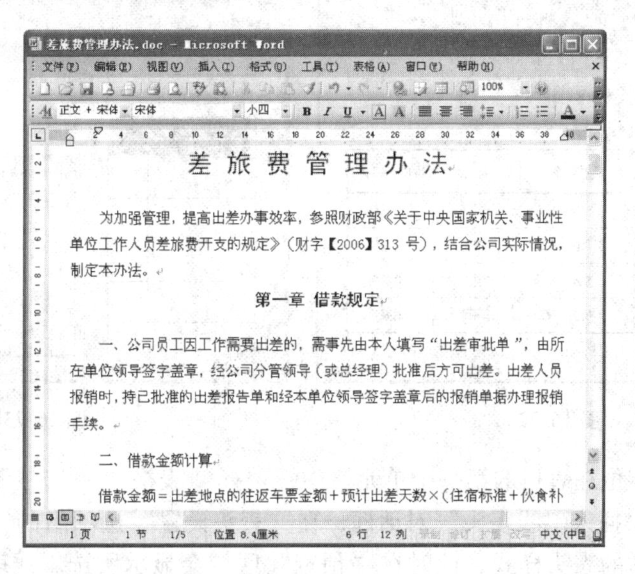

差 旅 费 管 理 办 法

为加强管理，提高出差办事效率，参照财政部《关于中央国家机关、事业性单位工作人员差旅费开支的规定》（财字【2006】313号），结合公司实际情况，制定本办法。

第一章　借款规定

一、公司员工因工作需要出差的，需事先由本人填写“出差审批单”，由所在单位领导签字盖章，经公司分管领导（或总经理）批准后方可出差。出差人员报销时，持已批准的出差报告单和经本单位领导签字盖章后的报销单据办理报销手续。

二、借款金额计算

借款金额＝出差地点的往返车票金额＋预计出差天数×（住宿标准＋伙食补

图16.69

②将鼠标定位到文档中需要插入表格的位置，然后选择“表格”→“表格自动套用格式”菜单项，随即弹出“表格自动套用格式”对话框，在“表格样式”下拉列表

中选择“网格型 5”样式，在下面的“预览”区域中可以预览选中的表格样式（如图 16.70 所示）。

③单击“应用”按钮后，在弹出的“插入表格”对话框的“列数”和“行数”文本框中都输入“5”（如图 16.71 所示）。

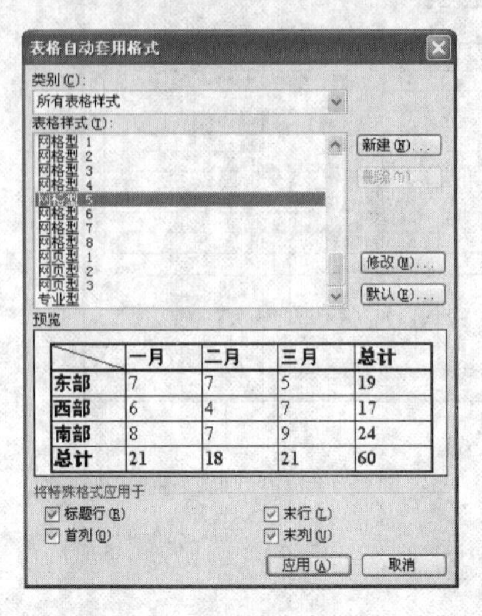

图 16.70

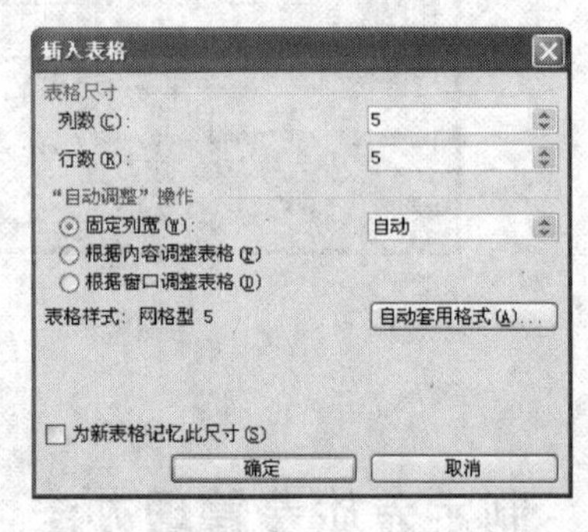

图 16.71

④在表格中填充具体的内容并设置表格的格式（如图 16.72 所示）。

（2）绘制斜线表头

①在需要插入表格的位置绘制一个 5 ×4 表格，并将第一行的行高设置为“1.3”（如图 16.73 所示）。

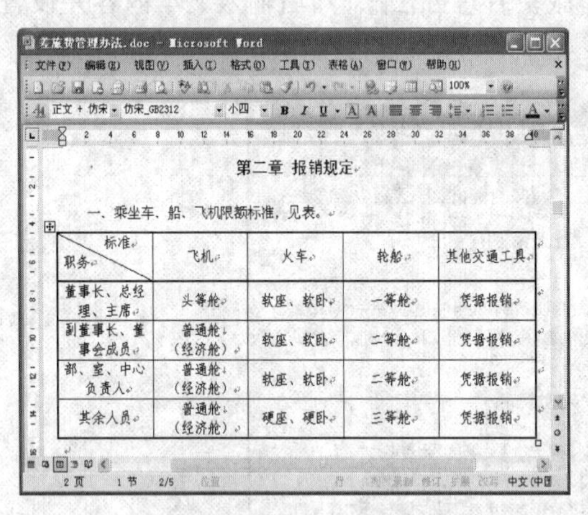

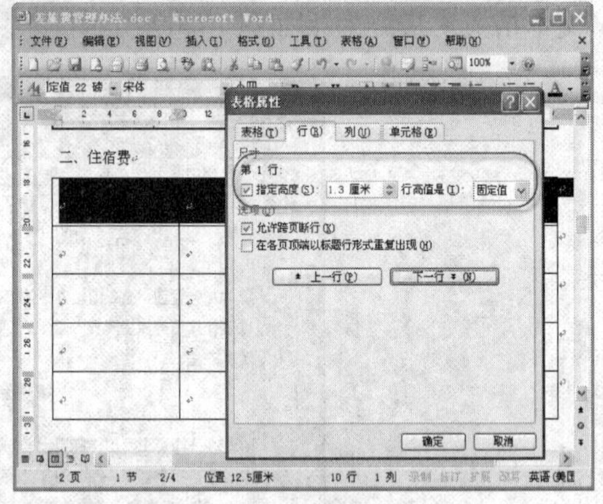

图 16.72　　　　图 16.73

②将光标定位在表格的第一个单元格中，选择“表格”→“绘制斜线表头”菜单项，随即弹出“插入斜线表头”对话框，在“表头设置”选项组的“表头样式”下拉列表中选择合适的表头样式，此时在“预览”区域会显示所选斜线表头的样式，然后在“字体大小”下拉列表中选择“小四”选项，在“行标题”文本框中输入“标准”，在“列标题”文本框中输入“职务”（如图 16.74 所示）。

③单击“确定”按钮，返回到文档中，绘制的斜线表头已经完成。

小提示：如果要修改斜线表头的标题，可以直接单击标题，此时标题文字的四周会出现一个虚框，表示标题是以文本框的形式插入的，在此文本框中用户可以对标题进行编辑。

④输入表格的其余内容并设置表格格式，以完成文档的编辑（如图 16.75 所示）。

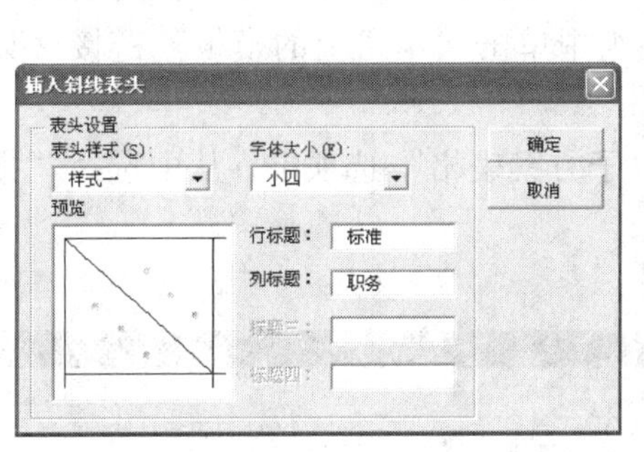

图 16.74

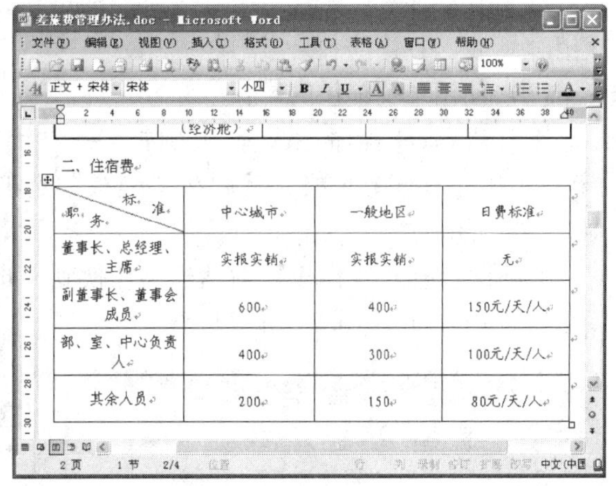

标准 / 职务	中心城市	一般地区	日费标准
董事长、总经理、主席	实报实销	实报实销	无
副董事长、董事会成员	600	400	150元/天/人
部、室、中心负责人	400	300	100元/天/人
其余人员	200	150	80元/天/人

图 16.75

（3）设置页眉和页脚

①选择“视图”→“页眉和页脚”菜单项，此时页眉和页脚区域处于编辑状态。在其中输入“XXX 公司差旅费管理办法”，并设置适当的字体格式，单击“格式”工具栏中的“右对齐”按钮，将其设置成为右对齐显示（如图 16.76 所示）。

②单击“页眉和页脚”工具栏中的“在页眉和页脚间切换”按钮，切换至页脚区域，然后单击“插入‘自动图文集’”按钮，从弹出的下拉列表中选择“第 X 页 共 Y 页”选项，再单击“居中”按钮将其居中显示，最后单击“关闭”按钮，退出页眉和页脚的编辑状态（如图 16.77 所示）。

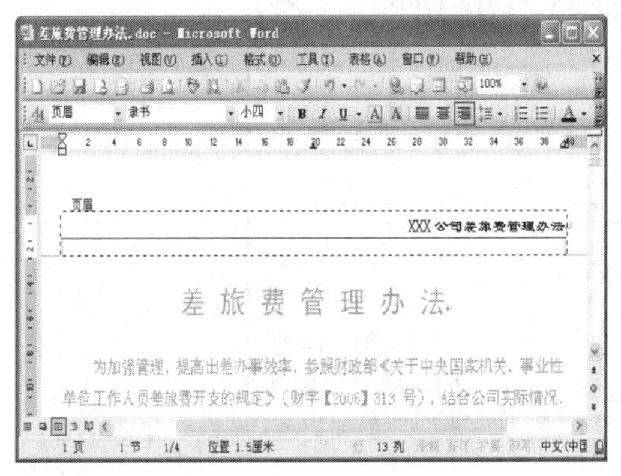

图 16.76

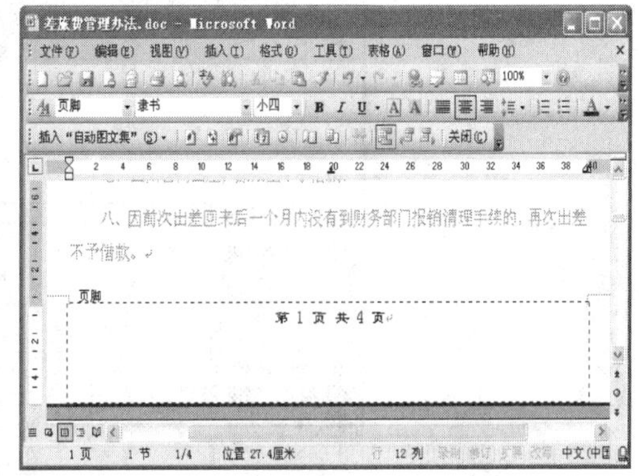

图 16.77

小提示：如果用户要插入的起始页码不是 1，可以单击“页眉和页脚”工具栏的“设置页码格式”按钮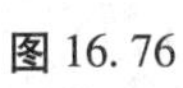，打开“页码格式”对话框，在“页码编排”组合框中选中“起始页码”单选按钮，并在其后的微调框中输入起始页码，单击“确定”按钮即可。

16.8 制作差旅费报销单

员工出差的差旅费需要经过一系列的审核，符合企业规定的方可报销，否则不予报销。

（1）使用系统提供的模板

①启动 Excel 程序，选择"文件"→"新建"菜单项，在工作簿的右侧会打开"新建工作簿"任务窗格，然后在"模板"选项组中单击"本机上的模板"链接（如图 16.78 所示）。

②随即会打开"模板"对话框，切换到"电子方案表格"选项卡，从中选择"报销单"选项（如图 16.79 所示）。

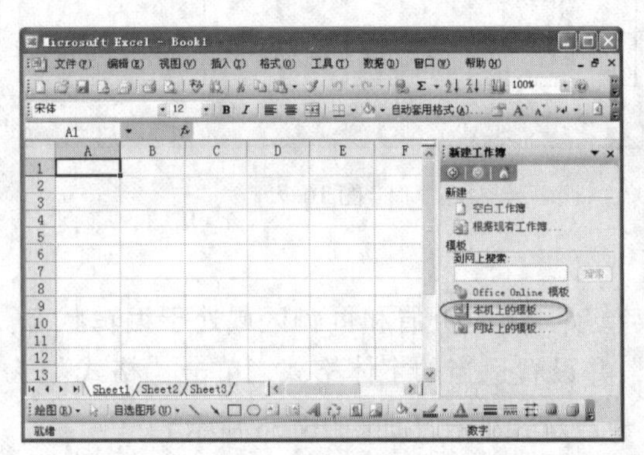

图 16.78

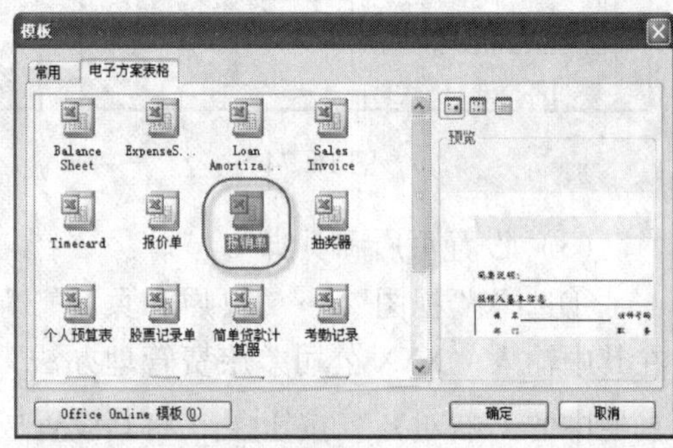

图 16.79

③单击"确定"按钮，系统会自动创建一个新的工作表"REPORT21"，并显示出此模板的格式，将此工作表另存为"差旅费报销单"（如图 16.80 所示）。

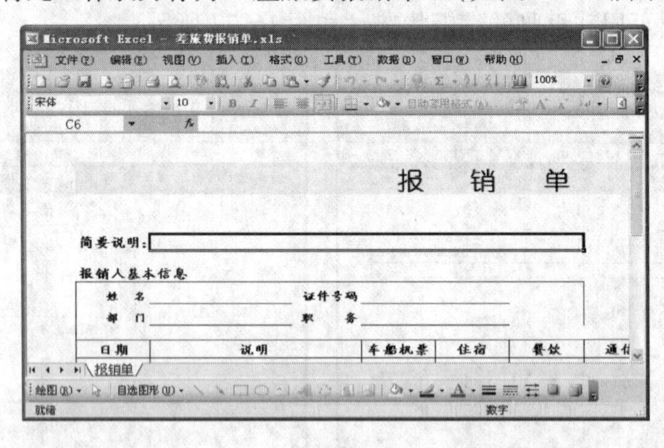

图 16.80

小提示：此时工作表没有滚动条，用户可以使用键盘上的左右箭头按钮来查看工作表的整体效果。

（2）设置模板格式

①选择"工具"→"选项"菜单项，在随即打开的"选项"对话框中，切换到

"视图"选项卡，在"窗口选项"选项组中选中"行号列标"复选框和"水平滚动条"复选框。

②单击"确定"按钮返回工作表，此时工作表的行号、列标和水平滚动条就会全部显示出来（如图 16.81 所示）。

③但是此时的工作表仍然是不能修改的，用户只能输入相应的票据内容，因为工作表格式被保护了。如果要修改其格式，可以选择"工具"→"保护"→"撤销工作表保护"菜单项，此时工作表的格式就变成可以修改的了。适当地修改工作表格式后，在相应的单元格输入报销项目，可以发现模板提供有自动计算的功能（如图 16.82 所示）。

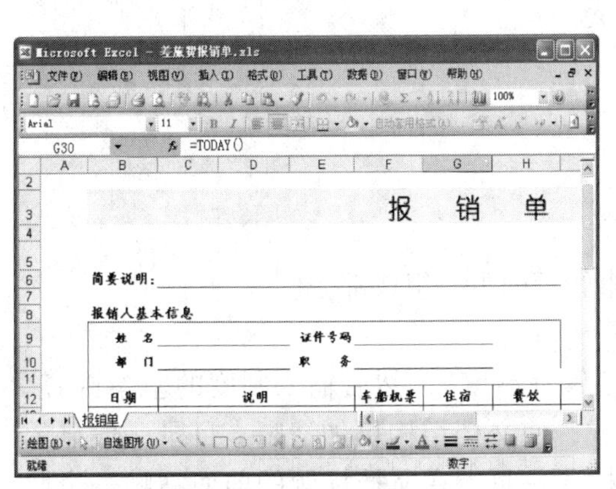

图 16.81

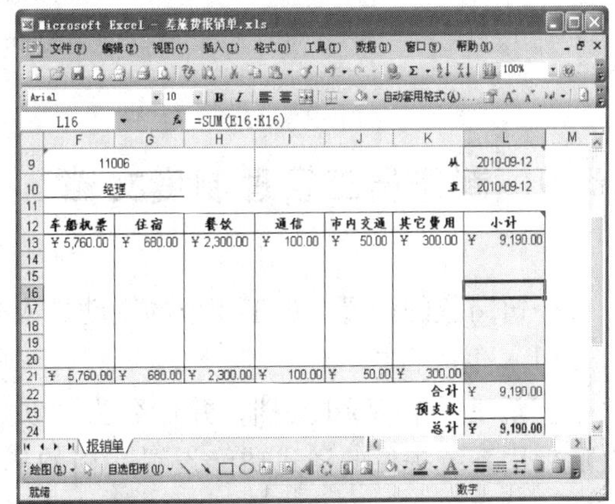

图 16.82

（3）打印

①选择"文件"→"打印预览"菜单项，此时工作表就进入预览状态。

②单击"设置"按钮 设置(S)... ，在打开的"页面设置"对话框中，切换到"页眉/页脚"选项卡中，在"页脚"下拉列表中选择合适的页码选项（如图 16.83 所示）。

③单击"确定"按钮返回工作表，此时在页脚区域就会出现设置的页码（如图 16.84 所示）。

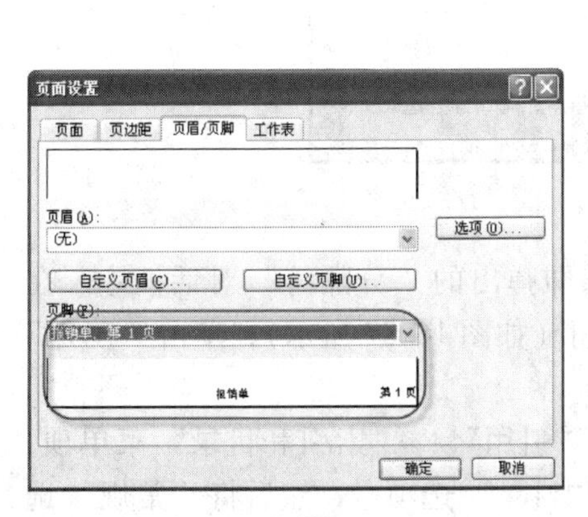

图 16.83

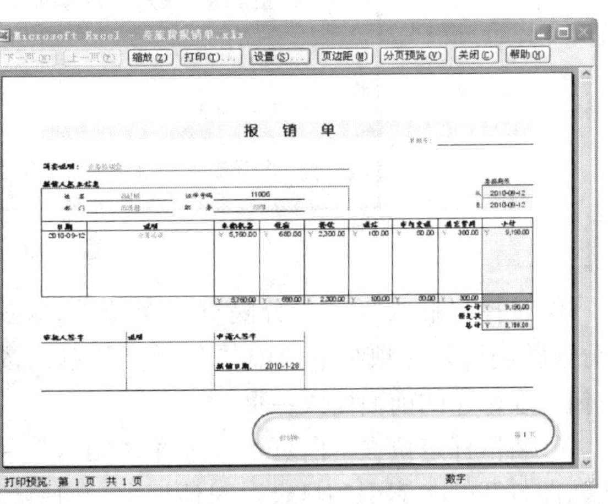

图 16.84

④单击"打印"按钮 打印(T)... ，打开"打印内容"对话框，进行相应的打印设置，单击"确定"按钮即可开始打印（如图 16.85 所示）。

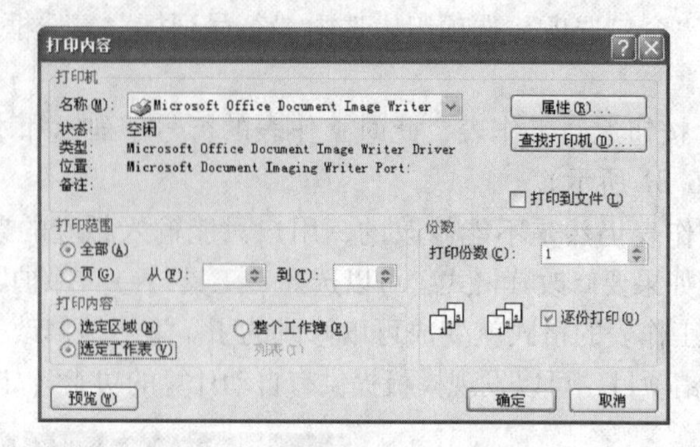

图 16.85

16.9 制作员工管理制度文档

公司岗位的设置、员工职位的变动是人事管理的重要组成部分。

(1) 生成目录

①新建一个 Word 文档，并命名为“员工管理制度”，然后输入制度的基本内容。之后使用系统提供的样式功能设置文档的格式，使文档结构更加清晰。目录一般显示在文档的最前面，因此需要在文档的最前面插入一页。在文档标题的前面粘贴一个回车符（如图 16.86 所示）。

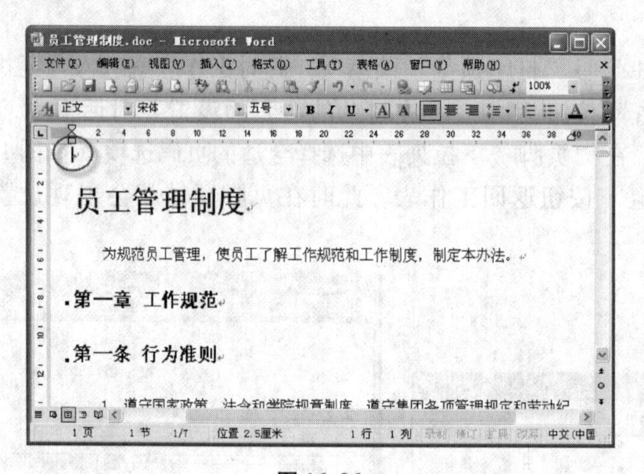

图 16.86

②选择“插入”→“分隔符”菜单项，在随即弹出的“分隔符”对话框中，在“分隔符类型”选项组中选中“分页符”单选按钮（如图 16.87 所示），单击“确定”按钮，在标题的前面插入一页。

③将鼠标定位在空白页中，选择“插入”→“引用”→“索引和目录”菜单项，在随即打开的“索引和目录”对话框中，切换到“目录”选项卡，然后将“常规”选项组中的“显示级别”微调框设置为“3”，即目录显示到第三级标题，此时可以在“打印预览”和“Web 预览”列表框中看到目录的设置效果。

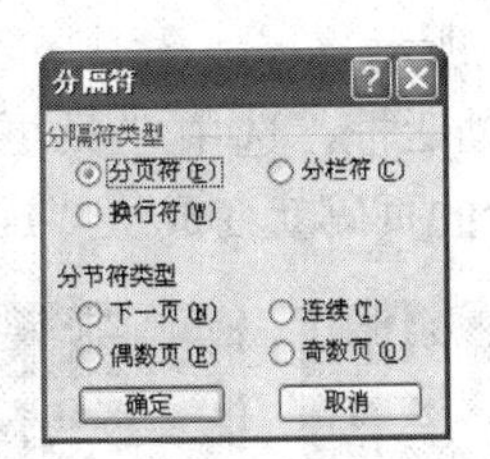

图 16.87

④单击“确定”按钮返回到文档区域即可生成目录（如图 16.88 所示）。

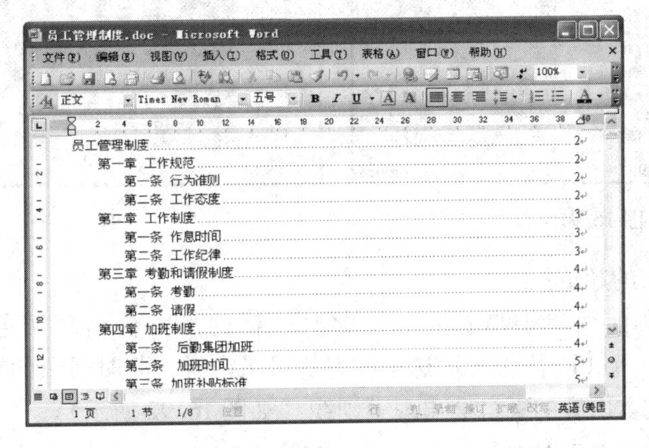

图 16.88

小提示：此时将鼠标移动到生成的目录上，系统会自动地显示出一个提示信息“按住【Ctrl】并单击鼠标以跟踪链接”。如果此时按住【Ctrl】键并单击鼠标左键，即可快速地切换到相应的文档内容中。

（2）设置目录页码

此时生成的目录起始页码是“2”。如果希望目录起始页码是从“1”开始，可以设置文档的页码格式并更新目录。

①选择“插入”→“页码”菜单项，打开“页码”对话框，在“对齐方式”下拉列表中选择“居中”选项，并去掉“首页显示页码”复选框中的钩（如图 16.89 所示）。

②单击“格式”按钮打开“页码格式”对话框，在“页码编排”选项组中选中“起始页码”单选按钮，在其微调框中输入起始页码为“0”（如图 16.90 所示）。

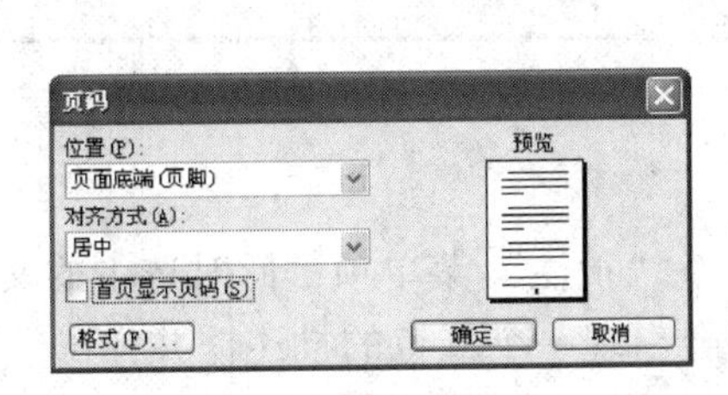

图 16.89

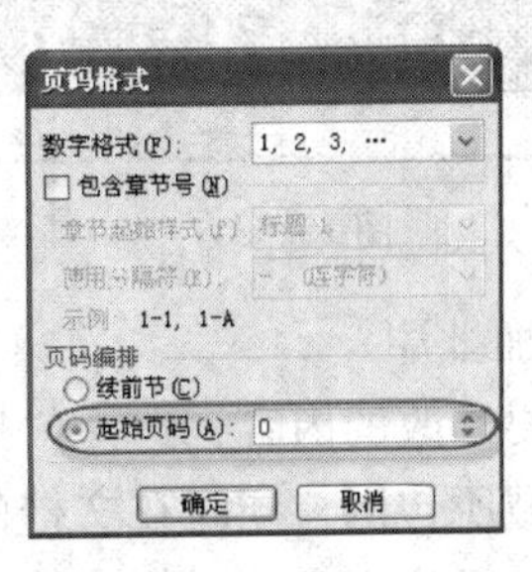

图 16.90

③单击“确定”按钮返回文档区域即可为文档添加上页码，且第一页不显示页码，第二页的页码是从“1”开始。然后，在目录上单击鼠标右键，从弹出的快捷菜单中选

择“更新域”菜单项（如图 16.91 所示）。

④随即会打开“更新目录”对话框，选中“只更新页码”单选按钮。单击“确定”按钮返回文档区域，此时目录的页码就变成从“1”开始了。

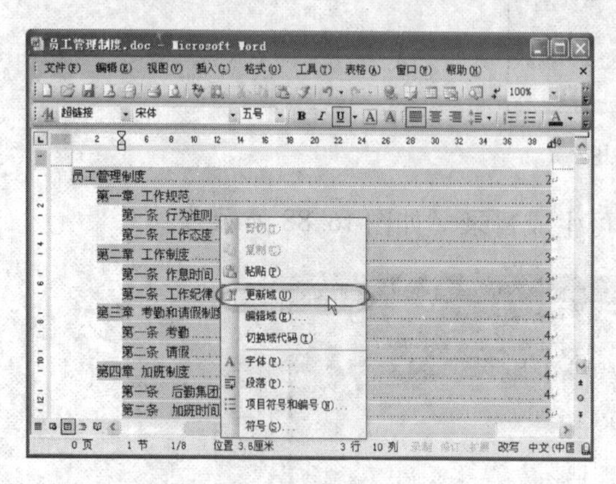

图 16.91

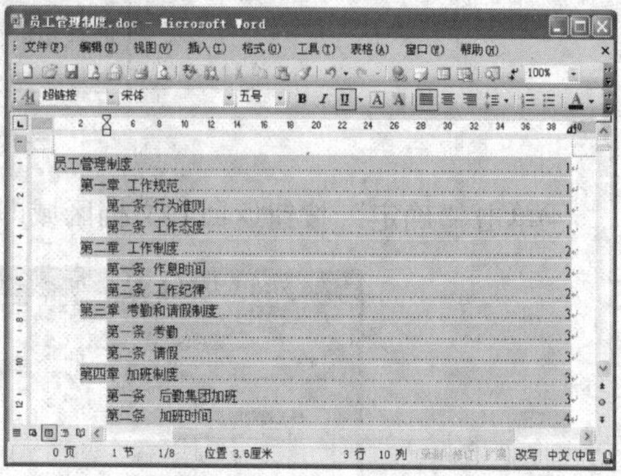

图 16.92

(3) 取消目录的超链接

①在目录的最前面单击鼠标左键，此时鼠标的下方会出现灰色的底色，按下【Ctrl】+【Shift】+【F9】组合键选中所有的目录内容，此时目录的字体颜色会发生变化，同时目录文本内容的下方会出现下划线（如图 16.92 所示）。

②单击“字体颜色”按钮 A 右侧的“下箭头”按钮，从弹出的下拉列表框中选择“黑色”选项，单击“下划线”按钮 U，取消目录的下划线（如图 16.93 所示）。此时单击目录取消目录的选中状态，将鼠标再次移动至目录上就不会再出现提示信息了，即已经取消了目录的超链接功能（如图 16.94 所示）。

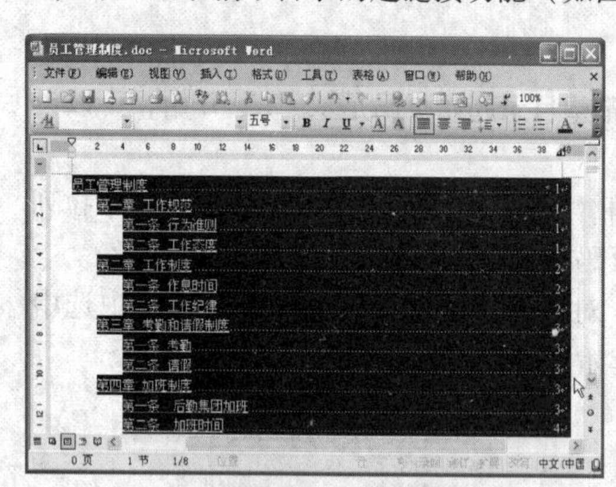

图 16.93

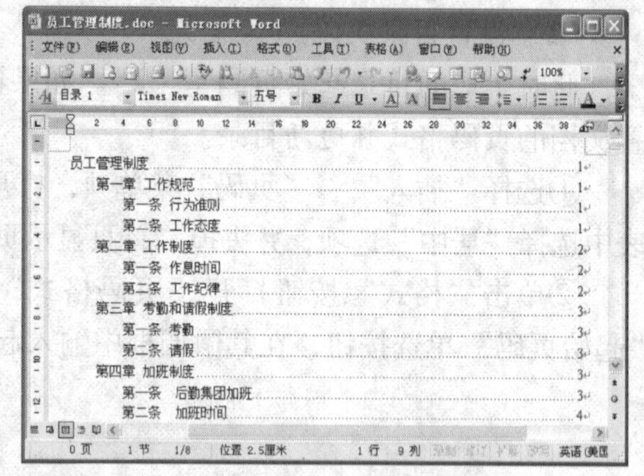

图 16.94

(4) 添加批注

①选中要修改的内容，选择“插入”→“批注”菜单项，此时选中的文本内容就会被红色区域所包围，同时在文档的右侧会出现一个红色的批注框并弹出“审阅”工具栏。之后在批注框内输入修改的内容（如图 16.95 所示）。

小提示：批注提示框中的［Tiger1］表示计算机中名称为“Tiger”的用户添加的第一个批注，以下依此类推。

②如果要继续修改，只需选中要修改的内容，然后单击“审阅”工具栏中的“插入批注”按钮即可。接下来可以按照相同的方法插入其他批注，同时系统会自动地对批注进行编号（如图 16.96 所示）。

③用户可以在不同的机器上由不同的人员进行审批，系统会自动地显示出计算机的名称，并对批注进行自动编号。

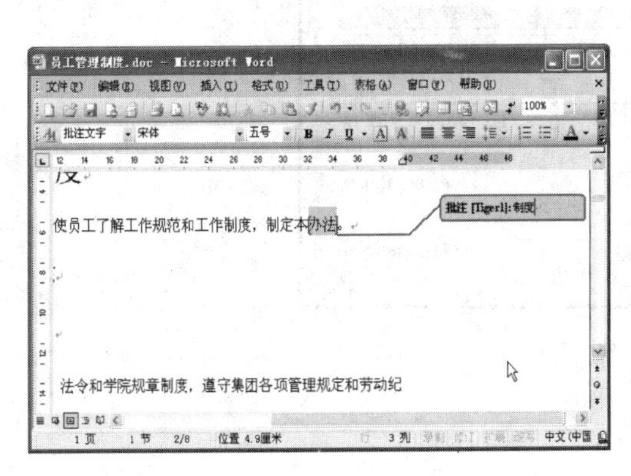

图 16.95

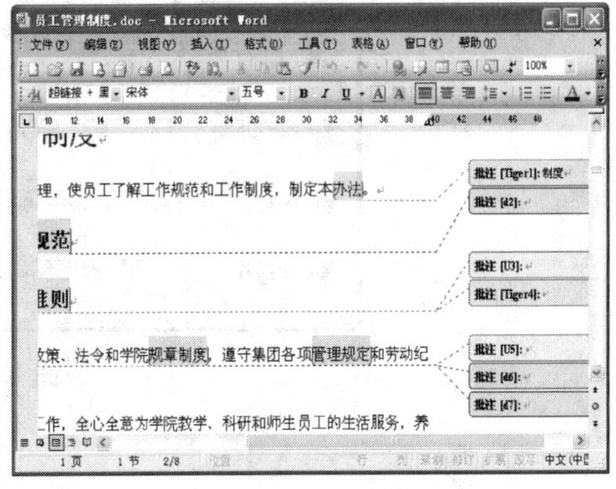

图 16.96

（5）查看批注

①用户可以单击“审阅”工具栏中的“前一修订和批注”按钮和“后一修订和批注”按钮来逐个查看批注内容。用户也可以只查看某个人的批注。单击“显示”按钮显示(S)▾，在其下拉菜单中的“审阅者”级联菜单中撤选“dbf”和“User”复选框即可（如图 16.97 所示）。

②此时文档中就会只显示“xiangjs”所做的批注（如图 16.98 所示）。要想重新显示所有的批注，只需在“显示”按钮的下拉菜单中选择“审阅者”→“所有审阅者”菜单项即可。

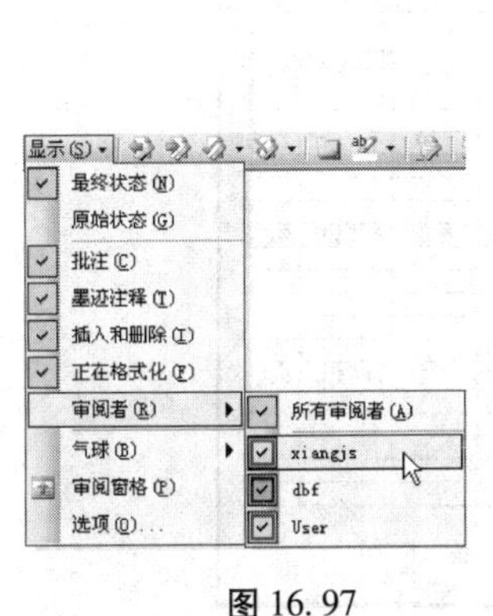

图 16.97

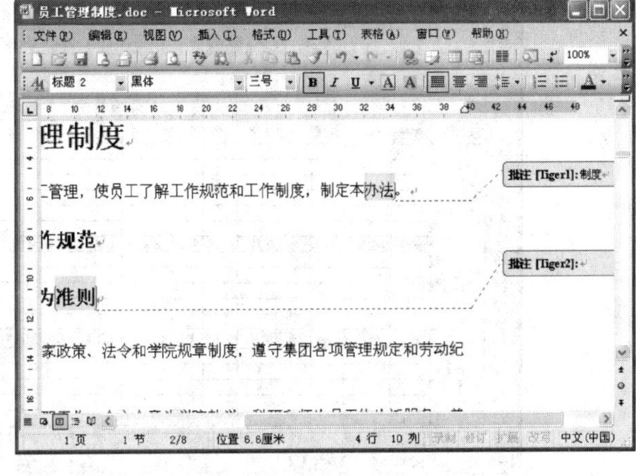

图 16.98

③要查看所有批注内容，用户还可以单击“审阅”工具栏中的“审阅窗格”按钮，此时系统会将文档分成两个窗口，下方是审阅窗口，里面显示出了所有的批注内容，单击某一个批注即可快速地将文档切换至此批注中（如图 16.99 所示）。

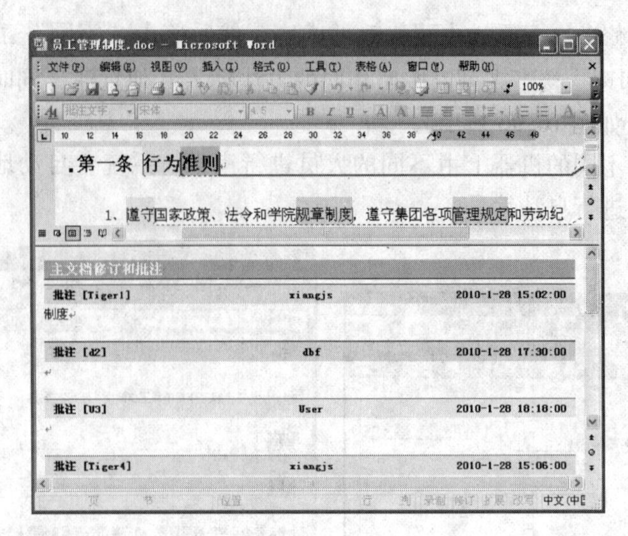

图 16.99

16.10 制作人员流动月统计表

为了保障企业的正常运转，及时了解企业的人员流动状况，控制人才的流失，企业一般需要在每月的固定时间对员工的变动状况进行统计。

(1) 创建基本工作表并自定义序号格式

①新建一个 Excel 工作簿，并命名为“人员流动月统计表”。将工作表“Sheet1”重命名为“人员流动月统计表”，然后根据人员流动所需要记录的各个项目制作基本工作表，并对其进行格式化设置（如图 16.100 所示）。

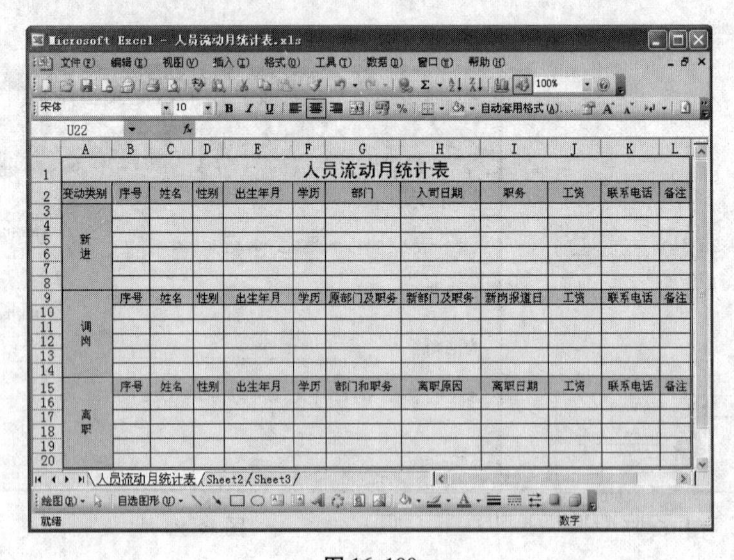

图 16.100

②首先设置新进人员的序号格式，在单元格区域“B3：B8”中输入序号（如图 16.101 所示）。

③选中单元格区域“B3：B8”，单击鼠标右键，在弹出的快捷菜单中选择“单元格格式”对话框，切换到“数字”选项卡中，在“分类”列表框中选择“自定义”选项，在“类型”文本框中输入“0000”（如图 16.102 所示）。

图 16.101

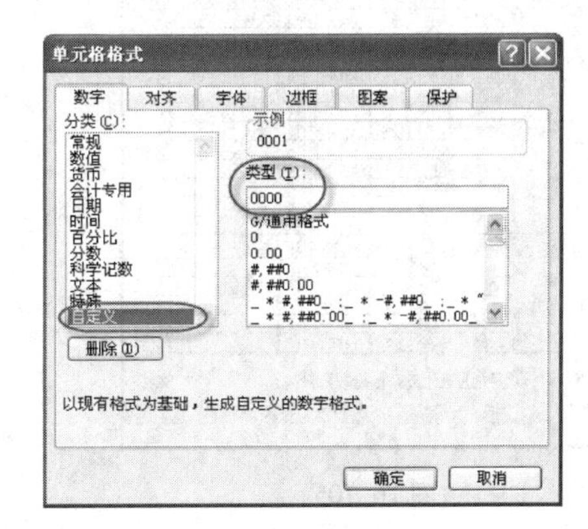

图 16.102

④点击“确定”按钮返回工作表，此时序号的设置效果如图 16.103 所示。

⑤按照同样的方法设置其他项目的序号格式，并根据实际情况输入员工的“姓名”、“性别”和“出生年月”等信息（如图 16.104 所示）。

图 16.103

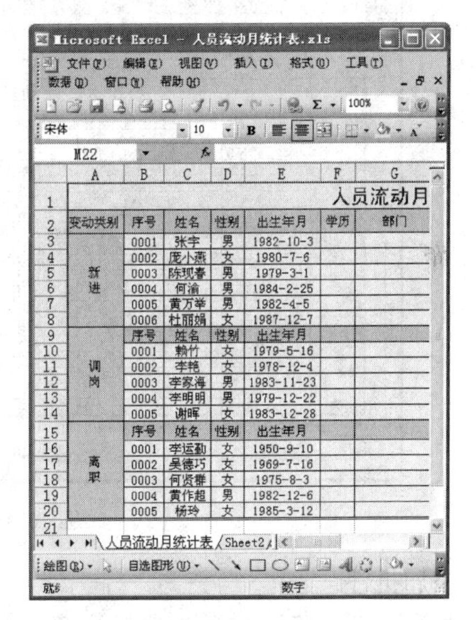

图 16.104

(2) 从下拉列表中选择数据

①首先在“F”列中根据实际情况输入不同的学历（如图 16.105 所示）。

②选中单元格“F5”，单击鼠标右键，在弹出的快捷菜单中选择“从下拉列表中选择”菜单项，此时在单元格“F5”的右下方会弹出一个下拉列表，显示出不同的学历信息，然后从中选择合适的选项，选中的学历选项就会出现在单元格“F5”中（如图 16.106 所示）。

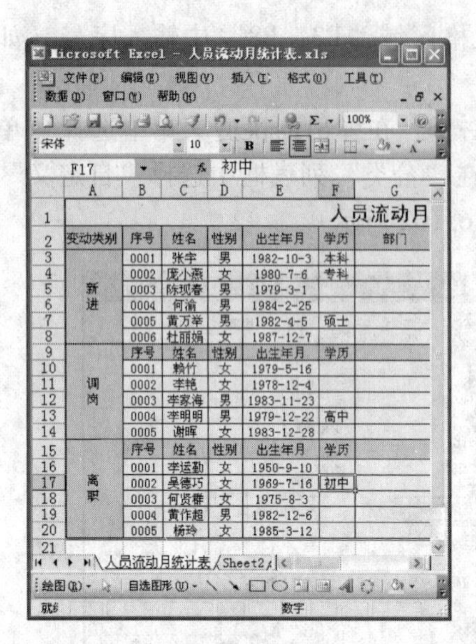

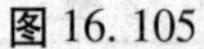

图 16.105

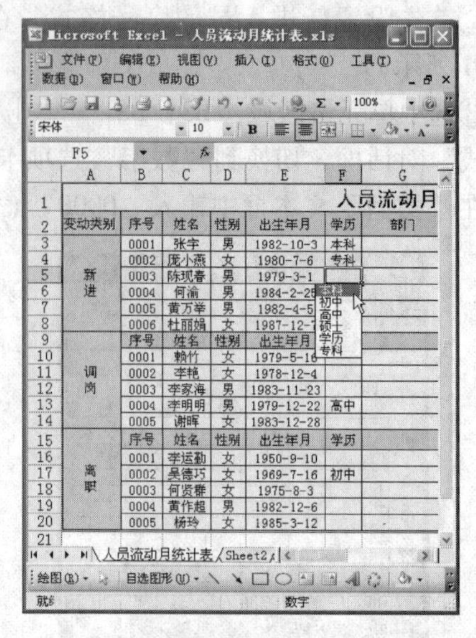

图 16.106

③输入其他员工的学历，再根据实际情况输入员工的其他信息（如图 16.107 所示）。

人员流动月统计表											
变动类别	序号	姓名	性别	出生年月	学历	部门	入司日期	职务	工资	联系电话	备注
新进	0001	张宇	男	1982-10-3	本科	公关部	2010-10-11	主任	￥2,000		
	0002	庞小燕	女	1980-7-6	专科	市场部	2010-10-15	职员	￥1,500		
	0003	陈现春	男	1979-3-1	本科	财务部	2010-10-18	职员	￥1,600		
	0004	何渝	男	1984-2-25	专科	人资部	2010-10-18	职员	￥1,200		
	0005	黄万举	男	1982-4-5	硕士	行政部	2010-10-22	主任	￥2,000		
	0006	杜丽娟	女	1987-12-7	本科	办公室	2010-10-28	职员	￥1,600		
调岗	序号	姓名	性别	出生年月	学历	原部门及职务	新部门及职务	新岗报道日	工资	联系电话	备注
	0001	赖竹	女	1979-5-16	硕士	策划部职员	策划部主管	2010-12-1	￥2,200		
	0002	李艳	女	1978-12-4	本科	市场部职员	市场部主管	2010-12-1	￥2,600		
	0003	李家海	男	1983-11-23	硕士	办公室职员	办公室主任	2010-12-1	￥2,000		
	0004	李明明	男	1979-12-22	高中	运营部职员	运营部主管	2010-12-1	￥2,200		
	0005	谢晖	女	1983-12-28	本科	公关部职员	公关部主任	2010-12-1	￥2,000		
离职	序号	姓名	性别	出生年月	学历	部门和职务	离职原因	离职日期	工资	联系电话	备注
	0001	李运勤	女	1950-9-10	高中	财务部	到达退休年龄	2010-11-1	已结清		
	0002	吴德巧	女	1969-7-16	初中	办公室	违反公司条例	2010-11-1	已结清		
	0003	何贤群	女	1975-8-3	高中	市场部	主动辞职	2010-11-1	已结清		
	0004	黄作超	男	1982-12-6	高中	行政部	主动辞职	2010-11-1	已结清		
	0005	杨玲	女	1985-3-12	专科	办公室	违反公司条例	2010-11-1	已结清		

图 16.107

（3）添加批注

①选中单元格“F7”并单击鼠标右键，在弹出的快捷菜单中选择“插入批注”菜单项，此时在单元格“F7”的右上角会出现一个红色的小三角，并在其右侧出现一个批注编辑框，其中的“xiangjs”为计算机名，然后在其中输入要添加的员工信息（如图 16.108 所示）。

	A	B	C	D	E	F	G	H	I	J	K	L
1	人员流动月统计表											
2	变动类别	序号	姓名	性别	出生年月	学历	部门	入司日期	职务	工资	联系电话	备注
3	新进	0001	张宇	男	1982-10-3	本科	公关部	2010-10-11	主任	¥2,000		
4		0002	庞小燕	女	1980-7-6	专科	市场部	2010-10-15	职员	¥1,500		
5		0003	陈现春	男	1979-3-1	本科	财务部	2010-10-18	职员	¥1,600		
6		0004	何渝	男	1984-2-25	专科	[illegible]	[illegible]18	职员	¥1,200		
7		0005	黄万举	男	1982-4-5	硕士	[illegible]	[illegible]22	主任	¥2,000		
8		0006	杜丽娟	女	1987-12-7	本科	[illegible]	[illegible]28	职员	¥1,600		
9	调岗	序号	姓名	性别	出生年月	学历	原[illegible]	[illegible]职务	新岗报道日	工资	联系电话	备注
10		0001	赖竹	女	1979-5-16	硕士	[illegible]	[illegible]管	2010-12-1	¥2,200		
11		0002	李艳	女	1978-12-4	本科	市场部职员	市场部主管	2010-12-1	¥2,600		
12		0003	李家海	男	1983-11-23	硕士	办公室职员	办公室主任	2010-12-1	¥2,000		
13		0004	李明明	男	1979-12-22	高中	运营部职员	运营部主管	2010-12-1	¥2,200		
14		0005	谢晖	女	1983-12-28	本科	公关部职员	公关部主任	2010-12-1	¥2,000		
15	离职	序号	姓名	性别	出生年月	学历	部门和职务	离职原因	离职日期	工资	联系电话	备注
16		0001	李运勤	女	1950-9-10	高中	财务部	到达退休年龄	2010-11-1	已结清		
17		0002	吴德巧	女	1969-7-16	初中	办公室	违反公司条例	2010-11-1	已结清		
18		0003	何贤群	女	1975-8-3	高中	市场部	主动辞职	2010-11-1	已结清		
19		0004	黄作超	男	1982-12-6	高中	行政部	主动辞职	2010-11-1	已结清		
20		0005	杨玲	女	1985-3-12	专科	办公室	违反公司条例	2010-11-1	已结清		

xiangjs:
四川大学公共管理学院
公共管理专业硕士

单元格 F7 批注者 xiangjs

图 16.108

②单击工作表的其他区域退出批注的编辑状态，此时批注处于隐藏状态。选中单元格“F7”并单击鼠标右键，从弹出的快捷菜单中选择“显示/隐藏批注”菜单项，即可使批注一直显示在工作表中。如果要隐藏批注，可以从右键快捷菜单中选择“隐藏批注”菜单项（如图 16.109 所示）。

小提示：在批注处于隐藏状态时，如果要编辑批注，则可以在快捷菜单中选择“编辑批注”菜单项，此时批注处于编辑状态。同样，如果要删除批注，只需要从快捷菜单中选择“删除批注”菜单项即可。

（4）存为模板

选择“文件”→“另存为”菜单项，打开“另存为”对话框，在“保存类型”下拉列表中选择“模板”选项，单击“保存”按钮，即可将工作簿保存为模板（如图 16.110 所示）。

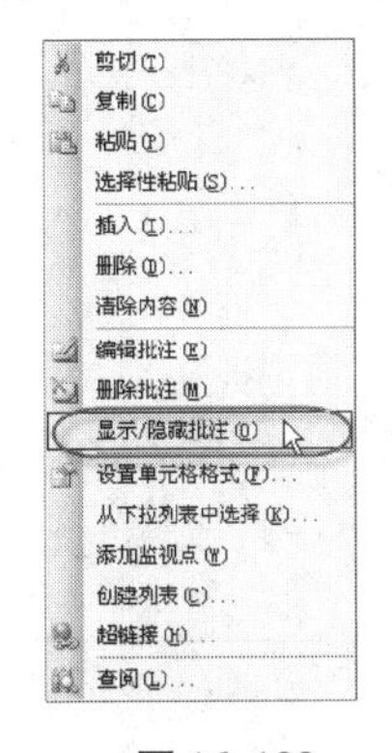

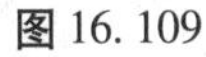

图 16.109

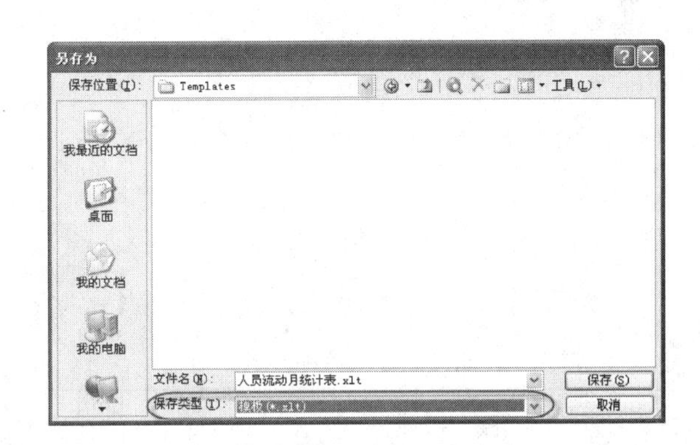

图 16.110

小提示：这样，今后如果要制作相同的表格，只需要在此模板中直接进行修改即可。

16.11 补充实训

公司行政部门的主要职能是管理、协调和服务，进行日常办公事务、文书（资料）和档案、会议、涉外事务和企业财产、设备、生活福利等管理工作。这些工作都需要用到 Word 和 Excel 等办公软件。请使用 Word 和 Excel 完成以下工作：

- 制作会议通知
- 制定公司章程
- 制定办公室工作条例
- 制定会议安排表
- 绘制来电登记表
- 编辑公司内部刊物
- 制作晚会节目单
- 制作安全管理计划表
- 制定公司车辆管理办法